宁夏自然科学基金项目（NZ12217）
宁夏教育厅高校重点项目（NGY2012123）
宁夏大学优秀博士论文培养项目

银川平原不同类型湿地碳汇评估研究

卜晓燕◎著

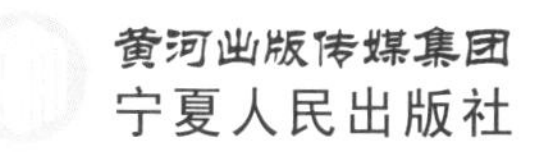
黄河出版传媒集团
宁夏人民出版社

图书在版编目(CIP)数据

银川平原不同类型湿地碳汇评估研究 / 卜晓燕著. —
银川：宁夏人民出版社，2016.12
ISBN 978-7-227-06592-0

Ⅰ. ①银… Ⅱ. ①卜… Ⅲ. ①沼泽化地—二氧化碳—
资源利用—评估—研究—银川 Ⅳ. ①P942.431.78

中国版本图书馆 CIP 数据核字（2016）第 326438 号

银川平原不同类型湿地碳汇评估研究　　卜晓燕　著

责任编辑　周淑芸
封面设计　石　磊
责任印制　肖　艳

黄河出版传媒集团
宁夏人民出版社　出版发行

出 版 人　王杨宝
地　　址　宁夏银川市北京东路 139 号出版大厦(750001)
网　　址　http://www.nxpph.com　　http://www.yrpubm.com
网上书店　http://shop126547358.taobao.com　　http://www.hh-book.com
电子信箱　nxrmcbs@126.com　　renminshe@yrpubm.com
邮购电话　0951-5019391　5052104
经　　销　全国新华书店
印刷装订　宁夏凤鸣彩印广告有限公司
印刷委托书号　(宁)0004013

开　　本　787 mm×1092 mm　1/16
印　　张　12　　字　数　260 千字
版　　次　2016 年 12 月第 1 版
印　　次　2016 年 12 月第 1 次印刷
书　　号　ISBN 978-7-227-06592-0
定　　价　68.00 元

序　一

碳汇是当前国际学术界研究的前沿问题之一，也是全球关注的热点问题。湿地是地球表层的重要碳汇，对于吸收大气中的温室气体，减缓全球气候变暖具有重要作用，在全球碳循环中的作用受到世界各国政府和学术界的广泛关注，湿地生态系统碳储量及碳汇功能研究已成为全球变化科学领域的热点问题。

卜晓燕博士长期致力于湿地和草地生态系统研究，取得了创新性进展。《银川平原不同类型湿地碳汇评估研究》就是她多年潜心研究的一个创新性成果。该书具有以下特点和创新：

选题新颖，意义重要。湿地作为隐域性生态系统类型而广泛分布，因而成为各个地带中最为活跃的生态系统而引起学术界的广泛关注。湿地也因具有良好的第一性生产力而在碳汇方面具有突出地位。湿地碳汇是陆地碳汇的重要组成部分。银川平原因黄河灌溉之利，不仅造就了“天下黄河富宁夏”的“塞外江南”，而且形成了分布较广的湿地景观，湿地碳汇功能良好。本项研究具有重要的理论和现实意义。

方法先进，分析深入。该研究以演替理论、碳汇理论、生态发展理论等为指导，采用遥感全面调查与样地抽样调查相结合的方法，构建了适合区域特点的湿地植被生物量、植被碳含量、土壤碳密度最优遥感估测模型，系统评估了银川平原湿地生态恢复与保护措施实施先期（2000 年）、中期（2005 年和 2010 年）和近期（2014 年）的碳汇功能，首次综合运用多种方法开展了湿地碳储量及其时空演化规律研究、湿地碳汇功能评估和增汇途径研究。研究成果对提升区域碳汇能力、认知碳循环规律、增加碳汇、维持区域生态平衡具有重要的实践和理论价值，对进一步研究全球气候变化背景下区域湿地碳功能动态测评和碳循环研究提供了可供借鉴的创新方法。

区域重要，案例典型。本研究区域选择中国西北地区东部的宁夏银川平原区，这里是气候变化的敏感区和生态环境脆弱区，湿地广布。银川平原湿地生态系统是西北旱区湿地生态系统的典型代表，湿地类型以河流、湖泊、沼泽为主，其与湿润区湿地的成因和特点截然不同,主要依托黄河及其排灌体系形成和消长,季节性明显,在分布上呈明显的不连续和地域性,是西北干旱半干旱区人工绿洲生态系统的重要组成部分,是黄河中上游重要的保水、蓄水和调水基地,也是全球范围内荒漠半荒漠地区少见的具有生物多样性和环境保护等多功能的重要湿地,具有独特的湿地过程和重要的生态区位。作者以该区域湿地碳汇能力评估为研究案例,研究结论具有重要的应用价值,同时对其他地区研究具有重要的示范作用。

数据翔实,结论正确。该项研究工作扎实,表现出作者潜心科研、深入实地、坚持探索、追求科学的精神。作者多年扎根所在研究区,不断积累,构建了湿地碳汇功能评估的科学方法。特别是在银川平原开展了持久的野外工作,从湿地采样、科学试验到应用现代信息技术进行定位观测、卫星影像解译,开展了细致的信息、实验、数据获取工作。在获取第一手资料、数据的基础上,综合运用各种方法进行计算、分析,深入剖析、总结,得出了许多有创新意义的结论。这些结论包括两个方面:第一,银川平原湿地碳汇能力提升,恢复与保护工程取得了良好碳汇效应;银川平原湿地碳汇能力经历了先下降后上升的过程,整体呈上升趋势。第二,从银川平原河流、湖泊、沼泽、人工湿地四类湿地来看,四类湿地呈现先减少后增加的趋势,整体呈现增加趋势;四类湿地碳汇量贡献量排序为:沼泽>湖泊>人工湿地>河流。第三,从7个重点湿地来看,碳汇量贡献量排序为:青铜峡库区>吴忠黄河湿地>沙湖>阅海>星海湖>鸣翠湖>黄沙古渡。这些结论对调整湿地管理和恢复与保护工程的实施具有指导作用。

《银川平原不同类型湿地碳汇评估研究》是一部兼具学术价值和应用价值的研究成果,是碳汇功能评估理论与方法研究领域的一部重要著作。

衷心祝贺本书的出版。我相信本书的问世必将促进对西北干旱半旱区乃至国内碳循环和碳汇研究理论方法的进一步探索,也为全国类似湿地管理和恢复与保护工程提供指导和借鉴。我期盼作者及同行专家在这个领域继续探索,不断创新,取得更多优秀成果。

中国科学院地理科学与资源研究所研究员、博士生导师　董锁成
2016年12月13日于北京

序　二

湿地是全球重要的碳汇，是单位面积碳储量最大和碳积累最快的陆地生态系统，对全球气候变化具有重要的影响。湿地生态系统也是一种脆弱的生态系统，近年来随着经济发展对土地需求的日益增加，大片湿地滩涂逐年被转变成盐池、水产养殖地、农田、休闲娱乐区和工业区，湿地逐渐被吞噬，使之失去碳汇功能，并转换成碳源。数据显示，过去100年中，全球大约半数湿地遭破坏。在亚洲和其他一些地区，沿海湿地以每年1.6%的速度消失，1980年以来，红树林覆盖面积减少20%(大约360万公顷)，近来以每年多至1%的速度消失。全国湿地调查表明，中国现存自然或半自然湿地仅占国土面积的3.77%(全球湿地约占陆地面积的6%)，而且自然湿地明显减少，减少的趋势还未得到有效遏制。因此，湿地的保护和恢复已经成为当今科学界、各国政府及相关国际组织极为关注的问题。

《银川平原不同类型湿地碳汇评估研究》一书是卜晓燕博士在她的博士论文的基础之上改写而来的。本书最主要的创新点是利用遥感模型对银川平原湿地植被生物量、碳储量和碳密度进行时空变化研究与预测，为宁夏湿地生态系统碳汇功能研究提供较为科学、准确的数据，研究结论可为区域湿地生态保护和政府碳减排规划提供科学依据。在宁夏湿地研究中，一些学者对宁夏湿地土壤和植被碳储量及碳密度有所涉及，但从未对河流、沼泽、湖泊、人工四类湿地的碳储量和碳密度进行系统分析与研究，本研究应用银川平原湿地恢复与保护工程实施前期(2000年)、中期(2005年、2010年)、后期(2014年)4个时期的卫星遥感影像，结合实地调查采样数据，对4个时期银川平原湿地碳汇能力进行系统研究，这也是本书的重要特色。

该书内容丰富，观点明确，研究方法科学，各部分逻辑性强。采用遥感影像数据和实测数据构建了银川平原四类湿地碳含量遥感估测模型，利用该模型对银川平原湿地植被生物量、湿地碳储量进行了估测，并分析了其时空动态变化特征；全方位阐述了银川平原各市区湿地碳储量空间分布特征;分析评述了重点湿地碳储量的空间分布特征和时空变化规律;在此基础上评估了银川平原湿地碳汇能力,并分析了银川平原湿地造碳植物对大气 CO_2 吸收与固定;最后基于评估的结果提出了银川平原湿地增汇途径和对策措施。

本书是作者近年来研究湿地碳汇最新的、系统的总结,对湿地科学、生态系统碳汇等的研究都具有重要的理论和实践价值。

宁夏大学资源环境学院教授、博士生导师　米文宝

2016 年 12 月 10 日

前　言

湿地是自然界重要的生态系统类型，湿地生态系统碳汇研究是定量评估区域生态系统碳汇的基础，是生态系统与全球变化科学研究的重要前沿科学问题，受到国内外学者的广泛关注。当前，开展区域湿地生态系统碳汇评估研究，无论是对温室气体的有效管理，还是对生态系统与全球变化科学的发展都具有重要意义。

宁夏银川平原位于地球环境变化速率较大的大陆性干旱气候区，就其环境本身而言，具有时间和空间格局的复杂性、多样性和变异性；就其对外界环境变化的响应和适应能力而言，具有敏感性和脆弱性。同时，目前银川平原地区又处于快速工业化和城镇化发展阶段，人类活动强度大，对环境的干扰尤为突出。这些都导致银川平原湿地生态系统碳循环过程极其复杂。因此，深入开展银川平原湿地生态系统碳汇研究，不仅为宁夏参与应对全球气候变化国际合作、改进湿地生态系统管理、动态监测区域湿地碳汇功能、促进区域湿地碳循环、提升区域碳汇能力提供理论和方法创新，同时为我国湿地碳汇功能研究提供科学依据和理论指导，对进一步研究全球气候背景下的湿地碳动态测评具有参考意义。

目前，湿地生态系统是被公认的大气碳汇，增强湿地生态系统的碳固定、减少碳排放，以提高生态系统碳汇功能是温室气体管理的重要技术途径。自20世纪80年代中后期开始，国内学者已经在湿地生态系统碳汇研究的理论与方法方面开展了大量的工作，并取得了许多研究成果。本研究通过多年致力于湿地碳汇功能研究，积累了大量观测和研究数据与研究成果。

本书基于国内外相关领域的研究成果，系统地研究了银川平原湿地碳汇能力评估。绪论介绍了湿地碳汇研究的背景、目的意义、国内外研究现状、碳汇研究理论基础及相关概况和研究思路；第一章介绍了主要研究方法、野外调查和采样、实测数据和遥感影像数据的处理分析方法、空间分析方法等；第二章介绍了研究区基本情况、湿地生态建设及成效；第三章运用ARCGIS和ENVI软件，结合遥感影像数据和实验数据构建了不同类型湿地生物量及碳含量遥感估测模型；第四章运用遥感估测模型估测了银川平原湿地植被生物量，并用地理信息系统的空间分析方法分析了生物量的时空动态变化；第五章运用遥感估测模型估测了湿地植被碳含量，并用空间分析方法分析了植被碳含量的时空动态变化；第六章运用遥感估测模型和空间分析方法分析了湿地土壤有机碳特征、时空动态变化规律及土壤有机碳环境影响因子；第七章对银川平原湿地碳储量、时空动态变化规律和影响因素进行了研究；第八章基于上述研究结果，采用基于IPCC规则的库—差别法和相对碳汇能力、绝对碳汇能力评估了湿地碳汇能力，并评估了固碳释氧能力。第九章基于评估结果，提出了银川平原地区湿地增汇的途径和对策建议。第十章是本研究的主要结论和尚需进一步研究的问题。

本书观点新颖，数据翔实可靠，理论和实践紧密结合，在理论和方法上有所创新。可为政府部门决策和从事生态建设、湿地恢复保护及湿地资源管理、碳汇研究的专家学者提供参考。

湿地碳汇能力评估研究是一个涉及内容十分复杂的课题，由于作者研究能力和水平有限，对湿地碳汇能力研究涉足不深，因此书中文字表述、研究方法、研究结论等可能会有不当之处，敬请专家学者、领导和广大读者批评指正。

卜晓燕

2016年12月

CONTENTS

目 录

绪 论

0.1 研究背景

近年来，气候变化和温室气体减排问题持续升温，已成为全球关注的热点问题，欧盟等西方发达国家日益将全球变暖问题提升为政治、经济问题，并以制度创新和技术创新为导向调整本国的能源、经济战略。[1]

2007 年 11 月，联合国政府间气候变化专门委员会第四次评估报告书指出[2]，全球变暖的主要原因是温室气体的增加，而二氧化碳是最主要的温室气体之一。自工业革命以来，人类大规模的开发活动使得以化石形式存在的碳大量转移到大气中成为温室气体，同时土地利用失当又使得植被吸收碳的能力降低，从而改变了地球上碳的存在形式，导致大气中温室气体浓度持续增高，引起全球气候变暖。这将对人类赖以生存的自然生态系统及人类的生命健康和财产安全带来威胁，成为人类实现经济社会可持续发展的重大挑战。[3] 因此，降低大气中温室气体的浓度成为保护我们共同的地球，实现区域经济社会生态可持续发展的客观需要。

湿地在碳循环中的作用受到世界各国政府和学术界的广泛关注，湿地碳汇能力研究成为全球变化科学领域的热点问题[4,5]。我国西部尤其是西北干旱半干旱地区，生态气候环境很差，地方经济基础薄弱，科学技术相对滞后，要想实现该地区社会、经济的可持续发展，必须认真研究在全球变化的大背景下，该地区生态、气候环境形成的内在机理与外部原因、历史演变规律及未来发展趋势。

宁夏地处干旱半干旱地区，是气候变化的敏感区和生态环境的脆弱区。受全球气候变化的影响，宁夏温度升高，降水量减少，干旱化程度加重。近 50 年来，宁夏的年平均气温显著上升，年平均气温每 10 年增温达 0.388℃。升温最明显的地区是引黄灌区，升幅最大的季节是冬季。降水呈下降趋势，从季节分布看，冬季降水呈增加趋势，其他季节降水呈下降趋势。银川平原湿地生态系统是西北旱区湿地生态系统的典型代表，湿地类型以河流、湖泊和沼泽为主，其与湿润区湿地的成因和特点截然不同，主要依托黄河及其灌排体系而形成和消长，季节性明显，在分布上呈明显的不连续性和地域性。是西北干旱半干旱地区人工绿洲生态系统的有机组成部分，是黄河中上游重要的保水、蓄水和调水基地，也是全球范围内荒漠半荒漠地区少见的具有生物多样性和环境保护等多功能的重要湿地，具有独特的湿地过程和重要的生态区位，并与荒漠基质有着十分密切的生态联系。[5] 宁夏 70%的湿地分布在银川平原，随着全球气候变化及黄河来水量的变化，工业化、城镇化、经济建设加速发展以及围垦、养殖，特别是农业开垦和水系治理，国家主体功能区、重点开发区、沿黄经济区建设，宁夏内陆开放型经济特区建设，宁东能源化工基地建设等系列活动的加剧，湿地生态系统受到人类活动影响较大，银川平原湿地面临新的严峻形势。过度开发利用等情况时有发生，湿地生物多样性受到逐渐退化的威胁。在旱区气候变化及人类干扰双重影响下，提高湿地碳汇能力是当前亟待解决的重要科学问题[4]。

0.2 研究目的和意义

随着全球气候变暖的加剧，温室气体的减排工作引起越来越多学者的关注，提高陆地生态系统固碳能力成为学术界关注的热点问题 。[6] 湿地具有较高的初级生产力，湿地植物通过光合作用固定大气中的 CO_2，湿地植被储碳固碳功能在稳定全球气候方面发挥了重要作用。湿地生态系统是地球上单位面积固碳能力最强、生物多样性保护最大的生态系统。[7] 湿地具有巨大的生态环境功能，一方面因储存着大量的碳而具有碳“汇”的特征，另一方面因温室气体的释放源而具有碳“源”的特性，因此它具有碳源、碳汇的双重性。[4,8] 因此，深入开展湿地碳储量及碳汇研究，对于量化全球气候变化条件下绿洲湿地碳汇功能具有重要的科学意义和实践意义。

旱区内陆湿地是我国重要的湿地类型之一，多分布于绿洲、河滩等生态环境敏感地带，一旦破坏很难恢复。[9] 在干旱区以水为纽带的物质循环中，湿地的类型、分布、成因及演变等均具有鲜明的区域特色，湿地对旱区的生态与环境变化有着直接的作用和重大的影响，并与地区经济发展密切相关。银川平原地处干旱半干旱地区，是气候变化敏感区和生态环境脆弱区。受全球气候变化的影响，近几十年来，宁夏温度升高，降水量减少，干旱化程度加重，极端天气气候事件增加，生态系统的风险性进一步加大。为了适应气候变化，宁夏采取了湿地恢复与保护、天然林资源保护、“三北”防护林体系建设、退耕还林、防沙治沙、生态移民等生态建设与保护措施。2002 年以来，宁夏加强湿地保护与恢复工作，实施了艾依河连通主要湖泊、大小西湖连通等水系建设和湿地恢复工程，从根本上解决了区域自然湿地萎缩的状况，湿地生态环境建设取得了显著成就，其生态效益、经济效益、社会效益、环境效益、固碳效益等逐渐显现。“十三五”期间，宁夏进一步加大湿地生态环境建设力度,湿地植被覆盖率将持续提高,必将对生态环境和区域气候产生重要影响,促进经济社会的可持续发展,其综合效益将会更加显著。研究测定银川平原湿地的植被生物量、植被碳含量和土壤有机碳含量以及定量研究湿地生态系统的碳储量,科学评估银川平原湿地的碳汇贡献,对区域提高生态环境建设水平、应对气候变化能力、节能减排工作和建设和谐、美丽、富裕新宁夏具有重要的科学意义和实践意义,为提升区域碳汇能力提供理论支持;同时为宁夏有关决策部门科学决策和实施湿地恢复与保护工程提供理论依据。

银川平原湿地生态系统是西部旱区湿地生态系统的典型代表,本研究的目的在于以科学理论为指导,综合集成多种方法,采用“3S”技术、实地定点测定和样方采样实验室数据及湿地遥感碳估测模型数据相结合的方法, 系统估测 2000~2014 年 14 年间银川平原不同类型湿地生态系统的碳储量和碳汇功能,探讨其历史演化规律。

本课题研究的科学意义和价值在于以演替理论、碳汇理论、生态发展理论等为理论指导,通过对银川平原湿地碳储量及碳汇能力的研究,探讨旱区湿地碳储量、碳汇能力测算和评估的科学方法与理论支持。本研究成果为区域碳汇功能动态监测、促进区域湿地碳循环、提升区域碳汇能力提供理论与方法创新,为政府决策和项目实施、促进区域可持续发展提供科学依据。同时,对应对全球气候变化、了解碳循环规律、增加碳汇、维持区域生态平衡具有重要的实践和理论意义,对进一步研究全球气候背景下的湿地碳动态测评具有参考意义。

0.3 相关概念与理论动态

0.3.1 相关概念界定

0.3.1.1 草地与湿地的概念及其关系

(1)草地与湿地概念

不同的学者对草地的定义不同,但是学者们[10,11,12]均认为草地植被类型包括以草本植物为主的草原、草甸等群落和以木本植物为主的荒漠、灌丛等群落。区别是对草地功能范围的限定不同[10]。王栋认为,草地是生长或栽种牧草的土地,无论生长牧草株本之高低,亦无论所生长牧草为单纯之一种或混生多种牧草,皆谓之草地。[10,13,14] 任继周将草地定义为着生饲用植物的土地 。[15,16]

植物生态学的草地,通常指以草本植物占优势的植物群落[17],包括草原、草甸、草本沼泽、草本冻原、草丛等天然植被,以及除农作物之外草本植物占优势的栽培群落。农学里的“草地”,主要指畜牧业的“资源”,包括以草本为主的植物群落、灌木和稀疏树木等可用于放牧的植被。[18] 随着科学研究的深入，草地的研究对象扩大到了荒漠、沼泽、草丛、湿地乃至灌丛和疏林等群落。[10]

湿地是介于水体和陆地之间的生态交错区，是地球上生产力最高的生态系统之一。[19] 有关湿地的定义比较多。1956 年，美国鱼类和野生动物保护协会提出[20]，湿地是被潜水或暂时性积水所覆盖的低地，一般包括：草本沼泽,森林、灌丛沼泽,泥潭鲜沼泽, 湿草甸, 潜水沼泽以及滨河泛滥地，也包括生长挺水植物的潜水湖泊或潜水水体。加拿大学者定义为“湿地系指水淹或地下水位接近地表，或水分饱和时间足够长，从而促进湿成和水成过程，并以水成土壤、水生植物和适应潮湿环境的生物活动为标志的土地”[21,22]。《关于特别是作为水禽栖息地的国际重要湿地公约》(简称《湿地公约》)中，湿地指天然或人工的、永久性或暂时的沼泽地、泥炭地或水域，蓄有静止或流动、淡水或咸水水体。[21,23] 王翀等认为，湿地是以挺水、浮叶等植物为优势种，由土地和水汇接而成，具有较高生产力和生物多样性的生态系统。[23]

综上所述，目前对湿地的定义基本都从水、土、植物三个要素进行界定[24]。综合以上研究成果，本研究认为，湿地生态系统是指天然或人工的、永久性或暂时的沼泽地、水域，具有较高生产力的特定生态系统。包括沼泽，湿草甸，湿草原，河边洼地或河漫滩草甸，生长挺水植物的浅水湖泊及其周边草甸，河流、湖泊等永久性水体，不包括输水河和人工运河。以此定义，银川平原湿地生态系统主要包括河流湿地、湖泊湿地、沼泽湿地、人工湿地四种类型。

湿地与草地是内涵不同的两个术语，也是两个不同的概念，草地包含湿地；区别是草地概念的范围更大、更广。

(2)草地与湿地的分类

中国草地类型的划分多采用植物群落学分类法：气候—土地—植被综合顺序分类法、土地—植物学分类法和植被—生境学分类法。[12] 植物群落学分类法是按照草地植物群落特征，草地植被划分为草原(包括草甸草原、典型草原、荒漠草原、高寒草原)、稀树草原、草甸(包括典型草甸、高寒草甸、沼泽化草甸、盐生草甸)、草本沼泽、灌草丛(包括温性灌草丛、暖性灌草丛)、荒漠(包括灌木荒漠、半灌木、小半灌木荒漠、垫状小半灌木荒漠)等植被型。[10,24,25] 任继周等以量化的气候指标——量级和湿润度为依据，提出气候—土地—植被综合顺序分类法，将中国草地划分为 37 个类，归并为 10 个类组。[15] 陈佐忠等按照草地生态系统的特征、功能过程特点，将温带草地分为草原(草甸草原、典型草原、荒漠草原)、高寒草甸、高寒草原、沼泽生态系统(草本沼泽)、荒漠草地。[26]

银川平原草地植被类型有灌丛草地植被、草本植被、草地植被(包括草甸草原草本植被和典型草原草本植被、低湿草甸和沼泽草地)、疏林草地植被。草地类型有天然草地和人工草地,天然草地有草原、草甸、草丛、草本沼泽、荒漠、灌丛、疏林等;人工草地有草牧地、灌牧地、林牧地。[27]

从湿地国际分类标准来看,内陆湿地分为河流、湖泊、永久性的淡水草本沼泽、泡沼、泛滥地、草本泥炭地、苔原湿地、灌丛湿地,人工湿地分为水产池塘、水塘、灌溉地、农用泛洪湿地。国外湿地研究非常重视类型特征的分类表达,湿地分类比较多样。按照植被类型分为草本湿地、木本湿地和灌丛湿地等[28]。根据形成原因,湿地可分为自然湿地(原生湿地)和人工湿地(次生湿地);根据水域地貌特征,可分为河流湿地和湖沼湿地等。王翀等借鉴任继周等提出的以生物气候要素作为分类指标的草原综合顺序分类法的优点,提出了依照生物气候—湿地基底物质结构—植被的内陆天然湿地的综合顺序分类方法[23],从湿地类型的发生学关系对中国内陆湿地进一步完善了湿地分类体系。以此划分,银川平原湿地类型属于 IIIC 微温季节性类[24]。倪晋仁等根据湿地分类的植被类型,按照木本植被、灌木植被、草本植被将湿地分为草地、芦苇湖滩、落羽松湿地。[29]唐小平等根据湿地成因将全国湿地分为天然湿地和人工湿地,其中天然湿地划分为滨海湿地、河流湿地、湖泊湿地和沼泽湿地四类。根据重点湿地植被类型,淡水沼泽在第 6 级将草丛沼泽划分为沙草沼泽、禾草芦苇沼泽和杂草沼泽三类[28,29,30],见表 0–1。各种分类所选择的分类方法都是紧紧围绕研究内容进行的,因此针对性较强,也能够准确表达湿地类型基本特征和空间分异规律。

基于银川平原湿地主要类型且兼顾目前的研究积累,根据中国湿地分类国家标准,参考已有分类资料[31],本研究将银川平原湿地分为自然湿地和人工湿地两大类,其中自然湿地包括河流湿地(主要为黄河)、湖泊湿地(面积大于 8 hm^2 的永久性淡水湖,包括大的牛轭湖)、沼泽湿地(主要为芦苇沼泽);人工湿地包括水塘湿地(包括农用池塘、蓄水池塘,一般面积小于 8 hm^2)和水产池塘(鱼、虾养殖池塘)。芦苇是银川平原湿地的优势种,分为大型芦苇、中型芦苇和小型芦苇,根据环境差异,中型芦苇可进一步划分为低地草甸中型芦苇和盐化低地草甸中型芦苇。[32]不同生长型芦苇分布在不同的湿地类型中,其群落特征有明显的差异。在银川平原湿地隐域性草地类型低地草甸和盐化低地草甸中,芦苇是优势种或伴生种,也是主要牧草。大型芦苇组成单种群群落;在草甸中,以芦苇为优势种的群落组成较单一;在盐碱草地中,以芦苇为主要伴生种的群落种类成分较为复杂,该类型是低地草甸向盐碱草地过渡的类型[31],主要分布在银川平原北部和贺兰山山麓一带。

从湿地与草地分类来看,一些学者将草地分类的方法应用到湿地分类体系中,且草

表 0-1　中国湿地分类国家标准

天然湿地			人工湿地
河流湿地	湖泊湿地	沼泽湿地	
永久性河流 季节性或间歇性河流 洪泛湿地	永久性淡水湖 永久性咸水湖 永久性内陆盐湖 季节性淡水湖 季节性咸水湖	苔藓沼泽 草本沼泽 灌丛沼泽 森林沼泽 内陆盐沼 季节性咸水沼泽 沼泽化草甸 地热湿地 绿洲湿地	水库 淡水养殖场 农用池塘 灌溉用沟、渠 城市人工景观水面和娱乐水面

地和湿地类型中均包括湿草原、草甸、草丛、草本沼泽、灌丛。在天然群落中，湿地与草地共同包含的类型有湿草原、草甸、灌丛、草丛和草本沼泽。其不同点为：湿地不包括各类人工草地[10]。

(3)草地与湿地的植被特征及功能

湿地是湿生植物组成的群落，在银川平原湿地生态系统中，以草本植物为优势，出现在湖区及湖周边地区、人工湿地水域及周围地区、河漫滩及河心洲地区、沼泽湿地等地带。[32] 从植被类型来看，湿地和草地的植被类型及优势植物的生态特征、生活型、生态型和主要功能具有相似性，湿地资源属于草地资源的范畴，见表 0-2。在银川平原湿地生态系统中，重点湿地植被芦苇是牛羊等反刍动物的好饲料。有关研究表明，芦苇的叶、花、茎、根都含有丰富的营养成分：戊聚糖、蛋白质、脂肪、碳水化合物、D- 葡萄糖、D- 半乳糖和两种糖醛以及十多种维生素。王庆基研究发现，芦苇饲料喂绵羊的采食率接近玉米青贮，孕穗前期营养价值最高。[33] 高玉龙等研究发现，芦苇具有很高的营养价值，通过对简单晒干的芦苇青贮，可作为冬季反刍动物的饲料。[34] 研究发现，芦苇在其幼嫩时期是草食家畜喜食的良好牧草，营养生长期粗蛋白含量在禾草中居于上等，为优良饲草，具有较高的饲用价值。[34,35] 从湿地植物的功能来看，湿地属于各类草地定义中的草地类型。

许多学者研究湿地和草地时，将湿地和草地合并在一起，如三江平原草甸湿地土壤呼吸和枯落物分解的 CO_2 释放，温带湖泊周边湿地原生草地与人工林土壤碳释放差异性分析，苏北海滨湿地互花米草地上生物量动态[36-39]。有些区域将湿地功能区作为一种草地资源开发利用[40,41]，如甘肃省西南玛曲县黄河首曲湿地功能区，该县在湿地功能区发展草地畜牧业。贾若祥[42]等将我国限制开发区域分为森林生态功能区、草原(湿地)生态功能

表 0-2　草地和湿地优势植物的特征与功能

类　型	优势植物生活型	优势植物的生态特征	主要功能	银川平原主要优势植物
湿　地	一年生草本	旱生,中生,湿生,水生	饲用,经济植物,环境功能	芦苇、香蒲
草　地	多年生,一年生草本	旱生,中生,湿生,水生	饲用,经济植物,环境功能	莎草、羊草、芦苇

区、荒漠化生态功能区和荒漠化防治地区,提出我国草原湿地生态功能区主要包括:青海三江源草原草甸湿地生态功能区、东北三江平原湿地生态功能区、苏北沿海湿地生态功能区、四川若尔盖高原湿地生态功能区等。由此可见,贾若祥等研究中将湿地归为草地。

综上所述,从湿地和草地的定义、分类、优势植物、优势植物生活型及生态功能来看,湿地是一种草地资源。草地可以概括为以草本植物为主的生物群落。但是湿地和草地各有其内涵与研究范畴。湿地和草地二者既有重叠部分,也有不同部分。以草本植物为主的湿草原、草甸、沼泽、芦苇湿地属于湿地,也属于草地;以饲用植物为主的草地、草甸、草原属于草地资源,也属于湿地资源。因此,湿地和草地既不能互相代替,也不能终止使用,而是同时存在,各尽其责。在草地学中既要研究草地,也要探讨河畔草甸、湖沼草甸以及湿草原、草甸、沼泽等的利用与改良;在湿地研究中要论述和研究草地的利用与改良。

0.3.1.2 湿地生态系统碳汇原理

生态系统碳循环是指碳在生态系统中的迁移运动,包括物理、化学和生物过程及其相互作用驱动下,各种形态的碳在各个子系统内部的迁移转化过程,以及发生在子系统之间(如陆地和大气界面、海洋与大气界面等)的通量交换过程。其主要过程包括陆地和海洋生物圈的碳固定与呼吸排放,土壤圈的碳平衡,河流的碳运输以及海底和岩石圈的碳沉积等。就流量来说,全球碳循环中最重要的是 CO_2 的循环,CH_4 和 CO 是次要的循环。[43,44]

湿地一直被认为是大气 CO_2 的重要"碳汇",是地球上重要的有机碳库,影响着重要温室气体 CO_2 和 CH_4 的全球平衡[45]。碳循环问题尤其是温室气体的"汇"与"源"问题是全球气候变化和陆地生态系统研究中的重要领域。不同类型湿地的碳循环和温室气体排放受植被类型、地下水位、气候、温度和水文周期变化等不同程度的影响,因此植物碳吸收与碳释放之间的平衡也会改变。[45,46]一方面,湿地植被能同化吸收 CO_2-C,形成大量有机碳的积累,而成为 CO_2 的汇;另一方面,湿地释放 CO_2 和 CH_4 而成为温室气体的源。研究表明,湿地植物净同化的碳仅仅有15%被释放到大气,多数天然湿地都是CO_2的净汇,是平衡大气中含碳温室气体的贡献者。[44,45,46]

0.3.1.3 湿地生态系统碳汇与碳源

(1)碳汇的内涵

碳是构成生物体的主要元素,碳循环及其空间分布与生态系统的维持、发展和稳定性机制有着密切的联系。[47] 在《辞海》中,"汇"被解释为综合、合并、类聚,"源"被解释为水流所从出,引申为事物的来源。[47,48] 碳汇(carbon sink)与碳源(carbon source)是两个相对的概念。

碳汇指碳元素的寄存体,如森林、海洋、湿地、土壤、草原等,碳源指自然界向大气中释放碳元素的根源,如动植物的呼吸、动植物遗体的分解、化石燃料的燃烧等[44,46,47];《联合国气候变化框架公约》中指出,"汇"为从大气中清除温室气体、气溶胶或其前体的过程、活动或机制,"源"为任何向大气中释放产生温室气体、气溶胶或其前体的过程、活动或机制[47,49]。京都碳汇是指《京都议定书》认定的碳汇。京都碳汇特指在1990年之后直接由人类活动引起的土地利用变化和林业活动导致的生态系统固碳量增加,并以透明且可核查的方式做出报告,经专家组评审后得到的碳汇[46,50]。(IPCC,1998)CDM(Clean Development Mechanism)碳汇是指基于清洁发展机制实施的减排或固持的碳增汇额度[46,50]。市场交易碳汇是指《京都议定书》中规定的CDM项目所形成的碳汇额度在国际市场上可以交易的碳汇[46,50]。李玉强等认为,陆地生态系统净生物群系生产量是全球变化研究中所使用的碳源与碳汇的概念,碳源与碳汇的转化主要受纬度、立地条件、地表覆盖等外界因素影响[49];张莉等提出,碳汇指生态系统中的碳平衡处于不稳定的状态,碳的输入量大于输出量[51]。也就是说,要判断某一生态系统在某一时间点(时间段)是碳源还是碳汇,关键在于其与外部环境进行碳交换时所处的状态,如果输入量大于其输出量,则表现为碳汇;反之,则表现为碳源。

(2)湿地碳汇的内涵

湿地是分布于陆生生态系统和水生生态系统之间具有独特水文、土壤、植被与生物特征的生态系统,是自然界最富多样性的生态景观和人类最重要的生存环境之一[52],具有独特的生态功能,对全球变化的响应十分敏感,被誉为"地球之肾"[53~56],是大气CO_2的重要碳汇[57],其碳储量约为770×10^8 t,占到陆地生物圈碳素的35%,超过温带森林(159×10^8 t)[58]、热带雨林(420×10^8 t)和农业生态系统(50×10^8 t)的碳储量之和,是全球巨大的碳库[59]。

碳汇指温室气体从大气中清除的过程、活动或机制。碳汇功能是指生态系统以有机物质的形式暂时或永久性地储存碳的功能，具有储存碳功能的生态系统各组分或类型都为碳汇。

湿地生态系统碳汇指湿地植物通过光合作用将吸收的 CO_2 以有机质的形式固定在植被或土壤中，在水分过饱和所造成的厌氧环境下，微生物对其残体的分解十分缓慢，从而发挥其吸收、固定 CO_2 的功能，减少大气中 CO_2 的浓度，达到减缓温室效应的作用。[46,50] 湿地作为全球陆地生态系统的重要组成部分，在全球碳循环中扮演着重要的碳汇角色。湿地碳汇形式主要包括植被碳汇和土壤碳汇。

碳源指温室气体向大气中排放的过程、活动或机制[46,50]。湿地生态系统碳源则是指湿地生态系统向大气释放 CO_2 和 CH_4 等导致温室效应的气体、气溶胶或它们初期形式的任何过程、活动和机制。[60]

0.3.1.4 湿地生态系统碳汇功能与碳汇潜力

湿地生态系统碳汇功能是指湿地生态系统吸收大气 CO_2，减缓大气 CO_2 浓度升高的生态系统功能。湿地生态系统的碳汇潜力指通过自然或人为因素的改变，使湿地生态系统在基准固碳水平基础上可能增加的固碳速率或者净固碳总量。[46,50]

0.3.1.5 湿地生态系统生物量

生物量：在一定时间内，湿地生态系统中某些特定组分在单位面积上所产生物质的总量，是指某一时刻单位面积内实存活的有机物质（干重）（包括生物体内所存食物的重量）总量[44]，通常用 g/m^2 表示。

地上生物量：土壤以上的所有草木活体植物和木本活体植物生物量，包括茎、树桩、枝、树皮、籽实和叶。

地下生物量：所有活根生物量（包括根状茎、块茎和板根）。

0.3.1.6 湿地生态系统固碳量

广义的湿地生态系统固碳量，包括生态系统总固碳量和净生态系统固碳量。生态系统总固碳量是指植物光合作用固定转化 CO_2 为有机碳的总量，它既可以是一定时间内的总初级固碳量，也可以是净初级固碳量。小尺度和短时间的典型生态系统净固碳量是指植被从大气中净吸收并储存于植物和土壤之中的碳总量，是总初级固碳量扣除各种呼吸碳排放的净吸收量，为净生物群系固碳量，而大尺度和长期的区域生态系统固碳量为区域生态系统净固碳量。[46,50]

0.3.1.7 生态系统现存碳储量

生态系统现存碳储量是生态系统长期积累碳蓄积的结果，包括生态系统现存的植物生物量有机碳、凋零物有机碳和土壤有机碳储量。生态系统碳密度指单位土地面积生态

系统碳储量；植被碳密度指单位土地面积植被碳储量；土壤碳密度为单位土地面积土壤碳储量。[58,59]

0.3.2 湿地生态系统碳储量与碳汇研究理论基础

0.3.2.1 生态演替理论

演替是指，在植物(或植物群落)变化过程中，一种群落代替另一种群落的现象。演替理论认为，生态系统的特征、结构等状态在气候、土壤、地形、人类活动等干扰下不断向着某一方向演进，正向演替是生态系统向着结构复杂、功能健全方向发展，它是自然界生态系统的本质规定性之一。[61,62,63]生态系统演替有原生演替和次生演替。在不同的演替阶段，生态系统生物量和固碳能力的演替轨迹不同。原生演替是指由移植动态控制的群落向资源竞争控制的群落发展的变化过程。[50]在原生演替初期，生态系统生产力、生物量和土壤有机质含量均很低，其增长过程极其缓慢；演替中期，生态系统生产力和生物量快速递增，凋落物数量和品质也快速上升，分解作用和异养呼吸作用也不断增加(异养呼吸是碳损失的主要途径)，在中期达到最大叶面积指数后又逐渐减少，同时植被和土壤不断地积累有机碳；到演替晚期，植物的营养受营养供应限制，导致生态系统生产力降低，异养呼吸增加，生物量积累速度降低，群落生物量达到相对平衡状态，生态系统的现存碳储量趋近于饱和水平。次生演替初始碳库和生物量增加量都会大于原生演替。在次生演替早期，植被覆盖率的降低导致土壤温度和含水量增加，加之大量凋落物使分解速率增加，生物量快速增加，当净初级生产力超过了分解作用，生态系统开始积累碳，初始碳库大小取决于干扰的性质和严重程度；演替中期，植被覆盖度增加引起土壤温度降低，导致分解过程减慢；演替晚期，分解作用减弱，生态系统保持碳平衡或低速率积累碳状态，这主要取决于环境对生产力和分解的限制作用。[50,61]

湿地生态系统受到饲草刈割、植被采集、河湖污染等人为活动干扰时，原来的植被生态功能丧失，甚至植被丧失，其生境被一些外界的先锋植物占领，开始了植被演替过程，在由早期向中期演替时，净初级生产力未达到峰值，当净初级生产力超过分解作用，生态系统开始积累有机碳[61]。生态系统自然演替过程是决定生态系统生产力和碳蓄积长期变化的关键驱动因子。生态演替理论是湿地生态系统基于自然过程增汇和基于人为活动增汇途径的理论基础。

银川平原地区湿地尤其是湖泊湿地在人类干预下正在正向演替，处于此阶段的湿地生态功能尤其是碳汇功能在迅速提升，演替理论对银川平原湿地碳汇功能提升以及空间规律探讨具有重要的指导意义。

0.3.2.2 碳汇理论

碳是地球上最为重要的生命元素，是地球上生命体的主要组成部分，在大气圈、水圈、土壤生物圈、岩石圈中以不同形态存在，在地表系统中形成不同的碳储库。其间由于各种各样的物质和能量循环使碳的存在形式相互转化，产生了碳的源和汇，这种碳以不同形式相互转换和运移的过程，就称为碳循环[64]。

碳汇理论产生于生态文明时代，《京都议定书》规定的温室气体排放权交易机制、联合执行机制、清洁发展机制是建立国际碳排放权交易的基础性制度。碳汇是生态文明时代的一种新型资源、一种新型金融性资产，在科学技术发展中在全球范围内创立。将碳汇作为一种资源，是人类社会发展的巨大进步和飞跃，其深刻的思想在于通过碳汇的经济运作，促进发展方式转变，将自然生态系统的价值货币化，以确保人类生态安全[46]。

碳汇理论认为，全球生态问题尤其是环境问题归结为碳的固定和排放问题。开垦草地、改造沼泽等人类活动使得温室气体增加[61,63]。增加碳汇的直接途径是植树造林，保护、恢复和管理好森林、草原、湿地、农田生态系统[63]。银川平原地区湿地数量众多，类型丰富，分布广泛，是宁夏乃至旱区重要的碳汇，其碳汇功能在迅速提升，碳汇理论对银川平原湿地碳汇功能提升以及探讨增汇途径具有重要的指导意义。

0.3.2.3 生态系统管理理论

生态系统管理理论形成于 20 世纪 90 年代，是集生态学、管理学、社会学以及其他学科原理于一体的新的管理理论。它指在一定的时空尺度范围内，将人类价值和社会经济条件整合到生态系统经营中，以恢复或维持生态系统的整体性和可持续性[66]。生态系统管理方法明确承认自然生态系统与经济、社会、政治和文化系统间的相互关系，通过生态、经济和社会因素综合控制生物学、物理学的人类系统，以达到管理整个系统的目的。[65,66,67]

根据生态系统管理理论，合理的管理措施可以增加湿地生态系统碳吸收，或减少湿地生态系统碳损失来固定更多的碳。湿地生态系统碳汇功能受自然因素和人为管理措施的共同作用，具体表现为碳汇或者碳源。银川平原地区实施了一系列湿地恢复与保护工程，增加湿地碳固定，减少湿地碳损失，使湿地碳汇能力提升。生态系统管理理论为分析湿地生态系统人为措施增汇或减排途径提供了理论依据。

0.3.2.4 生态发展理论

生态发展理论是基于区域是一个自然（生态）—经济—社会复合、开放的复杂系统，在人类干预下，系统中的自然（生态）、经济和社会要素和谐有序、相互影响、相互促进，使生物群落正向演替，生物多样性增加，生态资本的量和质双倍提高。[62] 生态发展将生态环境作为经济发展和社会系统的内生变量看待，具有阶段性。对退化生态系统而言，第一阶段是植被的恢复和重建，高级阶段是生态系统结构、功能的改善，进而达到自然（生态）—经济—社会复合巨系统和谐演进[62,63]。

湿地生态系统碳汇能力决定于环境条件和植物生长发育过程、植被的演替阶段，以及群落功能状态的变化。生态系统的类型、区域环境以及人为干预措施等改变了生态系统的碳汇功能，基于生态发展理论，可以通过改变湿地覆被和生态系统管理提高银川平原湿地生态系统固碳能力。

0.4 湿地生态系统碳储量与碳汇研究现状

0.4.1 基于 CNKI 数据库的定量分析

0.4.1.1 检索说明

本研究的文献检索范围是由中国知网（CNKI）提供的中国学术期刊网络网出版总库数据库，检索范围为截至 2014 年 7 月 7 日所收录的所有文献，检索时采用高级检索功能，分别以碳汇、湿地碳汇、森林碳汇、草原碳汇、土壤碳汇和海洋碳汇为主题词进行检索。

0.4.1.2 检索结果分析

通过检索发现，有关碳汇研究的文献有 4700 篇，其中湿地碳汇、森林碳汇、草原碳汇、土壤碳汇和海洋碳汇的文献分别有 118 篇、930 篇、123 篇、632 篇、253 篇（图 0–1），说明目前学术界对湿地碳汇的研究依然相当薄弱，有待加强。

从检索期内各年有关湿地碳汇的文献数量变化（图 0–2）来看，在整体上，国内对湿地碳汇的研究呈现明显的上升趋势。其中，最早的研究文献出现于 2002 年，2011 年文献数量大幅上升，2012 年该领域研究文献稍有减少，检索到文献 13 篇，2013 年文献数量正常回升，检索文献数量 24 篇。从已有的文献来看，关于湿地碳汇研究的热度依然在增加。

0.4.2 碳储量与碳汇研究现状

自工业革命以来，大气中 CO_2、CH_4、N_2O 等温室气体浓度显著增加，导致全球气候变化。自 20 世纪 70 年代以来，有关温室气体的研究越来越受到世界各国政府和学术界的关注。[68] 从检索到的文献和相关著作看，目前对湿地碳汇的研究主要集中在湿地固碳与储碳能力、湿地碳汇计量方法、湿地碳汇潜力的评估、湿地碳汇控制因子的研究等方面。

0.4.2.1 湿地固碳与储碳能力

湿地植被可以通过光合作用吸收大气中的 CO_2，从而发挥储碳、固碳的重要生态服

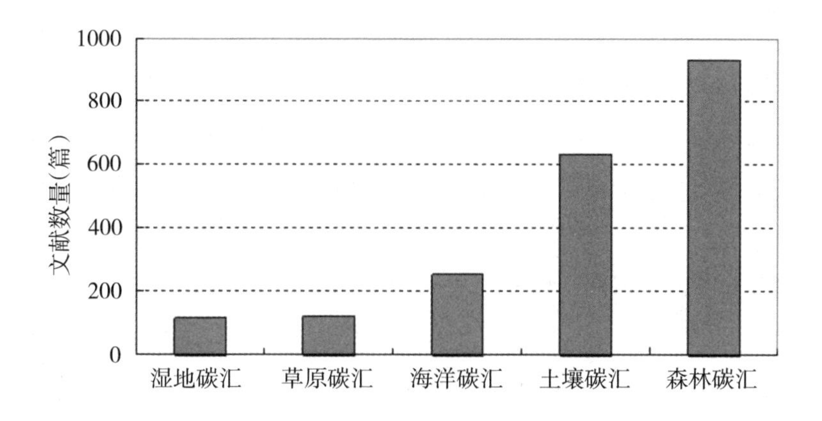

图 0-1　主要生态系统碳汇研究相关文献总数

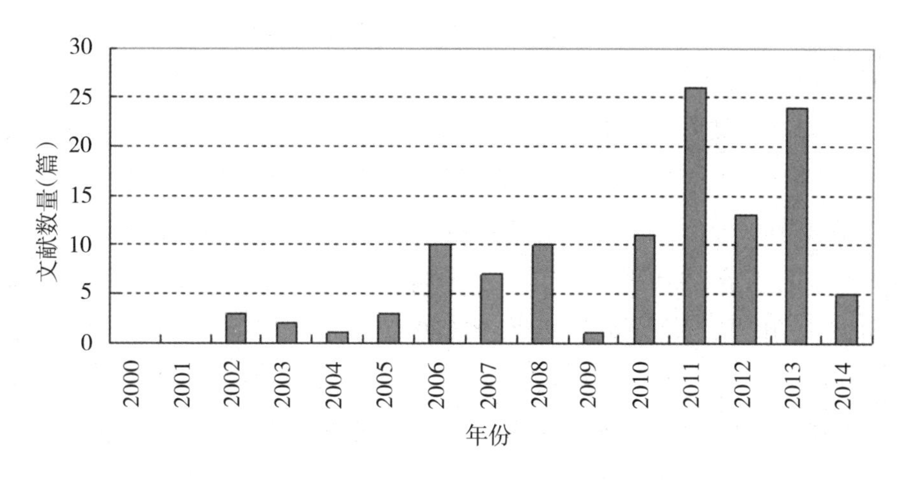

图 0-2　2000～2014 年湿地碳汇研究相关文献总数

务功能，在全球碳循环中占有重要地位。[68,69] 湿地储碳固碳研究成为近年来研究热点。目前对全球湿地碳储量总量的估计，有众多研究。Ding WX 等[70-77]从不同的角度研究了湿地的储碳固碳功能。Zhang 等[79]认为，湿地碳库储量占陆地碳库总储量的 15%～30%。Parish F[80]认为，全球所有湿地面积之和仅占地球陆地面积的 4%～6%，但它却是全球最大的碳库，碳储量约为 770×10^8 t，占到陆地生物圈碳素的 35%，超过农业生态系统（150×10^8 t）、温带森林（159×10^8 t）及热带雨林（428×10^8 t）的碳储量总和。段晓男、王效科等[81]通过分析评价我国沼泽湿地土壤固碳速率，估测了我国各种类型沼泽湿地总的固碳能力为 $4.91 TgC \cdot a^{-1}$。刘晓辉、吕宪国[76]通过土壤和植物固碳功能的量化，估测了三江平原沼泽湿地的固碳总量为 2.75 亿 t/a。这些学者虽然研究的角度不同，但均认为湿地生态系统具有很强的固碳能力，能够作为一个抑制大气 CO_2 浓度升高的碳汇。[68]

在湿地生态系统固碳与储碳能力的估算方面，国内外学者已经开展了广泛而深入的研究。Crill[82]等通过对北方泥炭地湿地植物的研究，得出其固碳能力约为 0.31 $kg·m^{-2}·a^{-1}$；Aselmann[83]等通过研究认为，全球湿地植物的平均固碳能力为 0.05 ~ 1.35 $kg·m^{-2}·a^{-1}$；我国学者马学慧[84]等通过对三江平原沼泽地碳循环的研究，计算得出湿地植物的固碳能力为 0.80 ~ 1.20 $kg·m^{-2}·a^{-1}$；梅雪英[68]等以崇明岛东滩芦苇湿地为例，研究了长江口湿地植被的储碳固碳能力，得出其植物固碳能力为 1.11 ~ 2.41 $kg·m^{-2}·a^{-1}$；李博[74]等在实地调查和实验室测定的基础上，研究了白洋淀湿地芦苇的储碳固碳功能，认为白洋淀湿地芦苇的碳储量为 2.52 ~ 3.44 $kg·m^{-2}$，其固碳能力为 0.82 ~ 1.65 $kg·m^{-2}·a^{-1}$，是全国陆地植被平均固碳能力的 1.7 ~ 3.4 倍、全球植被平均固碳能力的 2.0 ~ 4.0 倍；李孟颖[85]以全球变化为背景分析了天津湿地生态系统的碳汇作用，估算了湿地（滨海、河流、湖泊、沼泽、人工湿地）碳汇总量；索安宁[69]等测算了辽河三角洲主要湿地植被的生物量和净初级生产力，研究了该地区湿地植被的储碳和固碳能力，得出该区植被的平均固碳量达 17.68 $t/hm^2·a$，是我国陆地植被平均固碳能力的 3.59 倍、全球植被平均固碳能力的 4.31 倍；张桂芹[89]等在采用 3S 技术及野外考察法对济南市湿地资源进行调查的基础上，估算了济南市不同湿地类型（河流、湖泊、沼泽、人工湿地）的碳储量，发现沼泽湿地的碳储量和当年碳增量最大，分别达到 541 万 t 和 27 万 t；米楠[5]等通过对宁夏旱区湿地生态系统碳汇功能的研究，得出宁夏湿地总碳储量为 1502.80 万 t，约占宁夏旱区5 种主要生态系统（林地、灌木、草地、湿地、特色经果林）碳汇的 45.03%，比全球湿地总碳储量占全球陆地生态系统碳库的百分比（10% ~ 35%）高出 10 多个百分点；李鸿鹄[86]根据当前的气候环境情况，从扎龙湿地的土壤和植被入手，研究了扎龙自然保护区的碳汇功能，并对影响扎龙湿地碳汇功能的因素进行了探讨，提出了保护湿地的措施；吕铭志[92]等对比分析了不同气候条件下红树林湿地生态系统碳源、碳汇特征及其影响因素，认为红树林湿地在固碳速率和固碳潜力方面都要高于泥潭沼泽和苔藓泥炭沼泽。

0.4.2.2 湿地碳汇测定方法

湿地碳储量包括土壤碳储量、植被碳储量和水体碳储量。湿地植被碳储量包括地上生物量、地下生物量、枯死木生物量、枯落物生物量 [88-90]；水体碳库主要包括水生植物生物量、水体碳和沉积物碳[91,92]。湿地碳储量估测的理论基础的研究，是湿地碳储量的科学计量、精确报告、有效核查的概念框架、方法论和技术体系建立的重要支撑[50]。关于湿地碳储量及碳汇效应的理论基础的专门研究比较少，学者们主要是针对森林、农田、草地等陆地生态系统的研究开展的。主要理论有生态系统生产力理论、生态系统演替理论、生态系统管理理论、碳循环理论、景观生态学原理、湿地恢复理论等。于贵瑞等[50]提出了生态系统生产力是分析生态系统固碳量、固碳速率和潜力的理论基础，固碳速率会因生态系统类型、区域性环境条件以及人为干预措施的影响而改变是定量分析和认证生态系统固碳能力与固碳速率的生态学基础；同时提出生态演替理论、生态系统管理理论等是提高碳汇潜力的理论基础；提出通过生态系统管理水平的提高增加生态系统碳汇功能和增汇潜力必将成为应对气候变化的重要途径，是必须给予高度重视的碳汇。湿地碳汇功能研究的这些理论和方法的进一步整合以及新理论和方法的引入及提出，是未来碳汇功能理论研究的一个新趋势。

湿地碳汇测定与评估方法是碳汇研究中的重要科学问题。崔丽娟等[92]对湿地生态系统各组成部分碳储量估测方法进行分析研究，指出湿地生态系统碳储量估测应当充分融合水域和陆域各碳储存库的估测方法。目前，学者们运用和探讨的固碳量估测方法，主要是针对湿地植被生物量、植被含碳量以及湿地土壤碳储量的估测。湿地生物量测算方法研究是精确估测湿地生态系统碳汇功能的一个支撑，也是学者们讨论最为广泛和深入的。湿地地上生物量的估测方法主要有样地实测法、非破坏性估算法、基于遥感信息估测法和生物量遥感估测模型等。[5,8] 其中，样地实测法是最基本、最可靠、最成熟的方法，广泛应用于小尺度生物量估测。[4,92] 梅雪英、张修峰等学者[34-36,68,92]开展了深入的讨论和研究，采用了传统的生物量测算法、经验公式法、回归等式法估测湿地生物量。但这些方法在中到大尺度实施难度较大，且难以形成一个通用的、行之有效的估测方法。而遥感估测植被生物量法在大尺度范围内植被生物量的估算中则显现出优势[92,93]，主要方法有遥感信息参数拟合生物量的方法、遥感数据与过程模型相结合的方法、人工神经网络模型法和基准样地法等。[93] 遥感信息参数拟合生物量的方法是在分析植被指数、主成分、纹理特征值等遥感信息参数与实测植被生物量相关性的基础上，通过建立生物量估测模型来反演植被生物量；遥感数据与过程模型相结合的方法是应用遥感数据反演过程模型中生态系统内部各种生理生态参数，该方法估测结果更为可靠。[93] 朴世龙、方精云[94]基于 GIS 和遥感技术，利用 CASA 模型对湿地生物量进行估测，具有较高的精度，同时克服了地面站点数据难获取的缺点，表明遥感技术应用于湿地固碳量估测的可行性，为湿地生态系统生物量和 NPP 的精确测算提供了新的分析估测方法。同时 3S 技术等现代手段逐步应用，提高了湿地生物量测算的精度。目前，使用遥感波段信息和植被指数与生物量实测数据建立一元线性模型是生物量反演的主要方式。将光谱信息、纹理特征、植被指数、实测数据结合建立生物量估测模型，能够提高生物量估测精度。湿地植物地下生物量的测定方法主要包括挖掘收获法、钻土芯法、内生长土芯法、微根区管法、根冠比法、同位素法、元素平衡法等。[92] 其中，钻土芯法和根冠比法是目前应用较广的方法，尤其是根冠比法在大、中尺度范围生物量的估算中得到了更为广泛的应用，采用与地上生物量的比值来估算地下生物量。[5] 利用遥感估测植被碳含量常用的方法是分析植被生物量与植被指数、叶面积指数等之间的关系，建立植被生物量估测模型进而反演出植被生物量，然后乘以碳含量转换系数[92]。

目前，国内对湿地生态系统碳汇的系统研究较少。在湿地生态系统碳汇的估算中，主要依据 Whittaker[95]和 Schlesinge[96]提出的碳汇估测方法，进而确定相应的估算方法。张桂芹、米楠、米文宝[5]等也采用此方法估算了不同地区湿地生态系统的碳汇。

土壤有机碳含量的测算也是当前全球碳循环研究的热点之一，但不同学者之间的估测值差异较大。从估测方法看，主要有基于土壤剖面的直接估测法和基于生态系统碳循环过程模型的间接估测法。这两种方法各有优缺点，将遥感的高时空分辨率特征、反映生态系统碳循环动态变化的过程模型、实际测量的土壤有机碳结合起来，保证了土壤有机碳总量估测的准确性。周涛、史培军等[97]采用碳循环过程模型估测了中国典型土壤碳储量。陈泮勤、王效科等[44]等利用固碳速率、土壤碳密度、土壤有机碳含量、土壤容重等参数，对中国湿地、三江平原湿地、若尔盖高寒沼泽湿地储碳固碳能力进行了研究。模型模拟是预测有机碳长期变化的重要方法，为大量的观测数据、分析和预测大尺度的生态系统过程提供了有力工具。张文菊[98]等采用湿地观测和湿地生态系统碳循环模拟模型，研究了东北三江平原重点湿地沉积物剖面有机碳的组分与分布特征。乔婷[93]采用遥感反演方法研究了东洞庭湖湿地碳含量。马琼芳[99]用实地调查—实验室测定—遥感集成的方法研究了若尔盖高寒沼泽生态系统碳储量。苗正红[100]采用 GIS 和地统计学方法及遥感集成方法研究了三江平原土壤有机碳储量动态变化。

从已有的研究来看，土壤有机碳含量的测算主要有土壤剖面估测法和模型估测法，这两种方法各有优缺点。在土壤碳储量的估算上确定的公式[95]为 $C_{stock}=BD\times C_{org}\times D\times A$，式中，$C_{stock}$ 为碳储量（$t\cdot hm^{-1}$），BD 为土壤容重（$g\cdot cm^{-3}$），C_{org} 为土壤有机质含量（%），D 为图层厚度（m），A 为面积（hm^2）。李鸿鹄[86]等在测算扎龙湿地碳储量时也选用了与此类似的计算模型，即 $USC=TOC\times D\times S\times 10^4\times\rho$。式中，USC 表示某一深度范围内单位土壤有机碳含量（t），D 表示计算深度（m），S 为样品代表的土壤面积（hm^2），10^4 为土壤面积换算系数，ρ 为土壤容重（t/m^3）。将遥感的高时空分辨率特征、反映生态系统碳循环动态变化的过程模型、实际测量的土壤有机碳结合起来，保证了土壤有机碳总量估测的准确性。模型估测法是通过各种土壤碳估测模型来估测土壤有机碳储量，主要有相关关系模型、机理过程模型和基于实测数据和遥感数据的模型等[93,97]。目前，基于实测数据和遥感数据的模型估测方法也取得了很多成果。一些学者发现 TM 影像 1、2、3、4 和 5 波段与土壤有机质相关性最大,3S 技术和样地实测数据相结合可以解决由点到区域的土壤碳储量估测问题[93,97]。

以上研究工作的开展，从不同角度不同层面研究了我国湿地碳储量现状和分布特征,丰富了湿地固碳能力研究的理论和实践方法,推动了理论的深化和方法的创新。但应该看到,这些研究方法在湿地固碳量测算中各有优缺点。因此,采用 3S 技术加以典型样地调查和非破坏性采样技术及湿地遥感—碳估测模型数据集成的综合方法,是湿地生态系统碳储量及碳汇功能研究的新进展。

旱区湿地碳储量研究是陆地生态系统碳循环研究中不可缺少的重要组成部分,但目前尚未引起学术界的足够重视。关于旱区湿地碳储量及碳汇能力的系统研究成果比较少,其湿地植被碳储量和土壤碳储量及其变化过程仍不明晰。卜晓燕、米文宝等[101]研究了宁夏平原湿地土壤有机碳及其空间分布规律。张雪妮、吕光辉[102]研究了艾比湖湿地自然保护区土壤碳库。这些学者的研究在不同程度上为旱区湿地碳汇能力的研究提供了科学依据。总体来说,目前学术界对旱区湿地碳储量及碳汇能力的综合研究还较为薄弱,研究的典型区见诸刊物的主要有新疆艾比湖、博斯腾湖,中亚干旱区咸海,研究方法和研究内容比较单一,尤其缺乏新技术、新手段与新方法的集成应用对干旱区湿地碳储量及碳汇效应进行综合分析和评估。

0.4.2.3 湿地碳汇潜力评估

随着湿地生态系统碳汇研究的推进,其碳汇潜力的评估也越来越受到众多学者的重视。2008 年,段晓男[81]等通过资料调研和分析,对中国湿地生态系统的固碳现状和潜力进行了评估,得出我国各类湿地生态系统的总固碳能力为 $4.91TgC\cdot a^{-1}$。2010 年,闫明[103]等探讨了滩涂芦苇在固碳减排和构建高碳汇生态系统中的作用与意义。林光辉[104]等通过综述红树林、盐沼、海草床等滨海湿地碳循环研究的最新进展,研究了红树林等滨海湿地碳库的现状及其碳汇潜力。庄洋[105]估算出内蒙古湿地有机碳储量是 6.41×10^{10} t,河流和湖泊湿地的固碳潜力分别为 4.02×10^{5} t/a 和 3.44×10^{5} t/a。李自民[106]以自然湿地(杭州西溪湿地和白洋淀芦苇湿地)和人工湿地(嘉兴稻田湿地生态系统)为研究对象,分析了其植硅体和植硅体动态碳含量变化特征,探讨了典型生态系统中植硅体的碳汇潜力。同时,探究湿地植物碳汇经济价值的研究也已经开始。如于婷[107]计算了我国典型芦苇湿地的碳汇经济价值,认为芦苇碳汇对调节温室效应具有积极作用。

0.4.2.4 湿地碳汇控制因子分析

湿地生态系统因其自身的结构组分特征而成为地球表层系统中最重要的碳汇,但在一定条件作用之下,其碳蓄积能力也会下降甚至转化为碳源。[108,109,110] 针对这一问题,先后有学者对其控制因子进行了探讨。孟伟庆[111]等从湿地生态系统的水分、植物类型、土壤厚度、微生物(底物、pH、温度、氧化还原条件)等方面分析总结了影响湿地碳源与碳汇过程的控制因子和临界交替条件,认为水位是影响湿地碳源 / 汇功能最为主要的因素。李鸿鹄[86]通过对扎龙湿地碳汇功能的分析研究,将影响扎龙湿地碳汇功能的因子总结为气温、地下水位、区域温度、水文周期变化、土壤 pH 值、土地面积变化以及人为因素等。李玉强[49]等通过对陆地生态系统碳源与碳汇及其影响机制研究,发现 CO_2 施肥效应、氮沉降增加、污染、全球气候变化以及土地利用变化等因素是影响陆地生态系统碳储量的主要生态机制,但并不确定哪一种机制起主要作用。

综上所述,湿地碳储量及碳汇能力研究经过学者的探索,在理论和方法等方面取得了重要进展。但是过去的研究主要通过定位监测、样带观测及国家尺度上的分析,定量评估中国湿地生态系统碳库及其动态变化,往往仅针对某个区域的湿地植被或土壤碳库及其动态特征,或评估某个生态组分的碳库及其变化(植被或土壤部分)。其固碳量估测方法一般运用生物量法,CASA 模型、公式法等进行估测。但不同的固碳量测算方法其应用条件存在差异,有不同的适宜性。因此,到迄今为止对中国湿地生态系统固碳量及碳汇能力的测算和评估,还没有一个较为统一的方法体系。目前,遥感技术在湿地研究中已得到广泛应用,如在湿地分类、面积分布、分区划界、监测湿地动态变化及制图等方面取得了一些成果,并将遥感和基于 TM 遥感影像应用于湿地植被生物量的测定之中。

0.4.3 湿地生态系统碳储量与碳汇研究存在的问题

近年来,湿地生态系统碳储量与碳汇能力研究开展了大量的工作,在理论与方法、实践等方面取得了重要进展,对湿地碳汇的发展具有重要意义。但由于研究起步晚、技术方法和实践经验等不足,目前的研究中依然存在许多问题。

0.4.3.1 理论研究仍显不足

在湿地生态系统碳储量与碳汇研究的基础理论研究方面, 学术界已经开展了较为广泛的研究,并取得相关研究成果。在生态系统碳储量和碳汇研究的核心概念与理论基础上有了较为一致的意见。但受实践不足及不同学科的局限,对于湿地碳汇的概念等方面仍然没有形成明确、统一的认识,导致大量湿地碳汇研究结果的说服力和通用性大大下降。

0.4.3.2 方法、技术比较单一

国内外学者针对碳汇的估测方法做了大量的研究,但主要集中在森林、土壤和海洋生态系统的碳汇研究方面,对湿地生态系统碳汇计量方法的探讨依然较少。国内现有的研究仅是以 Whittaker 和 Schlesinge 提出的碳汇估测要求确定估测方法,没有形成一套完

善系统的估测方法；在生物量的估测方法上，依然存在诸多的不足，如计算生物量时，转换系数的选取并没有明确的规定。计量方法的不足在一定程度上制约着湿地碳汇的研究进程。

0.4.3.3 价值评价研究依然薄弱

湿地生态系统是地球生态系统中最重要的碳汇，对减少温室气体、缓解全球变暖具有非常重要的作用。但对其评价的价值研究并不多见，尤其在湿地碳汇价值评价的量化研究方面非常薄弱。

0.4.3.4 管理制度研究较少涉及

在全球温室气体急剧增加，而湿地面积大幅萎缩的情况下，急需出台相关保护与管理制度。但就目前的研究现状而言，并没有专门的研究成果问世，只散见于部分研究论文当中，这与湿地碳汇的健康发展并不适应。

0.4.4 湿地生态系统碳汇研究展望

0.4.4.1 湿地碳汇控制因子的研究

湿地生态系统的水分、植物类型、土壤厚度、微生物以及人为干扰等因子的变化，会对湿地生态系统的碳汇功能产生影响，甚至打破其原有的碳平衡状态。而在现有的研究成果中，缺乏对湿地碳汇控制因子系统的、综合的研究，对不同区域不同条件下起主导作用的控制因子并不确定。今后应进一步加强该领域的研究，明确各控制因子在湿地碳汇中的作用机制和影响系数，揭示湿地碳汇的形成机制，对建立和完善科学的湿地碳汇计量模型与评价湿地碳汇功能大有裨益。

0.4.4.2 新方法新技术的应用研究

目前，湿地碳汇基础数据缺乏、碳计量方法和技术薄弱等因素，在一定程度上限制了碳汇研究工作的深入开展[92]。因此，将样地调查与监测的点数据和遥感卫星影像的面数据相结合，构建湿地碳汇研究动态数据库和估测模型，提高碳计量模型的精度，加快学科间的相互交叉、渗透和耦合，引入多种新技术新方法作为湿地碳汇研究的支撑，是今后研究中需要进一步探究的问题。

0.4.4.3 湿地碳储量与碳汇时空演化规律研究

在空间异质性作用之下，湿地碳储量与碳汇功能会发生相应的变化，而以往研究成果中较少涉及湿地碳储量与碳汇时间和空间变化规律的研究。深入研究并总结湿地碳储量与碳汇的时空演化规律及其演变机制，对发挥湿地的碳汇潜力，增强湿地的碳汇功能，具有重要的现实意义。因此，不同区域湿地碳储量与碳汇的空间分布规律、动态变化及其作用机制的研究是今后湿地碳储量与碳汇研究的重要领域之一。

0.4.4.4 湿地碳汇价值与管理研究

目前,关于湿地碳汇的价值和管理方面的研究比较薄弱,对湿地碳汇产业的经济价值和湿地资源的保护与利用方面的研究并不多见。而在 CDM(Clean Development Mechanism)机制作用之下,必须加大湿地碳汇价值与管理制度的研究,建立完善的湿地碳汇补偿机制,以保护湿地资源,促进湿地碳汇经济的发展。

0.4.4.5 不同管理方式下的湿地增汇研究

湿地生态系统碳汇功能受自然因素和人为管理措施的共同作用,具体表现为碳汇或者碳源。在生态系统演替过程中,如果能够及时采取合理的人为增汇技术措施调控生态系统演替过程,则会改变碳蓄积动态变化过程[50],扩大生态系统植被和土壤的碳库容量,提高生态系统的碳储量水平;相反,如果采取不合理的人为措施,则有可能干扰生态系统的增汇功能,降低生态系统的碳储量水平。

生态系统综合调控碳管理模式是人为增汇或减排的普遍模式。生态系统的碳蓄积潜力是蓄积动态过程累积的结果，很多技术和措施对碳库容量和动态过程产生综合影响[50],人为增容过程会促进固碳速率增加,人为活动造成的减容会降低固碳速率。

0.4.4.6 湿地碳汇理论研究

目前,关于碳汇的研究多集中在碳汇测量方面,关于湿地碳汇理论方面的研究比较少,因此,碳汇理论的研究也将是今后湿地碳汇研究的重要领域之一。

结合已有研究及本研究的数据获取情况，本研究采用实地调查—实验室测定—GIS—遥感集成的方法研究银川平原河流、湖泊、沼泽、人工湿地四种类型湿地碳汇能力。植被碳含量是通过建立生物量多元线性遥感估测模型,进而构建植被碳含量多元线性遥感估测模型;土壤有机碳含量利用相关关系模型,选出与土壤有碳含量相关性高的遥感信息参数,采用多元逐步回归法建立土壤碳含量遥感估测模型,在此基础上分析评估银川平原四类湿地的碳汇能力。

0.5 研究思路与技术路线

0.5.1 研究思路

本研究通过分析总结国内外湿地生态系统碳储量与碳汇研究的基本理论、实践和相关评估案例,选择研究区湿地恢复与保护措施实施先期(2000 年)、中期(2005 年,2010 年)和近期(2014 年)4 期 TM 影像,以碳循环理论、生态系统演替理论、生态系统管理理论、生态发展理论为指导,以银川平原四种类型湿地植被和土壤碳汇为研究对象,在广泛收集资料、典型样区采样、实验室测定样方数据、湿地遥感影像解译的基础上，应用TM影像波段信息、纹理特征、主成分等遥感信息参数与相关关系模型，构建生物量遥感估测模型，结合实测样点植被碳含量构建植被碳含量遥感估测模型；在分析实测样点土壤有机碳含量与遥感信息参数间的相关性基础上，构建土壤碳含量遥感估测模型。应用植被、土壤遥感碳估测模型估测2000～2014年14年间银川平原湿地植被生物量、土壤有机碳含量及碳储量，分析过去14年银川平原湿地碳储量分布格局及时空变化特征，并分析碳储量时空变化的影响因素，在此基础上评估2000～2014年湿地碳汇能力。

0.5.2 研究方法

本研究主要采用3S技术加典型样地调查采样技术、样地实测法、生化检测技术及湿地碳遥感估测模型数据集成的综合方法与思路，采用空间分析、比较分析、回归分析、相关分析、方差分析等综合方法。

0.5.3 技术路线和实施方案

本研究以生态系统演替理论、碳循环理论、生态系统管理理论为理论基础，采用4期遥感影像，结合银川平原湿地实测数据，充分利用RS技术、GIS技术、空间分析等多种研究方法，对银川平原湿地碳储量及碳汇效应进行系统研究，具体研究方法和技术路线如下。

查阅、收集、整理专家学者关于湿地生物量研究、湿地植被碳储量研究、湿地土壤储碳量研究等湿地碳汇效应研究等方面的理论和方法，综合分析、评价、构建理论方法体系，作为本研究的方法基础和理论支撑。

综合集成湿地科学、生态学、现代地学的众多研究方法，即典型样地调查、非破坏性采样技术、资料收集、3S技术、数理统计和多学科、跨学科整合技术等，为研究区湿地碳汇能力研究提供技术方法支撑。

广泛收集和调查银川平原现有的湿地植被、湿地土壤、湿地水环境以及生态建设、湿地恢复保护工程、湿地规划、湿地资源调查、土地利用变化、湿地资源开发利用等方面的资料、数据，进行认真分析、总结，为银川平原湿地碳储量估测和碳汇能力评估提供相关数据与依据。

使用遥感处理软件ENVI 4.7对研究区湿地恢复与保护措施实施先期（2000年）、中期（2005年，2010年）和近期（2014年）四期TM影像进行预处理并提取湿地遥感因子。通过野外实地调查，建立遥感解译标志进行精度验证，同时开展湿地植被、土壤碳含量样地取样。利用地理信息系统ARCGIS10.0将遥感影像解译结果叠加资源分布数据，对错判的湿地类型进行修改，生成湿地资源分布图。

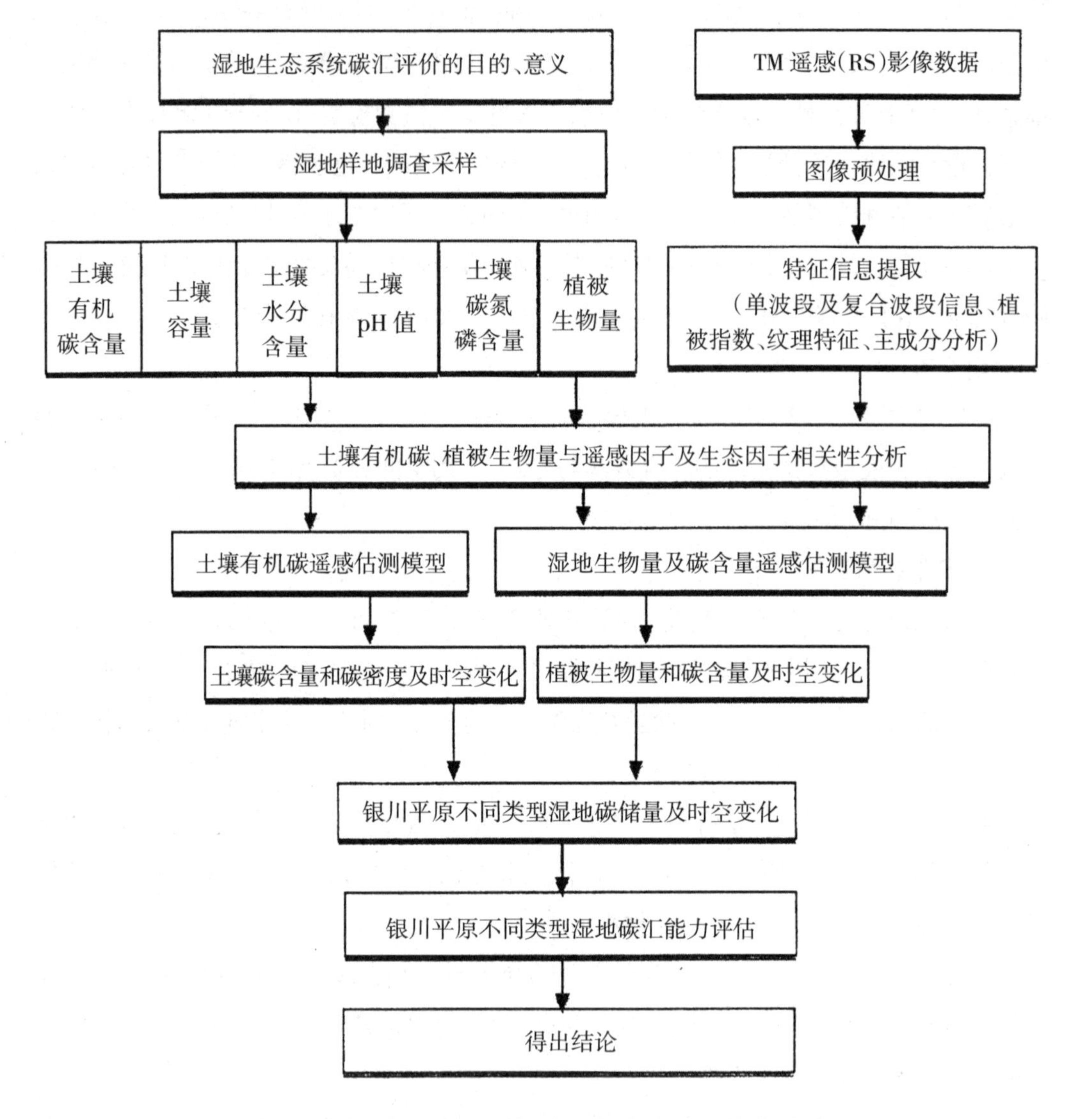

图 0–3　银川平原不同类型湿地碳汇评估技术路线

采用典型样方定点调查观测、实验室测定、3S 技术、数学统计相结合的方法，测算银川平原湿地生态系统不同类型湿地植被生物量、植被碳储量和土壤碳储量，并对其空间分布进行可视化表达。

系统分析研究区湿地碳储量及碳汇能力。

本研究技术路线和实施方案如图 0–3 所示。

0.6 本研究的创新点

本研究的特色和可能的创新点：

一是选取的研究内容国内尚缺乏系统研究，研究视角比较新，具有系统性。

二是研究采用了多种方法集成，构建了适合区域特点的湿地碳含量遥感估测模型，具有一定创新性。

三是基于模型的区域湿地碳汇能力评估结果，具有科学性和实用性。

第一章 研究方法

1.1 野外调查与采样

1.1.1 样地设置

根据 2014 年 OLI8 遥感影像，用典型样地法选择研究区有代表性的 9 个重点湿地(包括河流湿地、湖泊湿地、沼泽湿地、人工湿地)作为实验样地，样地位于银川平原的国家级湿地公园和国家级湿地自然保护区，采样地基本情况见表 1–1，重点湿地位置如图 1–1(见后彩插，下同)所示。

为了使 13 个样地均匀分布在湖泊湿地、河流湿地、沼泽湿地和人工湿地范围内，在 TM 遥感影像上用均匀分布的纬线和经线把各样地均匀划分，在经纬线交点附近且植被长势较好的地段选择样地。在此基础上，参考地形图，于 2014 年 8~9 月，在宁夏黄河流域银川平原地区沿黄河从南向北实地踏查，根据研究数据需要在 9 个重点湿地中分别选取有代表性的 13 个样地(样地设置为 30 m × 30 m，为了使遥感影像上一个像元的自变量特征值能精确代表该样方的值)，使其基本能代表银川平原湿地植物群落及其地表积水状况信息。样地的选取遵循如下原则：一是分层抽样法与机械布点结合；二是植物分布有代表性，分布较均匀；三是遥感影像可读性；四是交通通达性[112,113]，各样地采样点分布如图 1–2 所示。

1.1.2 植被样品采集

在每个样地内随机选择 3 个小样方(1 m × 1 m)(样点分布情况见表 1–2)，利用手持 GPS 进行导航定位，记录样地中心点经纬度坐标，确定采样点位置范围，并开展植被调查、生物量测量和环境因子调查。

湿地地上生物量测定：将小样方内(1 m × 1 m)植物地上部分采用齐地面刈割采集的方法全部采集完，聚乙烯密封袋分别盛装、编号，带回实验室烘干至恒重后称重。然后进行粉碎，过 60 目筛后备用。

湿地地下生物量(根系)测定：采集完地上生物量后，采用土钻法在每个样方内采集

表 1-1 银川平原湿地样地位置范围

湿　地	位置及范围
星海湖国家湿地公园($W_{星}$)	位于石嘴山大武口区，地理坐标范围 38°22′~39°23′N,105°58′~106°59′E。
阅海国家湿地公园($W_{阅}$)	位于金凤区,中心点坐标为 38°32′9″N,106°12′9″E。
鸣翠湖国家湿地公园($W_{鸣}$)	位于银川市兴庆区东侧与永宁县交界处,东临黄河 3 公里,银青公路穿湖而过,东以惠农渠为界,西至红旗排水沟,南至永宁线中心排水沟,北以银横公路为界。地理坐标 38°30′N,106°19′E。
黄沙古渡国家湿地公园($W_{黄}$)	位于银川市兴庆区,地理坐标 38°34′N,106°32′28″E。
吴忠黄河国家湿地公园($W_{吴}$)	位于吴忠市利通区和青铜峡市交界处，地理坐标范围 36°34′~38°23′N,104°17′~106°39′E。
沙湖自然保护区($W_{沙}$)	位于石嘴山平罗县，地理坐标范围 38°45′~38°55′N,106°13′~106°26′E。东西长 21 公里,南北宽 17 公里。
青铜峡库区湿地自然保护区($W_{青}$)	位于青铜峡南部，地理坐标范围 37°43′~37°53′N,105°54′~105°59′E。
鹤泉湖($W_{鹤}$)	位于永宁县,中心点坐标为 28°17′50"N,106°16′28″E。
银川平原湿地($W_{银}$)	即为银川平原黄河河流湿地,包括永宁县、贺兰县、兴庆区、灵武市的黄河两岸。中心点坐标为 38°25′13″N,106°29′00″E。

地下根量样品。由地表向下采集,取样深度为 0~40 cm,将样品利用 0.5 目沙网袋用水冲洗去除土壤后,将干净的根样放入纸质信封中带回实验室备用。

叶面积测定:采用湿地生态系统叶面积观测常用的方法,即叶面积仪法。用LAI-2000植被冠层分析仪测量芦苇 LAI，在每个样地 1 m×1 m 的小样方内，测量各样方植被的 LAI 值,取其平均值作为该样地植被 LAI 的实测值[114]。

表 1-2 银川平原不同类型湿地样点数量分布

湿地类型	$W_{青}$	$W_{吴}$	$W_{鹤}$	$W_{银}$	$W_{鸣}$	$W_{阅}$	$W_{黄}$	$W_{沙}$	$W_{星}$	合计
河流湿地	15	21	–	15	–	–	24	–	–	75
湖泊湿地	9	6	12	6	12	12	–	18	18	93
沼泽湿地	9	12	18	6	15	15	15	12	9	111
人工湿地	6	–	9	12	12	12	–	9	12	72
合　计	39	39	39	39	39	39	39	39	39	351

1.1.3 土壤样品采集

在植被样品采集确定的样方内选择 3 个重复点，首先清除采样点的地上植被部分，然后用柱状金属取样器（长 3 m，直径 5 cm）在每个小样方内采集 3 个 0~40 cm 的土柱，将土柱按照 10 cm 为 1 层（即 0 ~ 10 cm、10 ~ 20 cm、20 ~ 30 cm，30 ~ 40 cm）分为 4 层进行采样，各土层取样后相同土层均匀混合，分别装入编号的密封样品袋中带回实验室，去除杂质，经自然风干后研磨过 60 目筛，密封储存，待测。同时在每个样方用环刀法另取 4 个土柱分层切割后装入密封袋，带回实验室放入小冰箱中用于测定土壤容重和含水量。[93,100,113,114]

1.2 实测样点数据处理

1.2.1 植被样品处理

在实验室内，将采集到的植物样品放入电热恒温干燥箱，将恒温干燥箱温度调至 105℃，杀青 30 min，再将温度调节至 80℃烘干至恒重后称量得到植被干重；然后用植物粉碎机粉碎、研磨、过 0.25~0.5 mm 筛后，采用元素分析仪（Elementar Vario MACRO）测定芦苇地上、地下部分的有机碳（Total organic carbon，SOC）和全氮（Total nitrogen，TN）含量；采用硝酸—高氯酸消煮—钼锑抗分光光度法（UV-2450）测定全磷（Total phosphorus，TP）含量[93,100,114]，见表 1-3。

将 3 个小样方的生物量的平均值作为整个样方的生物量值。以每个样地的中心点所在的经纬度坐标作为该样方的经纬度坐标，应用 Arcgis 10.0 将 GPS 测得的样地中心点经纬度坐标导入银川平原湿地图层中，生成采样点图层属性数据库（包括样地点经纬度坐标、样点样品碳氮磷含量、样地描述、生物量干重等）。

表 1-3　银川平原湿地样地植被基本情况

重点湿地	水位（m）	植被 TN（g/kg）	植被 TP（g/kg）	植被盖度（%）	主要植被
吴忠黄河湿地	1.5	7.74	0.76	68.77	芦苇、香蒲、碱蓬
黄沙古渡	1.0	11.79	1.05	63.40	芦苇、香蒲、柽柳
鹤泉湖	2.0	13.92	1.36	58.32	芦苇、香蒲、柽柳
阅　海	1.8	12.51	1.04	66.25	芦苇、香蒲、水莎草
沙　湖	1.7	14.25	1.19	59.21	芦苇、香蒲、碱蓬
星海湖	1.5	9.4	0.83	70.47	芦苇、香蒲、碱蓬
青铜峡库区湿地	1.8	12.88	1.13	62.6	芦苇、香蒲、莲、柽柳
银川平原湿地	2.0	13.32	1.02	67.6	芦苇、香蒲、碱蓬、狭叶香蒲
鸣翠湖	1.8	14.24	1.29	77.20	芦苇、香蒲

1.2.2 土壤样品处理

1.2.2.1 土壤养分含量测定

土壤样品带回实验室内，将新鲜湿土样平铺于干净的纸上，去除样品内的非土壤形成物质，如较大的砾石、外源物等，摊成薄层，放在室内阴凉通风处自行干燥。对风干后土样进行研磨，并按照土壤化验要求进行过筛[22,93]，采用元素分析仪测定土壤有机碳和全氮含量；采用高氯酸—硫酸消化—钼锑抗比色法（UV-2450）测定全磷含量；土壤容重和含水量采用烘干法测定，在 105℃烘箱中烘干至恒重；土壤 pH 值和全盐采用电位法测定（DDS-307A 型电导仪和奥立龙 868 型酸度计）[22,100,115]，见表 1-4。

1.2.2.2 土壤容重和土壤含水率的测定

表 1-4　银川平原湿地样地土壤基本情况

重点湿地	平均海拔（m）	土壤类型	土壤 pH	土壤质量含水量（%）	盐度（g/g）	土壤容重（g/cm^3）	土壤 TN（g/kg）	土壤 TP（g/kg）
吴忠黄河湿地	1112	灰钙土、盐碱土	7.48	115.61	8.95	1.37	8.61	1.27
黄沙古渡	1098	风沙土、灌淤土	7.53	113.95	6.34	1.37	9.13	1.17
鹤泉湖	1110	灌淤土、盐土	7.54	107.42	6.93	1.32	8.64	1.33
阅　海	1105	湖土、草甸土、灌淤土、盐土	7.62	111.87	12.42	1.34	5.33	0.6
沙　湖	1096	草甸土、灌淤土、盐碱土、	8.69	121.82	13.38	1.43	10.28	1.15
星海湖	1092	灌淤土、盐碱土、风沙土	8.42	126.78	14.57	1.45	7.61	0.77
青铜峡库区湿地	1152	沼泽土、灰钙土、灌淤土	7.69	118.32	12.41	1.33	7.1	0.69
银川平原湿地	1100	潮土、沼泽土、草甸土、灌淤土	7.45	113.47	7.83	1.34	8.06	0.67
鸣翠湖	1109	潮土、沼泽土、草甸土、灌淤土	7.69	112.29	6.42	1.33	9.97	0.61

将土壤容重样品在 105℃恒温下烘干至恒重，计算土壤容重和土壤含水率（式 1-1 和 1-2）。其中，土壤容重为土壤干重和土样体积的比值，土壤含水率为土壤水分占土壤鲜重的比例[98]。

$$土壤容重(g/cm^3)= 土壤干重 / 土体体积 \quad (1-1)$$

$$土壤含水率(\%)=(鲜重 - 干重)/ 鲜重 \times 100\% \quad (1-2)$$

式中，土体体积的单位为 100 cm^3，土壤重量单位为 g。

1.3 遥感影像数据处理

使用遥感图像处理软件 ENVI 4.7 对 TM 图像进行预处理，预处理可使图像更加清晰，目标地物更为突出明显，便于信息提取和识别的图像增强处理[122]。研究中采用的 4 期数据已经过大气与辐射纠正、几何校正和配准。

1.3.1 数据来源与软件平台

本研究数据采用研究区 2000 年 7 月 17 日、2005 年 7 月 18 日和 2010 年 7 月 27 日的 TM 图像，2014 年 7 月 28 日的 OLI 图像。4 期影像同为 7 月丰水期的影像（银川平原湿地的水源主要来自于黄河，选择这 4 期影像大致均在丰水期可以保证其可比性），分辨率为 30 m × 30 m，4 期遥感影像见图 1–3。本研究使用的遥感数字图像处理软件是 ENVI 4.7 和 ARCGIS 10.0。

1.3.2 TM 影像的合成

根据 TM 影像波段的分辨率和波长及相应的波段特征，以及研究工作中解译对象的特点，本研究选择 Landsat TM 影像的 4、3、2 波段和 OLI–8 TM5、4、3 波段，经由假彩色合成作为研究的主要信息源。首先该时间段内植物长势最好，湿地水域面积较大，近红外波段（4 波段或 OLI8 5 波段）处反射率最高[116]，而且各种植物之间的光谱差异最大，为植物通用波段，主要用于生物量调查、水域判别等，TM 的第三波段（或 OLI8 4 波段）也是植被强烈的吸收带[117]。本研究要估测植被生物量与碳储量及其关系，需要用植被指数，所以用 Landsat 4–3–2 波段组合和 OLI8 5–4–3 波段组合图像，其图面色彩丰富，接近于自然色，而且由于信息量丰富，层次感好，干扰信息少，能充分显示各种地物影像特征的差别，经过图像增强处理后，图像的色彩、纹理清晰，便于解译。

1.3.2.1 不同时期 TM 影像的特征

2000 年的 TM 资料为 Landsat7，资料命名格式为 LE 开头，波段 B1 至 B8 分别为蓝、绿、红、近红外、中红外、热红外、中红外和微米全色。其中真彩色合成使用 4、3、2 合成，5、4、3 为自然色合成，而植被指数的计算通常用近红外通道（B4）和红光通道（B3）。

2005 年和 2010 年的 TM 资料为 Landsat5，资料命名格式为 LT 开头，通道 B1至 B7 分别为蓝、绿、红、近红外、中红外、热红外、中红外。其中真彩色合成使用 4、3、2 合成，5、4、3 为自然色合成，而植被指数的计算通常用近红外通道（B4）和红光通道（B3）。

2014 年的 TM 资料为 OLI8，资料命名格式为 LC 开头，波段 B1至 B9 分别为 coastal、蓝、绿、红、近红外、中红外、中红外、B8、B9。其中真彩色合成使用 4、3、2 合成，5、4、3 为植被影像合成，它的地物图像丰富，鲜明、层次好，用于植被分类、水体识别，植被显示红色。

而植被指数的计算通常用近红外波段(B5)和红光波段(B4),具体光谱特征见表 1-5。

1.3.2.2 多景影像的波段合成

表 1-5 OLI8 TM 影像光谱通道特征

波段序号	波 段	波谱范围(μm)	空间分辨率(m)	光谱通道特征
3	绿色 Green	0.525 ~ 0.600	30	探测健康植被绿色反射率，可区分植被类型和评估作物长势,区分人造地物类型,对水体有一定投射能力
4	红色 Red	0.630 ~ 0.680	30	可测量植物绿色素吸收率,并进行植物分类,可区分人造地物类型
5	近红外 NIR	0.845 ~ 0.885	30	对植物的密度、生长力等的变化最敏感,区分植被类型,绘制水体边界,探测水中生物的含量和土壤湿度

资料来源于文献[116,118]

2010 年两景资料,分别为 LT51290332010182IKR00 和 LT51290342010198IKR00,分别取这两景影像的第三波段资料:LT51290332010182IKR00_B3.TIF 和 LT5 129034 2010 –198IKR00_B3.TIF,使用 ENVI 4.7 的波段合成功能,对不同过境资料同一波段数据进行合成,合成中以 Georeferenced 进行拼接,拼接生产全景的同一波段的图像,并另存为 *.img 格式的图像文件。

同理,获得 LT51290332010182IKR00_B4.TIF 和 LT51290342010198 –IKR00_B4.TIF 的合成图像 *.img 文件。

通过对影像进行几何纠正、拼接、镶嵌、融合及增强处理,然后应用研究区界限进行裁剪,得到研究区 4 个时段的遥感影像,通过对比,在标准假彩色合成图像上,各类型湿地更容易识别区分,因此选用标准假彩色合成图像进行湿地的矢量化提取。结合宁夏政区图、银川平原地形图以及其他水文、湿地专题图等资料和 GPS 野外调查数据,获取银川平原湿地资源分布图以及各不同时期的湿地相关数据。

1.3.3 合成的 *.img 灰度图像转化成反射率 / 亮温图像

1.3.3.1 灰度图转反射率 / 亮温的方法

参考古丽给娜·塔依尔江等[119]研究,Landsat5 的辐射亮温 L 的计算公式为:

$$L=\frac{L_{max}-L_{min}}{255}\times DN+L_{min}$$

Landsat-7 的辐射亮温 L 的计算公式为：

$$L=\frac{L_{max}-L_{min}}{254}\times(DN-1)+L_{min}$$

其中，L_{max}、L_{min} 通过文献中获得，需要注意的是以 2003 年 5 月 4 日为界，有两套参考数据，应根据时间选取相应指标。

根据古丽给娜·塔依尔江等[119]的 Landsat 5 TM 各个反射波段的 L_{max} 值和 L_{min} 值的计算方法，可获得：

2000 年 landsat7 的辐射亮温：

通道 2 辐射亮温:0.798819×(B2–1)–6.4

通道 3 辐射亮温:0.621654×(B3–1)–5.0

通道 4 辐射亮温:0.639764×(B4–1)–5.1

2005 年和 2010 年 landsat 5 的辐射亮温：

通道 2 辐射亮温:1.112510×B2–2.84

通道 3 辐射亮温:1.039882×B3–1.17

通道 4 辐射亮温:0.969291×B4–1.51

OLI8 参考徐涵秋[120]研究的新一代 Landsat 8 卫星影像的反射率和地表温度反演，得到：

$$L=M_{L}Q_{cal}+A_{L}$$

式中 L 为波段 λ 的大气顶部光谱辐射值，M_L 为波段 λ 的调整因子，可从头文件(MTL)中获得，语句为 Radiance_Mult_B and _x 后的数值，x 代表波段号，A_L 为波段 λ 的调整参数，在 MTL 文件中语句为 Radiance_Add_B and_x 后的数值，Q_{cal} 为影像以 16 位量化的亮度值(DN)。

2014 年 7 月 28 日 OLI 8 谱辐射值:

通道 3 光谱辐射值: 0.7682×(B2–1)–6.3

通道 4 光谱辐射值:9.6886–03×B3–48.44278

通道 5 光谱辐射值:5.9289–03×B4–29.64457

1.3.3.2 表观反射率计算方法

参考古丽给娜·塔依尔江等的基于表观反射率的植被指数遥感监测，得到表观反射率的计算公式[119]：

$$\rho_i=\frac{\pi\cdot L\cdot D^2}{ESUN\cdot\cos(\theta)}\text{（i 为第 i 波段）}$$

式中，ρ 为大气层顶(TOA)表观反射率(无量纲)，π 为常量(球面度)，L 为大气层顶的平均太阳光谱辐照度($W/m^2\cdot sr\cdot\mu m$)，D 为日地之间距离(天文单位)，日地距离参数的查找表参考韦玉春、黄家柱[121]的 Landsat 5 图像的增益、偏置取值及其对行星反射率计算分析。ESUN 为大气层顶的平均太阳光谱辐照度(W/m²·sr·μm),为太阳的天顶角(θ=90°-太阳高度角)。

其中,太阳高度角由头文件获取,Landsat 5 和 Landsat 7 的大气层顶平均太阳光谱辐照度根据韦玉春、黄家柱[121]得到。

2000 年 7 月 17 日:

通道 3 反射率:3.1415926×B3×1.0167×1.0167/(1551×0.057271501)

通道 4 反射率:3.1415926×B4×1.0167×1.0167/(1044×0.057271501)

2005 年 7 月 18 日:

通道 4 反射率:3.1415926×B4×1.014×1.014/(1036×0.798716)

通道 3 反射率:3.1415926×B3×1.014×1.014/(1554×0.798716)

2010 年 7 月 1 日:

波段 3 反射率:3.1415926×B3×1.0167×1.0167/(1554×0.930578)

波段 4 反射率 :3.1415926×B4×1.0167×1.0167/(1036×0.930578)

OLI 8 数据参考徐涵秋的新一代 Landsat 8 卫星影像的反射率和地表温度反演,得到:

$$\rho'_{\lambda}= M_p+Q_{\mathrm{cal}}+A_{\mathrm{p}}$$

式中,ρ'_{λ} 为波段 λ 未经太阳角度纠正的大气顶部反射率;M_p 为波段 λ 的反射率调整因子,在 MTL 文件中为语句 Reflectance_Mult_B and_x 后的数值;A_p 为波段 λ 的反射率调整参数,在 MTL 文件中为语句 Reflectance_Add_B and_x 后的数值。[120]

2014 年 7 月 28 日:

波段 4 反射率:(2.0000E-05×B3-0.100000)/(-0.599283492)

波段 5 反射率:(2.0000E-05×B4-0.100000)/(-0.599283492)

研究区影像经过以上图像预处理后得到各时期的原始影像图,如图 1-3、1-4、1-5、1-6、1-7 所示。

1.3.4 湿地分类

通常将湿地分为沼泽、湿草甸、湖泊、河流等。根据形成原因,可分为自然湿地和人工湿地;根据水域地貌特征,可分为河流湿地和湖沼湿地等[122];参照植被类型,可分为草本湿地、木本湿地和灌丛湿地等[123]。基于银川平原湿地主要类型且兼顾目前的研究积累,将银川平原湿地主要分为自然湿地和人工湿地两大类,其中自然湿地包括河流湿地(主要为黄河)、湖泊湿地(面积大于 8 hm² 的永久性淡水湖,包括大的牛轭湖)、沼泽湿地(银川平原主要分布的草本沼泽),人工湿地包括水塘湿地(包括农用池塘、储水池塘,一般面积小于 8 hm^2)和水产池塘(鱼、虾养殖池塘)[124]。

1.3.5 野外调查

为了保证提取信息的精度、提高信息质量,在进行室内判读之前,课题组(4 人小组)于 2014 年 8 ~9 月在银川平原湿地分布区进行了野外实地调查,调查时间与影像的时相相当。本次调查共选取了 9 个重点湿地(如表 1–6),包括沙湖、鸣翠湖、星海湖、黄沙古渡、阅海等国家湿地公园和湿地自然保护区及重点湿地,应用手持 GPS,调查不同类型湿地的特征及分布状况,所到地块的经纬度、湿地类型、各类型湿地植被的分布情况。总结出四类湿地在遥感图像上的成像规律和影像特征,如颜色、形状、结构、纹理和阴影等,将遥感图像与实地做对照,最终确立判读标志。

表 1–6 银川平原湿地野外调查部分记录

编 号	坐标(X)	坐标(Y)	湿地类型	植被组成
1	106.368	38.827	湖 泊	芦苇、香蒲
2	106.363	38.824	湖 泊	芦苇、香蒲
3	106.364	38.825	人 工	芦苇、香蒲
4	106.392	38.822	沼 泽	芦 苇
5	106.394	38.503	湖 泊	芦 苇
6	106.393	38.822	湖 泊	芦 苇
7	106.393	38.823	沼 泽	芦苇、香蒲
8	106.391	38.823	人 工	芦 苇
9	106.391	38.824	沼 泽	芦苇、香蒲
10	106.383	38.788	沼 泽	芦苇、香蒲
11	106.374	38.824	沼 泽	芦苇、香蒲
12	106.381	38.996	沼 泽	芦苇、香蒲
13	106.380	38.995	湖 泊	芦 苇
14	106.383	38.994	湖 泊	芦 苇
15	106.399	38.152	人 工	芦苇、香蒲
16	106.399	38.992	人 工	芦 苇
17	106.407	38.993	湖 泊	芦 苇

续表 1

编 号	坐标(X)	坐标(Y)	湿地类型	植被组成
18	106.423	38.991	湖 泊	芦苇、碱蓬
19	105.911	37.752	沼 泽	芦 苇
20	105.913	37.749	河 流	芦苇、水莎草
21	105.914	37.742	湖 泊	芦 苇
22	105.918	37.760	湖 泊	芦 苇
23	105.910	37.723	河 流	芦苇、水莎草
24	105.907	37.728	沼 泽	芦苇、香蒲
25	105.903	37.733	沼 泽	芦 苇
26	105.904	37.740	沼 泽	芦 苇
27	105.901	37.747	人 工	芦 苇
28	105.903	37.759	沼 泽	芦苇、香蒲
29	106.207	38.078	河 流	芦苇、水莎草
30	106.207	38.076	沼 泽	芦 苇
31	106.207	38.079	河 流	芦苇、水莎草
32	106.208	38.081	沼 泽	芦 苇
33	106.008	38.081	湖 泊	芦 苇
34	106.205	38.084	河 流	芦苇、水莎草
35	106.200	38.085	湖 泊	芦 苇
36	106.206	38.085	湖 泊	芦 苇
37	106.215	38.106	沼 泽	芦 苇
38	106.220	38.113	沼 泽	芦苇、碱蓬
39	106.268	38.301	沼 泽	芦 苇
40	106.268	38.302	人 工	芦 苇
41	106.268	38.304	沼 泽	芦苇、香蒲
42	106.265	38.304	沼 泽	芦苇、碱蓬
43	106.255	38.306	湖 泊	芦 苇
44	106.253	38.306	沼 泽	芦苇、碱蓬
45	106.451	38.381	沼 泽	芦苇、香蒲
46	106.451	38.397	人 工	芦苇、香蒲
47	106.453	38.399	人工	芦苇、香蒲

续表 2

编　号	坐标(X)	坐标(Y)	湿地类型	植被组成
48	106.449	38.395	河　流	芦苇、水莎草
49	106.408	38.367	河　流	芦苇、碱蓬
50	106.408	38.365	河　流	芦　苇
51	106.408	38.364	湖　泊	芦　苇
52	106.409	38.363	沼　泽	芦苇、碱蓬
53	106.409	38.363	沼　泽	芦　苇
54	106.408	38.366	河　流	芦苇、水莎草
55	106.408	38.366	河　流	芦苇、水莎草
56	106.380	38.399	沼　泽	芦苇、碱蓬
57	106.380	38.399	湖　泊	芦　苇
58	106.383	38.399	人　工	芦苇、碱蓬
59	106.382	38.398	沼　泽	芦苇、香蒲
60	106.381	38.397	湖　泊	芦　苇
61	106.013	38.398	人　工	芦　苇
62	106.367	38.400	沼　泽	芦苇、香蒲
63	106.351	38.397	沼　泽	芦苇、香蒲
64	106.364	38.394	湖　泊	芦　苇
65	106.364	38.393	沼　泽	芦苇、香蒲
66	106.364	38.393	沼　泽	芦苇、香蒲
68	106.366	38.393	人　工	芦苇、香蒲
69	106.529	38.571	河　流	芦苇、水莎草
70	106.529	38.571	沼　泽	芦苇、香蒲
71	106.529	38.567	河　流	芦苇、水莎草
72	106.530	38.563	沼　泽	芦　苇
73	106.530	38.563	河　流	芦苇、水莎草
74	106.541	38.551	沼　泽	芦　苇
75	106.546	38.547	河　流	芦苇、水莎草
76	106.537	38.548	河　流	芦苇、水莎草
77	106.537	38.548	河　流	芦苇、水莎草
78	106.538	38.548	沼　泽	芦苇、碱蓬

续表 3

编　号	坐标(X)	坐标(Y)	湿地类型	植被组成
79	106.198	38.570	沼　泽	芦苇、香蒲
80	106.196	38.566	沼　泽	芦苇、香蒲
81	106.192	38.557	沼　泽	芦苇、香蒲
82	106.211	38.527	湖　泊	芦　苇
83	106.211	38.526	湖　泊	芦苇、水莎草
84	106.213	38.516	湖　泊	芦　苇
85	106.210	38.518	沼　泽	芦苇、香蒲
86	106.196	38.566	沼　泽	芦苇、香蒲

1.3.6 建立解译标志

遥感解译分析是湿地碳汇能力研究的重要组成部分,建立解译标志就是建立地物与遥感影像特征的对应关系[124]。影像解译标志能够反映和表现目标地物信息遥感影像的各种特征,主要包括遥感影像上的色调、色彩、亮度、大小、形状、阴影、纹理等[124]。

依据湿地遥感调查解译标志记录卡,综合野外调查的感性认识,将遥感影像特征与解译标志记录卡上记录的实地情况一一对照,以遥感影像色调、亮度、形状、结构纹理为基础,根据调查记录的湿地类型、植被类型、植被分布状态、优势植物和水体状况等信息,根据野外调查和室内分析,建立各类型与影像特征的对应关系,形成判读标准,建立研究区湿地遥感解译标志表,见表 1-7。根据解译标志,在软件 ENVI 4.7 和 ARCGIS10.0 支持

表 1-7　银川平原湿地解译标志

湿地类型	遥感影像片段	解译标志描述
沼泽(草本沼泽)		形状大多不规则,蓝绿色的基调(水体)中呈现宫泽的斑点(草本植物),植被覆盖度 >30%的不规则多边形、暗红色斑块。
湖　泊		图上面积较大, 实际面积大于 8 hm^2 的多边形、不规则斑块,色调呈深蓝色
河　流		研究区内的河流主要是黄河,呈条带状分布且反射率明显高于其他水体,色调呈淡蓝色
人　工		深蓝色、形状规则,呈格网状连片分布

下，对 4 期遥感影像进行人工目视解译，人工提取 4 个年份的各类型湿地（人工提取精度要比自动提取方法更为精确）。并制作 4 个时期的类型湿地图。

根据以上解译标志得到 2000、2005、2010、2014 年银川平原湿地和重点湿地资源分布图，见图 1-8、1-9、1-10、1-11、1-12。

1.4 数据分析

1.4.1 生物量遥感估测模型

在构建估测模型前，利用遥感图像提取遥感特征参数，分析各遥感参数与样点地上植被生物量的相关性，以相关系数较大且显著的遥感参数为自变量，以样点地上植被生物量为因变量，应用逐步回归方法建立植被生物量多元线性回归遥感估测模型，对比分析各回归模型的相对误差和决定系数，选择植被生物量最优估测模型。

采用 ENVI 4.7 的 Band Math 模块计算 2000 年、2005 年、2010 年、2014 年的银川平原湿地的植被指数、3 个波段及复合波段的值，利用纹理分析中的灰度共生矩阵法提取 8 个纹理特征，利用主成分分析法提取 3 个主成分特征值。遥感因子计算完成后将图像导入到 ARCGIS10.0 中，利用空间分析模块中的提取数据 Extract Multi Values to Point 工具，用样点的经纬度提取采样点的各遥感参数值。

通过分析遥感参数与样点地上生物量的相关关系，构建银川平原沼泽、河流、湖泊、人工四类湿地生物量多元逐步回归估测模型，然后构建地下生物量与地上生物量之间的线性关系，最后基于地上、地下生物量的关系构建银川平原湿地总生物量估测模型，利用调整的决定系数和相对误差为评价指标评价拟合效果，用野外同期采样的剩余数据对模型进行验证。

建立多元逐步回归模型的自变量有：遥感数据（OLI8 TM 3、4、5 波段及复合波段值）、3 个主成分（PC1、PC2、PC3）、相关的植被指数（NDVI、RVI、DVI、RDVI、MSAVI、SAVI、OSAVI）及其纹理特征值（ME、VA、EN、SK、HO、CON、DI、EN）共 21 个自变量。本研究采用 2000 年、2005 年、2010 年、2014 年 4 期覆盖银川平原湿地的 TM 遥感影像及经过辐射定标和大气校正后的 TM 波段数据，计算 7 个植被指数，然后将波段数据进行主成分分析，生成 PC1、PC2 及 PC3（3 个主成分携带了原始光谱波段信息量的 96.71%，其中 PC1 的方差贡献为 78.2%）[110,125]。纹理特征信息采用灰度共生矩阵（Gray-Level Co-occurrence Matrix，GLCM）的纹理分析方法，提取第一主成分图像的 8 个纹理测度，窗口大小取 3×3。

1.4.2 植被碳含量遥感估测模型

基于植被生物量最优遥感估测模型，结合实测植被含碳率，构建植被碳含量遥感估测模型。

1.4.3 土壤有机碳含量估测模型

分析土壤有机碳含量的影响因子与土壤有机碳含量的相关性，以相关性高的遥感参数为自变量，以样点土壤有机碳含量为因变量，应用逐步回归的方法构建湿地土壤有机碳含量的 RS-MLRM（遥感 - 多元线性回归模型）。

1.4.4 湿地生态系统碳汇计量

采用 IPCC（2006）国家温室气体清单中的碳汇计量方法。对于碳库的年度变化量的评价，采用 IPCC（2006）优先推荐的精度较高的碳贮存量法，即采用两个时间年均变化量表示一个给定碳库的变化（被称为库—差别方法）。

$$\triangle C=\frac{(C_{t2}-C_{t1})}{(t_2-t_1)} \qquad (1\text{-}3)$$

式中，C 为年度碳储量变化（$tC\cdot a^{-1}$），C_{t2} 为时间 t_2 的碳库量（tC），C_{t1} 为时间 t_1 的碳库量（tC）。

1.4.5 湿地固碳释氧估测方法

根据文献[124,125]，湿地生态系统固碳释氧量计算方法如下：

吸收 CO_2 量 = 总碳储量 ×（44/12）　　　　（1–4）

（44 为 CO_2 相对分子质量，12 为 C 原子的相对质量）

释放 O_2 量 = 植被碳储量 ×（32/12）　　　　（1–5）

（32 为 O_2 相对分子质量，12 为 C 原子的相对质量）

1.4.6 植被和土壤碳密度估测

（1）植被碳含量

本研究使用生物量的含碳率来估测植物中的碳含量（VOC）（植被碳含量实验检测获得）：

$$VOC=BC\times 生物量 \qquad (1\text{-}6)$$

式中，VOC 的单位为 g/m^2，BC 为生物量的含碳率（g/kg）。

（2）土壤碳密度计算

土壤有机碳密度 SOCD（g/m^2）的计算公式为：

$$SOCD=Dd\times H\times B\cdots\cdots \qquad (1\text{-}7)$$

式中，Dd 为有机碳含量（g/kg）；H 为土壤厚度（cm），取 40 cm；B 为土壤容重（g/cm^3）。

（3）湿地有机碳储量（WTOCS）计算方法

$$WTOCS=A_1\times VOC+A_2\times SOCD \qquad (1\text{-}8)$$

式中，A_1 为湿地植被覆盖面积；A_2 为湿地生态系统面积；SOCD 为湿地平均土壤碳密度；VOC 为湿地平均植被碳含量，WTOCS 为湿地有机碳储量(t)。

1.4.7 生物量与环境因子的关系

本研究中环境变量共有 8 个：土壤理化性质(土壤水分含量 SWC，容重 BD，土壤有机碳 SOC，土壤总磷 STP，土壤总氮 STN，碳氮比 C∶N ratio，氮磷比 N∶P ratio，碳磷比 C∶P ratio)。最后，采用 Pearson 相关分析地上生物量、地下生物量、总生物量与环境因子的相关关系。

1.4.8 土壤有机碳密度与环境因子的相关关系

研究采用 Pearson 相关分析(0～40 cm)土壤有机碳密度与环境变量之间的关系。本研究中环境变量共有 10 个：土壤理化性质、植被生物量(AGB、BGB、TB)。

本研究初步数据处理在 Microsoft Excel 2007 软件上完成，单因素方差分析、回归分析和 Pearson 相关分析在 SPSS 17.0 中进行，遥感影像处理和制图在 ARCGIS10.0 和 ENVI 4.7 中完成。

1.5 空间分析方法

空间分析是 GIS 的核心和区别于其他信息系统的关键所在。空间分析分为矢量数据和栅格数据的空间分析[126,127]。本研究中应用了常见的矢量数据和栅格数据空间分析方法。矢量数据空间分析方法主要有提取分析、统计分析和叠加分析，栅格数据空间分析方法主要有数据裁剪、数据叠加分析、提取分析、重分类、统计分析等。应用 GIS 空间分析方法客观、准确、及时地反映银川平原湿地生物量、土壤碳密度和碳储量及碳汇能力在空间上的分布情况，为银川平原湿地碳汇能力科学评估提供翔实可靠的依据。[130,131]

一是空间数据拼接。是将位于不同空间数据层中的相邻数据拼接为一个完整的目标数据，是研究过程中空间数据处理的重要环节。空间数据裁剪是在分析过程中从整个空间数据中裁剪出一个小区域，以获得研究区域真正需要的数据，减少不必要的大量运算。

二是叠置分析。是指将同一地区、同一比例尺的两个或两个以上的数据层进行一系列的集合运算，生成新的数据层。叠置的数据层具有各叠加层要素的多重属性。叠加分析的目的是通过区域多重属性的模拟，分析具有一定关联的空间对象的空间特征及相互关系，或者按照确定的地理坐标，对叠加后产生的具有不同属性的多边形进行重新分类或分级。

三是提取分析。本研究采用的提取分析方法有按掩膜提取和将像元值直接提取至点要素。

第二章　研究区概况

2.1 研究区概况

银川平原地处我国西北地区东部，位于宁夏回族自治区北部，地理坐标为 105°5′E~106°56′E，37°46′N~39°23′N，包括黄河沿岸的银川市六县区（金凤区、西夏区、兴庆区、永宁县、贺兰县、灵武市）、石嘴山市三县区（大武口区、惠农区、平罗县）以及吴忠市的利通区和青铜峡市共 11 个县（市）区。银川平原地处中温带干旱区大陆性气候区，多年平均气温 9.0 ℃，年均降水量 180~200 mm。多年平均蒸发量为 1825 mm，年平均湿度 55%，年干旱指数 7.8~8.0[100]。黄河由中部自南向北流经银川平原，沟渠纵横，灌溉便利，素有“七十二连湖”“塞北江南”的美称，是国家级商品粮生产基地。

2.2 银川平原湿地概况

2.2.1 湿地类型、特点

银川平原是典型的冲积湖积平原，黄河从东到西流经 193 km，形成了银川平原湿地广布、数量众多、类型丰富、沟渠纵横的自然景观，成为全国湿地中独具特色的重点湿地景观。[122,128]

银川平原湿地类型多样，主要包括河流湿地、湖泊湿地、沼泽湿地、人工湿地四大类别。在四类湿地中，河流湿地面积占银川平原湿地面积的 34.43%，湖泊湿地、沼泽湿地、人工湿地各占 30.30%、19.46%、15.82%，面积占比较为均衡。

银川平原湿地与其他地区湿地相比，其演变特点与生态效应均具有自己的独特性质。平原湿地具有干旱区水面蒸发量大、容易造成湖水咸化和湖周土壤盐渍化、湖盆地面沉降与黄河水沙淤积相互抵消效应、依托黄河及其灌溉排水体系而形成和消长的独特性质。[100] 其最大的特点是与人类的水利活动相辅相成，密不可分。由于受到灌溉农田退水等因素的影响，平原湿地富营养化问题较为突出[100]。

银川平原湿地分布具有明显的地域性。银川平原湿地分布较广，从南到北均有分布，主要分布在中部地区，贺兰县、平罗县、兴庆区湿地资源最为丰富，贺兰县和平罗县沼泽湿地广布。

2.2.2 银川平原湿地斑块数量和面积变化

2002年以来，为保护湿地和湿地生物多样性，宁夏先后实施了退田(塘)还湖蓄水、退耕还湖、疏浚清淤等一系列湿地生态恢复与保护工程，湿地面积不断增加，平原湿地景观发生了巨大变化。

从图2-1，图2-2可以看出，2000～2014年银川平原湿地总面积增加了3197.93 hm²，其中2000～2005年增加了293.70 hm²，增幅达28.28%；2005～2010年增加了

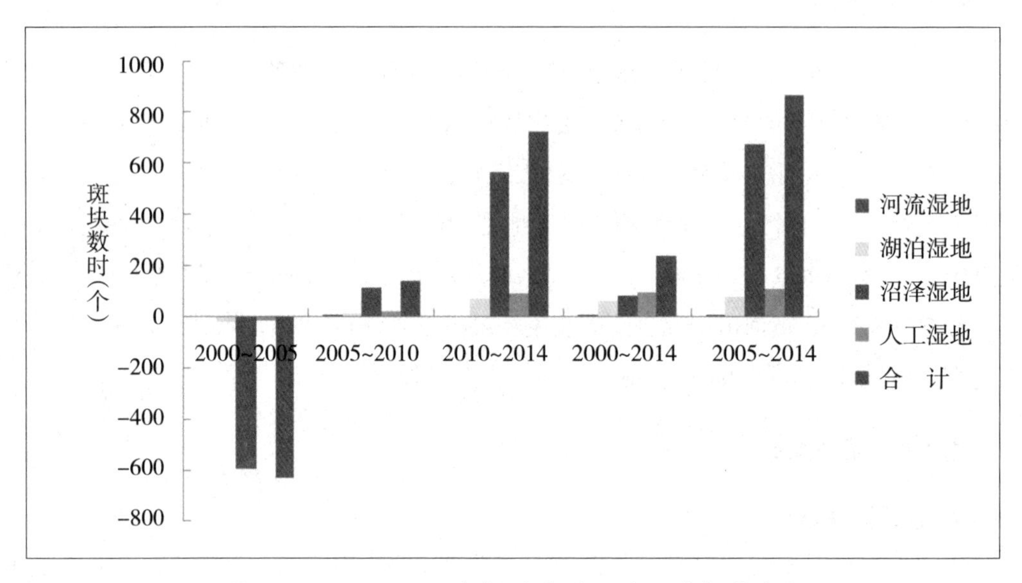

图2-1　2000~2014年银川平原湿地斑块数量变化

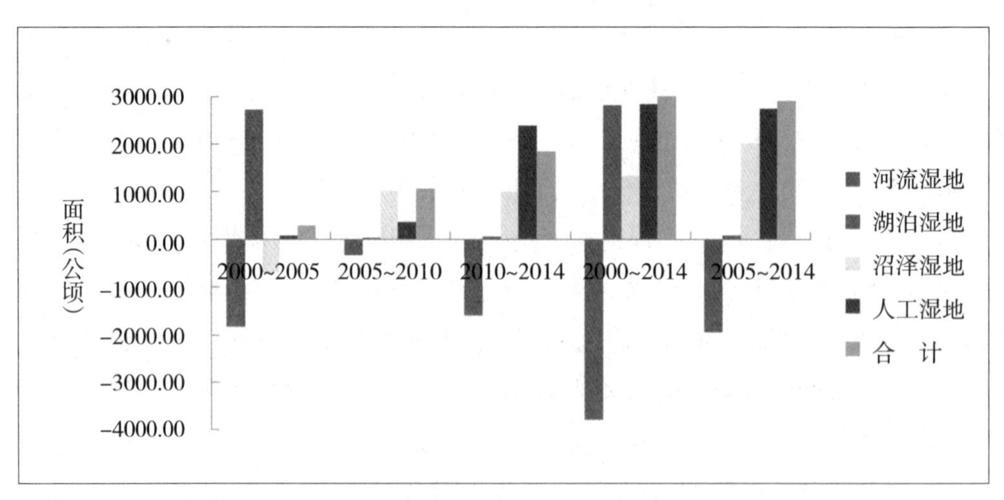

图2-2　2000~2014年银川平原湿地面积变化

1064.9 hm^2;2010 ~ 2014 年增加了 1839.06 hm^2,增幅达 28.01%。2000 ~ 2014 年,湖泊、沼泽、人工湿地面积呈增加趋势,河流湿地面积呈减少趋势。2000 ~ 2014 年,银川平原湿地景观斑块数呈现增加趋势,斑块数量增加了 237 个,增加幅度为 16.76%,其中 2010 ~ 2014 年斑块数量增加显著。结果表明,银川平原的湖泊、沼泽、人工湿地呈现恢复趋势,恢复效果明显;河流湿地资源呈现衰减趋势,目前湿地衰减幅度在降低。

2.2.3 银川平原湿地成因

根据宁夏地区第四纪地质研究,一二百万年前,银川平原是由断陷盆地造成的浩瀚大湖,封闭型的湖盆周边堆积了洪积相的沙砾石[128,129]。后来直到黄河原始河道形成,变为外流盆地,才出现了以河湖为主的沉积,黄河在盆地内来回摆动,泥沙不断淤积,湖沼面积缩小,逐渐形成冲积平原。随着时间的推移,黄河频繁改道,便形成了大大小小的湖泊。

银川平原是宁夏境内湿地分布最多、最集中的区域,历史上有"七十二连湖"之说。史前时期,《史记》记载,黄河"地固泽咸卤,不生五谷",明确指出史前时期银川平原存在着大量湖沼和季节性积水洼地。至汉武帝时期,银川平原开始得到大规模的开发,兴修引黄灌溉渠道。唐代、汉代,旧渠得到全面整修,并有新建扩建,有名者计有汉渠、七级、光禄、尚书、御史、薄骨律、百家、特进等渠。明清以后,平原灌溉面积大规模扩展,特别是清初康熙、雍正两朝,新建了大清、惠农、昌润等渠,形成大量的渠间洼地积水成湖。到清代乾隆年间,仅宁夏府城附近即有长湖、月湖等有名的较大湖泊 48 个,河东、河西均有"七十二连湖"之说。据称,"唐渠东畔,多潴水为湖,俗以其相连属,曰连湖,亦曰莲湖"。新中国成立后,由于建成了比较完整的排水沟系,湿地面积迅速减少,现存湖泊的水深也大为缩小,此外,季节性积水洼地的面积比过去减少很多。自 20 世纪 50 年代以来,银川平原湖泊经过多次大规模农田开垦及围湖养殖,加之建成了比较完整的排水沟系,许多浅水湖泊与积水洼地被疏干,加上气候干旱等原因,部分湖泊逐渐退化,湿地面积、数量急剧减少,植被减少。[131,132]

银川平原湿地形成的主要原因是黄河干流的引水灌溉,由于银川平原开发了大规模的引黄灌溉渠道,形成了人工水文网(渠、沟、水库)以及人工湿地(运河、鱼池等),在自然环境和人类活动的相互作用下形成许多湖泊、沼泽湿地。银川平原绝大部分湖泊、沼泽都依赖于引入的黄河水或通过其他渠道、农田渗漏为地下水的补给[100,135],以及黄河河床水流对地下水的侧向补给。没有黄河,就不可能有银川平原绝大部分湿地。同时,沿黄灌区不断沉降的构造运动特点,为湖泊湿地的形成、发育和保存创造了条件。

2.2.4 银川平原湿地植被

2.2.4.1 湿地植被类型

银川平原湿地植被种类繁多，分布广泛。湿地植物主要以芦苇、菖蒲等水生植物为主，挺水维管束植物、沉水植物、浮游生物等生物资源也比较丰富。据调查[135]，银川平原共有 9 个湿地植被型 30 个亚型 132 个群系，湿地植物资源共有维管束植物 52 科 119 属202 种，浮游植物有 29 科 67 属，主要分布在黄河两岸的银川、吴忠、石嘴山地区[133,134,135,136]，见图 2–3。

银川平原重点湿地植物中，单子叶草本植物占优势，草本植物有 167 种（含变种），占总数的 75.2%。在单子叶草本植物中，禾本科最多，含 23 种。在不同的湿地环境中，大部分植物群落类型以单子叶植物为建群种，且覆盖度大。木本湿地植物相对贫乏，自然分布的有柽柳科和胡颓子科植物。在不同的生态环境下发育的湿地植物群落组成差异明显，但均有相对明显的优势种，且群落盖度较大。在低湿盐化草甸中，有盐地碱蓬群落、盐爪爪群落、芦苇群落等，沟渠湿地边有芦苇群落、香蒲群落、水莎草群落等。

根据资料[31,133,134,135]，按照湿地植被型组分类，银川平原湿地植被型组主要有灌丛湿地植被型组、草丛湿地植被型组、浅水植物湿地植被型组；按照湿地植被型水平分布分类，银川平原湿地植被型主要有杂草类湿地植被型、盐生灌丛湿地植被型、禾草型湿地植被型、莎草湿地植被型、沉水植物型、浮叶植物型、落叶阔叶灌丛植被型、落叶阔叶林植被型，共 8 种。

（1）阔叶林湿地植被型组

主要是落叶阔叶林湿地植被型沙枣群系，在银川平原广泛分布，主要分布在黄河冲积平原河岸边，在银北黄河沿岸一带形成沙枣林。

（2）灌丛湿地植被组

常分布在湿地的边缘或与湿草甸镶嵌，由落叶阔叶灌丛湿地植被和盐生灌丛湿地植被等构成。

落叶阔叶灌丛湿地植被型：在银川平原重点湿地中广泛分布，在青铜峡库区湿地中分布最多。分布较广的有枸杞群系和柽柳群系 2 种。在灌丛群落中，芦苇草本植被分布比较丰富。

盐生灌丛湿地植被型：包括柽柳、碱蓬、白刺、盐爪爪等 10 多种，植被盖度为 30% ~ 80%。

（3）草丛湿地植被型组

这一类型的植物主要分布在河滩、湖沼等低洼地。植物种类较丰富，主要以禾草型、莎草型、杂草类的植物为主。

禾草型湿地植被型：分布较为广泛的种类有芦苇、赖草、冰草、芨芨草等9种，覆盖度较高，通常能达到50%～100%。其中芦苇是银川平原最常见的湿地植被之一，对水分要求不高，分布地带较广，从浅水到岸边都有分布，群落内总盖度达到70%～100%。在水分较低情况下，高度达到10～30 cm，在水中或水分较好的情况下，高度可达260 cm。易形成单一优势种。群落边缘常见蒲公英、长苞香蒲、碱蓬等。

莎草型湿地植被型：常见种类有水莎草、水葱、中亚苔草等4种，覆盖度较高，通常在30%～70%；杂类草常见种类有狭叶香蒲、长苞香蒲、小香蒲、海乳草等8种，覆盖度较高，范围通常为50%～75%。

（4）浅水植物湿地植被组

该类型植物主要分布在湖泊或边缘浅水区或静水水域浅水带。

漂浮植物型：包括槐叶萍植物，在银川平原广泛分布，主要发育于较为平静的水体表面，盖度约80%，在鸣翠湖荷花池也较多。

浮叶植物型：包括荇菜、莲、浮叶眼子菜、两栖植物等。在银川平原广泛分布，主要生长在湖泊静水水域或湖泊边缘浅水区。荇菜在新修的滨河大道两侧和吴忠黄河湿地分布较多，盖度可达80%以上。

沉水植物型：在银川平原湿地广泛分布的有竹叶眼子菜、穿叶眼子菜、金鱼藻等。

2.2.4.2 湿地典型植被

芦苇：芦苇是宁夏最常见的湿地植被之一。芦苇对水分的要求不高，分布地带较广，从浅水区到岸边都有分布。群落内总盖度为70%~100%。在水分较低情况下，高度达10~30 cm；在水分或水分较好的情况下，高度可达260 cm左右。易形成单一优势种，群落边缘常见蒲公英、长苞香蒲、碱蓬等。

香蒲：香蒲包括狭叶香蒲、长苞香蒲和小香蒲，主要分布在水体的浅水区，易形成单一种群落，盖度约70%，高度约140 cm。常见伴生种有芦苇、菖蒲等。长苞香蒲植株大小和狭叶香蒲相当，雌花花序较狭叶香蒲短，在浅水区或水陆交错区易形成单优势种。盖度65%，高度120 cm左右。常见伴生种有慈姑、芦苇、狭叶香蒲等。小香蒲和长苞香蒲相比，植株较小，分布在浅水区及水陆交错区。盖度可达70%，高100 cm左右。常见伴生种有水莎草、长苞香蒲等。

在银川平原湿地植被群系中，广布性分布的群系最主要的是禾草群湿地植被型中的芦苇群系，在所有重点湿地中均有分布。因此，本研究中以芦苇和香蒲为代表性植被研究湿地植被生物量及碳储量。

2.2.5 湿地土壤

在长期的引黄灌溉过程中,银川平原形成了潮土、湖土、盐土及白僵土。灌淤土主要分布在黄河灌区,碱土和盐土主要分布在芦花至惠农,灰钙土、沙砾主要分布在贺兰山山前洪积倾斜平原地区。

2.2.6 水文特征

河流:黄河是银川平原的主要灌溉水源,多年平均流量 2.716 亿 m^3,年径流深 22.3 mm,过境水量约 283.28×10^8 m^3,径流量为 224.10 亿 m^3,占宁夏总量的 1.40%。

湖泊:银川平原得益于黄河自流浇灌之利,沟渠纵横,湖泊湿地不但数量多,且分布广,呈湖群特征,这在西部干旱地区实属少见。银川平原湖泊湿地水源主要有黄河水、农田排水、渠道补给、浅层地下水、河道退水及降雨、山洪等。湖面开阔,底部平坦,深度多在 1 ~ 2 m。

地下水:银川平原地下水资源丰富,主要补给水源是引黄灌溉水入渗,山前侧向径流补给和大气降水入渗补给量较小。地下水总资源量为 25.15×10^8 m^3/a,可开采资源量为 18.00×10^8 m^3/a,单位面积资源量为 23.07×10^4 $m^3/a \cdot km^2$,人均资源量为 877.34 $m^3/a \cdot$ 人。由于含水层厚度巨大,加之农田灌溉水入渗的补给,地下水水量丰富,水质良好,是银川平原生活和工业的主要供水水源。

2.3 银川平原湿地生态建设及成效

银川平原作为黄河上游地区,湿地的保护与黄河水资源的保护关系密切。2002 年以来,宁夏加强银川平原湿地保护与恢复工作,先后实施了退田(塘)还湖蓄水、退耕还湖、湖泊水道疏浚清淤、艾依河连通主要湖泊、大小西湖等水系连通工程,改造和保护了宝湖、西湖、鸣翠湖、阅海湖和星海湖等数十个城市湖泊及湿地,建成湖泊湿地生态区 10 多处,从根本上解决了银川平原自然湿地萎缩的状况。湿地植被覆盖度明显提高,湿地生物多样性增加,固碳量大幅提高,有效地发挥了防洪排水、改善区域环境空气质量等多种功能,为减缓全球气候变暖做出了一定贡献;对城市形象的提升、农业发展、调整产业结构、增加农民收入、增强全社会环境保护意识和推进人与自然和谐建设进程等发挥了明显的生态、社会和经济效益。

第三章　不同类型湿地生物量及碳含量遥感估测模型构建

湿地生态系统类型多样，不同水分条件下的碳储量估算方法不一致。根据不同类型湿地选择合适的估测方法，综合不同类型湿地研究湿地生态系统碳储量是今后研究的重点[92]。目前，精确测量湿地生态系统碳储量的方法不多，多种方法相结合估算碳储量的方法得以广泛应用。其中，样地调查的点数据与遥感图像的面数据相结合成为大尺度估算碳储量的主要方式。遥感技术在湿地碳储量监测中发挥着重要的作用，应充分发挥不同数据源的优势，研究合适的图像处理和信息提取技术，提高湿地生态系统碳储量估算精度。本研究以遥感影像为数据源，通过对遥感因子与实测生物量进行相关性分析，用相关性显著且相关系数较大的因子作为模型构建的自变量进行多元线性逐步回归，构建最优遥感估测模型。

3.1 遥感特征因子提取及处理

在几何校正、大气校正等预处理后的 OLI 8 影像上提取每个样点的单波段及复合波段数据、植被指数、主成分分析各分量和纹理特征值等信息，作为模型建立的自变量因子。

3.1.1 单波段和复合波段数据

OLI8 遥感影像合成的 3 个波段中，绿光波段（0.53 ~ 0.59 μm）对植被的叶绿素的反射敏感，可用来识别植被类型和评价植被生产力；红光波段（0.64 ~ 0.68 μm）位于叶绿素的主要吸收带，可用来区分植被类型、覆盖度，判断植被生长状况和健康状况等；近红外波段（0.85 ~ 0.88 μm）位于植被高反射区，对植被的密度、生长力等的变化最敏感，用于植被分类、生物量调查等，是植被通用波段[138]。这 3 个波段与生物量都具有一定的相关性。

复合波段数据是不同波段通过线性和非线性组合派生出的各种变量。已有研究显示，波段比值能够增强一定区域内植被的区分作用[139]。本研究提取的复合波段数据为单波段的值、差值、比值和倒数数据，具体为：TM3、TM4、TM5、TM5-TM3、TM4-TM3、TM5/TM3、TM4/TM3、1/TM3、1/TM4、1/TM5。

3.1.2 植被指数

光谱参数法是遥感反演植被参数的基本方法之一，对于复杂的植被遥感，常将多光谱数据进行组合，形成对植被长势、生物量等有一定指示意义的数值，即植被指数[138]。

因地制宜地选取最优遥感指示因子是获得较高反演精度的前提。本研究在建立遥感生物量反演模型时，结合 OLI-8 影像的多光谱特性与研究区湿地植被的光学需求，总结前人研究经验，选取表 1-5 中绿波段、红波段和近红外波段 3 个波段参与分析，筛选了应用广泛、普适性强的 7 种常见的估测植被生物量的植被指数，具体计算公式如下：

（1）比值植被指数（Ratio Vegetation Index，RVI）

RVI 是近红外波段与可见光红光波段反射光谱的比值[91]。

$$RVI=\frac{\rho_{NIR}}{\rho_{RED}} \tag{3-1}$$

RVI 是介于 DVI 和 NDVI 之间的植被指数，增强了土壤和植被的差异，与绿色植物的叶面积指数、生物量等有关，对植被的检测十分敏感，能够很好地描述植被的生长状况和绿色生物量多少，广泛应用于监测植被生物量[140]。

（2）差值植被指数（Difference Vegetation Index，DVI）

DVI 是近红外波段与可见光红波段反射光谱的差值[139]。

$$DVI=\rho_{NIR}-\rho_{RED} \tag{3-2}$$

DVI 对土壤背景的变化较敏感，能很好地反映植被覆盖度的变化，适用于植被覆盖度小于 80%的中低覆盖度的植被检测。当植被覆盖度在 15%～25%时，DVI 随生物量的增加明显。

（3）归一化植被指数（Normalized Difference Vegetation Index，NDVI）

NDVI 是近红外波段与可见光红波段数值之差和这两个波段数值之和的比值，是目前应用最广泛的植被指数。

$$NDVI=\frac{\rho_{NIR}-\rho_{RED}}{\rho_{NIR}+\rho_{RED}} \tag{3-3}$$

NDVI 值区间在[-1，1]。NDVI 经比值处理，部分消除了与太阳高度角、云 / 阴影和大气条件有关的辐照度条件变化等的影响，在大空间尺度上有效突出了植被信息，增强了对植被的检测能力，但对高植被区具有较低的灵敏度[138]。NDVI 适用于覆盖度在 25%～80%的植被检测[140]。

(4)土壤调整植被指数(Soil Adjusted Vegetation Index,SAVI)

SAVI 通过植被冠层调节因子 L 来减小不同土壤反射变化对植被指数影响[35]。

$$SAVI=(1+L)\frac{\rho_{NIR}-\rho_{RED}}{(\rho_{NIR}+\rho_{RED}+L)} \quad (3-4)$$

L 为土壤调节系数,随植被覆盖度不同变化。SAVI 降低了土壤背景的影响,L 取值范围为 0~1,L=0 时,表示无植被覆盖,SAVI 为 NDVI;L=0.5 时,表示为中等植被覆盖区;L=1 时,表示植被覆盖度极高,植被指数几乎不受土壤的影响;L 常常取 0.5. SAVI 范围为[-1,1]。

(5)修改型土壤调整植被指数(Modified Soil-Adjusted Vegetation Index,MSAVI)

Qi 等人 1994 年改进了 SAVI,提出了修改型土壤调整植被指数 MSAVI,用来降低 SAVI 中裸土的影响。

$$MSAVI=\frac{(2\rho_{NIR}+1-\sqrt{(2\rho_{NIR}+1)^2-8(\rho_{NIR}-\rho_{RED})})}{2} \quad (3-5)$$

MSAVI 范围为[-1,1],适合于不同的植被盖度、土壤背景区域,可从卫星遥感影像上直接提取[61]。

(6)优化土壤调节植被指数(Optimized Soil-Adjusted Vegetation Index,OSAVI)

$$OSAVI=(1+0.16)\times\frac{\rho_{NIR}-\rho_{RED}}{(\rho_{NIR}+\rho_{RED}+0.16)} \quad (3-6)$$

Rondeaux 等(1996 年)提出 OSAVI 以 0.16 为优化系数来减少土壤背景影响。OSAVI 在各种植被覆盖情况下都能有效减少土壤的影响。

(7)重归一化植被指数(Renormalized Difference Vegetation Index,RDVI)

RDVI 为 Roujean 和 Broen 于 1995 年提出。

$$RDVI=\frac{\rho_{NIR}-\rho_{RED}}{\sqrt{\rho_{NIR}-\rho_{RED}}} \quad (3-7)$$

RDVI 取 NDVI 和 DVI 两者之长,无论植被覆盖度高或低,均适用。

采用 ENVI 4.7 中 Band math 工具对 TM 影像分别进行 NDVI、DVI、RVI、RDVI、SAV-I、OSAVI 和 MSAVI 计算(图 3-1),采用 ARCGIS10.0 软件中的空间提取模块将样点图层与植被指数图层进行叠加分析,提取各样点所在像元的植被指数值。

3.1.3 主成分分析

主成分分析(Principal Component Analysis,PCA)是将多波段的影像信息压缩到较少几个波段,将多波段的影像信息压缩到比原波段更有效的少数几个转换波段的方法,能除去波段之间的多余信息[139]。一般情况下,新生成的第一主成分包含所有波段的 80%的方差信息，前 3 个主成分包含所有波段 95%以上的信息[131,138]。各主成分波段之间互不相关、相互独立且比原波段更加有效。本研究对 TM 影像进行主成分分析，分别提取样点所在像元的第 一主成分（PC1）、第二主成分（PC2）、第三主成分（PC3）的值。（图 3-2）

3.1.4 纹理特征

遥感影像纹理是影像灰度在空间上的变化和重复，反映影像的灰度统计信息和地物本身的结构特征及空间排列关系。纹理特征提取最为常用且效果最好的方法是灰度共生矩阵法，该方法主要描述影像各像元间灰度的空间相关性[141,142]。

本研究选取灰度共生矩阵纹理分析法。灰度共生矩阵研究沿一定方向（左上，右上，左下，右下）、一定间距的像元间的相关关系，强调空间依赖性，通过图像灰度级别间联合条件概率密度表示纹理特征。窗口大小、步长和方向是纹理分析中的重要参数。本研究以 1 为移动步长，取 4 个方向 0°、45°、90°、135°作为计算窗口的移动方向，以 3×3 为计算窗口大小进行常用的 8 种纹理特征参数提取，并提取灰度共生矩阵所反映的各样点对应的纹理特征值。见图 3-3

（1）均值（Mean，MEAN）

反映图像纹理窗口内的灰度规则均匀性，影像纹理越规则，均值越大。

$$MEAE=\sum_{i=1\ j=1}^{n} iP(i,j) \qquad (3\text{-}8)$$

（2）方差（Variance，VA）

反映纹理特征偏离样本整体均值的程度，方差越大，特征图像越亮。

$$VA=\sum_{i=1\ j=1}^{n} P(i,j)(i-MEAN) \qquad (3\text{-}9)$$

（3）协同性（Homogeneity，HOM）

反映影像局部同质性，影像灰度差异越大，值越小。

$$HOM=\sum_{i=1}^{n}\sum_{j=1}^{n}\frac{P(i,j)}{1+(1-j)^2} \qquad (3\text{-}10)$$

（4）对比度（Contrast，CON）

反映影像的清晰度和纹理的沟纹深浅，纹理沟纹越深，对比度取值越大，效果越清晰。

$$CON=\sum_{n=0}^{k-1}n^2\left\{\sum_{(i-j)=n}G(i,j)\right\} \qquad (3\text{-}11)$$

（5）相异性（Dissimilarity，DI）

反映邻近像元间灰度值的不均匀特性，灰度差别越大，值越高。

（6）信息熵（Entropy，EN）

表示图像中纹理的非均匀程度或复杂程度，反映影像信息量。影像纹理越杂乱，影像中灰度分布越随机，则信息熵值越大。

$$EN=\sum_{i=1}^{k}n^2\sum_{j=1}^{k}G(i,j)\log G(i,j) \tag{3-12}$$

（7）二阶矩（Second Moment，SM）

反映影像灰度分布的均匀程度和纹理粗细程度，图像中元素越均匀，则值越小。

（8）相关度（Correlation，COR）

度量空间灰度共生矩阵元素在行或列方向上的相似程度，反映图像中局部灰度相关性。矩阵元素值越均匀，相关值越大。

$$\begin{aligned}
COR&=\sum_{i=1}^{k}\sum_{j=1}^{k}\frac{(i,j)G(i,j)-u_iu_j}{S_iS_j}\\
U_i&=\sum_{i=1}^{k}\sum_{j=1}^{k}i\times G(i,j)\\
U_j&=\sum_{i=1}^{k}\sum_{j=1}^{k}j\times G(i,j)\\
S_i^2&=\sum_{i=1}^{k}\sum_{j=1}^{k}G(i,j)(i-u_i)^2\\
S_j^2&=\sum_{i=1}^{k}\sum_{j=1}^{k}G(i,j)(i-u_j)^2
\end{aligned} \tag{3-13}$$

3.2 植被生物量与遥感因子相关性分析

3.2.1 相关性分析原理

相关性分析是揭示两个要素之间相互关系的密切程度。相关系数是测定两个要素之间相关程度和相关方向的代表性指标。相关系数公式为：

$$R_{xy}\frac{\sum\limits_{j=1}(x_i-\overline{x})(y_i-\overline{y})}{\sqrt{\sum\limits_{i=1}^{n}(x_i-\overline{x})^2}\sqrt{\sum\limits_{i=1}^{n}(y_i-\overline{y})^2}} \tag{3-14}$$

公式中，x_i 与 y_i（i=1，2，3…n）、$\overline{x}$ 和 $\overline{y}$ 分别表示两个要素样本值的平均值。R_{xy} 为 x 与 y

之间的相关系数,表示该两要素之间的相关程度的统计指标,取值范围为[-1,1]。R>0,表示正相关,即两要素同向相关;R<0,表示负相关,即两要素异向相关。R 的绝对值的大小表示相关性的高低,R 的绝对值越大表示相关性越高。当｜R｜≥0.8 时,自变量对总变差的影响已超过一半以上,为高度相关;当｜R｜<0.3 时,表明自变量对总变差的影响小于 9%,为低度相关;当 0.3≤｜R｜< 0.8 时,为中度相关。[93,143] 本研究检验湿地植被生物量与提取的遥感信息之间的关系密切程度,目的是选择生物量建模的自变量遥感因子,为后续生物量建模提供基础。在所取的 351 个湿地样点中,随机选取 264 个样点的生物量实测数据,利用 SPSS 17.0 软件分析样点生物量与对应的遥感参数的相关性,并进行模型拟合,利用剩余的 87 个样点数据用作模型检验。

3.2.2 与遥感影像单波段及复合波段之间的相关分析

分析样点植被生物量与 OLI 8TM 影像单波段及复合波段之间的相关性(见表 3-1),以近红外波段反射率(TM5)、红光波段反射率(TM4)和绿光波段反射率(TM3)构建的单波段及复合波段与生物量的相关性较高,且相关性显著,如 TM5-TM3、TM5、TM3、TM4-TM3 等,表明 TM3、TM4 和 TM5 波段是湿地植被生物量的敏感波段。河流湿地中以 TM5-TM3 相关性最高,相关系数达到 0.921;与 TM5、1/TM4、TM4/TM3、TM4-TM3 的相关

表 3-1　生物量与样点对应的单波段及复合波段的相关性

变　量	河流湿地		湖泊湿地		沼泽湿地		人工湿地		银川平原湿地	
	相关系数 R	显著性 Sig	相关系数 R	显著性 Sig	相关系数 R	显著性 Sig	相关系数 R	显著性 Sig	相关系数 R	显著性 Sig
TM3	-0.638**	0.001	-0.752**	0.00	-0.659**	0.001	-0.730**	0.001	-0.699**	0.001
TM4	-0.558*	0.012	-0.646**	0.00	-0.523**	0.000	-0.639**	0.000	-0.571**	0.00
TM5	0.907**	0.002	0.965**	0.00	0.580**	0.002	0.929**	0.002	0.715**	0.001
TM4-TM3	0.699**	0.003	0.791**	0.00	0.644**	0.003	0.755**	0.003	0.699**	0.003
TM5-TM3	-0.921**	0.00	-0.975**	0.00	-0.797**	0.00	-0.956**	0.003	-0.882**	0.00
TM5/TM3	0.577*	0.013	0.665**	0.00	0.101	0.632	0.559**	0.00	0.611*	0.020
TM4/TM3	0.741**	0.00	0.858**	0.00	-0.034	0.813	0.802**	0.00	0.101	0.713
1/TM3	0.674**	0.00	0.825**	0.00	0.228	0.107	0.769**	0.00	0.189	0.104
1/TM4	-0.888**	0.00	-0.907**	0.00	0.228	0.108	-0.820**	0.00	0.189	0.105
1/TM5	0.567*	0.011	0.680**	0.00	0.228	0.108	0.659**	0.001	0.189	0.104

**: 在 0.01 水平(双侧)上显著相关,*:在 0.05 水平(双侧)上显著相关

性也较高，相关系数分别为0.907、-0.888、0.741、0.699。湖泊湿地以TM5-TM3相关性最高，相关系数达到0.975；与TM5、1/TM4、TM4/TM3、1/TM3的相关性也较高，相关系数分别为0.965、0.907、0.858、0.825。沼泽湿地以TM5-TM3相关性最高，相关系数为0.797；与TM3、TM4-TM3、TM5相关性也较高，相关系数分别为0.659、0.644、0.580。人工湿地以TM5-TM3相关性最高，相关系数为0.956；与TM5、1/TM4、TM4/TM3的相关性也较高，相关系数分别为0.929、0.820、0.802。其他的相关系数较低，在之后的建模中将不予考虑。

3.2.3 与植被指数之间的相关分析

分析样点生物量与7种植被指数之间的相关性，结果见表3-2。从表3-2可以看出，7种植被指数与四类湿地实测的植被生物量均有较高的相关性，且相关系数在0.859以上。四类湿地中，相关性高的因子为DVI、MSAVI、RVI和SAVI，相关系数均在0.85~0.977，且相关性显著。

3.2.4 与主成分分析各分量和纹理特征值之间的相关分析

主成分分析与植被生物量相关性分析显示（表3-3），在0.01水平上，PC1、PC2与四类湿地植被生物量均呈现显著性相关，PC1相关性系数在0.707以上，且为正相关；但PC2为负相关，相关性系数在0.832以上。

纹理特征数据与植被生物量相关性分析显示（表3-4），纹理特征值中平均值ME与四类湿地实测植被生物量在0.01水平上均呈显著正相关，相关系数在0.667以上。

总体来看，从OLI 8 TM中提取的遥感参数与样点生物量之间的相关性较高，能够作为湿地植被生物量遥感建模的因子。

表3-2 生物量与样点对应的植被指数之间的相关性

变量	河流湿地		湖泊湿地		沼泽湿地		人工湿地		银川平原湿地	
	相关系数R	显著性Sig	相关系数R	显著性Sig	相关系数R	显著性Sig	相关系数R	显著性Sig	相关系数R	显著性Sig
DVI	0.895**	0.00	0.977**	0.00	0.953**	0.00	0.959**	0.00	0.947**	0.00
MSAVI	0.902**	0.00	0.965**	0.00	0.938**	0.00	0.929**	0.00	0.927**	0.00
NDVI	0.859**	0.00	0.947*	0.03	0.915**	0.00	0.919**	0.00	0.916**	0.00
OSAVI	0.859**	0.00	0.947**	0.00	0.915**	0.00	0.919**	0.00	0.916**	0.00
RDVI	0.895**	0.00	0.977**	0.00	0.953**	0.00	0.959**	0.00	0.947**	0.00
RVI	0.876**	0.00	0.982**	0.00	0.954**	0.00	0.961**	0.00	0.947**	0.00
SAVI	0.859**	0.00	0.947*	0.02	0.915**	0.00	0.919**	0.00	0.916**	0.00

**：在0.01水平（双侧）上显著相关，*：在0.05水平（双侧）上显著相关

表 3-3　生物量与样点对应的主成分分析各分量之间的相关性

变　量	河流湿地		湖泊湿地		沼泽湿地		人工湿地		银川平原湿地	
	相关系数 R	显著性 Sig	相关系数 R	显著性 Sig	相关系数 R	显著性 Sig	相关系数 R	显著性 Sig	相关系数 R	显著性Sig
PC1	0.716**	0.000	0.758**	0.000	0.707**	0.000	0.722**	0.000	0.720**	0.002
PC2	-.854**	0.000	-0.902**	0.005	-0.832**	0.001	-0.905**	0.000	-0.878**	0.001
PC3	-0.25	0.063	-0.361*	0.020	-0.393*	0.030	-0.511*	0.040	-0.399**	0.000

**:在 0.01 水平(双侧)上显著相关,*:在 0.05 水平(双侧)上显著相关

表 3-4　生物量与样点对应的纹理特征之间的相关性

变　量	河流湿地		湖泊湿地		沼泽湿地		人工湿地		银川平原湿地	
	相关系数 R	显著性 Sig	相关系数 R	显著性 Sig	相关系数 R	显著性 Sig	相关系数 R	显著性 Sig	相关系数 R	显著性 Sig
CON	-0.451*	0.030	-0.09	0.087	-0.472**	0.000	-0.31	0.092	-0.336**	0.000
COR	-0.18	0.089	0.145	0.055	-0.18	0.058	-0.32	0.071	-0.149	0.087
DI	-0.475*	0.023	-0.27	0.063	-0.597**	0.003	-0.34	0.083	-0.435**	0.003
EN	-0.22	0.082	-0.582**	0.000	-0.525**	0.000	-0.3	0.061	-0.407**	0.000
HOM	0.374	0.064	0.588**	0.000	0.660**	0.000	0.484*	0.031	0.529**	0.001
ME	0.718**	0.001	0.683**	0.000	0.667**	0.001	0.762**	0.001	0.699**	0.001
SM	-0.612**	0.000	0.602**	0.006	0.516**	0.001	0.38	0.067	0.417**	0.001
VA	0.206	0.061	-0.06	0.001	-0.24	0.075	-0.21	0.033	-0.198	0.074

**:在 0.01 水平(双侧)上显著相关,*:在 0.05 水平(双侧)上显著相关

表 3-5-1　2014 年银川平原湿地地上生物量与自变量遥感因子的相关关系

变量	DVI	MSAVI	NDVI	OSAVI	RDVI	RVI	SAVI	PC1	PC2	PC3	CON	COR	DI	EN	HOM	ME	SM	VA	TM3	TM4	TM5	AGB
DVI	1																					
MSAVI	0.979**	1																				
NDVI	0.986**	0.944**	1																			
OSAVI	0.986**	0.944**	1.000**	1																		
RDVI	1.000**	0.979**	0.986**	0.986**	1																	
RVI	0.993**	0.953**	0.989**	0.989**	0.993**	1																
SAVI	0.986**	0.944**	1.000**	1.000**	0.986**	0.989**	1															
PC1	0.716**	0.805**	0.660**	0.660**	0.716**	0.668**	0.660**	1														
PC2	−0.879**	−0.831**	−0.899**	−0.899**	−0.879**	−0.880**	−0.899**	−0.597**	1													
PC3	−0.376**	−0.403**	−0.332**	−0.332**	−0.376**	−0.372**	−0.332**	−0.519**	0.183	1												
CON	−0.320**	−0.342**	−0.310**	−0.310**	−0.320**	−0.313**	−0.310**	−0.363**	0.333**	0.173	1											
COR	−0.157	−0.142	−0.168	−0.168	−0.157	−0.176	−0.168	−0.132	0.16	0.282**	0.298**	1										
DI	−0.413**	−0.435**	−.383**	−.383**	−.413**	−.402**	−.383**	−.437**	.377**	0.269**	0.958**	0.287**	1									
EN	−0.407**	−0.455**	−0.322**	−0.322**	−0.407**	−0.367**	−0.322**	−0.385**	0.258*	0.257*	0.302**	−0.078	0.483**	1								
HOM	0.487**	0.515**	0.406**	0.406**	0.487**	0.466**	0.406**	0.417**	−0.354**	−0.322**	−0.478**	−0.13	−0.675**	−0.817**	1							
ME	0.656**	0.727**	0.613**	0.613**	0.656**	0.620**	0.613**	0.923**	−0.582**	−0.521**	−0.409**	−0.163	−0.453**	−0.323**	0.353**	1						
SM	0.407**	0.457**	0.319**	0.319**	0.407**	0.367**	319**	0.390**	−0.257*	−0.273**	−0.311**	0.099	−0.495**	−0.990**	0.846**	0.330**	1					
VA	−0.219*	−0.246*	−0.211*	−0.211*	−0.219*	−0.211*	−0.211*	−0.346**	0.164	0.269**	0.766**	0.285**	0.739**	0.206*	−0.300**	−0.384**	−0.205*	1				
TM3	−0.737**	−0.626**	−0.762**	−0.762**	−0.737**	−0.766**	−0.762**	−0.203*	0.706**	0.035	0.2	0.081	0.271**	0.312**	−0.361**	−0.196	−0.302**	0.096	1			
TM4	−0.594**	−0.494**	−0.614**	−0.614**	−0.594**	−0.623**	−0.614**	−0.156	0.555**	0.111	0.188	0.085	0.264**	0.324**	−0.344**	−0.162	−0.310**	0.123	0.942**	1		
TM5	0.769**	0.773**	0.765**	0.765**	0.769**	0.761**	0.765**	0.638**	−0.680**	−0.336**	−0.202*	−0.144	−0.248*	−00.149	0.264**	0.581**	0.161	−0.125	−0.239*	0.015	1	
AGB	0.947**	0.927**	0.916**	0.916**	0.947**	0.947**	0.916**	0.720**	−0.878**	−0.399**	−0.336**	−0.149	−0.435**	−0.407**	0.529**	0.699**	0.417**	−0.198	−0.688**	−0.564**	0.715**	1

**:在 0 .01 水平(双侧)上显著相关,*:在 0.05 水平(双侧)上显著相关

表 3-5-2 2014 年银川平原河流湿地上生物量与自变量遥感因子的相关关系

变量	DVI	MSAVI	NDVI	OSAVI	RDVI	RVI	SAVI	PC1	PC2	PC3	CON	COR	DI	EN	HOM	ME	SM	VA	TM3	TM4	TM5	AGB
DVI	1																					
MSAVI	0.974**	1																				
NDVI	0.992**	0.943**	1																			
OSAVI	0.992**	0.943**	1.000**	1																		
RDVI	1.000**	0.974**	0.992**	0.992**	1																	
RVI	0.992**	0.945**	0.992**	0.992**	0.992**	1																
SAVI	0.992**	0.943**	1.000**	1.000**	0.992**	0.992**	1															
PC1	0.659**	0.805**	0.587**	0.587**	0.659**	0.591**	0.587**	1														
PC2	−0.734**	−0.715**	−0.725**	−0.725**	−0.734**	−0.711**	−0.725**	−0.556*	1													
PC3	−0.4	−0.495*	−0.38	−0.38	−0.4	−0.37	−0.38	−0.655**	0.126	1												
CON	−0.31	−0.42	−0.26	−0.26	−0.31	−0.25	−0.26	−0.614**	0.418	0.619**	1											
COR	−0.24	−0.23	−0.24	−0.24	−0.24	−0.24	−0.24	−0.21	0.255	0.363	0.367	1										
DI	−0.35	−0.453*	−0.29	−0.29	−0.35	−0.28	−0.29	−0.618**	0.417	0.598**	0.980**	0.349	1									
EN	−0.2	−0.31	−0.14	−0.14	−0.2	−0.11	−0.14	−0.39	0.159	0.161	0.374	−0.15	0.501*	1								
HOM	0.29	0.384	0.215	0.215	0.29	0.216	0.215	0.464*	−0.24	−0.41	−0.720**	−0.22	−0.828**	−0.764**	1							
ME	0.631**	0.766**	0.568**	0.568**	0.631**	0.561*	0.568**	0.970**	−0.626**	−0.639**	−0.681**	−0.26	−0.658**	−0.32	0.438	1						
SM	0.164	0.273	0.095	0.095	0.164	0.071	0.095	0.358	−0.13	−0.17	−0.4	0.177	−0.532*	−0.989**	0.807**	0.297	1					
VA	−0.563**	−0.674**	−0.508*	−0.508*	−0.563**	−0.501*	−0.508*	−0.828**	0.515*	0.732**	0.783**	0.339	0.793**	0.372	−0.617**	−0.815**	−0.39	1				
TM3	−0.735**	−0.568**	−0.786**	−0.786**	−0.735**	−.786**	−0.786**	0.012	0.541*	−0.11	−0.14	0.13	−0.1	−0.12	0.047	0.012	0.14	0.003	1			
TM4	−0.685**	−0.503*	−0.754**	−0.754**	−0.685**	−.748**	−0.754**	0.073	0.505*	−0.05	−0.14	0.167	−0.12	−0.23	0.131	0.056	0.252	−0.02	0.980**	1		
TM5	0.974**	1.000**	0.943**	0.943**	0.974**	0.945**	0.943**	0.805**	−0.715**	−0.495*	−0.42	−0.23	−0.453*	−0.31	0.384	0.766**	0.273	−0.674**	−0.568**	−0.503*	1	
AGB	0.895**	0.902**	0.859**	0.859**	0.895**	0.876**	0.859**	0.716**	−0.854**	−0.25	−0.451*	−0.18	−0.475*	−0.22	0.374	0.718**	0.206	−0.612**	−0.596**	−0.519*	0.902**	1

**:在 0.01 水平(双侧)上显著相关,*: 在 0.05 水平(双侧)上显著相关

表 3-5-3　2014 年银川平原湖泊湿地地上生物量与自变量遥感因子的相关关系

变量	DVI	MSAVI	NDVI	OSAVI	RDVI	RVI	SAVI	PC1	PC2	PC3	CON	COR	DI	EN	HOM	ME	SM	VA	TM3	TM4	TM5	AGB
DVI	1																					
MSAVI	0.986**	1																				
NDVI	0.990**	0.962**	1																			
OSAVI	0.990**	0.962**	1.000**	1																		
RDVI	1.000**	0.986**	0.990**	0.990**	1																	
RVI	0.997**	0.975**	0.987**	0.987**	0.997**	1																
SAVI	0.990**	0.962**	1.000**	1.000**	0.990**	0.987**	1															
PC1	0.700**	0.742**	0.654**	0.654**	0.700**	0.686**	0.654**	1														
PC2	−0.925**	−0.887**	−0.948**	−0.948**	−0.925**	−0.927**	−0.948**	−0.648**	1													
PC3	−0.33	−0.32	−0.29	−0.29	−0.33	−0.33	−0.29	−0.452*	0.096	1												
CON	−0.07	−0.11	−0.04	−0.04	−0.07	−0.05	−0.04	−0.1	0.041	−0.09	1											
COR	0.103	0.058	0.103	0.103	0.103	0.125	0.103	0.054	−0.17	−0.25	0.318	1										
DI	−0.23	−0.25	−0.18	−0.18	−0.23	−0.21	−0.18	−0.23	0.139	0.093	0.948**	0.216	1									
EN	−0.539**	−0.546**	−0.475**	−0.475**	−0.539**	−0.535**	−0.475**	−0.363*	0.401*	0.227	0.184	−0.11	0.396*	1								
HOM	0.537**	0.529**	0.470**	0.470**	0.537**	0.541**	0.470**	0.288	−0.384*	−0.22	−0.403*	0.08	−0.623**	−0.827**	1							
ME	0.625**	0.667**	0.589**	0.589**	0.625**	0.608**	0.589**	0.946**	−0.581**	−0.439*	−0.21	−0.06	−0.32	−0.32	0.263	1						
SM	0.558**	0.562**	0.494**	0.494**	0.558**	0.555**	0.494**	0.363*	−0.420*	−0.24	−0.22	0.139	−0.438*	−0.987**	0.872**	0.324	1					
VA	−0.06	−0.08	−0.05	−0.05	−0.06	−0.04	−0.05	−0.24	−0.01	0.253	0.643**	0.361*	0.628**	0.072	−0.11	−0.364*	−0.08	1				
TM3	−0.810**	−0.708**	−0.852**	−0.852**	−0.810**	−0.833**	−0.852**	−0.31	0.849**	0.104	−0.06	−0.18	0.072	0.399*	−0.454*	−0.25	−0.424*	−0.1	1			
TM4	−0.676**	−0.544**	−0.731**	−0.731**	−0.676**	−0.711**	−0.731**	−0.24	0.734**	0.237	−0.13	−0.26	0.016	0.298	−0.362*	−0.2	−0.33	−0.07	0.947**	1		
TM5	0.986**	1.000**	0.962**	0.962**	0.986**	0.975**	0.962**	0.742**	−0.887**	−0.32	−0.11	0.058	−0.25	−0.546**	0.529**	0.667**	0.562**	−0.08	−0.708**	−0.544**	1	
AGB	0.977**	0.965**	0.947**	0.947**	0.977**	0.982**	0.947**	0.758**	−0.902**	−0.361*	−0.09	0.145	−0.27	−0.582**	0.588**	0.683**	0.602**	−0.06	−0.770**	−0.653**	0.965**	1

**:在 0.01 水平(双侧)上显著相关,*:在 0.05 水平(双侧)上显著相关

表 3-5-4　2014 年银川平原沼泽湿地地上生物量与自变量遥感因子的相关关系

变量	DVI	MSAVI	NDVI	OSAVI	RDVI	RVI	SAVI	PC1	PC2	PC3	CON	COR	DI	EN	HOM	ME	SM	VA	TM3	TM4	TM5	AGB
DVI	1																					
MSAVI	0.982**	1																				
NDVI	0.982**	0.940**	1																			
OSAVI	0.982**	0.940**	1.000**	1																		
RDVI	1.000**	0.982**	0.982**	0.982**	1																	
RVI	0.992**	0.954**	0.987**	0.987**	0.992**	1																
SAVI	0.982**	0.940**	1.000**	1.000**	0.982**	0.987**	1															
PC1	0.713**	0.792**	0.639**	0.639**	0.713**	0.659**	0.639**	1														
PC2	−0.872**	−0.830**	−0.900**	−0.900**	−0.872**	−.875**	−0.900**	−0.536**	1													
PC3	−0.288*	−0.313*	−0.23	−0.23	−0.288*	−0.298*	−0.23	−0.572**	0.146	1												
CON	−0.480**	−0.464**	−0.490**	−0.490**	−.480**	−0.495**	−0.490**	−0.350*	0.523**	0.124	1											
COR	−0.21	−0.18	−0.23	−0.23	−0.21	−0.24	−0.23	−0.15	0.22	0.323*	0.344*	1										
DI	−0.588**	−0.576**	−0.566**	−0.566**	−0.588**	−0.597**	−0.566**	−0.453**	0.548**	0.224	0.947**	0.342*	1									
EN	−0.494**	−0.534**	−0.392**	−0.392**	−0.494**	−0.457**	−0.392**	−0.416**	0.275*	0.221	00.216	−0.09	0.428**	1								
HOM	0.602**	0.621**	0.496**	0.496**	0.602**	0.586**	0.496**	0.448**	−0.393**	−0.279*	−0.422**	−0.16	−0.654**	−0.802**	1							
ME	0.632**	0.697**	0.575**	0.575**	0.632**	0.596**	0.575**	0.911**	−0.498**	−0.612**	−0.398**	−0.2	−0.463**	−0.342*	0.361**	1						
SM	0.479**	0.520**	0.372**	0.372**	0.479**	0.442**	0.372**	0.402**	−0.26	−0.22	−0.21	0.114	−0.423**	−0.990**	0.820**	0.326*	1					
VA	−0.273*	−0.26	−0.286*	−0.286*	−0.273*	−0.287*	−0.286*	−0.313*	0.272*	0.231	0.742**	0.338*	0.707**	0.098	−0.2	−.371**	−0.08	1				
TM3	−0.714**	−0.636**	−0.729**	−0.729**	−0.714**	−0.730**	−0.729**	−0.24	0.644**	−0.05	0.426**	0.109	0.516**	0.491**	−.522**	−0.2	−0.469**	0.26	1			
TM4	−0.527**	−0.468**	−0.523**	−0.523**	−0.527**	−0.540**	−0.523**	−0.18	0.449**	0.057	0.366**	0.092	0.460**	0.506**	−.480**	−0.17	−0.481**	0.291*	0.933**	1		
TM5	0.620**	0.608**	0.636**	0.636**	0.620**	0.625**	0.636**	0.504**	−0.586**	−0.23	−0.2	−0.18	−0.22	0	0.174	0.451**	0.009	−0.04	0.011	0.308*	1	
AGB	0.953**	0.938**	0.915**	0.915**	0.953**	0.954**	0.915**	0.707**	−0.832**	−0.393**	−0.472**	−0.18	−0.597**	−0.525**	.660**	0.667**	0.516**	−0.24	−0.662**	−0.506**	0.585**	1

**:在 0.01 水平(双侧)上显著相关,*: 在 0.05 水平(双侧)上显著相关

表 3-5-5　2014 年银川平原人工湿地上生物量与自变量遥感因子的相关关系

变量	DVI	MSAVI	NDVI	OSAVI	RDVI	RVI	SAVI	PC1	PC2	PC3	CON	COR	DI	EN	HOM	ME	SM	VA	TM3	TM4	TM5	AGB
DVI	1																					
MSAVI	0.977**	1																				
NDVI	0.982**	0.941**	1																			
OSAVI	0.982**	0.941**	1.000**	1																		
RDVI	1.000**	0.977**	0.982**	0.982**	1																	
RVI	0.994**	0.953**	0.984**	0.984**	0.994**	1																
SAVI	0.982**	0.941**	1.000**	1.000**	0.982**	0.984**	1															
PC1	0.799**	0.893**	0.774**	0.774**	0.799**	0.757**	0.774**	1														
PC2	−0.924**	−0.859**	−0.944**	−0.944**	−0.924**	−0.933**	−0.944**	−0.641**	1													
PC3	−0.426*	−0.477*	−0.3	−0.3	−0.426*	−0.406*	−0.3	−0.497*	0.29	1												
CON	−0.3	−0.3	−0.4	−0.4	−0.3	−0.4	−0.4	−0.3	0.33	−0.1	1											
COR	−0.3	−0.2	−0.3	−0.3	−0.3	−0.3	−0.3	−0.1	0.426*	0.01	0.31	1										
DI	−0.4	−0.4	−0.4	−0.4	−0.4	−0.412*	−0.4	−0.4	0.34	0.04	0.970**	0.24	1									
EN	−0.431*	−0.443*	−0.4	−0.4	−0.431*	−0.424*	−0.4	−0.4	0.31	0.29	0.440*	−0.1	0.611**	1								
HOM	0.515*	0.511*	.423*	0.423*	0.515*	0.517**	0.423*	0.36	−0.412*	−0.4	−0.4	0.09	−0.549**	−0.875**	1							
ME	0.780**	0.837**	0.758**	0.758**	0.780**	0.753**	0.758**	0.897**	−0.659**	−0.542**	−0.3	−0.1	−0.4	−0.3	0.38	1						
SM	0.469*	0.482*	0.39	0.39	0.469*	0.462*	0.39	0.38	−0.3	−0.3	−0.455*	0.1	-.627**	−0.988**	0.926**	0.38	1					
VA	−0.3	−0.2	−0.3	−0.3	−0.3	−0.3	−0.3	−0.2	0.26	−0.1	0.905**	0.25	0.868**	0.34	−0.3	−0.2	−0.3	1				
TM3	−0.694**	−0.530**	−0.737**	−0.737**	−0.694**	−0.743**	−0.737**	−0.2	0.792**	0.02	0.34	0.36	0.33	0.25	−0.3	−0.3	−0.3	0.31	1			
TM4	−0.595**	−0.409*	−0.654**	−0.654**	−0.595**	−0.660**	−0.654**	−0.1	0.717**	0.02	0.29	0.39	0.27	0.18	−0.3	−0.2	−0.2	0.27	0.969**	1		
TM5	0.977**	1.000**	0.941**	0.941**	0.977**	0.953**	0.941**	0.893**	−0.859**	−0.477*	−0.3	−0.2	−0.4	−0.443*	0.511*	0.837**	0.482*	−0.21	−0.530**	−0.409*	1	
AGB	0.959**	0.929**	0.919**	0.919**	0.959**	0.961**	0.919**	0.722**	−0.905**	−0.511*	−0.3	−0.3	−0.3	−0.3	0.484*	0.762**	0.38	−0.21	−0.686**	−0.601**	0.929**	1

**: 在 0.01 水平（双侧）上显著相关。，*: 在 0.05 水平（双侧）上显著相关

3.3 湿地植被地上生物量 RS-MLRM 构建

构建多元线性回归估测模型的关键是抽样选择实测数据和验证数据及遥感因子相关性评价。用遥感因子值和野外实测采样点数据相结合估测生物量的方法应用已基本成熟[144],应用单因子或多因子构建回归模型的研究也比较多[145],但采用单因子或多因子构建回归模型因子的选择多建立在拟合优度检验上,因子间的多重共线性的解决和以参数相关性评价为基础的 RS-MLRM(遥感—多元线性回归模型)研究较少[146]。因此,本研究在前人研究的基础上,以遥感因子与实测生物量的相关性评价作为模型构建的前提,采用逐步回归法排除引起多重共线性的解释变量,采用 TM 影像数据提取的遥感因子构建 RS-MLRM,最后利用预留的数据进行最终模型精度检验,估测研究区植被地上生物量。

遥感因子的筛选是 RS-MLRM 建立的关键。参考前人研究成果及相关资料[145,146],筛选遥感因子应遵循以下原则:(1)所选用的遥感因子与生物量之间呈高度相关性,所选用的遥感因子相互间相关程度低于与生物量之间的相关程度;(2)所选用的遥感因子是一个独立的解释变量,根据拟合优度的变化决定新引入的变量是否独立,若拟合优度变化显著,则说明新引入的变量是一个独立解释变量,否则说明新引入的变量与其他变量之间存在共线性关系;(3)生物量实测值具有完整的统计数据,其预测值容易确定。

将采样点对应的 TM 遥感因子数据和样点数据进行预处理,并进行空间关联。同时,利用 TM 遥感参数与样点植被生物量建立生物量估测模型,流程如图 3-4 所示。

第一,参考前人的研究成果[145,146],在银川平原湿地的 351 个采样点实测生物量数据中抽样选取 75%的数据用于构建生物量估测模型,将剩余 25%的数据作为评价生物量估测模型数据,将 TM 遥感因子可见光红光波段、近红波段、绿光波段以及由前 3 个波段组合的复合波段值、植被指数、纹理特征值和主成分特征值等作为生物量模型构建的自变量进行相关性分析。

第二,利用相关性高且显著的因子进行多元逐步回归分析,将拟合度高且变化显著、误差较小的回归模型作为生物量估测模型。

第三,利用采样点实测生物量预留的 25%的数据对模型精度进行评价

第四,利用 ENVI 4.7 和 ARCGIS10.0 进行湿地生物量分布的可视化表达。

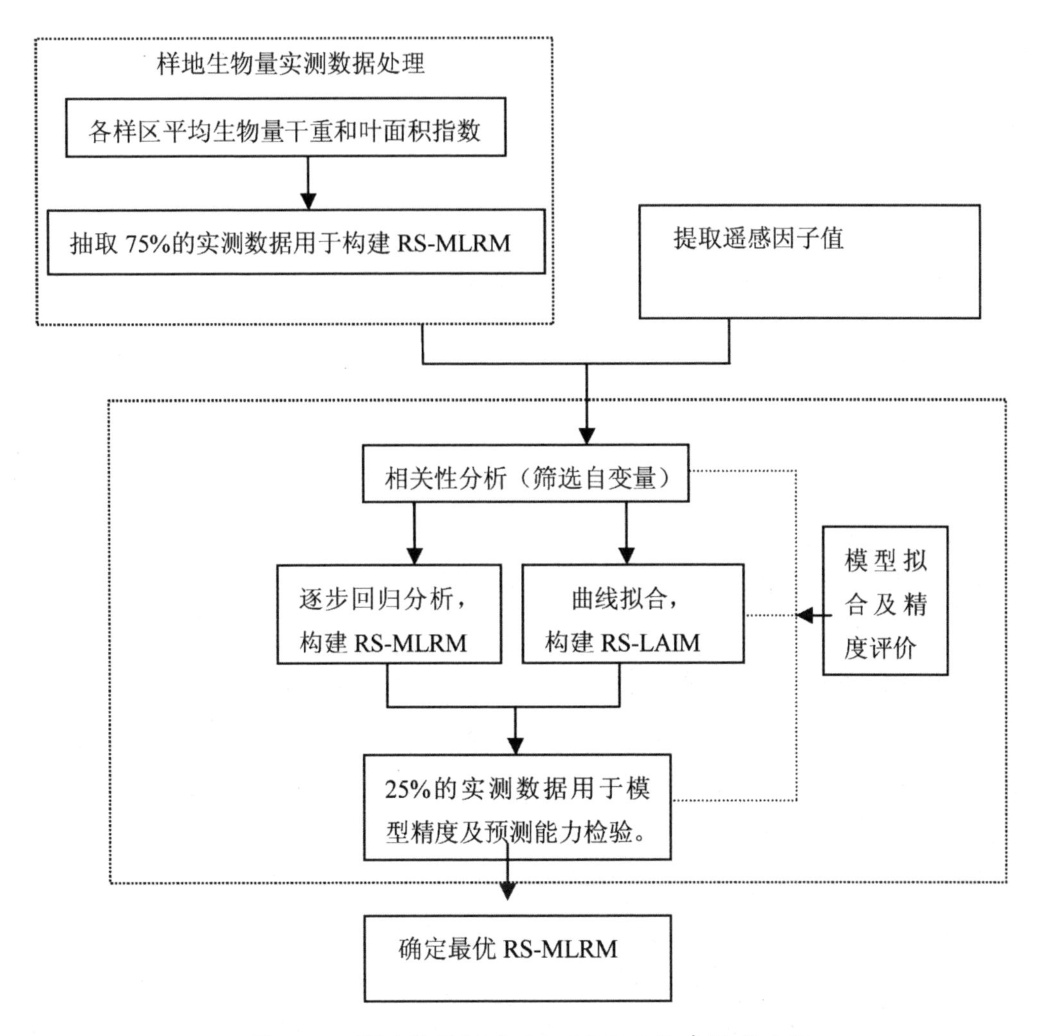

图 3-4 银川平原湿地 RS-MLRM 构建技术流程

3.3.1 RS-MLRM 数学模型

MLRM(多元线性回归模型)是分析某一自变量与多个因变量之间的关系,并建立的数学模型[143]。

设 Y 代表植被生物量, $x_1, x_2...x_n$ 代表遥感因子。当自变量与因变量为线性关系时,则 MLRM 数学模型为[143]:

$$Y=a_0+a_1x_1+a_2x_2+...+a_nx_n+\varepsilon \quad (3\text{-}15)$$

公式(3-15)为线性方程,式中 a_0 为常数项, a_1 , $a_2...a_n$ 为回归系数, ε 为随机误差。$a_0+a_1x_1+a_2x_2+...+a_nx_n+\varepsilon$ 设有 m 组样本的数据,其中 x_{ij} 为 x_i 系在第 i 此的观测值。其数学模型表示为:

$$\begin{cases} Y_1 = a_0+a_1x_{11}+a_2x_{12}+\ldots+a_nx_{1n}+ \varepsilon \\ Y_2 = a_0+a_1x_{21}+a_2x_{22}+\ldots+a_nx_{2n}+ \varepsilon \\ Y_j = a_0+a_1x_{m1}+a_2x_{m2}+\ldots+a_nx_n+ \varepsilon \end{cases} \tag{3-16}$$

a_1 ,$a_2 \ldots a_k$ 为 k+1 个待定参数，ε 为随机误差。$x_1,x_2 \ldots x_{mn}$ 代表某一个遥感因子 x_n 在第 m 个样本点的值；$Y_1,Y_2 \ldots Y_j$ 代表各样本点的实测植被生物量。

将公式(3-16)写成矩阵形式,生物量 RS-MLRM 表示为：

$$设\ X=\begin{bmatrix} 1 & x_{11} & x_{12} & \ldots x_{1n} \\ 1 & x_{21} & x_{22} & \ldots x_{2n} \\ \ldots & \ldots & \ldots & \ldots \\ 1 & x_{m1} & x_{m2} & \ldots x_{mn} \end{bmatrix}$$

$$Y=(y_1,y_2 \ldots y_n)',b=(b_0,b_1 \ldots b_k)'$$

则生物量 MLRM 的矩阵形式表示为：

$$Y=bX+ \varepsilon \tag{3-17}$$

Y 为生物量矩阵,X 为各样本点的遥感因子矩阵,b 为系数矩阵，ε 为随机误差。

研究表明,植被生物量与多种遥感信息存在显著的相关关系[145]。在进行生物量反演模型相构建时,综合考虑多种遥感信息的最优组合来估测生物量,比只用单一遥感信息进行预测更准确,更具有实际意义。

3.3.2 银川平原不同类型湿地 RS-MLRM 构建

应用逐步回归的方法对选出的相关性显著的遥感因子和植被地上生物量进行建模。回归模型的决定系数随着自变量的增加而增大,但这并不意味着拟合效果最优,调整的决定系数消除了自变量个数和样本大小对拟合优度的影响,本研究选择调整的决定系数作为拟合优度的评价指标。

用相关性显著的自变量与 264 个样点的实测地上生物量数据(河流湿地 54 个,湖泊湿地 69 个,沼泽湿地 87 个,人工湿地 54 个)进行多元线性逐步回归,经筛选得到关系模型,如表 3-6 所示。从表 3-6 可以看出,随着入选自变量的增加,调整的决定系数逐渐增大,当入选自变量为 4 之后,调整的决定系数达到 0.956,同时标准估计误差也较小,模型拟合的精度满足要求,最终根据模型的相关系数 R 值以及标准估计误差,选择 4 个因子模型为银川平原湿地植被生物量的遥感信息估测总模型：

$$AGB= 5060.45RVI+3.337ME-14473.703NDVI-4.718PC2-3879.215 \tag{3-18}$$

AGB 为植被地上生物量(g/m^2)。

表 3-6　银川平原湿地 RS-MLRM

变　量	入选变量	决定系数	调整的决定系数
1	RVI	0.897	0.896
2	RVI、ME	0.917	0.916
3	RVI、ME、NDVI	0.936	0.934
4	RVI、ME、NDVI、PC2	0.958	0.956

表 3-6(续)　银川平原湿地地上生物量 RS-MLRM 及相关统计量

自变量	方　程	R^2	P	标准误差(%)
1 因子	AGB=2565.552RVI−3787.93	0.897	0.000	22
2 因子	AGB=2258.29RVI−3.72ME−3289.21	0.917	0.000	18
3 因子	AGB=4686.338RVI+0.682ME−9812.736NDVI−5052.127	0.936	0.000	13
4 因子	AGB=5056.45RVI+3.34ME−14473.70NDVI−4.718PC2−3879.22	0.958	0.000	12

3.3.3 河流湿地 RS-MLRM

用河流湿地相关性显著的自变量与对应的样点实测地上生物量数据进行多元线性逐步回归,经筛选得到关系模型,如表 3-7 所示。从表 3-7 可以看出,2 个因子模型的决定系数最大，为 0.903，银川平原河流湿地多元线性模型中以 2 个因子模型拟合效果最好,标准误差也较小。即生物量的估测模型为 2 个因子模型：

$$AGB=0.195MSAVI-5.183PC2-1597.884 \qquad (3-19)$$

表 3-7　银川平原河流湿地 RS-MLRM

变　量	入选变量	决定系数	调整的决定系数
1	MSAVI	0.813	0.803
2	MSAVI、PC2	0.903	0.891

表 3-7(续)　银川平原河流湿地地上生物量 RS-MLRM 及相关统计量

自变量	方　程	R^2	P	标准误差(%)
1 因子	AGB=0.295MSAVI−4036.343	0.813	0.000	12.02
2 因子	AGB=0.195MSAVI−5.183PC2−1597.884	0.903	0.000	7.45

3.3.4 湖泊湿地 RS-MLRM

用湖泊湿地相关性显著的自变量与对应的样点实测地上生物量数据进行多元线性逐步回归,经筛选得到关系模型,如表 3-8 所示。从表 3-8 可以看出,当调整的决定系数达到 0.995,即入选自变量为 4 之后,调整的决定系数变化较小,标准估计误差变化也不大。因此生物量的估测模型选择为 4 个因子模型:

AGB=5061.675RVI−12103.326NDVI+2.331ME−2.593PC2−4525.320　（3−20）

表 3-8　银川平原湖泊湿地 RS-MLRM

变　量	入选变量	决定系数	调整的决定系数
1	RVI	0.964	0.963
2	RVI、NDVI	0.984	0.983
3	RVI、NDVI、ME	0.993	0.992
4	RVI、NDVI、ME、PC2	0.996	0.995
5	RVI、NDVI、ME、PC2、DVI	0.997	0.996
6	RVI、NDVI、ME、PC2、DVI、TM4	0.998	0.997

表 3-8(续)　银川平原湖泊湿地地上生物量 RS-MLRM 及相关统计量

自变量	方　程	R^2	P	标准误差(%)
1 因子	AGB=2768.763RVI−3499.303	0.964	0.000	21
2 因子	AGB=5229.731RVI−10144.199NDVI−5247.743	0.984	0.000	15
3 因子	AGB=4865.365RVI−9492.426NDVI+2.521ME−5210.85	0.993	0.000	14
4 因子	AGB=5061.675RVI−12103.326NDVI+2.331ME−2.593PC2−4525.320	0.996	0.000	12
5 因子	AGB=4092.14RVI−13967.925NDVI+1.949ME−3.155PC2+0.147DVI−3339.971	0.997	0.000	11
6 因子	AGB=2761.051RVI−16746.682NDVI+2.718ME−3.268PC2+0.344DVI−0.13TM4−445.792	0.998	0.000	10

3.3.5 沼泽湿地 RS-MLRM

用沼泽湿地相关性显著的自变量与对应的样点实测地上生物量数据进行多元线性逐步回归,经筛选得到关系模型,如表 3-9 所示。由表 3-9 可知,当调整的决定系数达到 0.952,即入选自变量为 4 之后,调整的决定系数变化不大,标准估计误差也较小,模型估测精度较高。因此,将 4 个因子模型作为银川平原地上生物量遥感信息估测。模型为:

AGB=5412.503RVI−14177.602NDVI+2.981ME−2.912PC2−4739.335　（3−21）

表 3-9 银川平原沼泽湿地 RS-MLRM

变 量	入选变量	决定系数	调整的决定系数
1	RVI	0.910	0.909
2	RVI、NDVI	0.938	0.936
3	RVI、NDVI、ME	0.949	0.946
4	RVI、NDVI、ME、PC2	0.956	0.952
5	RVI、NDVI、ME、PC2、VA	0.960	0.956

表 3-9(续) 银川平原沼泽湿地地上生物量 RS-MLRM 及相关统计量

自变量	方 程	R^2	P	标准误差(%)
1 因子	AGB=2679.861RVI-3390.460	0.910	0.000	21
2 因子	AGB=5566.894RVI-11957.755NDVI-5373.212	0.938	0.000	19
3 因子	AGB=5147.98RVI-11134.304NDVI+2.950ME-5370.956	0.949	0.000	15
4 因子	AGB=5412.503RVI-14177.602NDVI+2.981ME-2.912PC2-4739.335	0.956	0.000	13
5 因子	AGB=5387.673RVI-14065.661NDVI+3.498ME-3.023PC2+0.932VA- 4958.381	0.960	0.000	12

3.3.6 人工湿地 RS-MLRM

用人工湿地相关性显著的自变量与对应的样点实测地上生物量数据进行多元线性逐步回归，经筛选得到关系模型，如表 3-10 所示。由 3-10 表可知，随着入选自变量的增加，调整的决定系数逐渐增大，当入选自变量为 6 时，调整的决定系数最大 0.994，同时标准估计误差也较小，故银川平原湿地植被生物量的估测模型为 6 个因子模型。

$$AGB=3818.277RVI-15584.969NDVI+4.428ME+0.190DVI-4.491PC2-2.724ME-3861.656 \quad (3-22)$$

表 3-10 银川平原人工湿地 RS-MLRM

变 量	入选变量	决定系数	调整的决定系数
1	RVI	0.924	0.926
2	RVI、NDVI	0.946	0.941
3	RVI、NDVI、EN	0.971	0.966
4	RVI、NDVI、EN、DVI	0.979	0.975

续表

变 量	入选变量	决定系数	调整的决定系数
5	RVI、NDVI、EN、DVI、PC2	0.988	0.984
6	RVI、NDVI、EN、DVI、PC2、ME	0.994	0.992

表 3-10(续) 银川平原人工湿地地上生物量 RS-MLRM 及相关统计量

自变量	方 程	R^2	P	标准误差(%)
1 因子	AGB=2384.85RVI–2890.459	0.924	0.000	23
2 因子	AGB=4456.285RVI–8098.504NDVI–4481.663	0.946	0.000	18
3 因子	AGB=5462.952RVI–11273.153NDVI+4.307EN–6494.382	0.971	0.000	15
4 因子	AGB=3615.243RVI–12646.919NDVI+4.774EN+0.246DVI–4858.046	0.979	0.000	13
5 因子	AGB=3199.469RVI–14891.727NDVI+4.517EN+0.282DVI–3.751PC2–3295.64	0.988	0.000	12
6 因子	AGB=3818.277RVI–15584.969NDVI+4.428EN+0.190DVI–4.491PC2–2.724ME–3861.656	0.994	0.000	10

3.3.7 湿地植被地上生物量 RS-LAIM 构建

RS-LAIM 为基于叶面积指数的生物量遥感估测模型。植被叶面积指数（leaf area index,LAI)被定义为地表植被柱体内叶子总表面积的一半与柱体底面积之比值[146],是作物生长模拟过程中重要的生理参数之一[147]。植被的地上生物量与叶面积指数有密切关系,而 NDVI 又能灵敏地反映 LAI 的变化。利用遥感进行植被指数和叶面积指数的研究已有较多,靳华安等[146]、邢丽玮等[147]、张学艺等[148]、方秀琴[149]的研究结果均表明用幂指数拟合效果最好。参考宁夏湿地芦苇研究的相关文献[150],选取与叶面积指数相关性高的植被指数进行回归分析,得出银川平原湿地芦苇的叶面积指数与植被指数的关系,见表 3-11。

表 3-11 银川平原湿地植被叶面积指数与植被指数的 RS-LAIM 模型

自变量	一元模型	R^2	RMSE	P
1	LAI =2.508ln RVI +0.256	0.700	0.454	0.00
2	$LAI=6.180\,(NDVI)^{1.039}$	0.839	0.567	0.00
3	LAI=9.218 DVI+0.973	0.675	0.482	0.003
4	LAI=1.784ln MSAVI+5.971	0.672	0.672	0.021
5	LAI= – 4.9332 – 86.280 ln(1 – OSAVI)	0.642	0.657	0.002

由表 3-11 可以看出,NDVI 与 LAI 拟合的曲线模型效果最好,估测精度最高。因此,选用 NDVI 与 LAI 的回归模型反演 LAI。

利用样点实测生物量数据与叶面积指数数据进行曲线拟合,LAI 与生物量的线性拟合函数为:

$$AGB=0.696\times(LAI)^{0.756}\ (R^2=0.7442,P<0.05) \qquad (3-23)$$

根据公式(3-23)和 NDVI 与 LAI 的回归关系[$LAI=6.180\,(NDVI)^{1.039}$],得到:

$$AGB=0.484\times(NDVI)^{0.785} \qquad (3-24)$$

3.3.8 模型精度评价及检验

为检验 RS-MLRM 和 RS-LAIM 的估测精度与估测能力,在上述调整的决定系数(R^2)检验的基础上,采用常用的均方根误差(RMSE)、精度 SE(或系统误差)和实际生物量法(MB)、相对误差(RE)4 个指标[142]来进一步检验模型的准确性和精度,见公式(3-25)、(3-26)。实际生物量法是通过对研究区地物进行解译分类,聚类得到不同密度植被的面积,乘以各相应区域的样方单位面积实测平均生物量,然后进行求和得到研究区总的干生物量(公式 3-27),将其结果与反演模型估算中生物量结果进行对比,计算其相对误差(公式 3-28)。

$$RMSE=\sqrt{\frac{1}{n}\times\sum_i^n(B_i-B_i')^2} \qquad (3-25)$$

$$SE=\sum_{i=1}^{n}\frac{|B_i-B_i'|}{n} \qquad (3-26)$$

$$MB_i=\sum_{i=1}^{n}\overline{B_i}S_i \qquad (3-27)$$

$$RE=100\%\times\frac{|B_i-B_i'|}{B_i} \qquad (3-28)$$

式中,B_i 是第 i 个样点实测生物量数值,B_i' 是第 i 个样点预测生物量数值,$\overline{B_i}$ 是各不同类型湿地植被覆盖区域实测单位面积平均生物量,S_i 是各不同类型湿地植被覆盖区相应的面积,n 是样点个数。

利用剩余的 87 个实测样点的地上生物量求得与实测样点相对应的湿地植被地上生物量预估值,见表 3-12。从表 3-12 可以看出,银川平原不同类型湿地地上生物量 RS-MLRM 拟合生物量精度及预测能力检验结果均优于 RS-LAIM 拟合生物量精度及预测能力检验结果,RS-MLRM 与实测值回归分析的均方根误差较小,依次为 70.891 g/m^2、67.072 g/m^2、69.991g/m^2、68.239 g/m^2、71.945g/m^2,表明对湿地植被生物量的建模效果良好;相对误差均在 10%以内,分别为 5.567%、5.768%、6.626%、5.045%、4.643%,表明不同类型湿地植被地上生物量 RS-MLRM 对湿地植被生物量反演结果有较好的估测能力。总的来说，应用以 RVI、ME、NDVI、PC2 建立的 4 因子 RS-MLRM 能够较好地估测不同类型湿地植被地上生物量，同时也说明纹理特征的引入在一定程度上提高了模型的预测精度。

表 3-12　湿地植被生物量 RS-MLRM 评价

湿地类型	实测生物量(g/m²)	预测生物量(g/m²)	RE(%)	RSME (g/m²)	SE(g/m²)
银川平原湿地	2954.09	3118.55	5.567	70.891	69.904
河流湿地	2729.41	2886.84	5.768	67.072	73.660
湖泊湿地	2616.45	2789.82	6.626	69.991	67.535
沼泽湿地	3555.38	3734.76	5.045	68.239	73.022
人工湿地	2954.09	3491.01	4.643	71.945	70.903

表 3-12(续)　湿地植被生物量 RS-LAIM 评价

湿地类型	实测生物量(g/m²)	预测生物量(g/m²)	RE(%)	RSME (g/m²)	SE(g/m²)
银川平原湿地	2954.09	2721.95	7.852	122.521	86.928
河流湿地	2729.41	2486.81	8.897	101.106	88.948
湖泊湿地	2616.45	2429.85	7.138	112.992	92.411
沼泽湿地	3555.38	3334.76	6.213	112.118	108.013
人工湿地	3336.13	3091.01	7.352	116.499	109.032

3.3.9 湿地地下—地上生物量分配格局

植被根系的发育状况决定地上部分的营养器官和生殖器官的形态建成与生物量，地上和地下部分生物量存在极大的相关性[146]。将研究区各样点的地上、地下生物量之间建立相关关系（图 3-5），银川平原地下生物量与地上生物量之间呈正相关关系，相关系数为 0.618，$P<0.01$，相关性极显著。表明研究区可以基于地上生物量估测地下生物量，最终得到总生物量。

$$BGB=0.394AGB+263.669 \tag{3-29}$$

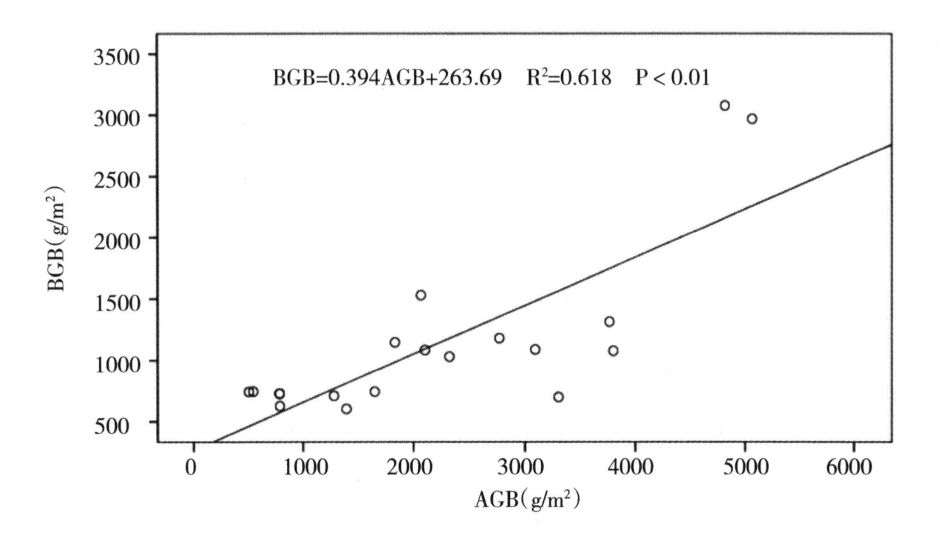

图 3-5　银川平原湿地地上—地下生物量相关关系

3.4 不同类型湿地植被碳含量估测模型

3.4.1 植被碳含量估测模型

单位面积植被的碳含量即单位面积植被生物量乘以植被有机碳含碳率。基于地上生物量模型和地上—地下生物量关系，结合实测样点的植被有机碳含碳率的平均值，构建了植被根系碳含量模型、植被地上碳含量模型、植被地上—地下总碳含量模型，代入生物量遥感估测模型即得到植被碳含量估测模型。

银川平原湿地区 264 个样点的地上植被生物量的有机碳含碳率平均值为 0.418 g/kg，地下植被生物量的有机碳含碳率平均值为 0.418 g/kg，代入生物量遥感估测模型，即得到银川平原湿地地上部分植被生物量（AGB）和地下部分植被生物量（BGB）碳含量总模型：

C_{AGB}=0.418 × AGB=0.418 ×（5056.45RVI+3.337ME−14473.703NDVI

−4.718PC2−3879.215）(4−30) C_{BGB}=0.368 × BGB=0.145 × AGB+97.03

（3−30）

根据地上部分植被生物量（AGB）碳含量和地下部分植被生物量（BGB）碳含量模型，得到地上—地下植被总生物量（TB）碳含量模型（下同）：

C_{TB}= C_{AGB}+C_{BGB}=0.563 × AGB +97.03　（3−31）

3.4.2 河流湿地植被碳含量估测模型

河流湿地 54 个样点的地上植被生物量的有机碳含碳率平均值为 0.421 g/kg，地下植被生物量的有机碳含碳率平均值为 0.384 g/kg，代入生物量遥感估测模型，即得到地上生物量（AGB）和地下植被生物量（BGB）及总生物量（TB）碳含量模型：

$$C_{AGB} = 0.421 \times AGB = 0.421 \times (0.195MSAVI - 5.183PC2 - 1597.884) \tag{3-32}$$

$$C_{BGB} = 0.384 \times BGB = 0.151 \times AGB + 101.24 \tag{3-33}$$

$$C_{TB} = 0.572 \times AGB + 101.24 \tag{3-34}$$

3.4.3 湖泊湿地植被碳含量估测模型

湖泊湿地 69 个样点的地上植被生物量的有机碳含碳率平均值为 0.419 g/kg，地下植被生物量的有机碳含碳率平均值为 0.361 g/kg，代入生物量遥感估测模型，即得到湖泊湿地地上生物量（AGB）和地下植被生物量（BGB）及总生物量（TB）碳含量模型：

$$C_{AGB} = 0.419 \times AGB = 0.419 \times (4865.365RVI - 9492.426NDVI + 2.521ME - 5210.85) \tag{3-35}$$

$$C_{BGB} = 0.361 \times BGB = 0.142 \times AGB + 95.184 \tag{3-36}$$

$$C_{TB} = 0.563 \times AGB + 95.184 \tag{3-37}$$

3.4.4 沼泽湿地植被碳含量估测模型

沼泽湿地 86 个样点的地上植被生物量的有机碳含碳率平均值为 0.413 g/kg，地下植被生物量的有机碳含碳率平均值为 0.374 g/kg，代入生物量遥感估测模型，即得到沼泽湿地地上生物量（AGB）和地下植被生物量（BGB）及总生物量（TB）碳含量模型：

$$C_{AGB} = 0.413 \times AGB = 0.413 \times (5412.503RVI - 14177.602NDVI + 2.981ME - 2.912PC2 - 4739.335) \tag{3-38}$$

$$C_{BGB} = 0.374 \times BGB = 0.147 \times AGB + 98.612 \tag{3-39}$$

$$C_{TB} = 0.560 + 98.612 \tag{3-40}$$

3.4.5 人工湿地植被碳含量估测模型

人工湿地 54 个样点的地上植被生物量的有机碳含碳率平均值为 0.417 g/kg，地下植被生物量的有机碳含碳率平均值为 0.387 g/kg，代入生物量遥感估测模型，即得到人工湿地地上生物量（AGB）和地下植被生物量（BGB）及总生物量（TB）碳含量模型：

$$C_{AGB} = 0.417 \times AGB = 0.417 \times (3818.277RVI - 15584.969NDVI + 4.428EN + 0.190DVI - 4.491PC2 - 2.724ME - 3861.656) \tag{3-41}$$

$$C_{BGB} = 0.387 \times BGB = 0.152 \times AGB + 102.04 \tag{3-42}$$

$$C_{TB} = 0.569 \times AGB + 102.04 \tag{3-43}$$

3.4.6 模型精度评价及检验

利用剩余的 88 个实测样点的地上生物量值（其中河流湿地 21 个，湖泊湿地 24 个，沼泽湿地 25 个，人工湿地 18 个），计算与实测样点相对应的湿地植被碳含量预估值，见表 3-13。从表 3-13 可以看出，银川平原湿地植被碳含量估测总模型及河流湿地、湖泊湿地、沼泽湿地、人工湿地四类湿地植被碳含量估测模型预测值与实测值回归分析的均方根误差较小，依次为 219.53 g/m^2、230.40 g/m^2、189.92 g/m^2、172.13 g/m^2、204.59 g/m^2，表明对湿地植被生物量的建模效果良好；相对误差均在 10%以内，分别为 9.60%、10.76%、8.54%、8.10%、8.91%，表明各估测模型均具有较高的精度，可以较好地用来估测银川平原不同类型湿地植被碳含量。总的来说，应用以生物量为基础的各类湿地植被碳含量 RS-MLRM 能够较好地估测研究区不同类型湿地植被碳含量。

表 3-13　不同类型湿地植被碳含量遥感估测模型评价

湿地类型	植被碳含量（g/m^2）	预估值（g/m^2）	RE（%）	RSME（g/m^2）
银川平原湿地	2910.68	2631.15	9.60	219.53
河流湿地	2698.79	2408.39	10.76	230.40
湖泊湿地	2575.69	2355.77	8.54	189.92
沼泽湿地	3483.79	3201.66	8.10	172.13
人工湿地	3192.64	2908.05	8.91	204.59

3.5 不同类型湿地土壤有机碳估测模型构建

3.5.1 土壤有机碳与环境因子相关性分析

本研究将 OLI-8 TM 卫星遥感数据（TM3、TM4、TM5）及 3 个主成分（PC1、PC2、PC3）、相关的植被指数（NDVI、DVI、RVI、RDVI、OSAVI、SAVI、MSAVI）及其纹理特征值（CON、COR、DI、ME、VA、EN、SM、HOM）、（AGB、BGB、TB、STN 土壤总氮含量）、（STP 土壤总磷含量）26 个自变量与土壤有机碳（SOC）进行 Pearson 相关分析，相关分析结果如表 3-14 所示。从表 3-14 中可以看出，SOC 与地上生物量、TN 显著正相关（$P<0.01$），相关系数均达到 0.9 以上；SOC 与 7 个植被指数的相关性均很高，相关性显著（$P<0.01$）；在纹理特征 8 个测度值中，除与 ME 的相关系数达到 0.702 之外，SOC 与其他 7 个纹理特征的相关性不强；SOC 与主成分 PC1 和 PC2 相关系数较高，相关性显著（$P<0.01$）；与 TM3 和 TM5 有显著相关性（$P<0.01$）；从相关系数可以看出，SOC 与植被指数、TM3 、TM5 中的一个或多个均具有显著的相关性，表明遥感影像及其植被指数是土壤有机碳含量反演的主要参数，而纹理特征和主成分特征分量有可能会通过间接的关系增加反演的精度[113]。

表 3-14　银川平原湿地土壤有机碳(SOC)与环境因子相关性

	DVI	MSAVI	NDVI	OSAVI	RDVI	RVI	SAVI	PC1	PC2	PC3	CON	COR	DI	EN	HOM	ME	SM	VA	TM3	TM4	TM5	AGB	BGB	TB	TN	TP	SOC
DVI	1																										
MSAVI	0.979**	1																									
NDVI	0.986**	0.944**	1																								
OSAVI	0.986**	0.944**	1.000**	1																							
RDVI	1.000**	0.979**	0.986**	0.986**	1																						
RVI	0.993**	0.953**	0.989**	0.989**	0.993**	1																					
SAVI	0.986**	0.944**	1.000**	1.000**	0.986**	0.989**	1																				
PC1	0.716**	0.805**	0.660**	0.660**	0.716**	0.668**	0.660**	1																			
PC2	−0.879**	−0.831**	−0.899**	−0.899**	−0.879**	−0.880**	−0.899**	−0.597**	1																		
PC3	−0.376**	−0.403**	−0.332**	−0.332**	−0.376**	−0.372**	−0.332**	−0.519**	0.183	1																	
CON	−0.320**	−0.342**	−0.310**	−0.310**	−0.320**	−0.313**	−0.310**	−0.363**	0.333**	0.173	1																
COR	−0.157	−0.142	−0.168	−0.168	−0.157	−0.176	−0.168	−0.132	0.16	0.282**	0.298**	1															
DI	−0.413**	−0.435**	−0.383**	−0.383**	−0.413**	−0.402**	−0.383**	−0.437**	0.377**	0.269**	0.958**	0.287**	1														
EN	−0.407**	−0.455**	−0.322**	−0.322**	−0.407**	−0.367**	−0.322**	−0.385**	0.258*	0.257*	0.302**	−0.078	0.483**	1													
HOM	0.487**	0.515**	0.406**	0.406**	0.487**	0.466**	0.406**	0.417**	−0.354**	−0.322**	−0.478**	−0.13	−0.675**	−0.817**	1												
ME	0.656**	0.727**	0.613**	0.613**	0.656**	0.620**	0.613**	0.923**	−0.582**	−0.521**	−0.409**	−0.163	−0.453**	−0.323**	0.353**	1											
SM	0.407**	0.457**	0.319**	0.319**	0.407**	0.367**	0.319**	0.390**	−0.257*	−0.273**	−0.311**	0.099	−0.495**	−0.990**	0.846**	0.330**	1										
VA	−0.219*	−0.246*	−0.211*	−0.211*	−0.219*	−0.211*	−0.211*	−0.346**	0.164	0.269**	0.766**	0.285**	0.739**	0.206*	−0.300**	−0.384**	−0.205*	1									
TM3	−0.730**	−0.619**	−0.756**	−0.756**	−0.730**	−0.760**	−0.756**	−0.203*	0.706**	0.035	0.2	0.081	0.271**	0.312**	−0.361**	−0.196	−0.302**	0.096	1								
TM4	−0.584**	−0.485**	−0.603**	−0.603**	−0.584**	−0.614**	−0.603**	−0.156	0.555**	0.111	0.188	0.085	0.264**	0.324**	−0.344**	−0.162	−0.310**	0.123	0.941**	1							
TM5	0.767**	0.770**	0.763**	0.763**	0.767**	0.758**	0.763**	0.638**	−0.680**	−0.336**	−0.202*	−0.144	−0.248*	−0.149	0.264**	0.581**	0.161	−0.125	−.0227*	0.032	1						
AGB	0.947**	0.927**	0.916**	0.916**	0.947**	0.947**	0.916**	0.720**	−0.878**	−0.399**	−0.336**	−0.149	−0.435**	−0.407**	0.529**	0.699**	0.417**	−0.198	−0.688**	−0.564**	0.715**	1					
BGB	0.947**	0.927**	0.916**	0.916**	0.947**	0.947**	0.916**	0.720**	−0.878**	−0.399**	−0.336**	−0.149	−0.435**	−0.407**	0.529**	0.699**	0.417**	−0.198	−0.688**	−0.564**	0.715**	0.998*	1				
TB	0.947**	0.927**	0.916**	0.916**	0.947**	0.947**	0.916**	0.720**	−0.878**	−0.399**	−0.336**	−0.149	−0.435**	−0.407**	0.529**	0.699**	0.417**	−0.198	−0.688**	−0.564**	0.715**	0.994**	0.998**	1			
TN	0.906**	0.890**	0.883**	0.883**	0.906**	0.899**	0.883**	0.698**	−0.865**	−0.358**	−0.390**	−0.173	−0.480**	−0.432**	0.546**	0.684**	0.444**	−0.237*	−0.677**	−0.566**	0.657**	0.936**	0.936**	0.936**	1		
TP	−0.155	−0.107	−0.201*	−0.201*	−0.155	−0.189	−0.201*	−0.005	0.167	−0.066	0.033	−0.167	0.006	−0.05	0.108	−0.039	0.075	−0.083	0.146	0.092	−0.183	−0.139	−0.139	−0.139	−0.091	1	
SOC	0.939**	0.916**	0.917**	0.917**	0.939**	0.941**	0.917**	0.717**	−0.889**	−0.384**	−0.361**	−0.164	−0.451**	−0.422**	0.520**	0.702**	0.425**	−.217*	−0.698**	−0.581**	0.696**	0.984**	0.984**	0.984**	0.945**	−0.164	1

**：在 0.01 水平(双侧)上显著相关，*：在 0.05 水平(双侧)上显著相关

表 3-15　银川平原不同类型湿地土壤有机碳与环境因子的相关性

变量	河流湿地		湖泊湿地		沼泽湿地		人工湿地		银川平原湿地	
	相关系数 R	显著性 Sig	相关系数 R	显著性 Sig	相关系数 R	显著性 Sig	相关系数 R	显著性 Sig	相关系数 R	显著性 Sig
DVI	0.883**	0.00	0.951**	0.00	0.938**	0.00	0.951**	0.00	0.923**	0.00
MSAVI	0.887**	0.00	0.935**	0.00	0.919**	0.00	0.923**	0.00	0.896**	0.00
NDVI	0.860**	0.00	0.932**	0.00	0.910**	0.00	0.916**	0.00	0.904**	0.00
OSAVI	0.860**	0.00	0.932**	0.00	0.910**	0.00	0.916**	0.00	0.904**	0.00
RDVI	0.883**	0.00	0.951**	0.00	0.938**	0.00	0.951**	0.00	0.923**	0.00
RVI	0.869**	0.00	0.955**	0.00	0.940**	0.00	0.948**	0.00	0.928**	0.00
SAVI	0.860**	0.00	0.932**	0.00	0.910**	0.00	0.916**	0.00	0.904**	0.00
PC1	0.752**	0.00	0.743**	0.00	0.696**	0.00	0.714**	0.00	0.699**	0.00
PC2	−0.852**	0.00	−0.903**	0.00	−0.843**	0.00	−.903**	0.00	−0.886**	0.00
PC3	−0.332	0.165	−0.32	0.08	−0.402**	0.003	−.464*	0.02	−0.374**	0.00
CON	−0.377	0.111	−0.113	0.545	−0.496**	0.000	−0.275	0.183	−0.363**	0.00
COR	−0.194	0.425	0.141	0.451	−0.21	0.139	−0.357	0.08	−0.175	0.087
DI	−0.392	0.097	−0.264	0.152	−0.609**	0.00	−0.292	0.157	−0.445**	0.00
EN	−0.165	0.499	−0.605**	0.000	−0.552**	0.00	−0.261	0.207	−0.394**	0.00
HOM	0.275	0.255	0.549**	0.001	0.637**	0.00	0.405*	0.044	0.498**	0.00
ME	0.752**	0.000	0.670**	0.000	0.666**	0.00	0.753**	0.000	0.687**	0.00
SM	0.135	0.583	0.612**	0.000	0.532**	0.000	0.317	0.122	0.399**	0.00
VA	−0.605**	0.006	−0.083	0.658	−0.241	0.088	−0.145	0.49	−0.219*	0.032
TM4−TM3	0.676**	0.001	0.780**	0.00	0.629**	0.00	0.750**	0.00	0.704**	0.00
TM5−TM3	−0.907**	0.000	−0.951**	0.00	−0.768**	0.00	−0.948**	0.000	−0.875**	0.00
TM4/TM3	0.716**	0.001	0.841**	0.00	−0.066	0.647	0.789**	0.00	0.136	0.187
TM3	−0.640**	0.003	−0.746**	0.00	−0.678**	0.00	−0.718**	0.000	−0.688**	0.00
TM4	−0.579**	0.009	−0.646**	0.00	−0.553**	0.00	−0.623**	0.001	−0.554**	0.00
TM5	0.914**	0.000	0.944**	0.00	0.517**	0.00	0.931**	0.000	0.727**	0.00
1/TM5	−0.887**	0.000	−0.895**	0.00	0.256	0.07	−0.823**	0.000	0.15	0.145
1/TM4	0.587**	0.008	0.678**	0.00	0.256	0.07	0.638**	0.001	0.15	0.144
1/TM3	0.673**	0.002	0.814**	0.00	0.256	0.07	0.748**	0.00	0.15	0.144
AGB	0.960**	0.00	0.965**	0.00	0.971**	0.00	0.984**	0.000	0.970**	0.000
BGB	0.960**	0.00	0.965**	0.00	0.971**	0.00	0.984**	0.000	0.970**	0.000
TB	0.960**	0.00	0.965**	0.00	0.971**	0.00	0.984**	0.000	0.970**	0.000
STN	0.817**	0.00	0.906**	0.00	0.926**	0.00	0.971**	0.000	0.937**	0.000
STP	−0.146	0.54	−0.325	0.074	−0.165	0.246	−0.114	0.587	−0.166	0.106

**:在 0.01 水平(双侧)上显著相关,*:在 0.05 水平(双侧)上显著相关

3.5.2 不同类型湿地土壤碳含量 RS-MLRM

将采样点分为建模样本和验证样本两部分，分别为 264 个和 87 个。分析 SOC 与各因子之间的相关性，采用相关性高的因子作为自变量建立 SOC 遥感反演模型。从模型的估测能力、准确性、精度等方面对遥感反演模型进行检验。模型的稳定性用决定系数 R^2 检验，R^2 越大，模型越稳定；模型的准确性用相对误差（RE）检验，RE 越小，模型的准确性越高；模型的精度用建模和验证样本的总均方根误差（RMSE）来检验，RMSE 越小，模型精度越高、预测能力越强[149]。

以 SOC 为因变量，SOC 的影响因子为自变量进行逐步回归分析，构建 SOC 的 RS-MLRM。构建的模型见表 3-16。

表 3-16　银川平原湿地土壤碳含量 RS-MLRM

变　量	入选变量	决定系数	调整的决定系数
1	AGB	0.968	0.968
2	AGB、STN（土壤总氮）	0.973	0.972
3	AGB、STN（土壤总氮）、PC2	0.974	0.973

表 3-16（续）　银川平原湿地土壤有机碳含量 RS-MLRM

自变量	方　程	R^2	P	估计标准差%
1 因子	SOC=0.003AGB+0.272	0.968	0.000	28
2 因子	SOC=0.002AGB+1.375STN-0.492	0.973	0.000	23
3 因子	SOC=0.002AGB+1.117STN-0.003PC2+0.272	0.974	0.000	20

由表 3-16 可以看出，随着入选变量由一个变为两个，模型调整的决定系数 R^2 显著增大，由 0.968 增大到了 0.973；但随着入选变量的增多，调整的决定系数增加的速率显著变缓，自变量为 3 个时较自变量为两个调整的决定系数仅增加了 0.001。模型的 Sig 为 0.000，模型显著。综上，2 因子模型为土壤有机碳含量的最优回归模型，模型为：

$$SOC=0.002\times AGB+1.375\times STN-0.492 \tag{3-44}$$

SOC 为土壤有机碳含量，单位为 g/kg。

研究区实测土壤总氮平均值为 0.86 g/kg，代入公式 3-44 中，得到土壤有机碳含量估测模型：

$$SOC=0.002\times AGB+0.690 \quad (3\text{-}45)$$

土壤有机碳密度的计算公式[114]：

$$\text{土壤有机碳密度}=\text{土壤容重}\times\text{土壤有机碳含量}\times\text{土层厚度} \quad (3\text{-}46)$$

本研究所取土壤为 40 cm 厚的土壤，银川平原湿地土壤容重平均值为 1.36 g/cm³·将土壤容重、土层厚度和土壤有机碳含量代入公式,得到土壤有机碳密度的估测模型：

$$SOCD=1.09\times AGB+375.36 \quad (3\text{-}47)$$

式中, SOCD 为土壤有机碳密度,单位为 g/m²。

3.5.3 河流湿地土壤碳含量 RS-MLRM

根据表 3-17，选取 2 因子为河流湿地 SOC 估测模型。将地上生物量估测模型代入 SOC 的回归模型中,得到河流 SOC 的估测模型。

$$SOC=0.003\times AGB-27.786TM4+0.034 \quad (3\text{-}48)$$

河流湿地土壤容重平均值为 1.37 g/cm³,将土壤容重、土层厚度和土壤有机碳含量代入公式 3-48,得到河流湿地 SOCD 的估测模型：

$$SOCD=1.644\times AGB-15226.728TM4+16.44 \quad (3\text{-}49)$$

表 3-17　银川平原河流湿地土壤有机碳含量 RS-MLRM

变　量	入选变量	决定系数	调整的决定系数
1	BGB	0.965	0.965
2	BGB、TM4	0.970	0.969
3	BGB、TM4、1/TM4	0.971	0.970

表 3-17(续)　银川平原河流湿地土壤有机碳含量 RS-MLRM

自变量	方　程	R^2	P	估计标准差(%)
1 因子	SOC=0.008BGB-2.075	0.965	0.000	24
2 因子	SOC=0.008BGB-27.786TM4-2.075	0.970	0.000	22
3 因子	SOC=0.008BGB-33.04TM4-4.235(1/TM4)-2.075	0.971	0.000	21

3.5.4 湖泊湿地土壤碳含量 RS-MLRM

根据表 3-18,选取 2 因子为湖泊湿地 SOC 估测模型。湖泊湿地实测土壤总氮含量平均值为 1.06 g/kg,将土壤总氮含量平均值、地上生物量和地下生物量估测模型代入 2 因子湖泊湿地土壤有机碳含量的回归模型中,得到湖泊湿地 SOC 的估测模型。

$$SOC= 0.002 \times AGB-0.936 \quad (3-50)$$

湖泊湿地土壤容重平均值为 1.39 g/cm³,得到湖泊湿地 SOCD 的估测模型。

$$SOCD=0.848 \times AGB -396.86 \quad (3-51)$$

表 3-18　银川平原湖泊湿地土壤有机碳含量 RS-MLRM

变　量	入选变量	决定系数	调整的决定系数
1	TB	0.931	0.928
2	TB(总生物量)、STN(土壤总氮)	0.941	0.937

表 3-18(续)　银川平原湖泊湿地土壤有机碳含量 RS-MLRM

自变量	方　程	R^2	P	估计标准误差(%)
1 因子	SOC=0.002TB-0.205	0.931	0.000	18
2 因子	SOC=0.002TB+1.574STN-0.205	0.941	0.000	15

3.5.5 沼泽湿地土壤碳含量 RS-MLRM

根据表 3-19,选择 2 因子模型作为沼泽湿地 SOC 估测模型,沼泽湿地实测土壤总氮含量平均值为 0.94 g/kg,将土壤总氮含量平均值、地上生物量和地下生物量预测方程代入 2 因子 SOC 的回归模型中,得到沼泽 SOC 的估测模型。

$$SOC=0.002 \times AGB+1.19 \quad (3-52)$$

沼泽湿地土壤容重平均值为 1.33 g/cm³,得到沼泽湿地 SOCD 的估测模型。

$$SOCD=1.064 \times AGB+ 633.08 \quad (3-53)$$

表 3-19　银川平原沼泽湿地土壤有机碳含量 RS-MLRM

变　量	入选变量	决定系数	调整的决定系数
1	TB	0.943	0.942
2	TB、STN	0.954	0.952

表 3-19(续)　银川平原沼泽湿地土壤有机碳含量 RS-MLRM

自变量	方　程	R^2	P	估计标准误差(%)
1 因子	SOC=0.002TB+0.138	0.943	0.000	22
2 因子	SOC=0.002TB+1.754STN-0.984	0.954	0.000	17

3.5.6 人工湿地土壤碳含量 RS-MLRM

根据表 3-20，选取 3 因子模型为最终估测模型，人工湿地实测土壤总氮含量平均值为 0.90 g/kg，代入 3 因子 SOC 的回归模型中，得到人工湿地 SOC 的最终估测模型。

$$SOC=0.014\times AGB-0.002PC2+3.26 \quad (3-54)$$

人工湿地土壤容重平均值为 1.38 g/cm³，得到人工湿地 SOCD 的估测模型。

$$SOCD=7.728\times AGB-1.104PC2+1799.52 \quad (3-55)$$

表 3-20　银川平原人工湿地土壤有机碳含量 RS-MLRM

变　量	入选变量	决定系数	调整的决定系数
1	AGB	0.967	0.966
2	AGB、STN	0.974	0.972
3	AGB、STN、PC2	0.982	0.979
4	AGB、STN、PC2、COR	0.986	0.984
5	AGB、STN、PC2、COR、1/TM2	0.989	0.986

表 3-20(续)　银川平原人工湿地土壤有机碳含量 RS-MLRM

自变量	方　程	R^2	P	估计标准误差(%)
1 因子	SOC=0.007AGB+0.0.982	0.967	0.000	27
2 因子	SOC=0.012AGB-12.954STN+6.914	0.974	0.000	21
3 因子	SOC=0.014AGB-20.069STN-0.002PC2-14.799	0.982	0.000	19
4 因子	SOC=0.015AGB-21.744STN-0.017PC2 -0.127COR+47.304	0.986	0.000	18
5 因子	SOC=0.015AGB-21.065STN-0.024PC2-0.154COR -54262.954(1/TM2)+60.228	0.989	0.000	18

3.5.7 模型精度经验

利用剩余的 88 个实测样点的土壤有机碳含量值，计算与实测样点相对应的湿地土壤有机碳含量预估值(表 3-21)。从表 3-21 可以看出，银川平原湿地土壤有机碳含量估测总模型及河流湿地、湖泊湿地、沼泽湿地、人工湿地土壤有机碳含量估测模型预测值与实测值回归分析的均方根误差较小，依次为 0.379 g/kg、0.431 g/kg、0.393 g/kg、0.325 g/kg、0.301 g/kg，表明对湿地土壤有机碳含量的建模效果良好；相对误差分别为 11.77%、

12.01%、9.78%、9.41%、5.78%，表明各估测模型均具有较高的精度，可以较好地用来估测银川平原湿地土壤有机碳含量。总的来说，应用以生物量为基础的四类湿地土壤有机碳含量 RS-MLRM 能够较好地估测湿地土壤有机碳含量。

表 3-21　银川平原湿地土壤有机碳含量 RS-MLRM 估测模型评价

湿地类型	SOC 实测值(g/kg)	SOC 预估值(g/kg)	RE(%)	RMSE(g/kg)
银川平原总湿地	6.952	6.134	11.77	0.379
河流湿地	6.428	5.656	12.01	0.431
湖泊湿地	6.144	5.543	9.78	0.393
沼泽湿地	8.126	7.361	9.41	0.325
人工湿地	7.143	6.73	5.78	0.301

3.6 小结

采用理论分析与野外调查相结合、传统方法与 3S 技术相结合的方法，对研究区植被、土壤碳含量估测方法进行研究，通过分析遥感信息参数与地上植被生物量的相关关系、地下生物量与地上生物量的相关关系、叶面积指数与地上生物量相关关系、土壤碳含量与遥感因子的相关关系，用相关性显著且较大的因子进行多元逐步回归，分析比较得到了河流、湖泊、沼泽、人工湿地四类湿地地上—地下植被生物量及有机碳含量、土壤有机碳含量遥感估测模型。

结果表明，银川平原湿地地上—地下植被生物量的遥感信息估测总模型以 RVI、NDVI、ME、PC2 四因子为最优估测模型、河流湿地以 MSAVI、PC2 二因子为最优生物量的遥感信息估测模型、湖泊湿地以 RV、NDVI、ME 三因子为最优生物量的遥感信息估测模型、沼泽湿地以 RVI、NDVI、ME、PC2 四因子为最优生物量的遥感信息估测模型、人工湿地以 RVI、NDVI 、EN、DVI、PC2、ME 六因子为最优生物量的遥感信息估测模型，在此基础上得到不同类型湿地的植被地上—地下碳含量最优估测模型。土壤有机碳含量以 AGB、TN 二因子模型为最优的估测模型。

第四章　不同类型湿地植被生物量及时空动态变化

湿地是高碳汇生态系统，适合高生物量草本植物生长，特别是芦苇湿地是河湖湿地的主要生态系统类型[102]。芦苇群落在银川平原分布广泛，是银川平原湿地分布面积最大、最典型的水生植被[150]。因此，本章以典型植被芦苇和香蒲为代表，探讨银川平原不同类型湿地的植被生物量。在植被生态学研究中，生物量是反映植物群落初级生产力的重要指标，对生态系统结构的形成以及生态系统的功能具有十分重要的影响[148,153]。通过生物量的研究，可以为进一步研究碳储量做好铺垫，甚至可以直接通过生物量近似估计碳储量的大小，尤其是大尺度的碳储量的估计，基本上是采用生物量数据进行估测[95]。生物量是全球碳循环的重要组成部分[145]。遥感方法估测生物量由于具有宏观、快速、省时、省力等优点，被广泛应用于全球和区域尺度的植被生物量估测中[120~124]。基于遥感技术的大区域生物量估测方法在区域及全球尺度生物量估测中具有其他方法不可替代的优势[154]。因此，采用遥感技术，结合相关影响因子，建立适应不同类型湿地的生物量估测模型。同时，通过结合样点实测数据，将微观尺度上的生物量研究与宏观尺度上的区域生物量估测相结合，是今后生物量研究的重点[95,154]。

4.1 不同类型湿地生物量特征分析

根据研究区四类湿地植被生物量及银川平原湿地总生物量的多元逐步回归估测模型，利用 ENVI 中 Band Math 模块，得到银川平原不同类型湿地 2000 ~ 2014 年总生物量的估测值，见图 4-1、表 4-1、表 4-2。银川平原湿地的多年平均生物量的波动范围为 2283.17 ~ 4058.07 g/m^2，均值为 3017.88 g/m^2（14 年均值，下同），CV（变异系数）为 39.55%；河流湿地的生物量波动范围为 1640.49 ~ 3650.87g/m^2，均值为 2511.30 g/m^2，CV 为 33.05%；湖泊湿地的生物量波动范围为 3154.41 ~ 3650.87 g/m^2，均值为 3400.97g/m^2，CV 为 33.19%；沼泽湿地的生物量波动范围为 2488.78 ~ 4912.32 g/m^2，均值为 3620.66 g/m^2，CV 为 30.42%；人工湿地的生物量波动范围为 2088.53 ~ 4472.69 g/m^2，均值为

3078.75 g/m^2, CV 为 28.64%, 年际变化较小。多年平均生物量, 沼泽湿地 > 湖泊湿地 > 人工湿地 > 河流湿地。结果表明,不同类型湿地的生物量年际波动存在较大差异,不同类型湿地的 CV 值排序为:湖泊湿地 > 河流湿地 > 沼泽湿地 > 人工湿地。

银川平原湿地地上生物量的波动范围为 1448.71 ~ 2721.95 g/m^2, 均值为 2056.59 g/m^2(基于 2000 ~ 2014 年的计算结果,下同), CV 为 34.30%;河流湿地地上生物量的波动范围为 987.67 ~ 2486.81 g/m^2,均值为 1640.94 g/m^2, CV 为 37.85%;湖泊湿地地上生物量的波动范围为 2073.71 ~ 2429.85 g/m^2, 均值为 2254.85 g/m^2, CV 为 31.56%;沼泽湿地地上生物量的波动范围为 1596.21 ~ 3334.76 g/m^2, 均值为 2408.21 g/m^2,CV 为 30.31%;人工湿地地上生物量的波动范围为 1309.09 ~ 3091.01 g/m^2,均值为2042.07 g/m^2, CV 为 30.09%。

银川平原湿地地下生物量的波动范围为 834.46 ~ 1336.12 g/m^2, 均值为 1041.90 g/m^2(基于 2000 ~ 2014 年的计算结果,下同), CV 为 31.00%;河流湿地地下生物量的波动范围为 652.66 ~ 1243.47 g/m^2, 均值为 910.35 g/m^2, CV 为 22.90%; 湖泊湿地地下生物量的波动范围为 1080.71 ~ 1221.03 g/m^2, 均值为 1150.40 g/m^2, CV 为 27.31%;沼泽湿地地下生物量的波动范围为 893.35 ~ 1577.54 g/m^2, 均值为 1212.68 g/m^2,CV 为 25.30%; 人工湿地地下生物量的波动范围为 780.06 ~ 1481.53 g/m^2, 均值为 1051.53 g/m^2,CV 为 23.10%。

不同类型湿地的生物量也存在一定的差异。沼泽湿地和湖泊湿地的地上生物量、地下生物量和总生物量的多年平均值大于河流湿地和人工湿地;河流湿地的地上生物量、地下生物量及总生物量的平均值最小;银川平原生物量累积的高峰出现在沼泽湿地。具体表现为:沼泽湿地 > 湖泊湿地 > 人工湿地 > 河流湿地。

结果表明,4 个年份银川平原不同类型湿地地上生物量、地下生物量和总生物量明显不同。2014 年,各类型湿地地上生物量(2721.95 g/m^2)、地下生物量(1336.12 g/m^2)和总生物量(4058.07 g/m^2)平均值明显高于 2000 年、2005 年、2010 年;沼泽湿地和人工湿地总生物量估测结果(4912.32 g/m^2、4472.69 g/m^2)接近于泥炭沼泽的总生物量平均值(4430 g/m^2)[148];除个别湿地类型外,2000 年银川平原湿地地上生物量平均值整体上明显高于 2005 年。

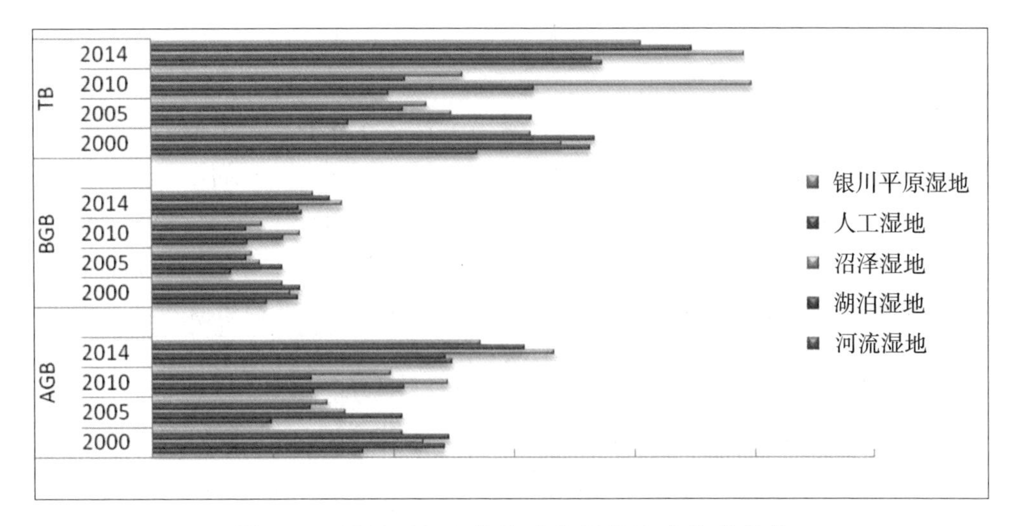

图 4-1　2000~2014 年银川平原湿地生物量统计

表 4-1　2000 ~ 2014 年银川平原湿地植被总生物量统计

湿地类型			河流湿地	湖泊湿地	沼泽湿地	人工湿地	银川平原湿地
2000 年	AGB	Mean(均值) /g/m²	1751.18	2429.59	2246.44	2463.25	2071.97
		Stdev(标准差)	343.93	601.76	605.51	479.68	596.81
		CV(变异系数)/%	19.640	24.768	26.954	19.473	28.804
	BGB	Mean(均值) /g/m²	953.13	1214.03	1148.71	1226.72	1080.02
		Stdev(标准差)	136.24	244.09	262.21	197.13	235.14
		CV(变异系数) /%	14.294	20.106	22.826	16.070	21.772
	TB	Mean(均值) /g/m²	2703.05	3626.11	3395.01	3671	3151.99
		Stdev(标准差)	482.02	863.62	927.71	697.47	831.95
		CV(变异系数) /%	17.83	23.82	27.33	19.00	26.39
2005 年	AGB	Mean(均值) /g/m²	987.67	2073.71	1596.21	1309.09	1448.71
		Stdev(标准差)	363.41	678.76	582.48	436.02	536.26
		CV(变异系数)/%	36.79	32.73	36.49	33.31	37.02
	BGB	Mean(均值) /g/m²	652.66	1080.71	893.35	780.062	834.46
		Stdev(标准差)	142.98	364.43	252.15	251.362	288.89
		CV(变异系数)/%	21.91	33.72	28.23	32.22	34.62
	TB	Mean(均值)/ g/m²	1640.49	3154.41	2488.78	2088.53	2283.17
		Stdev(标准差)	506.6	1343.19	930.18	886.61	1005.18
		CV(变异系数)/%	30.88	42.58	37.37	42.45	44.03

续表

湿地类型			河流湿地	湖泊湿地	沼泽湿地	人工湿地	银川平原湿地
2010年	AGB	Mean(均值)/g/m²	1338.11	2086.66	2455.43	1324.94	1983.71
		Stdev(标准差)	313.77	716.34	550.61	336.11	405.87
		CV(变异系数)/%	23.45	34.33	22.42	25.37	20.46
	BGB	Mean(均值)/g/m²	633.28	1085.81	1231.11	785.34	1188.04
		Stdev(标准差)	181.23	339.84	353.34	150.63	335.71
		CV(变异系数)/%	28.62	31.30	28.70	19.18	28.26
	TB	Mean(均值)/g/m²	1971.39	3172.48	3686.54	2110.28	2578.30
		Stdev(标准差)	594.99	1156.18	1203.95	486.73	1141.58
		CV(变异系数)/%	30.18	36.44	32.66	23.06	44.28
2014年	AGB	Mean(均值)/g/m²	2486.81	2429.85	3334.76	3091.01	2721.95
		Stdev(标准差)	1463.27	1043.62	1181.29	1206.37	1282.54
		CV(变异系数)/%	58.84	42.95	35.42	39.03	47.12
	BGB	Mean(均值)/g/m²	1243.47	1221.03	1577.54	1481.53	1336.12
		Stdev(标准差)	373.53	308.19	362.43	372.31	402.32
		CV(变异系数)/%	30.04	25.24	22.97	25.13	30.11
	TB	Mean(均值)/g/m²	3730.28	3650.873	4912.32	4472.69	4058.07
		Stdev(标准差)	1736.79	1151.81	1343.71	1330.04	1484.86
		CV(变异系数)/%	46.56	31.55	27.35	29.74	36.59

表 4-2 2000~2014 年不同类型湿地植被生物量均值

湿地类型	AGB			BGB			TB		
	均值(g/m²)	标准差	CV(%)	均值(g/m²)	标准差	CV(%)	均值(g/m²)	标准差	CV(%)
河流湿地	1640.94	621.1	37.85	910.35	208.5	22.90	2511.3	830.1	33.05
湖泊湿地	2254.85	760.12	31.56	1150.40	314.14	27.31	3400.97	1128.7	33.19
沼泽湿地	2408.21	729.97	30.31	1212.68	307.53	25.30	3620.66	1101.39	30.42
人工湿地	2042.07	614.55	30.09	1051.53	242.86	23.10	3078.75	850.21	28.64
银川平原湿地	2056.59	705.37	34.30	1041.90	315.52	31.00	3017.88	1115.89	39.55

4.2 不同类型湿地生物量空间分布特征

4.2.1 不同类型湿地植被生物量分级

为分析研究区湿地地上生物量、地下生物量、总生物量的空间分布情况，实现银川平原不同类型湿地地上生物量、地下生物量、总生物量空间分布的可视表达，根据研究区四类湿地植被生物量及银川平原湿地总生物量的多元逐步回归估测模型，利用 ENVI 中 Band Math 模块，结合 2000 年、2005 年、2010 年、2014 年影像数据和湿地类型图，获得了银川平原 2000 ~ 2014 年 4 个年份 14 种类型湿地及其地上生物量、地下生物量、总生物量遥感估测专题图，应用 ArcGIS10.0 软件中的重分类分别对专题图进行分级，并对不同等级赋予不同的颜色，将生物量通过时间和空间两个尺度以等级划分的方法进行可视化表达。

根据银川平原湿地 14 个年份的平均生物量，参考前人的研究成果[60]，对 2000 ~ 2014 年银川平原四类湿地植被总生物量空间分布进行重分类，将总生物量划分为 5 个等级，即低(TB≤1000g/m^2)、较低(1000 g/m^2<TB≤2500 g/m^2)、中(2500 g/m^2<TB≤4000 g/m^2)、较高(4000 g/m^2<TB≤5500 g/m^2)、高(TB>5500 g/m^2)，统计湿地每个等级的生物量分布范围、像元数、面积及百分比。每个等级划分以研究区多年平均生物量(3017.88 g/m^2)为基础，低级划分参考中国陆地植被平均生物量[8](1540 g/m^2)，较低级、中级划分[88](2600 g/m^2)，较高级划分参考黄河三角洲湿地[151]平均生物量(5310 g/m^2)，高级划分参考中国森林生物量[60](7480 g/m^2)、白洋淀湿地芦苇生物量[74](6640 g/m^2)、长江口湿地芦苇生物量[85](9100 g/m^2)。根据总生物量分级方法，将地下生物量和地上生物量划分为 5 个等级，地上生物量分级为：低(TB≤500g/m^2)、较低(500 g/m^2<TB≤1500 g/m^2)、中(1500 g/m^2<TB≤2500 g/m^2)、较高(2500 g/m^2<TB≤3500 g/m^2)、高(TB>3500 g/m^2)；地下生物量分级为：低(TB≤400g/m^2)、较低(400 g/m^2<TB≤800 g/m^2)、中(800 g/m^2<TB≤1200 g/m^2)、较高(1200 g/m^2<TB≤1600 g/m^2)、高(TB>1600 g/m^2)，统计湿地每个等级的生物量分布范围、像元数、面积及百分比。见表 4-3、图 4-2 至图 4-7。

2000 ~ 2014 年，银川平原四类湿地生物量等级分布经历了不均衡—均衡的发展过程。2000 年，生物量在中等级分布较集中；2005 ~ 2010 年，生物量在较低等级分布较多，较低等级所占面积先增加后减少；2005 年，增加到最大值；2010 ~ 2014 年，较高等级和高等级的斑块面积呈现增加的趋势。

2000 年，银川平原湿地植被生物量主要集中在中级，面积为 24240.52 hm^2，占银川平原湿地总面积的 63.11 %，主要分布在贺兰县、大武口区、平罗县、兴庆区、金凤区、青铜峡、惠农区及黄河沿岸湿地区。从不同类型湿地来看，沼泽湿地生物量集中分布在中级，面积为 4077.08 hm^2，占沼泽湿地总面积的 60.25%，占银川平原总湿地面积的 9.98%，主要分布在贺兰县、平罗县、大武口区和兴庆区；河流湿地生物量集中分布在中级，面积为 10195.68 hm^2，占河流湿地总面积的 56.32%，占银川平原总湿地面积的 27.04%，主要分布在平罗县、灵武市、兴庆区;湖泊湿地生物量集中分布在中级,面积为 5850.99 hm^2,占湖泊湿地总面积的 59.73%,占银川平原总湿地面积的 15.28%,主要分布在贺兰县、平罗县、金凤区和大武口区;人工湿地生物量集中分布在中级,面积为 2285.70 hm^2,占人工湿地总面积的 61.06%,占银川平原总湿地面积的 6.05%,主要分布在贺兰县和兴庆区。

2005 年,银川平原湿地植被生物量集中在较低等级,面积为 27458.49 hm^2,占银川平原总湿地面积的 70.94%,主要分布在贺兰县、平罗县、金凤区和兴庆区。从不同类型湿地来看,沼泽湿地生物量集中分布在较低等级,面积为 3696.83 hm^2,占沼泽湿地总面积的 60.77%,占银川平原湿地总面积的 10.40%,主要分布在贺兰县、平罗县、兴庆区;河流湿地生物量集中分布在较低等级,面积为 15122.35 hm^2,占河流湿地总面积的 92.95%,占银川平原湿地总面积的 38.24%,分布在黄河沿岸湿地;湖泊湿地生物量集中分布在较低等级,面积为 5663.57 hm^2,占湖泊湿地总面积的 45.23%,占银川平原湿地总面积的 13.22%,主要分布在贺兰县、平罗县和大武口区;人工湿地生物量集中分布在较低等级,面积为 2913.38 hm^2,占人工湿地总面积的 76.04%,占银川平原湿地总面积的 7.32%,主要分布在平罗县、贺兰县和兴庆区。

2010 年,银川平原湿地植被生物量集中在较低等级,面积为 22454.46 hm^2,占银川平原总湿地面积的 56.46%,主要分布在贺兰县、平罗县、兴庆区、大武口区、惠农区、青铜峡及黄河沿岸。从不同类型湿地来看,沼泽湿地生物量集中分布在较低等级,面积为 4691.96 hm^2,占沼泽湿地总面积的 66.10%,占银川平原湿地总面积的 13.12%,主要分布在贺兰县、平罗县、永宁县;河流湿地生物量集中分布在较低等级,面积为 10690.58 hm^2,占河流湿地总面积的 67.16%,占银川平原总湿地面积的 32.44%,主要分布在平罗县、青铜峡市、兴庆区、惠农区;湖泊湿地生物量集中分布在较低等级,面积为 4368.78 hm^2,占湖泊湿地总面积的 34.78%,占银川平原总湿地面积的 13.40%,主要分布在贺兰县、金凤区、平罗县、大武口区和惠农区;人工湿地生物量集中分布在较低等级,面积为 3219.03 hm^2,占人工湿地总面积的 76.81%,占银川平原总湿地面积的 9.66%,主要分布在平罗县、贺兰县、兴庆区。

2014 年,银川平原湿地植被生物量等级分布与前 3 年不同,生物量等级出现均衡化分布。较低等级、中级和高级所占比例较高,较低等级面积为 13518.54 hm^2,占银川平原总湿地面积的 32.49%,主要分布在利通区、贺兰县、平罗县、兴庆区、金凤区;中级面积为 10597.07 hm^2,占银川平原总湿地面积的 25.47%;高级面积为 10738.49 hm^2,占银川平原总湿地面积的 25.81%,在贺兰县、平罗县、兴庆区、金凤区分布比较集中。从不同类型湿地来看,沼泽湿地生物量在高等级和中等级分布较多,高等级面积为 3229.57 hm^2,占沼泽湿地总面积的 39.89%，占银川平原湿地总面积的 14.54%，主要分布在青铜峡、兴庆区、贺兰县、平罗县、金凤区；中等级面积为 2190.05 hm²，占沼泽湿地总面积的 27.05%，占银川平原湿地总面积的 9.86%，主要分布在金凤区、贺兰县、平罗县、大武口区、惠农区。河流湿地生物量集中分布在较低等级，面积为 5880.96 hm²，占河流湿地总面积的 41.06%，占银川平原总湿地面积的 13.86%；高等级面积增加，为 3709.54 hm²，占河流湿地总面积的 25.90%，占银川平原总湿地面积的 8.74%，主要分布在平罗县、灵武市、兴庆区、利通区及黄河沿岸。湖泊湿地生物量在较低等级和中等级分布较多，较低等级面积为 5810.96 hm²，占湖泊湿地总面积的 46.09%，占银川平原总湿地面积的 14.06%，主要分布在平罗县、大武口区、金凤区、大武口区；中等级面积为 4007.64 hm²，占湖泊湿地总面积的 31.79%，占银川平原总湿地面积的 9.70%，主要分布在贺兰县、金凤区。人工湿地生物量在中等级和高等级分布较多，中等级面积为 2115.11hm²，占人工湿地总面积的 32.14%，占银川平原总湿地面积的 4.99%，主要分布在贺兰县、平罗县；高等级面积为 1854.32 hm²，占人工湿地总面积的 28.18%，占银川平原总湿地面积的 4.38%，主要分布在贺兰县和兴庆区。

2000～2014 年，四类湿地地上生物量和地下生物量等级分布与总生物量的等级分布基本一致。2005 年，生物量的变化与其他年份略有不同，沼泽湿地和湖泊湿地地上生物量与地下生物量分布等级不一致，两类湿地地上生物量均在较低等级分布范围大，但是地下生物量在中等级分布范围比较大。

4.2.2 生物量空间分布特征

从图 4–2 至图 4–7 可以看出，银川平原湿地生物量分布存在较大的空间差异，地上生物量、地下生物量和总生物量在空间上均呈现出中部和西南部地区较高、东北部低的分布规律。从不同类型湿地来看，四类湿地的地上生物量、地下生物量和总生物量总体上都呈现一致的空间分布规律，河流湿地生物量空间变化最为明显。

从各市区的分布来看，2000～2014 年，银川平原中部的银川市金凤区、兴庆区、贺兰县和灵武市湿地区生物量等级较高，高等级分布区出现在贺兰县和银川市兴庆区的黄河沿岸以及最南端的青铜峡库区；低等级分布区主要在北部的大武口区和惠农区。沼泽湿地生物量高等级分布区在贺兰县、兴庆区、永宁县、青铜峡等湿地区较集中；河流湿地生物量高等级分布区在吴忠黄河湿地区、黄沙古渡湿地区、青铜峡库区湿地区较多；湖泊湿地生物量高等级分布区在贺兰县、金凤区和灵武市的黄河沿岸湖区较集中；人工湿地生物量高等级分布区在贺兰县、兴庆区比较集中。结果表明，银川平原湿地植被生物量的稳定性中部较高，总体自东北向西南呈现增加的趋势；东北部地区的湿地植被生物量低且

表 4-3　银川平原不同类型湿地植被总生物量等级统计

年份	等级	沼泽湿地			河流湿地			湖泊湿地			人工湿地			银川平原总湿地		
		像元数(个)	面积(hm^2)	比例(%)	像元数(个)	面积(hm^2)	比例(%)	像元数(个)	面积(hm^2)	比例(%)	像元数(个)	面积(hm^2)	比例(%)	像元数(个)	面积(hm^2)	比例(%)
2000年	低	—	—	—	—	—	—	—	—	—	—	—	—	—	—	—
	较低	6647	681.92	10.08	63321	5993.15	33.10	3950	379.80	3.88	1511	143.26	3.83	75346	7265.19	18.91
	中	39741	4077.08	60.25	107723	10195.68	56.32	60851	5850.99	59.73	24108	2285.70	61.06	251394	24240.52	63.11
	较高	19445	1994.89	29.48	20228	1914.52	10.58	36008	3462.27	35.34	13858	1313.89	35.10	70397	6787.99	17.67
	高	126	12.93	0.19	7	9.05	0.05	1072	103.08	1.05	6	0.57	0.02	1210	116.67	0.30
2005年	低	934	79.53	1.31	6179	585.47	3.60	1209	124.12	0.99	1304	124.40	3.25	9701	899.64	2.32
	较低	43416	3696.83	60.77	159599	15122.35	92.95	55166	5663.57	45.23	30539	2913.38	76.04	296092	27458.49	70.94
	中	19423	1653.85	27.19	5000	473.76	2.91	29126	2990.20	23.88	7440	709.77	18.52	65220	6048.26	15.63
	较高	5483	466.87	7.68	603	57.14	0.35	19174	1968.48	15.72	540	51.52	1.34	26099	2420.33	6.25
	高	2182	185.80	3.05	320	30.32	0.19	17286	1774.65	14.17	339	32.34	0.84	20247	1877.63	4.85
2010年	低	3168	327.30	4.61	39336	3743.92	23.52	5348	503.77	4.01	1882	181.20	4.32	45183	5189.86	13.05
	较低	45415	4691.96	66.10	112322	10690.58	67.16	46379	4368.78	34.78	33433	3219.03	76.81	195489	22454.46	56.46
	中	12697	1311.76	18.48	11859	1128.72	7.09	35616	3354.93	26.71	6303	606.87	14.48	52720	6055.58	15.23
	较高	4225	436.50	6.15	2211	210.44	1.32	35812	3373.39	26.85	1508	145.19	3.46	38604	4434.17	11.15
	高	3205	331.12	4.66	1514	144.10	0.91	10205	961.28	7.65	399	38.42	0.92	14236	1635.19	4.11
2014年	低	126	6.36	0.08	866	83.50	0.58	110	10.33	0.08	—	—	—	1031	97.46	0.23
	较低	20630	1040.89	12.86	60993	5880.90	41.06	61892	5810.96	46.09	15266	1469.63	22.33	143007	13518.54	32.49
	中	43406	2190.05	27.05	29882	2881.20	20.11	42685	4007.64	31.79	21971	2115.11	32.14	112102	10597.07	25.47
	较高	32304	1629.90	20.13	18346	1768.91	12.35	16050	1506.91	11.95	11859	1141.64	17.35	70419	6656.75	16.00
	高	64009	3229.57	39.89	38473	3709.54	25.90	13537	1270.97	10.08	19262	1854.32	28.18	113598	10738.49	25.81

表 4-3-1　银川平原不同类型湿地植被地上生物量等级统计

年份	等级	沼泽湿地			河流湿地			湖泊湿地			人工湿地			银川平原总湿地		
		像元数（个）	面积（hm^2）	比例(%)	像元数（个）	面积（hm^2）	比例(%)	像元数（个）	面积（hm^2）	比例(%)	像元数（个）	面积（hm^2）	比例(%)	像元数（个）	面积（hm^2）	比例(%)
2000 年	低	—	—	—	—	—	—	—	—	—	—	—	—	—	—	—
	较低	5224	0.10	7.93	39089	3745.11	20.69	2978	287.76	2.94	239	23.21	0.62	48778	2216.84	12.25
	中	33357	536.47	50.62	145821	13971.07	77.17	47798	4618.66	47.15	18739	1819.43	48.60	247587	11252.24	62.15
	较高	26656	3425.56	40.45	4019	385.06	2.13	48020	4640.11	47.37	19389	1882.54	50.29	98528	4477.86	24.73
	高	656	2737.41	1.00	28	2.68	0.01	2583	249.59	2.55	187	18.16	0.49	3455	157.02	0.87
2005 年	低	723	61.56	1.01	5012	474.90	2.92	962	98.76	0.79	1073	102.36	2.67	7759	742.33	1.92
	较低	37856	3223.40	52.99	157949	14966.10	91.99	48043	4932.26	39.39	27026	2578.24	67.29	270398	25869.74	66.84
	中	23612	2010.54	33.05	7613	721.35	4.43	33369	3425.77	27.36	10934	1043.09	27.22	75308	7204.93	18.62
	较高	6082	517.88	8.51	690	65.38	0.40	18334	1882.23	15.03	730	69.64	1.82	25805	2468.84	6.38
	高	3166	269.58	4.43	438	41.50	0.26	21254	2182.01	17.43	399	38.06	0.99	25279	2418.51	6.25
2010 年	低	2670	275.85	3.89	37092	3530.36	22.18	4728	445.36	3.55	735	70.77	1.69	42045	4829.40	12.14
	较低	14303	1477.68	20.82	111693	10630.77	66.79	43265	4075.41	32.44	20958	2017.95	48.15	189879	21810.01	54.84
	中	42857	4427.68	62.37	13942	1326.98	8.34	31885	3003.46	23.91	9299	895.36	21.37	52871	6072.90	15.27
	较高	5156	532.68	7.50	2740	260.79	1.64	35816	3373.74	26.86	1186	114.19	2.72	39278	4511.58	11.34
	高	3724	384.74	5.42	1776	169.04	1.06	17667	1664.17	13.25	314	30.23	0.72	22160	2545.36	6.40
2014 年	低	199	10.04	0.12	479	46.18	0.32	40	3.76	0.03	—	—	—	564	53.32	0.13
	较低	19817	999.87	12.35	59601	5746.68	40.12	50702	4760.38	37.76	12154	1136.33	17.27	134390	12703.97	30.53
	中	39029	1969.22	24.32	28298	2728.47	19.05	33176	3114.87	24.71	21803	2038.46	30.98	104786	9905.48	23.81
	较高	32868	1658.36	20.48	18008	1736.32	12.12	22398	2102.93	16.68	13326	1245.91	18.93	73668	6963.88	16.74
	高	68561	3459.26	42.72	42174	4066.38	28.39	27957	2624.87	20.82	23103	2160.00	32.82	126749	11981.66	28.80

表 4–3–2　银川平原不同类型湿地植被地下生物量等级统计表

年份	等级	沼泽湿地			河流湿地			湖泊湿地			人工湿地			银川平原总湿地		
		像元数（个）	面积（hm^2）	比例(%)	像元数（个）	面积（hm^2）	比例(%)	像元数（个）	面积（hm^2）	比例(%)	像元数（个）	面积（hm^2）	比例(%)	像元数（个）	面积（hm^2）	比例(%)
2000年	低	—	—	—	—	—	—	—	—	—	—	—	—	—	—	—
	较低	3800	0.00	5.77	16286	1541.42	8.51	2136	0.00	2.11	660	62.58	1.67	22814	1036.84	5.73
	中	28842	390.24	43.77	162464	15376.76	84.94	39881	206.40	39.34	15087	1430.41	38.21	246077	11183.62	61.77
	较高	32043	2961.90	48.63	12477	1180.91	6.52	56085	3853.65	55.32	23292	2208.34	58.99	123909	5631.37	31.11
	高	1273	3290.62	1.93	51	4.83	0.03	3777	5419.43	3.73	444	42.10	1.12	5547	252.10	1.39
2005年	低	159	14.23	0.23	1842	176.60	1.09	218	22.38	0.18	224	1.98	0.57	2450	234.40	0.61
	较低	27617	2470.96	40.62	150310	14411.24	88.58	36989	3797.42	30.33	20893	2050.03	53.51	238215	22790.70	58.88
	中	29982	2682.56	44.10	16247	1557.71	9.57	42910	4405.29	35.18	16605	1629.29	42.52	108899	10418.68	26.92
	较高	6654	595.35	9.79	791	75.84	0.47	18916	1941.98	15.51	888	87.13	2.27	27468	2627.94	6.79
	高	3574	319.77	5.26	497	47.65	0.29	22927	2353.76	18.80	438	42.98	1.12	27516	2632.53	6.80
2010年	低	651	67.26	0.95	37092	3530.36	22.18	4728	445.36	3.55	735	4.80	2.26	42045	4829.40	12.14
	较低	19701	2035.37	28.67	111693	10630.77	66.79	43265	4075.41	32.44	20958	2703.10	64.50	189879	21810.01	54.84
	中	38348	3961.84	55.81	13942	1326.98	8.34	31885	3003.46	23.91	9299	1199.36	28.62	52871	6072.90	15.27
	较高	5997	619.57	8.73	2740	260.79	1.64	35816	3373.74	26.86	1186	152.97	3.65	39278	4511.58	11.34
	高	4013	414.59	5.84	1776	169.04	1.06	17667	1664.17	13.25	314	40.50	0.97	22160	2545.36	6.40
2014年	低	—	—	—	6	0.58	—	—	—	—	6764	51.17	9.90	7	0.66	
	较低	9529	480.79	5.94	57347	5582.87	38.98	32931	3091.87	24.53	11999	1155.14	17.55	120939	11432.43	27.48
	中	26832	1353.82	16.72	27334	2661.03	18.58	46498	4365.67	34.63	16232	1562.65	23.75	106089	10028.66	24.10
	较高	45636	2302.58	28.44	19281	1877.05	13.10	25172	2363.38	18.75	10108	973.09	14.79	80236	7584.76	18.23
	高	78477	3959.58	48.90	43169	4202.60	29.34	29672	2785.89	22.10	23254	2238.65	34.02	132886	12561.79	30.19

年际变异性大，而中南部地区的湿地植被生物量高且年际变异性小。出现这种空间差异的主要原因是银川平原湿地主要成因是黄河干流的引水灌溉，绝大部分湿地依赖于引入黄河水或通过其渠道、农田渗漏为地下水的补给，以及黄河河床水流对地下水的侧向补给，环境均一性较差，导致生物量空间变化较大[100]。河流湿地年均生物量较低，这主要与河流湿地的成因有关。河流湿地土壤的形成不断受到黄河水泛滥改道和尾闾摆动的影响，且河岸边植被根系不发达，因此生物量较低[100]。

总体来看，银川平原湿地生物量分布格局呈现以下几点特征：

2000 ~ 2014 年，银川平原湿地生物量较低等级所占面积先增加后减少，较高等级和高等级的斑块面积先减少后增加。2000 ~ 2010 年，生物量在较低等级分布较多，2005 年较低等级斑块所占比例最大；2010 ~ 2014 年，较高等级和高等级的斑块面积呈现增加趋势，2014 年较高等级斑块所占比例最大。

2000 ~ 2014 年，银川平原湿地生物量等级经历了不均衡—均衡的发展过程。2000 年，生物量等级分布不均衡，2005 年不均衡程度加大，2010 年逐渐变得均衡，2014 年较高等级和高等级斑块面积增加，生物量等级分布比较均衡。

2014 年，生物量等级分布的斑块状和条带状格局基本消失，低等级的生物量斑块呈现明显的缩小化，高等级生物量斑块变大。河流湿地生物量的变化最显著，湖泊湿地生物量分布格局变化较小，变化较稳定。

从空间分布来看，北部湿地总生物量年际变化较大，中部湿地总生物量变化较小。

4.3 不同类型湿地植被生物量年际变化

将 2000 年、2005 年、2010 年、2014 年的生物量空间分布数据进行叠加分析，得到 2000 ~ 2014 年银川平原不同类型湿地生物量变化量的可视化表达，见图 4-7。结果显示，2000 ~ 2005 年，研究区湿地生物量减少明显；2005 ~ 2014 年，湿地生物量呈增加趋势，其中 2010 ~ 2014 年增加幅度较大，生物量增加湿地区主要在重点湿地沼泽分布区。

为了更直观地表达 14 年的变化趋势，用变化折线图进一步显示，见图 4-8 和图 4-9。2000 ~ 2014 年，银川平原湿地生物量整体呈现先减少后增加的趋势。2000 ~ 2005 年，研究区生物量呈递减状态；2005 ~ 2014 年，呈增加趋势，其中 2010 ~ 2014 年增加显著。

从图 4-8 可以看出，银川平原湿地的生物量呈现波动的年际变化格局。对于同一年份，不同地区的湿地植被生物量显示出了较强的差异。2000 ~ 2005 年，银川平原湿地生物量降低，银川平原湿地呈衰减趋势。主要是由于河流湿地、人工湿地与沼泽湿地的大部分地区的生物量偏低，而湖泊湿地的生物量与往年基本持平。2005～2014 年，银川平原湿地生物量呈增加趋势，2010～2014 年上升幅度较大，不同地区的湿地生物量变化大体一致。从具体年份来看，2000 年，银川平原湿地生物量较高，该贡献主要来源于平罗县和贺兰县及南部的青铜峡市，尤其是沙湖和青铜峡库区湿地植被长势较好。2005 年，生物量水平很低，除沙湖、星海湖、金凤区生物量较高外，大面积地区生物量明显低于其他年份水平，北部和南部的生物量尤为明显。2010 年，湿地生物量较 2005 年高，各地区趋势大体相同。2014 年，银川平原湿地生物量总体水平较高，该贡献主要来源于中部地区的银川市和北部地区的平罗县。这种差异表明了湿地生物量年际变化格局的地域异质性。

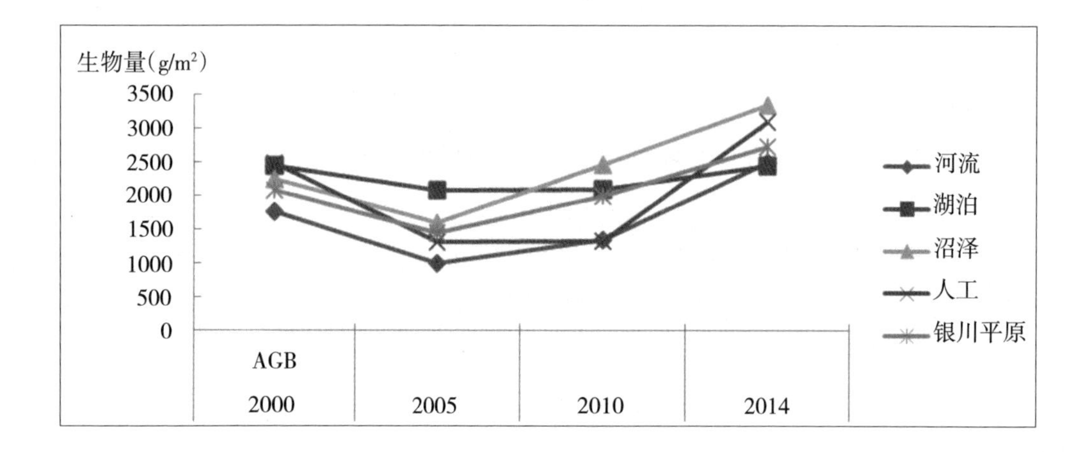

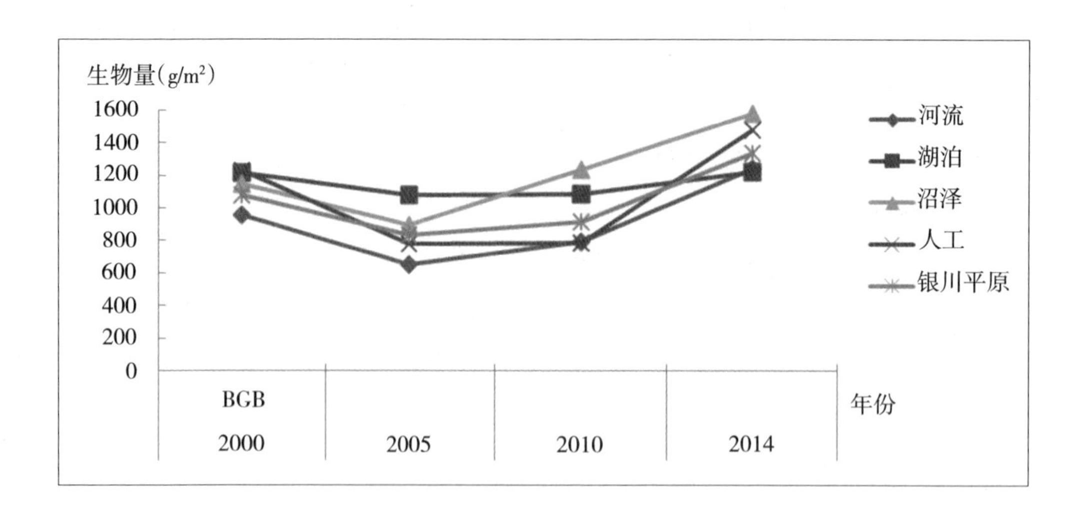

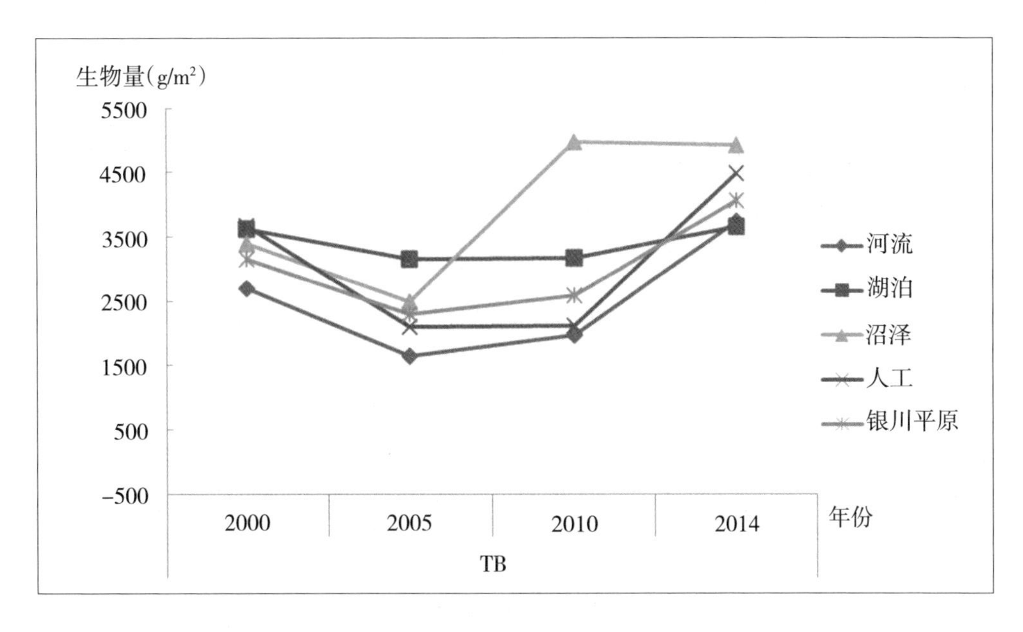

图 4-8　2000~2014 年银川平原不同类型湿地生物量统计

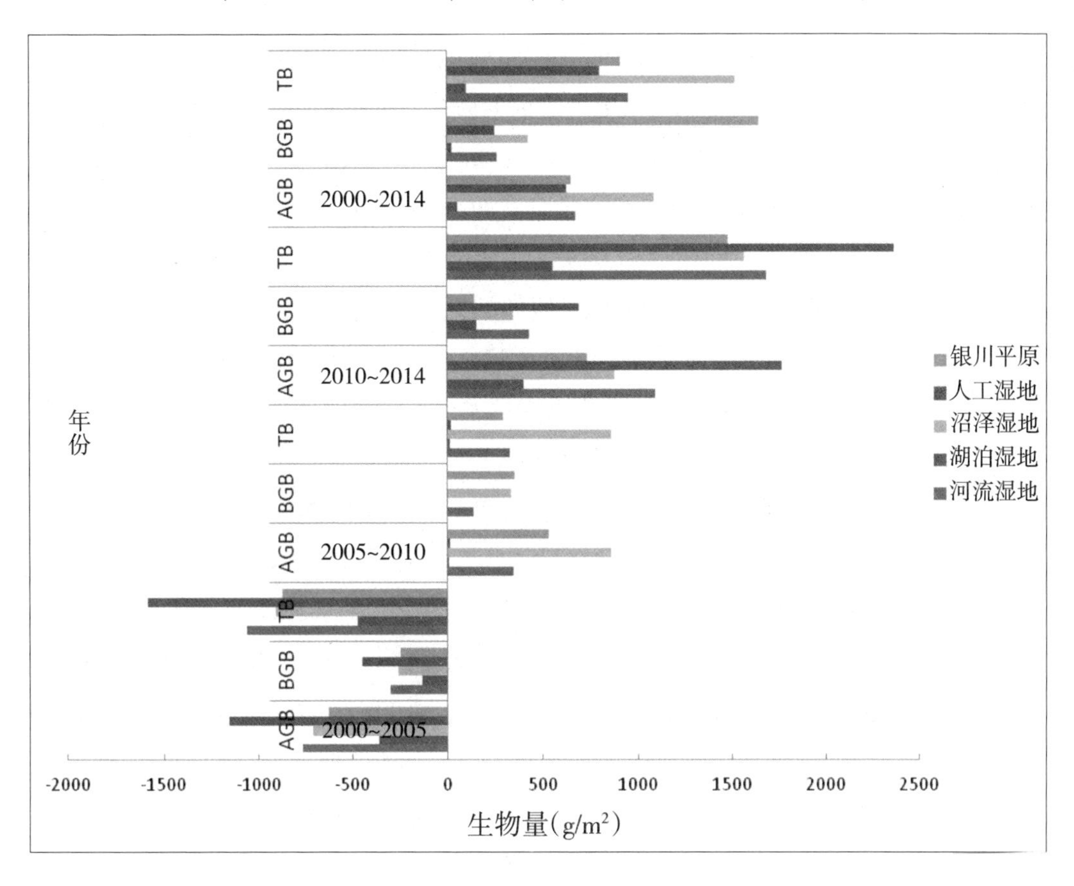

图 4-9　银川平原不同类型湿地生物量年际变化

4.4 重点湿地植被生物量及动态变化

为进一步研究银川平原湿地恢复与保护工程的成效，本研究选取两个湿地自然保护区（沙湖自然保护区、青铜峡库区湿地自然保护区）和 5 个国家湿地公园（黄沙古渡国家湿地公园、星海湖国家湿地公园、阅海国家湿地公园、鸣翠湖国家湿地公园、吴忠黄河国家湿地公园）作为湿地恢复与保护工程碳汇能力评价的个案，鹤泉湖和银川平原湿地在此不评估（下同）。

7 个重点湿地的多年平均生物量的波动范围为 2237.45 ~ 3736.35 g/m^2，均值为 3054.50 g/m^2（14 年均值），高于银川平原多年平均生物量的均值（3017.88 g/m^2）（表 4–4），7 个重点湿地平均生物量大小排序为：阅海 > 鸣翠湖 > 星海湖 > 沙湖 > 青铜峡库区 > 吴忠黄河湿地 > 黄沙古渡。2000 年，7 个重点湿地的生物量变化范围为 2540.00 ~ 3865.241 g/m^2，均值为 3288.31 g/m^2，高于同期银川平原植被生物量均值（3151.99 g/m^2）。7 个重点湿地平均生物量大小排序为：沙湖 > 阅海 > 星海湖 > 鸣翠湖 > 青铜峡库区 > 黄沙古渡 > 吴忠黄河湿地。2005 年，7 个重点湿地的生物量变化范围为 1519.73 ~ 4455.86 g/m^2，均值为 2542.92 g/m^2，高于银川平原同期植被生物量平均值（2283.17 g/m^2）。7 个重点湿地平均生物量大小排序为：阅海 > 星海湖 > 鸣翠湖 > 吴忠黄河湿地 > 沙湖 > 青铜峡库区 > 黄沙古渡。2010 年，7 个重点湿地的生物量变化范围为 1790.01 ~ 3633.97 g/m^2，均值为 2643.12 g/m^2，高于银川平原同期植被生物量平均值（2578.30 g/m^2），7 个重点湿地平均生物量大小排序为：阅海 > 沙湖 > 星海湖 > 鸣翠湖 > 黄沙古渡 > 青铜峡库区 > 吴忠黄河湿地。2014 年，7 个重点湿地的生物量均值为 3743.66 g/m^2，低于银川平原同期植被生物量均值（4058.07 g/m^2），7 个重点湿地平均生物量大小排序为：鸣翠湖 > 青铜峡库区 > 吴忠黄河湿地 > 阅海 > 黄沙古渡 > 沙湖 > 星海湖。

2000~2014 年，7 个重点湿地的总生物量经历了先减少后增加的变化过程，与银川平原湿地的总生物量变化一致（表 4–5）。其中，鸣翠湖、吴忠黄河湿地、青铜峡库区湿地、黄沙古渡湿地 4 个重点湿地的生物量均呈增加趋势，鸣翠湖增加量最大，增加了 2016.95 g/m^2，年平均增加 144.07 g/m^2；吴忠黄河湿地，增加了 1840.34 g/m^2，年均增加 131.45 g/m^2；青铜峡库区增加了 1634.81 g/m^2，年均增加 116.77 g/m^2；沙湖、星海湖、阅海生物量呈减少趋势，分别减少了 990.76 g/m^2、994.02 g/m^2、630.65 g/m^2。2000~2005 年，7 个重点湿地总生物量呈减少趋势，总计减少了 5217.71 g/m^2，年均减少 1043.54 g/m^2，主要沿着典型湿地边缘向中心减少。其中沙湖减少的最多，为 2156.36 g/m^2，年均减少 431.27 g/m^2；星海湖和阅海生物量增加，分别增加了 22.39 g/m^2 和 712.76 g/m^2。2005~2010 年，7

个重点湿地总生物量呈增加趋势，总计增加了 701.40 g/m², 年均增加 140.28 g/m²。其中沙湖增加量最多，其次为黄沙古渡和青铜峡库区；星海湖、阅海、鸣翠湖、吴忠黄河湿地均有不同程度的减少。2010~ 2014 年，7 个重点湿地总生物量呈增加趋势，总计增加了 7703.74 g/m², 年平均增加 1925.94 g/m², 其中鸣翠湖增加量最多，青铜峡库区和吴忠黄河湿地增加量均较大。

表 4-4　2000 ~ 2014 年银川平原重点湿地生物量　　单位：g/m²

重点湿地	2000 年	2005 年	2010 年	2014 年	平均值
星海湖国家湿地公园	3611.54	3633.93	3529.10	2667.52	3360.52
阅海国家湿地公园	3743.10	4455.86	3633.97	3112.45	3736.35
鸣翠湖国家湿地公园	3550.91	2877.51	2058.03	5567.86	3513.58
黄沙古渡国家湿地公园	2607.90	1519.73	1953.51	2868.66	2237.45
吴忠黄河国家湿地公园	2540.00	1935.86	1790.01	4380.34	2661.55
沙湖自然保护区	3865.24	1708.88	3605.31	2874.48	3013.48
青铜峡库区湿地自然保护区	3099.47	1668.68	1931.92	4734.28	2858.59

表 4-5　2000 ~ 2014 年银川平原重点湿地生物量变化　　单位：g/m²

重点湿地	2000~2005 年	2005~2010 年	2010~2014 年	2000~2014 年	平均变化值
星海湖国家湿地公园	22.39	−104.83	−861.58	−944.02	−67.43
阅海国家湿地公园	712.76	−821.89	−521.52	−630.65	−45.05
鸣翠湖国家湿地公园	−673.40	−819.48	3509.83	2016.95	144.07
黄沙古渡国家湿地公园	−1088.17	433.78	915.15	260.76	18.63
吴忠黄河国家湿地公园	−604.14	−145.85	2590.33	1840.34	131.45
沙湖自然保护区	−2156.36	1896.43	−730.83	−990.76	−70.77
青铜峡库区湿地自然保护区	−1430.79	263.24	2802.36	1634.81	116.77
均　值	−1043.54	140.28	1925.94	227.67	

4.5 讨论

银川平原地处干旱地区，是气候变化敏感区和生态环境脆弱区。2002 年以来，宁夏实施了一系列湿地生态恢复与保护工程，效果明显，尤其是 2010 年以来，植被生物量增加非常明显。

不同生态环境湿地生物量有明显的差别，土壤理化性质与生态系统生物量密切相关[153]。Pearson 相关分析显示(表 4–6)，地上生物量与土壤有机碳、土壤总氮、土壤碳氮比正相关(0.775，$P<0.05$；0.768，$P<0.01$；0.712，$P<0.05$)；地上生物量与土壤 pH、土壤全磷呈显著负相关关系，相关性不显著；地上生物量与土壤含盐量显著负相关，与土壤容重和土壤全磷相关性不大。地下生物量与土壤总氮、土壤有机碳、土壤碳氮比、植被碳氮比正相关(0.636，$P<0.01$；0.867，$P<0.01$；0.668，$P<0.05$；0.738，$P<0.05$)；总生物量与地下生物量、环境因子的关系相一致。地上生物量和地下生物量都与土壤 C/N 正相关，与植被 C/P 负相关，这表明随着土壤 C/N 的增加，地上、地下生物量均相应地增加；随着土壤有机碳的增加，植物的地下生物量也相应地增加，导致总生物量增加。

表 4–6 银川平原湿地生物量与环境因子的相关性

因子	土壤 TN	土壤 TP	土壤 TC	土壤 C/N	土壤 C/P	土壤 N/P	植被 C/N	植被 C/P	植被 N/P	土壤 容重	土壤 pH	土壤 含盐量
AGB	0.768**	–0.231	0.775**	0.671*	–0.587	0.341	0.537	–0.245*	–0.231	0.432	–0.048	–0.642*
BGB	0.636**	–0.532	0.867**	0.712*	–0.489	0.053	0.738*	–0.642*	–0.568	0.6554	–0.038	–0.568*
TB	0.722**	–0.526	0.787**	0.688*	–0.399	0.053	0.895*	–0.578*	–0.575	0.465	–0.076	0.341*

**. 在 0.01 水平(双侧)上显著相关，*. 在 0.05 水平(双侧)上显著相关

现有研究表明，北半球中高纬度地区的气温上升会导致植被生长活性增加[156]。在银川平原地区，植被覆盖度与气温呈正相关，与降水量明显不相关。在银川平原地区，气温升高和无霜期的延长会增加植被的生长活性，导致植被覆盖度升高，植被覆盖度与区域自然降水因素关系不大[156,157]。

通过对银川平原湿地植被生物量实地调查，采用 3S 技术和典型样地调查法及实验室测定相结合的方法，构建植被生物量遥感估测模型，用遥感模型估测的植被生物量与张玉峰[158]的研究结果相符，表明本研究所采用的植被生物量遥感估测模型具有一定的普适性。

本研究的估算结果虽在一定程度上反映了四类湿地的生物量水平，但仍存在不确定性和相应的误差。如：采用典型样地—样方调查的生物量与遥感因子拟合生物量方法建立遥感估测模型，估测研究区湿地生物量，采样点生物量与对应的影像上的点存在一定的误差，导致估测的生物量存在一定的不确定性，同时也有一定的区域限制性。

在今后进行湿地生态系统生物量估测时，应针对不同的植被类型，并结合植物生理

过程参数和理化性质联用方法，以提高湿地生物量估测的准确性。估测大、中尺度生物量，可采用遥感 RS 进行动态监测、构建基于植被生长过程的 RS 反演模型等多种方法相结合进行估测，使湿地生物量估测的精度更高。

4.6 小结

银川平原湿地多年平均生物量的波动范围为 2283.17 ~ 4058.07 g/m²，均值为 3017.88 g/m²。不同类型湿地的多年平均生物量，湖泊湿地 > 沼泽湿地 > 人工湿地 > 河流湿地，且年际波动存在较大差异。生物量分布存在较大的空间差异，呈现出中部和西南部地区较高、东北部低的分布规律，中部的稳定性较高。从不同类型湿地来看，四类湿地的地上、地下生物量和总生物量总体上都呈现一致的空间分布规律，河流湿地生物量空间变化最为明显。整体来看，2000 ~ 2014 年，7 个重点湿地的总生物量经历先减少后增加的变化过程，与银川平原湿地的总生物量变化一致。其中，鸣翠湖、吴忠黄河湿地、青铜峡库区湿地、黄沙古渡湿地 4 个重点湿地的生物量均呈增加趋势，鸣翠湖增加量最大。

通过对银川平原湿地总生物量进行等级划分，结果表明：

银川平原湿地生物量等级经历了均衡—不均衡—均衡的发展过程。2000 年，生物量主要等级的面积较为均衡，2005 年呈现极不均衡，2010 年逐渐变得均衡，2014 年较低等级、中等级、较高等级和高等级面积分布比较均衡。

2014 年，生物量等级分布的斑块状和条带状格局基本消失，低等级的生物量斑块呈现明显的缩小化、破碎化，高等级生物量斑块变大。河流湿地生物量的变化最显著，湖泊湿地生物量分布格局变化较小，变化较稳定。

从空间分布来看，北部湿地总生物量年际变化较大，中部湿地总生物量变化较小。

第五章 不同类型湿地植被碳含量及时空动态变化

5.1 不同类型湿地植被碳含量特征分析

根据研究区四类湿地植被碳含量多元线性逐步回归估测模型，利用 ENVI 中 Band Math 模块，得到银川平原不同类型湿地 2000 ~ 2014 年碳含量估测值，见表 5–1、表 5–2、表 5–3。银川平原湿地植被碳含量的波动范围为 912.65 ~ 1629.49 g/m^2，均值为 1254.89 g/m^2(14 年均值，下同)，CV(变异系数，下同)为 27.52%。河流湿地植被碳含量的波动范围为 653.09 ~ 1497.10 g/m^2，均值为 1020.88 g/m^2，CV 为 20.96%；湖泊湿地植被碳含量的波动范围为 1264.5 ~ 1465.04 g/m^2，均值为 1366.57 g/m^2，CV 为 23.54%，年际变化较小；沼泽湿地植被碳含量的波动范围为 995.7 ~ 1974.50 g/m^2，均值为 1452.85 g/m^2，CV 为 23.19%；人工湿地植被碳含量的波动范围为 834.05 ~ 1837.27 g/m^2，均值为 1254.89 g/m^2，显现出最大的年际波动，CV 为 18.69%。结果表明，不同类型湿地的年际波动存在较大差异，不同类型湿地的 CV 值变化为:湖泊湿地 > 沼泽湿地 > 河流湿地 > 人工湿地。

银川平原湿地植被地上碳含量的波动范围为 605.56 ~ 1137.8 g/m^2，均值为 859.65 g/m^2(基于 2000 ~ 2014 年的计算结果，下同)，CV 为 30.07%；河流湿地植被地上碳含量的波动范围为 412.85 ~ 1039.50 g/m^2，均值为 685.91 g/m^2，CV 为 25.84%；湖泊湿地植被地上碳含量的波动范围为 866.81 ~ 1015.70 g/m^2，均值为 942.57 g/m^2，CV 为 8.95%；沼泽湿地植被地上碳含量的波动范围为 667.32 ~ 1393.90 g/m^2，均值为 1006.63 g/m^2，CV 为 25.82%；人工湿地植被地上碳含量的波动范围为 547.20 ~ 1292.00 g/m^2，均值为 855.68 g/m^2，CV 为 33.34%。

银川平原湿地植被根系平均碳含量的波动范围为 218.03 ~ 290.77 g/m^2，均值为 257.93 g/m^2，CV 为 30.66%；河流湿地植被根系碳含量的波动范围为 191.67 ~ 277.33 g/m^2，均值为 228.99 g/m^2，CV 为 32.30%；湖泊湿地植被根系碳含量的波动范围为 253.73 ~ 274.08 g/m^2，均值为 263.84 g/m^2，CV 为 19.75%；沼泽湿地植被根系碳含量的波动范围为 226.57 ~ 325.77 g/m^2，均值为 272.87 g/m^2，CV 为 28.05%；人工湿地植被根系碳

含量的波动范围为 210.14～311.85 g/m²，均值为 251.95 g/m²，CV 为 24.51%。

表 5-1　银川平原各不同类型湿地植被碳含量

	地上碳含量(g/m²)				根系碳含量(g/m²)				总碳含量(g/m²)			
湿地类型	2000 年	2005 年	2010 年	2014 年	2000 年	2005 年	2010 年	2014 年	2000 年	2005 年	2010 年	2014 年
河流湿地	731.99	412.85	559.33	1039.50	235.23	191.67	211.71	277.33	1082.94	653.09	850.39	1497.10
湖泊湿地	1015.60	866.81	872.22	1015.70	273.06	253.73	254.47	274.08	1464.9	1264.5	1271.82	1465.04
沼泽湿地	939.01	667.22	1026.37	1393.90	263.59	226.57	275.54	325.77	1361.8	995.7	1479.44	1974.50
人工湿地	1029.60	547.20	553.82	1292.00	274.90	210.14	210.90	311.85	1483.8	834.05	842.97	1837.27
银川平原湿地	866.08	605.56	829.19	1137.8	253.63	218.03	238.16	290.77	1263.55	912.65	1213.86	1629.49

表 5-2　2000～2014 年银川平原湿地植被碳含量统计

湿地类型		2000 年	2005 年	2010 年	2014 年
河流湿地	Mean(均值)/ g/m²	1082.94	653.09	850.39	1497.11
	Stdev(标准差)	270.06	204.6	201.85	424.93
	CV(变异系数)/%	24.94	31.33	32.273	28.38
湖泊湿地	Mean(均值) /g/m²	1464.89	1264.53	1271.82	1465.04
	Stdev(标准差)	338.79	525.12	528.52	435.48
	CV(变异系数)/%	23.13	41.53	41.56	29.72
沼泽湿地	Mean(均值)/ g/m²	1361.78	995.7	1479.44	1974.5
	Stdev(标准差)	374.68	396.84	347.79	465.24
	CV(变异系数)/%	27.51	39.86	23.51	23.56
人工湿地	Mean(均值) /g/m²	1483.84	834.05	842.97	1837.27
	Stdev(标准差)	270.06	358.08	358.12	556.13
	CV(变异系数)/%	18.20	42.93	42.24	30.27
银川平原湿地	Mean(均值) /g/m²	1263.55	912.65	1213.86	1629.49
	Stdev(标准差)	319.89	327.12	422.64	459.53
	CV(变异系数)/%	25.32	35.84	34.82	28.20

表 5-3　2000 ~ 2014 年银川平原湿地植被碳含量均值

湿地类型	地上碳含量			根系碳含量			总碳含量		
	均值(g/m^2)	标准差	CV(%)	均值(g/m^2)	标准差	CV(%)	均值(g/m^2)	标准差	CV(%)
河流湿地	685.91	177.26	25.84	228.99	73.97	32.30	1020.88	213.94	20.96
湖泊湿地	942.57	84.36	8.95	263.84	52.11	19.75	1366.57	321.69	23.54
沼泽湿地	1006.63	259.96	25.82	272.87	76.53	28.05	1452.85	337.06	23.20
人工湿地	855.68	285.27	33.34	251.95	61.75	24.51	1249.53	233.51	18.69
银川平原	859.65	258.5	30.07	257.93	79.07	30.66	1254.89	345.36	27.52

5.2 不同类型湿地植被碳含量年际变化

表 5-4 显示了 2000 ~ 2014 年 14 年间湿地植被有机碳含量的变化，银川平原沼泽湿地、河流湿地、湖泊湿地、人工湿地植被有机碳含量先减少后增加，呈现出碳汇集现象。2000 ~ 2005 年，四类湿地植被有机碳含量在减少，其中人工湿地植被碳含量减少幅度最大。2005 ~ 2014 年，四类湿地植被有机碳含量均呈现增加趋势。2010 ~ 2014 年，增加幅度较大，其中人工湿地植被碳含量增加量最多，是最主要的碳汇。从 2000 ~ 2014 年 14 年整

表 5-4　2000 ~ 2014 年银川平原湿地植被碳含量年际变化

碳储量组成	年　份	河流湿地	湖泊湿地	沼泽湿地	人工湿地	银川平原湿地
AGB 碳含量(g/m^2)	2000 ~ 2005	−319.15	−148.76	−271.80	−482.44	−260.52
	2005 ~ 2010	146.48	5.41	359.15	6.63	223.63
	2010 ~ 2014	480.16	143.45	367.56	738.22	308.58
	2000 ~ 2014	307.49	0.11	454.92	262.40	271.69
BGB 碳含量(g/m^2)	2000 ~ 2005	−43.57	−19.33	−37.03	−64.77	−35.61
	2005 ~ 2010	20.04	0.74	48.98	0.77	20.13
	2010 ~ 2014	65.63	19.61	50.23	100.95	52.61
	2000 ~ 2014	42.10	1.01	62.18	36.95	37.13
TB 碳含量(g/m^2)	2000 ~ 2005	−429.86	−200.36	−366.08	−649.79	−350.90
	2005 ~ 2010	197.30	7.29	483.74	8.92	301.21
	2010 ~ 2014	646.72	193.22	495.06	994.30	415.63
	2000 ~ 2014	414.16	0.15	612.72	353.43	365.94

体来看，河流湿地、沼泽湿地、人工湿地土壤有机碳含量先减少后增加，沼泽湿地的有机碳含量增加的最多，增加量为 612.72 g/m^2；人工湿地增加较少，增加量为 353.43 g/m^2；湖泊湿地的有机碳含量基本保持稳定状态。

5.3 重点湿地植被碳含量及动态变化

利用第三章银川平原湿地植被碳含量遥感估测模型，估测了 7 个重点湿地的植被碳含量，见表 5–5。

2000 ~ 2014 年，7 个重点湿地多年植被平均碳含量的波动范围为 2814.18 ~ 4447.98 g/m^2，均值为 3704.77 g/m^2（14 年均值），高于银川平原多年平均碳含量的均值（1254.89g/m^2）（表 5–3）。2000 年，7 个重点湿地的植被碳含量变化范围为 3143.96 ~ 4588.47 g/m^2，平均值为 3959.62 g/m^2，高于同期银川平原植被碳含量平均值（1263.55 g/m^2），7 个重点湿地植被碳含量大小排序为：沙湖 > 阅海 > 星海湖 > 鸣翠湖 > 青铜峡库区 > 黄沙古渡 > 吴忠黄河湿地。2005 年，7 个重点湿地的植被碳含量变化范围为 2031.87 ~ 5232.25 g/m^2，平均值为 3147.14 g/m^2，高于同期银川平原植被碳含量平均值（912.65 g/m^2），7 个重点湿地植被碳含量大小排序为：阅海 > 星海湖 > 鸣翠湖 > 吴忠黄河湿地 > 沙湖 > 青铜峡库区 > 黄沙古渡。2010 年，7 个重点湿地的植被碳含量变化范围为 2326.47 ~ 4336.39 g/m^2，平均值为 3256.36 g/m^2，高于同期银川平原植被碳含量平均值（1213.86 g/m^2），7 个重点湿地植被碳含量大小排序为：阅海 > 沙湖 > 星海湖 > 鸣翠湖 > 黄沙古渡 > 青铜峡库区 > 吴忠黄河湿地。2014 年，7 个重点湿地的植被碳含量变化范围为 3282.96 ~ 6444.33 g/m^2，平均值为 4455.94 g/m^2，远高于同期银川平原植被碳含量平均值（1629.49 g/m^2），7 个重点湿地植被碳含量大小排序为：鸣翠湖 > 青铜峡库区 > 吴忠黄河湿地 > 阅海 > 沙湖 > 黄沙古渡 > 星海湖。

2000 ~ 2014 年，7 个重点湿地的植被碳含量经历了先减少后增加的变化过程，与银川平原湿地的植被碳含量变化一致（表 5–6）。其中，鸣翠湖、吴忠黄河湿地、青铜峡库区湿地、黄沙古渡湿地 4 个重点湿地的植被碳含量均呈增加趋势，鸣翠湖增加量最大，增加了 1135.94 g/m^2，年平均增加 81.11 g/m^2；吴忠黄河湿地增加了 1036.11 g/m^2，年均增加 74.01 g/m^2；青铜峡库区增加了 920.40 g/m^2，年均增加 65.74 g/m^2；沙湖、星海湖、阅海植被碳含量呈减少趋势，分别减少了 557.80 g/m^2、531.48 g/m^2、355.06 g/m^2。2000~2005 年，7 个重点湿地植被碳含量呈减少趋势，总计减少了 2937.57g/m^2，年平均减少 587.51 g/m^2。其中沙湖减少的最多，为 1214.03 g/m^2，年均减少 242.81 g/m^2；星海湖和阅海碳含量增加，分别增加了 12.61 g/m^2 和 401.28 g/m^2。2005 ~ 2010 年，7 个重点湿地植被碳含量呈增加趋势，总计增加

表 5-5　2000～2014 年银川平原重点湿地植被碳含量　　单位：g/m²

重点湿地	2000 年	2005 年	2010 年	2014 年	平均值
星海湖国家湿地公园	4311.94	4336.34	4222.08	3282.96	4038.33
阅海国家湿地公园	4455.34	5232.25	4336.39	3767.93	4447.98
鸣翠湖国家湿地公园	4245.85	3511.85	2618.61	6444.33	4205.16
黄沙古渡国家湿地公园	3217.97	2031.87	2504.69	3502.20	2814.18
吴忠黄河国家湿地公园	3143.96	2485.45	2326.47	5149.93	3276.45
沙湖自然保护区	4588.47	2238.04	4305.15	3508.54	3660.05
青铜峡库区湿地自然保护区	3753.78	2194.22	2481.15	5535.73	3491.22
平均值	3959.62	3147.14	3256.36	4455.94	3704.77

表 5-6　2000～2014 银川平原重点湿地植被碳含量变化量　　单位：g/m²

重点湿地	2000~2005 年	2005~2010 年	2010~2014 年	2000~2014 年	平均变化量
星海湖国家湿地公园	12.61	–59.02	–485.07	–531.48	–37.96
阅海国家湿地公园	401.28	–462.72	–293.62	–355.06	–25.36
鸣翠湖国家湿地公园	–379.12	–461.37	1976.03	1135.54	81.11
黄沙古渡国家湿地公园	–612.64	244.22	515.23	146.81	10.49
吴忠黄河国家湿地公园	–340.13	–82.11	1458.36	1036.11	74.01
沙湖自然保护区	–1214.03	1067.69	–411.46	–557.80	–39.84
青铜峡库区湿地自然保护区	–805.53	148.20	1577.73	920.40	65.74
平均值	–587.51	78.98	1084.30	128.18	

了 394.89 g/m²，年平均增加 78.98 g/m²。其中沙湖增加量最多，其次为青铜峡库区和黄沙古渡，星海湖、阅海、鸣翠湖、吴忠黄河湿地均有不同程度的减少。2010～2014 年，7 个重点湿地总植被碳含量呈增加趋势，总计增加了 4337.21 g/m²，年平均增加 1084.30 g/m²，其中鸣翠湖增加量最多，青铜峡库区和吴忠黄河湿地增加量均较大。

5.4 不同类型湿地植被碳含量的空间分布

利用银川平原湿地及河流湿地、湖泊湿地、沼泽湿地、人工湿地四类湿地的地上植被碳含量估测模型、地下植被碳含量估测模型、地上—地下植被总碳含量估测模型，利用 ENVI 中的 Band Math 模块，按照多元逐步回归估测模型，结合银川平原湿地 2000 年、

2005 年、2010 年、2014 年 4 个年份沼泽湿地、河流湿地、湖泊湿地、人工湿地空间分布图，分别对银川平原湿地植被碳含量进行可视化表达，应用 ARCGIS 对生成的图像进行等级划分，并对不同等级赋予不同的颜色，得到银川平原湿地植被碳含量空间分布图。（见图 5-1 至图 5-4）

5.4.1 湿地植被碳含量分级

根据银川平原湿地 4 个年份的植被平均碳储量密度（1255.34 g/m²）和中国陆地植被平均碳密度[51]（14.70 g/m²），参考前人的研究成果[156]并结合生物量等级划分，对 2000 ~ 2014 年银川平原湿地植被碳含量空间分布进行重分类，将植被碳含量划分为 5 个等级，即低（VCD≤500 g/m²）、较低(500 g/m²< VCD≤1000 g/m²)、中(1000 g/m²< VCD≤1500 g/m²)、较高(1500 g/m²< VCD≤2000 g/m²)、高（VCD >2000 g/m²），统计每个等级的碳储量密度像元数、面积及百分比，见表 5-7。

2000 年，湖泊、沼泽、人工湿地碳含量呈块状格局分布，但斑块较小，尤其是高等级储碳斑块只占湿地总面积的 0.68%，且呈破碎状态镶嵌在低等级斑块中。银川平原湿地总碳含量主要集中在中级，面积为 21097.42 hm²，占银川平原湿地总面积的 54.93 %，主要分布在贺兰县、大武口区、平罗县、兴庆区、金凤区及黄河沿岸湿地区。从不同类型湿地来看，沼泽湿地碳含量集中分布在中等级，面积为 3239.89 hm²，占沼泽湿地总面积的 47.88%，主要分布在贺兰县、平罗县和兴庆区；河流湿地碳含量集中分布在较高等级，面积为 10001.56 hm²，占河流湿地总面积的 55.24%，主要分布在平罗县、灵武市、兴庆区；河流湿地碳格局在青铜峡和平罗县的等级较高，呈条带状格局；湖泊湿地碳含量集中分布在较高等级，面积为 4556.34 hm²，占湖泊湿地总面积的 46.51%，中等级所占比例也较多，达 45.79%，主要分布在平罗县、金凤区和大武口区；人工湿地碳含量集中分布在较高等级，面积为 1875.55 hm²，占人工湿地总面积的 50.10%，主要分布在贺兰县和兴庆区。

2005 年，银川平原湿地植被碳含量集中在较低等级，面积为 26082.14 hm²，占银川平原总湿地面积的 67.39%，主要分布在贺兰县、平罗县、金凤区和兴庆区。从不同类型湿地来看，沼泽湿地碳含量集中分布在较低等级，面积为 3518.87 hm²，占沼泽湿地总面积的 57.85%，主要分布在贺兰县、平罗县、兴庆区；河流湿地碳含量集中分布在较低等级，面积为 14347.08 hm²，占河流湿地总面积的 88.19%，分布在黄河沿岸湿地；湖泊湿地碳含量集中分布在中等级，面积为 4512.36 hm²，占湖泊湿地总面积的 36.04%，主要分布在贺兰县、平罗县和大武口区；人工湿地碳含量集中分布在较低等级，面积为 2671.45 hm²，占人工湿地总面积的 69.73%，主要分布在平罗县、贺兰县和兴庆区。

2010 年，银川平原湿地高等级碳含量斑块增加，碳含量集中在较低等级，面积为

表 5-7 银川平原不同类型湿地植被碳含量(VCC)等级统计

年份	等级	沼泽湿地			河流湿地			湖泊湿地			人工湿地			银川平原湿地		
		像元数(个)	面积(hm^2)	比例(%)	像元数(个)	面积(hm^2)	比例(%)	像元数(个)	面积(hm^2)	比例(%)	像元数(个)	面积(hm^2)	比例(%)	像元数(个)	面积(hm^2)	比例(%)
2000年	低	—	—	—	—	—	—	—	—	—	—	—	—	—	—	—
	较低	6635	681.37	10.07	828	78.37	0.43	3896	376.47	3.84	1335	129.62	3.46	97862	9436.26	24.57
	中	31549	3239.89	47.88	61428	5813.99	32.11	46419	4485.41	45.79	17406	1690.00	45.15	218798	21097.42	54.93
	较高	26363	2707.32	40.01	105672	10001.56	55.24	47153	4556.34	46.51	19317	1875.55	50.10	78991	7616.64	19.83
	高	1346	138.23	2.04	23350	2210.01	12.21	3911	377.92	3.86	496	48.16	1.29	2697	260.06	0.68
2005年	低	3006	255.96	4.21	14359	1360.55	8.36	175	17.97	0.14	3828	365.19	9.53	25176	2408.66	6.22
	较低	41326	3518.87	57.85	151416	14347.08	88.19	11880	1219.64	9.74	28003	2671.45	69.73	272618	26082.14	67.39
	中	17796	1515.31	24.91	4792	454.05	2.79	43953	4512.36	36.04	7189	685.82	17.90	55509	5310.70	13.72
	较高	5654	481.43	7.91	643	60.93	0.37	21324	2189.19	17.48	707	67.45	1.76	23702	2267.64	5.86
	高	3656	311.30	5.12	490	46.43	0.29	44630	4581.87	36.59	435	41.50	1.08	27543	2635.12	6.81
2010年	低	7326	756.87	10.66	67242	6399.99	40.21	10493	988.40	7.87	4225	406.81	9.71	79832	9169.72	23.06
	较低	11152	1152.15	16.23	84415	8034.49	50.48	21867	2059.80	16.40	5778	556.34	13.28	160833	18473.71	46.45
	中	41255	4262.17	60.04	11039	1050.68	6.60	27801	2618.76	20.85	31086	2993.12	71.42	43720	5021.80	12.63
	较高	4900	506.23	7.13	2595	246.99	1.55	41233	3884.01	30.92	1784	171.77	4.10	35251	4049.02	10.18
	高	4077	421.21	5.93	1950	185.60	1.17	31967	3011.18	23.97	651	62.68	1.50	26596	3054.89	7.68
2014年	低	5	0.47	0.01	150	14.60	0.10	13	1.23	0.01	—	—	—	173	16.35	0.04
	较低	1993	186.58	2.30	48823	4753.04	33.18	11629	1101.98	8.74	900	86.64	1.32	64105	6059.88	14.56
	中	639	902.38	11.14	10897	1060.85	7.41	38981	3693.91	29.30	11449	1102.19	16.75	71333	6743.15	16.21
	较高	9159	857.44	10.59	12547	1221.48	8.53	13635	1292.08	10.25	13015	1252.95	19.04	48832	4616.12	11.09
	高	65692	6149.90	75.96	74719	7274.07	50.78	68779	6517.61	51.70	42993	4138.92	62.89	255713	24172.71	58.10

18473.71 hm²,占银川平原总湿地面积的46.45%,主要分布在贺兰县、平罗县、兴庆区、大武口区、惠农区、青铜峡及黄河沿岸。从不同类型湿地看,沼泽湿地碳含量集中分布在中等级,面积为4262.17 hm²,占沼泽湿地总面积的60.04%,主要分布在贺兰县、平罗县、永宁县;河流湿地碳含量集中分布在较低等级,面积为8034.49 hm²,占河流湿地总面积的50.48%,主要分布在平罗县、青铜峡市、兴庆区、惠农区;湖泊湿地碳含量集中分布在较高等级,面积为3884.01 hm²,占湖泊湿地总面积的30.92%,主要分布在贺兰县、金凤区、平罗县、大武口区和惠农区;人工湿地碳含量集中分布在中等级,面积为2993.12 hm²,占人工湿地总面积的71.42%,主要分布在平罗县、贺兰县、兴庆区。

2014年,银川平原湿地碳含量等级分布与前3年不同,高等级所占比例较高,面积为24172.71 hm²,占银川平原总湿地面积的58.10%,主要分布在利通区、贺兰县、平罗县、兴庆区、金凤区。从不同类型湿地看,沼泽湿地碳含量集中分布在高等级,面积为6149.90 hm²,占沼泽湿地总面积的75.96%,主要分布在青铜峡、兴庆区、贺兰县、平罗县、金凤区;河流湿地碳含量集中分布在高等级,面积为7274.07hm²,占河流湿地总面积的50.78%,主要分布在平罗县、兴庆区;湖泊湿地碳含量在高等级分布较多,面积为6517.61 hm²,占湖泊湿地总面积的51.70%,主要分布在平罗县、大武口区、金凤区、大武口区;人工湿地碳含量在高等级分布较多,面积为4138.92 hm²,占人工湿地总面积的62.89%,主要分布在贺兰县、平罗县。

5.4.2 植被碳含量的空间变化特征

从4个年份湿地碳含量空间分布图可以看出,银川平原各地区的湿地植被碳含量空间变化明显。银川平原湿地植被碳含量的空间分布格局存在较大的异质性,其空间分布规律是东北部低,中部和西南部高。中部银川市的金凤区、兴庆区和贺兰县北部,石嘴山市的平罗县湿地区植被碳含量较高。高等级分布区出现在贺兰县和,兴庆区的黄河沿岸以及西南部的青铜峡库区,低等级分布区主要在北部的惠农区和大武口区。结果表明,银川平原湿地植被碳含量的稳定性自东北向西南总体呈现增加的趋势,东北部地区的湿地植被碳含量低且年际变异性大,而南部地区的湿地植被碳含量高且年际变异性小。

由图5-1至图5-4可以看出,高植被碳含量主要在距水域有一定的距离内出现,原因在距水域过近,土壤含水量过大,不利于植被的生长,因此植被较稀疏,获取像元除了植被信息外还包含有水和土壤的信息,因此植被碳含量较低;而距湖水过远区域则比较干旱,同样不利于植被生长,因此植被碳含量也较低。

2000~2014年,银川平原不同地区的湿地植被碳含量显示出了较强的空间差异。2000~2005年,湿地植被碳含量降低,湿地呈衰减趋势,主要是由于河流湿地、人工湿地与沼泽湿地的大部分地区的植被碳含量偏低，而湖泊湿地的植被碳含量与往年基本持平；2005～2014年，湿地植被碳含量总体呈增加趋势。从具体年份来看，2000年，银川平原湿地植被碳含量较高，该贡献主要来源于平罗县和贺兰县及西南部的青铜峡市，尤其是平罗县的沙湖和青铜峡市的青铜峡库区湿地植被长势较好，植被碳含量较大；2005年，湿地碳含量水平很低，除平罗县的沙湖、大武口区的星海湖、银川市的金凤区植被碳含量等级较高外，大面积地区植被碳含量明显低于其他年份，北部和东南部地区尤为明显；2010年，湿地植被碳含量较2005年有所增加，各地区趋势大体相同；2014年，湿地植被碳含量总体水平较高，该贡献主要来源于中部地区的银川市和北部地区的平罗县。这种差异表明了湿地植被碳含量年际变化格局的地域异质性。

总体来看，银川平原湿地植被碳含量分布格局呈现以下特征：

2000～2005年，植被碳含量密度较高等级和高等级的斑块面积呈减少趋势，低等级呈现块状和条带状格局，表明湿地植被的储碳等级在降低，湿地植被碳含量在减少，碳汇能力在下降；2010~2014年，碳含量较高等级和高等级的区域面积有所增加，碳汇能力增强。

银川平原湿地植被碳含量等级经历了不均衡—均衡的发展过程。2000年，植被碳含量等级斑块的面积表现不均衡；2005年，较低等级斑块占了湿地的绝大多数面积，不均衡程度增加；2010年，低碳含量等级斑块面积减少，高碳含量等级斑块面积增加，向着均衡方向发展；2014年，各碳含量等级斑块面积较为均衡。

2014年，低碳含量等级的斑块状和条带状分布格局基本消失，高碳含量等级斑块面积明显增加。河流湿地植被碳含量等级分布格局变化最显著，湖泊湿地植被碳含量等级分布格局变化较小。

从空间分布来看，北部湿地植被碳含量等级分布格局年际变化较大，中部湿地植被碳含量等级分布格局变化较小。

5.5 植被有机碳含量的影响因素分析

5.5.1 放牧干扰

芦苇为家畜提供营养丰富的饲料，在银川平原湿地中应用广泛。但由于长期季节性过度超载放牧等不合理的利用方式，导致湿地生态系统结构受到破坏，功能急剧退化。C、N、P是自然界生命体中含量较为丰富的元素，是构成家畜饲料中蛋白质、矿物质等营养成分的基础，在生态系统物质循环中处于核心地位。适度放牧条件下，通过植物的补偿性生长可以促进动物生产层的产出。草、畜产品从湿地生态系统中输出，造成矿质元素（氮磷等)的流失,加之近年来宁夏地区围牧禁牧等措施,减少家畜通过粪便等方式向其返还,由此导致湿地生态系统中养分循环不均衡,一定程度上影响了 C、N、P 的含量和化学计量特征。

5.5.2 人为干扰

近年来土壤肥力不足,农业工作者大量使用化肥,使得 N、P 的输入成倍增长,导致土壤富营养化严重,湿地植物芦苇等首当其冲,芦苇有巨大的须根系,同化吸收大量土壤和污水中养分元素 N 和 P,能够有效降低土壤的富营养化,改善土壤的品质。有研究表明,经芦苇湿地净化后的污水,TN、TP 可消除 90%以上。但是芦苇的净化效果也存在很大差异,不同芦苇湿地 N、P 营养物质自净率为 6.5%~95.65%不等 。

5.5.3 土壤理化性质与土壤养分(碳、氮、磷)的影响

土壤与植物根系之间联系紧密,植物根系从土壤中吸取养分,然后输送到其他各个部位,土壤为植物提供营养物质,而植物通过凋落物和根系分泌物将养分归还给土壤,形成营养循环链 。马鑫雨、方斌等对阅海湿地植物芦苇和土壤中 C 研究表明:芦苇叶片中 C 含量高于土壤,不同土壤层其 C 含量不尽相同,通过相关性分析表明,芦苇 C 的累积量更依赖于土壤中 C 和含水量。

5.6 小结

银川平原湿地多年平均植被碳含量的波动范围为 912.65 ~ 1629.49 g/m², 均值为 1254.89 g/m²(14 年均值,下同), CV 为 27.52%。不同类型湿地的年际波动存在较大差异,CV 值排序为:湖泊湿地 > 沼泽湿地 > 河流湿地 > 人工湿地。空间分布格局存在较大的异质性,总体呈自东北至西南递减趋势。

整体来看,2000 ~ 2014 年,银川平原湿地植被碳含量分布经历了由不平衡发展到平衡的过程,趋向平衡方向发展。银川平原湿地植被碳含量的空间分布格局存在较大的异质性,其空间分布规律是中部和西南部有机碳含量高,北部有机碳含量低。中部的银川市金凤区、兴庆区和贺兰县,石嘴山市的平罗县湿地区有机碳含量高,高值区出现在贺兰县和兴庆区的黄河沿岸以及最南端的青铜峡库区;低值区主要分布在北部的惠农区和大武口区。结果表明,银川平原湿地植被碳含量的稳定性自东北向西南总体呈现增加的趋势,东北部地区的湿地植被碳含量低且年际变异性大,而西南部地区的湿地植被碳含量高且年际变异性小。

第六章　不同类型湿地土壤有机碳特征及时空动态变化

6.1 不同类型湿地土壤有机碳含量分布及变化

6.1.1 土壤有机碳含量分布特征分析

利用银川平原湿地及四类湿地的土壤碳含量估测模型，利用 ENVI 中的 Band Math 模块，按照多元逐步回归估测模型，结合银川平原湿地 2000 年、2005 年、2010 年、2014 年 4 个年份沼泽湿地、河流湿地、湖泊湿地、人工湿地四类湿地空间分布图,得到银川平原湿地土壤碳含量,见表 6-1。

表 6-1 2000 ~ 2014 年银川平原不同类型湿地土壤(0 ~ 40 cm)有机碳含量(SOC) 单位:g/kg

湿地类型		2000 年	2005 年	2010 年	2014 年
河流湿地	Mean(均值)	4.19	2.67	3.87	5.65
	Stdev(标准)	0.69	0.73	1.43	3.92
湖泊湿地	Mean(均值)	5.55	4.84	5.36	5.54
	Stdev(标准)	1.02	2.36	1.54	3.08
沼泽湿地	Mean(均值)	5.18	3.88	6.10	7.36
	Stdev(标准)	1.33	1.76	2.03	3.36
人工湿地	Mean(均值)	5.62	3.31	3.84	6.73
	Stdev(标准)	0.96	1.27	1.27	3.34
银川平原湿地	Mean(均值)	4.83	3.58	4.66	6.13
	Stdev(标准)	1.19	1.87	2.21	3.57

从表 6-1 可以看出，银川平原湿地土壤有机碳含量的波动范围为 3.58 ~ 6.13 g/kg,均值为 4.92 g/kg(基于 2000 ~ 2014 年的计算结果,下同),CV 为 35.53%;河流湿地土壤碳含量的波动范围为 2.67 ~ 5.65 g/kg,均值为 4.10 g/kg, CV 为 35.54%;湖泊湿地土壤碳

含量的波动范围为 4.84 ~ 5.54 g/kg，均值为 4.78 g/kg，CV 为 26.79%；沼泽湿地土壤碳含量的波动范围为 3.88 ~ 7.36 g/kg，均值为 5.63 g/kg，CV 为 29.83%；人工湿地土壤碳含量为 3.31 ~ 6.73 g/kg，均值为 4.88 g/kg，CV 为 35.20%。四种类型湿地有机碳含量排序为：沼泽湿地 > 人工湿地 > 湖泊湿地 > 河流湿地。从变异系数来看，河流湿地变异系数最大，表明河流湿地土壤有机碳含量值离散度最大，年际变化较大，分布广泛，这与河流湿地南北向纵穿银川平原有关；湖泊湿地有机碳含量变异系数最小，说明湖泊湿地有机碳含量年际变化小，分布密度均匀，且较稳定。

按照 ARCGIS 10.0 统计每个时期的最大值和最小值，得到 2000 年、2005 年、2010 年和 2014 年土壤碳含量主要分布范围为：3.624 ~ 7.938 g/kg、2.415 ~ 4.807 g/kg、2.462 ~ 9.653 g/kg、5.915 ~ 10.013 g/kg。土壤中的有机碳含量受土壤有机质、人为改变土地利用方式、施肥、生活污染等影响。

从表 6-2 湿地表层土壤有机碳含量的变化可以看出，银川平原沼泽湿地、河流湿地、湖泊湿地、人工湿地四类湿地土壤有机碳含量先减少后增加，呈现出碳汇集现象。2000 ~ 2010 年，四类湿地土壤有机碳含量在减少，减少幅度逐渐减低，其中沼泽湿地土壤碳含量减少幅度最大。2005 ~ 2014 年，银川平原四种类型湿地土壤有机碳含量呈增加趋势。2010 ~ 2014 年增加幅度较大，其中人工湿地土壤碳含量增加最多，是最主要的碳汇。从 2000 ~ 2014 年 14 年整体来看，四种类型湿地土壤有机碳含量先减少后增加，沼泽湿地的有机碳含量增加的最多，增加量为 2.18 g/kg，湖泊湿地的有机碳含量基本保持稳定状态。

表 6-2　2000 ~ 2014 年银川平原湿地土壤（0 ~ 40 cm）SOC 变化　　单位：g/kg

湿地类型	2000 ~ 2005 年	2005 ~ 2010 年	2010 ~ 2014 年	2000 ~ 2014 年
河流湿地	–1.52	1.20	1.78	1.46
湖泊湿地	–0.71	0.52	0.18	–0.01
沼泽湿地	–1.30	2.22	1.26	2.18
人工湿地	–2.31	0.53	2.89	1.11
银川平原湿地	–1.25	1.57	0.98	1.30

6.1.2 土壤有机碳含量的垂直空间分布

为了研究银川平原湿地土壤有机碳含量的垂直空间分布规律，以 2014 年的 9 个重点湿地采样点的实验数据为数据源，研究河流湿地、湖泊湿地、沼泽湿地、人工湿地土壤碳含量的垂直变化。

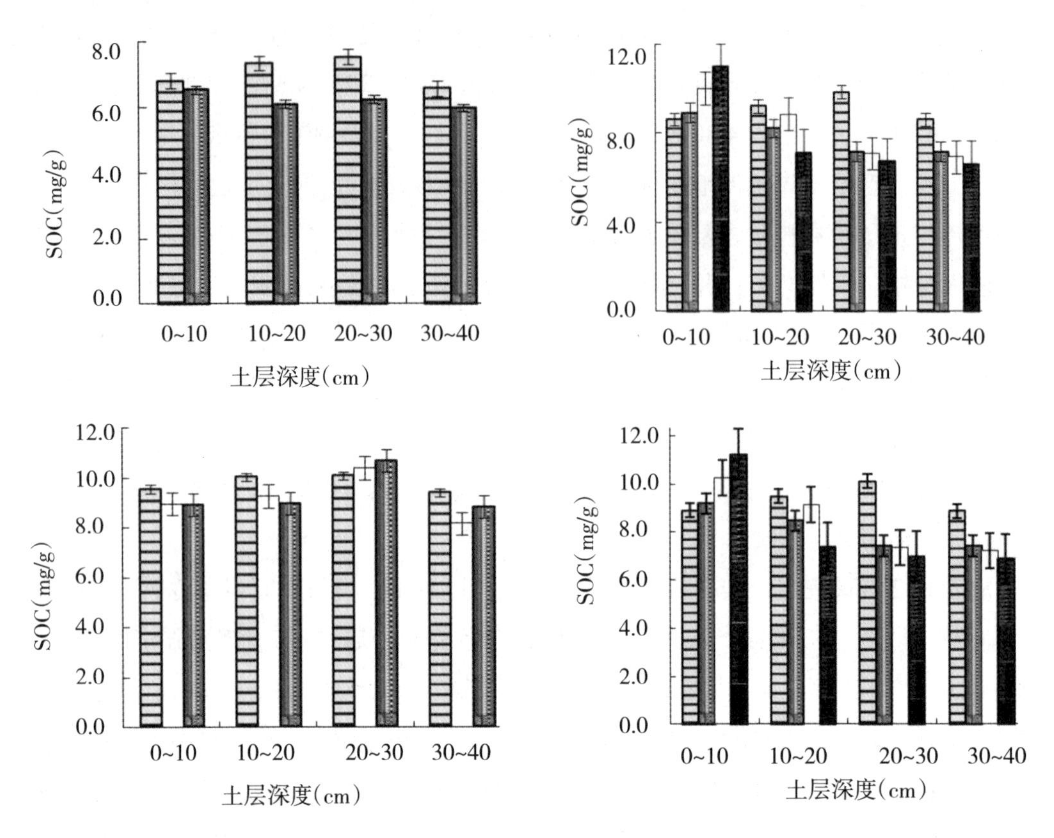

图 6-1 2014 年银川平原不同类型湿地土壤(0~40 cm)SOC 的垂直分布特征

不同类型湿地土壤的有机碳含量为 6.45~10.16 mg/g，平均值为 8.60 mg/g(采样点平均值)，变异系数为 38.91%(图 6-1)。不同类型湿地 SOC 含量随土层加深呈减少的变化趋势，湖泊湿地和人工湿地 SOC 含量富集于 0~10 cm，呈“倒金字塔”分布；沼泽湿地 SOC 含量 20 ~ 30 cm 最多[100]；河流湿地 SOC 含量 20 ~ 30 cm 最多；SOC 含量在 30~40 cm 明显减少，整体上呈现“表聚性”分布特征。河流湿地不同土层 SOC 含量显著低于湖泊湿地、沼泽湿地和人工湿地相应的土层($P < 0.05$)。

6.2 土壤有机碳密度分布及变化

6.2.1 不同类型湿地土壤有机碳密度

利用四类湿地土壤有机碳密度估测模型，利用 ENVI 中的 Math Band 模块，结合银川平原湿地 2000 年、2005 年、2010 年、2014 年 4 个年份四类湿地分布图，得到银川平原湿地土壤碳密度，见表 6-3、表 6-4。

表 6-3　2000～2014 年银川平原不同类型湿地土壤（0～40 cm）有机碳密度（SOCD）　单位：g/m²

湿地类型		2000 年	2005 年	2010 年	2014 年
河流湿地	Mean（均值）	2272.89	1451.93	2056.83	3081.49
	Stdev（标准）	318.66	396.12	778.01	2136.62
湖泊湿地	Mean（均值）	3023.61	2635.70	2853.27	3019.88
	Stdev（标准）	655.92	1284.83	1261.82	1680.65
沼泽湿地	Mean（均值）	2823.98	2115.22	3245.66	4010.25
	Stdev（标准）	725.4	415.22	1254.16	1832.6
人工湿地	Mean（均值）	3060.31	1802.26	2042.82	3666.49
	Stdev（标准）	522.85	417.39	693.35	1821.91
银川平原湿地	Mean（均值）	2633.8	1954.45	2743.75	3342.29
	Stdev（标准）	650.52	1020.53	1205.40	1942.97

表 6-4　2000～2014 年银川平原不同类型湿地土壤（0～40 cm）SOCD 变化　单位：g/m²

湿地类型	2000～2005 年	2005～2010 年	2000～2010 年	2010～2014 年	2000～2014 年
河流湿地	−820.96	604.90	−216.06	1024.66	808.60
湖泊湿地	−387.91	217.59	−170.32	166.59	−3.73
沼泽湿地	−708.76	1130.44	421.68	764.59	1186.27
人工湿地	−1258.05	240.56	−1017.49	693.35	606.18
银川平原湿地	−679.35	789.30	109.95	598.54	708.49

从表 6-3 可以看出，银川平原湿地土壤碳密度的波动范围为 1954.45～3342.29 g/m²，均值为 2668.72 g/m²（基于 2000～2014 年的计算结果，下同），CV 为 27.39%；河流湿地土壤碳密度的波动范围为 1451.39～3081.49 g/m²，均值为 2215.79 g/m²，CV 为 33.41%；湖泊湿地土壤碳密度的波动范围为 2635.70～3023.61 g/m²，均值为 2738.59 g/m²，CV 为 33.41%；沼泽湿地土壤碳密度的波动范围为 2115.22～4010.25 g/m²，均值为 3048.78 g/m²，CV 为 30.70%；人工湿地土壤碳密度的波动范围为 1802.26～3666.49 g/m²，均值为 2642.97 g/m²，CV 为 25.50%。四种类型湿地中，有机碳密度排序为：沼泽湿地 > 湖泊湿地 > 人工湿地 > 河流湿地，不同类型湿地间的差异与有机碳含量的差异基本一致，年际变化比有机碳含量的变化小。

表 6-4 显示，从 14 年间湿地表层土壤有机碳密度的变化可以看出，银川平原沼泽湿

地、河流湿地、湖泊湿地、人工湿地土壤有机碳密度先减少后增加，呈现出碳汇集现象。沼泽湿地的有机碳密度增加的最多，增加量为 1186.27g/m²；湖泊湿地的有机碳密度基本保持稳定状态。2000～2005 年，四类湿地土壤有机碳密度在减少，碳汇能力下降。其中人工湿地土壤碳密度减少幅度最大，减少量为 1258.05 g/m²；其次是河流湿地，减少量为 820.96 g/m²；湖泊湿地减少的最少，为 387.91 g/m²。2005～2014 年，银川平原四种类型湿地土壤有机碳密度呈现增加趋势。2010～2014 年，增加幅度较大。其中沼泽湿地土壤碳密度增加最多，增加了 1186.27 g/m²，是最主要的碳汇，湿地的有机碳密度增加与气温和降水都有显著关系[135]。总的来说，银川平原湿地土壤碳密度最大，其土壤碳密度约是植被碳总含量的 1.27 倍，是银川平原湿地的主要碳储存载体，在银川平原湿地碳循环中具有重要的地位和作用。

6.2.2 重点湿地土壤有机碳密度

2000～2014 年，7 个重点湿地土壤碳密度多年平均值的波动范围为 2031.87～5535.73 g/m²，均值为 3704.77 g/m²(14 年均值)，高于银川平原湿地土壤多年平均碳密度的均值(2668.72 g/m²)(表 6–5)。7 个重点湿地平均土壤碳密度大小排序为：阅海 > 鸣翠湖 > 星海湖 > 沙湖 > 青铜峡库区 > 吴忠黄河湿地 > 黄沙古渡。2000 年，7 个重点湿地的土壤碳密度变化范围为 2993.13～4588.47 g/m²，平均值为 3753.78 g/m²，高于同期银川平原湿地土壤碳密度平均值(2633.80 g/m²)。7 个重点湿地植被碳含量大小排序为：沙湖 > 阅海 > 星海湖 > 鸣翠湖 > 青铜峡库区 > 黄沙古渡 > 吴忠黄河湿地。2005 年，7 个重点湿地的土壤碳密度变化范围为 2031.87～5232.25 g/m²，平均值为 2194.22 g/m²，高于同期银川平原湿地土壤碳密度平均值(1954.45 g/m²)。7 个重点湿地植被碳含量大小排序为：阅海 > 星海湖 > 鸣翠湖 > 吴忠黄河湿地 > 沙湖 > 青铜峡库区 > 黄沙古渡。2010 年，7 个重点湿地的土壤碳密度变化范围为 2326.47～4336.39 g/m²，平均值为 2481.15 g/m²，高于同期银川平原土壤碳密度平均值(2743.75 g/m²)。7 个重点湿地植被碳含量大小排序为：阅海 > 沙湖 > 星海湖 > 鸣翠湖 > 黄沙古渡 > 青铜峡库区 > 吴忠黄河湿地。2014 年，7 个重点湿地的土壤碳密度变化范围为 2254.98～6444.33 g/m²，平均值为 4455.94 g/m²，远高于同期银川平原土壤碳密度平均值(3342.29 g/m²)。7 个重点湿地植被碳含量大小排序为：鸣翠湖 > 青铜峡库区 > 吴忠黄河湿地 > 阅海 > 黄沙古渡 > 沙湖 > 星海湖。

2000～2014 年，7 个重点湿地的土壤碳密度经历了先减少后增加的变化过程，整体上呈增加趋势，增加量 248.16 g/m²，与银川平原湿地的土壤碳密度变化一致(表 6–6)。其中，鸣翠湖、吴忠黄河湿地、青铜峡库区湿地、黄沙古渡湿地 4 个重点湿地的土壤碳密度均呈增加趋势，鸣翠湖增加量最大，增加了 2198.48 g/m²，年平均增加 157.03 g/m²；吴忠黄河湿地增加了 2005.97 g/m^2,年平均增加 143.28 g/m^2;青铜峡库区增加了 1781.94 g/m^2,年平均增加 127.28 g/m^2;沙湖、星海湖、阅海土壤碳密度呈减少趋势,分别减少了 1079.93 g/m^2、1028.98 g/m^2、687.41 g/m^2。2000~2005 年,7 个重点湿地土壤碳密度呈减少趋势,总计减少了 5687.30 g/m^2,年平均减少 1137.46 g/m^2,其中沙湖减少的最多,为 2350.43 g/m^2,年平均减少 470.09 g/m^2。星海湖和阅海土壤碳密度增加，分别增加了 24.41 g/m^2 和 776.91 g/m^2。2005~2010 年,7 个重点湿地土壤碳密度呈增加趋势,总计增加了 764.53 g/m^2,年平均增加 152.91 g/m^2,其中沙湖增加量最多,其次为黄沙古渡和青铜峡库区;星海湖、阅海、鸣翠湖、吴忠黄河湿地均有不同程度的减少。2010~ 2014 年,7 个重点湿地土壤碳密度呈增加趋势,总计增加了 8397.08 g/m^2,年平均增加 2099.27 g/m^2,其中鸣翠湖增加量最多,青铜峡库区和吴忠黄河湿地增加量均较大。

表 6-5　2000 ~ 2014 年银川平原重点湿地土壤碳密度　单位:g/m^2

重点湿地	2000 年	2005 年	2010 年	2014 年	平均值
星海湖国家湿地公园	2993.13	3010.64	2928.63	2254.98	2796.85
阅海国家湿地公园	4311.94	4336.34	4222.08	3282.96	4038.33
鸣翠湖国家湿地公园	4455.34	5232.25	4336.39	3767.93	4447.98
黄沙古渡国家湿地公园	4245.85	3511.85	2618.61	6444.33	4205.16
吴忠黄河国家湿地公园	3217.97	2031.87	2504.69	3502.20	2814.18
沙湖自然保护区	3143.96	2485.45	2326.47	5149.93	3276.45
青铜峡库区湿地自然保护区	4588.47	2238.04	4305.15	3508.54	3660.05
平均值	3753.78	2194.22	2481.15	5535.73	3491.22

表 6-6　2000 ~ 2014 年银川平原重点湿地土壤碳密度变化　单位:g/m^2

重点湿地	2000~2005 年	2005~2010 年	2010~2014 年	2000~2014 年	平均变化量
星海湖国家湿地公园	24.41	−114.26	−939.12	−1028.98	−514.49
阅海国家湿地公园	776.91	−895.86	−568.46	−687.41	−343.70
鸣翠湖国家湿地公园	−734.01	−893.23	3825.71	2198.48	1099.24
黄沙古渡国家湿地公园	−1186.11	472.82	997.51	284.23	142.11
吴忠黄河国家湿地公园	−658.51	−158.98	2823.46	2005.97	1002.99
沙湖自然保护区	−2350.43	2067.11	−796.60	−1079.93	−539.96
青铜峡库区湿地自然保护区	−1559.56	286.93	3054.57	1781.94	890.97
平均值	−1137.46	152.91	2099.27	248.16	

6.3 不同类型湿地土壤碳密度空间变化分析

6.3.1 湿地土壤有机碳密度分级

利用 ARCGIS 10.0 空间分析模块中的重分类工具,分别对四个年份的湿地土壤碳密度进行可视化表达,根据银川平原湿地 4 个年份的土壤平均碳密度(2668.72 g/m²)和宁夏引黄灌区土壤平均碳密度[159](2144.36 g/m²),参考前人的研究成果[156],对 2000 ~ 2014 年银川平原湿地土壤碳密度空间分布进行重分类,将土壤碳密度划分为 5 个等级,即低(SCD≤1000 g/m²)、较低(1000 g/m²< SCD≤2000 g/m²)、中(2000 g/m²< SCD≤3000 g/m²)、较高(30.00 g/m²< SCD≤4000 g/m²)、高(SCD >4000 g/m²),得到 4 个年份湿地土壤碳密度空间分布图,见图 6–2、图 6–3、图 6–4、图 6–5。统计湿地每个等级的碳密度分布范围、像元数、面积及百分比,见表 6–7。

2000 年,湖泊、沼泽、人工湿地土壤碳密度呈块状格局分布,但斑块较小,尤其是高等级储碳斑块只占湿地总面积的 1.88%,且呈破碎状态镶嵌在低等级斑块中。银川平原湿地土壤碳密度主要集中在中级,面积为 22196.08 hm²,占银川平原湿地总面积的 57.79%,主要分布在贺兰县、大武口区、平罗县、兴庆区、金凤区及黄河沿岸湿地区。从不同类型湿地来看,沼泽湿地土壤碳密度集中分布在较高等级,面积为 3059.66 hm²,占沼泽湿地总面积的 45.22%,主要分布在贺兰县、平罗县和兴庆区;河流湿地土壤碳密度集中分布在较低等级,面积为 13611.35 hm²,占河流湿地总面积的 75.19%,主要分布在平罗县、灵武市、兴庆区;湖泊湿地碳密度集中分布在较高等级,面积为 5060.74 hm²,占湖泊湿地总面积的 51.66%,主要分布在平罗县、金凤区和大武口区;人工湿地碳密度集中分布在较高等级,面积为 2105.27 hm²,占人工湿地总面积的 56.24%,主要分布在贺兰县和兴庆区。

2005 年,银川平原湿地土壤碳密度集中在较低等级,面积为 25186.26 hm²,占银川平原总湿地面积的 65.07%,主要分布在贺兰县、平罗县、金凤区和兴庆区。从不同类型湿地看,沼泽湿地碳密度集中分布在较低等级,面积为 3121.39 hm²,占沼泽湿地总面积的 51.31%,主要分布在贺兰县、平罗县、兴庆区;河流湿地碳密度集中分布在较低等级,面积为 14661.18 hm²,占河流湿地总面积的 90.12%,分布在黄河沿岸湿地;湖泊湿地碳密度集中分布在较低等级,面积为 4771.48hm²,占湖泊湿地总面积的 38.11%,主要分布在贺兰县、平罗县和大武口区;人工湿地碳密度集中分布在较低等级,面积为 2468.63 hm²,占人工湿地总面积的 64.438%,主要分布在平罗县、贺兰县和兴庆区。

2010 年,银川平原湿地高等级碳密度斑块增加,碳储量集中在较低等级,面积为

表 6-7 银川平原不同类型湿地土壤碳密度(SCD)等级统计

年份	等级	沼泽湿地			河流湿地			湖泊湿地			人工湿地			银川平原湿地		
		像元数（个）	面积（hm^2）	比例(%)	像元数（个）	面积（hm^2）	比例（%）	像元数（个）	面积（hm^2）	比例（%）	像元数（个）	面积（hm^2）	比例（%）	像元数（个）	面积（hm^2）	比例（%）
2000	低	—	—	—	—	—	—	—	—	—	—	—	—	—	—	—
	较低	5102	523.94	7.74	36945	3539.73	19.55	2908	281.00	2.87	791	76.80	2.05	46391	4473.21	11.65
	中	29141	2992.60	44.22	142067	13611.55	75.19	41328	3993.47	40.77	15306	1486.11	39.70	230192	22196.08	57.79
	较高	29794	3059.66	45.22	9868	945.46	5.22	52373	5060.74	51.66	21683	2105.27	56.24	114278	11019.16	28.69
	高	1856	190.60	2.82	76	7.28	0.04	4770	460.92	4.71	775	75.25	2.01	7487	721.93	1.88
2005	低	1243	105.84	1.74	7671	726.85	4.47	1645	168.88	1.35	1756	167.52	4.37	12301	1176.87	3.04
	较低	36658	3121.39	51.31	154731	14661.18	90.12	46477	4771.49	38.11	25877	2468.63	64.43	263254	25186.26	65.07
	中	23410	1993.34	32.77	8057	763.42	4.69	32732	3360.38	26.84	11243	1072.57	27.99	75240	7198.42	18.60
	较高	6203	528.18	8.68	725	68.70	0.42	16884	1733.37	13.84	833	79.47	2.07	24612	2354.70	6.08
	高	3924	334.12	5.49	518	49.08	0.30	24223	2486.81	19.86	452	43.12	1.13	29142	2788.10	7.20
2010	低	4152	428.96	6.04	46693	4444.17	27.92	15850	1493.02	11.89	2437	234.65	5.60	54088	6212.69	15.62
	较低	13858	1431.71	20.17	101609	9670.99	60.76	42180	3973.21	31.63	7777	748.81	17.87	176673	20293.13	51.03
	中	41000	4235.83	59.67	13902	1323.17	8.31	31037	2923.58	23.27	30658	2951.91	70.44	50173	5763.01	14.49
	较高	5469	565.02	7.96	2998	285.35	1.79	31705	2986.50	23.77	1944	187.18	4.47	37068	4257.73	10.71
	高	4231	437.12	6.16	2041	194.26	1.22	12588	1185.75	9.44	709	68.27	1.63	28231	3242.69	8.15
2014	低	59	5.52	0.07	4520	440.03	3.07	199	18.86	0.15	80	7.70	0.12	4912	464.33	1.12
	较低	11278	1055.78	13.04	55068	5361.00	37.43	49950	4733.35	37.55	11778	1133.86	17.23	129141	12207.78	29.34
	中	18903	1769.58	21.86	25939	2525.22	17.63	29762	2820.30	22.37	20656	1988.54	30.22	96223	9096.02	21.86
	较高	19098	1787.84	22.08	17379	1691.89	11.81	22767	2157.44	17.11	12971	1248.71	18.98	73095	6909.71	16.61
	高	37153	3478.04	42.96	44230	4305.90	30.06	30359	2876.87	22.82	22873	2201.97	33.46	136785	12930.37	31.08

20293.13 hm²,占银川平原总湿地面积的 51.03%,主要分布在贺兰县、平罗县、兴庆区、大武口区、惠农区、青铜峡及黄河沿岸。从不同类型湿地来看,沼泽湿地碳密度集中分布在中等级,面积为 4235.83 hm²,占沼泽湿地总面积的 59.67%,主要分布在贺兰县、平罗县、永宁县;河流湿地碳密度集中分布在较低等级,面积为 9670.99 hm²,占河流湿地总面积的 60.76%,主要分布在平罗县、青铜峡市、兴庆区、惠农区;湖泊湿地碳密度集中分布在较低等级,面积为 3973.21 hm²,占湖泊湿地总面积的 31.63%,主要分布在贺兰县、金凤区、平罗县、大武口区和惠农区;人工湿地碳密度集中分布在中等级,面积为 2951.91hm²,占人工湿地总面积的 70.44%,主要分布在平罗县、贺兰县、兴庆区。

2014 年,银川平原湿地碳密度等级分布与前 3 年不同,高等级所占比例较高,面积为 12930.37 hm²,占银川平原总湿地面积的 31.08%,主要分布在利通区、贺兰县、平罗县、兴庆区、金凤区。从不同类型湿地来看,沼泽湿地碳密度在高等级,面积为 3478.04 hm²,占沼泽湿地总面积的 42.96%,主要分布在青铜峡、兴庆区、贺兰县、平罗县、金凤区; 河流湿地碳密度集中分布在较低等级, 面积为 5361.00 hm², 占河流湿地总面积的 37.43%,主要分布在平罗、兴庆区、青铜峡;湖泊湿地碳密度在较低等级分布较多,面积为 4733.35 hm²,占湖泊湿地总面积的 3755%,主要分布在平罗县、大武口区、金凤区、大武口区;人工湿地碳密度在高等级分布较多,面积为 2201.97 hm²,占人工湿地总面积的 33.46%,主要分布在贺兰县、平罗县。

6.3.2 湿地土壤碳密度空间分布特征

4 个年份银川平原湿地土壤碳密度空间分布图显示,2000 ~ 2014 年, 银川平原不同市(县)区湿地土壤碳密度差异很大,其空间分布趋势整体上中部地区和西南部地区较高,东北部地区较低。平罗县湿地土壤碳密度最高,其次是贺兰县,最低的是西夏区。河流湿地土壤碳密度最高的是平罗县,其次是青铜峡,最低的是金凤区,这主要是因为平罗县的河流湿地面积大,金凤区河流湿地面积小;湖泊湿地土壤碳密度最高的区域是平罗县,其次是贺兰县,最低的是西夏区;沼泽湿地土壤碳密度最高的区域是平罗县,最低的是利通区;人工湿地土壤碳密度(包括库塘和水产养殖场)最高的是贺兰县,其次是永宁县,最低的是利通区。银川平原湿地土壤碳密度分布与植被生物量密切相关,且与植被生物量分布呈现相似的分布特征,植被生物量高的区域土壤碳密度也较高。

银川平原南段的青铜峡库区湿地区土壤碳密度较高,主要原因是青铜峡库区是国家级湿地自然保护区,湿地植被覆盖度较高,生物量较丰富,加之人为干扰小,有利于碳的累积。北部的平罗县、大武口区土壤碳密度较低,主要原因是该区土壤盐碱化严重,加之该区工农业活动强度较大,人类活动干扰较大,不利于有机碳的沉积。相比较而言,在人类干扰较少的黄河沿岸湿地因没有大的扰动和沙侵，土壤碳密度较高。湖泊湿地土壤碳密度显著低于沼泽湿地，其原因是湖泊湿地的情况比较复杂，加之人类干扰强度较大，影响了土壤有机质的积累。重点湿地边缘地区的土壤碳密度高于远离河湖岸边的区域，也高于湖泊中心区域和河流中心区域，受人为干扰大的区域低于其他区域。

研究表明，水分和温度是植物生长的主要限制因子以及返回土壤的主要因素。随着气候的变暖，湿地的可利用养分会增加[160]。2000 ~ 2005 年，银川平原湿地土壤碳密度逐渐减少，主要原因是降水的减少使土壤表层易被侵蚀，湿地面积显著减少，使土壤碳密度显著减少。2005 ~ 2014 年，土壤碳密度显著增加，主要原因是这一时期宁夏实施了一系列湿地恢复与保护工程，湿地面积显著增加，湿地的覆盖度增加，生物量增加，加之银川平原处于降水增加、温度上升的时期，有利于碳积累。

总体来看，银川平原湿地土壤碳密度分布格局呈现以下特征：

2000 ~ 2005 年，土壤碳密度较高等级和高等级的区域面积呈减少趋势，低碳密度等级呈现斑块状和条带状格局，表明湿地土壤碳密度在降低，碳汇能力在下降；2010~2014 年，碳密度较高等级和高等级的区域面积有所增加，碳汇能力增强。

银川平原湿地土壤碳密度等级经历了不均衡—均衡的发展过程。2000 年，土壤碳密度主要等级斑块的面积呈现不均衡；2005 年，较低等级斑块占了湿地的绝大多数面积，不均衡程度加大；相比 2005 年，2010 年低等级碳密度斑块面积减少，高等级碳密度斑块面积增加，向着均衡方向发展；到 2014 年，低等级碳密度斑块面积继续减少，高等级碳密度斑块面积继续增加，各等级斑块面积较为均衡。

2014 年，低等级碳密度斑块状和条带状分布格局基本消失，高等级碳密度斑块面积明显增加。河流湿地土壤碳密度等级分布格局变化最显著；湖泊湿地土壤碳密度等级分布格局变化较小，变化较稳定。

从空间分布来看，北部湿地土壤碳密度等级分布格局年际变化较大，中部湿地土壤碳密度等级分布格局变化较小。

6.4 土壤有机碳环境影响因子

湿地土壤碳含量变化受湿地生态系统的植物群落类型、土壤理化性质、水文过程等多种因素的影响[160]，人类活动对土壤碳含量有重要影响[161]。影响土壤有机碳的因素主要可分为自然因素和人为因素。由于银川平原地处西北内陆地区，同时又是经济活动强度大的沿黄经济区，黄河从南向北贯穿，其土壤性质、湿地成因、植被及人类活动干扰程度不同，导致土壤有机碳的特征分布呈现显著的空间分异性。因此，研究区土壤有机碳分布特征受自然因素和人为因素共同影响,自然因素包括湿地成因、植被因子、气候因子、土壤理化性质。

6.4.1 自然因素

6.4.1.1 湿地成因

银川平原湿地主要成因是黄河干流的引水灌溉,绝大部分湿地依赖于引入黄河水或通过其渠道、农田渗漏为地下水补给,以及黄河河床水流对地下水的侧向补给,环境均一性较差,导致碳蓄积的能力空间变化较大[100]。河流湿地 SOC 含量较湖泊湿地低,这和湿地成因有关。河流湿地是流体湿地,其土壤的形成不断受到黄河水泛滥改道和尾闾摆动的影响,土壤有机碳的主要来源是植物残根,在土壤中埋藏较深,其分解速率较湖泊湿地小,导致土壤的碳元素不易积累。

6.4.1.2 植被因子

植物物质生产是影响湿地土壤有机碳累积平衡的一个重要因素。植物物质生产是生态系统重要的物质基础,也是碳素的重要生物源。植物生产的有机质进入土壤后,经过一系列分解转化过程,其中的一部分以有机碳形式储存在土壤中,因此,土壤有机碳的累积状况在很大程度上取决于植物物质生产输入的数量和分布[43]。植被生物量是影响土壤表层碳含量的决定性因素[135],植被生物量对土壤有机碳含量起着决定性的作用[93,154],这也是本研究中土壤 SOC 含量均随土层深度增加而逐渐降低的主要原因。河流湿地 SOC 密度较低,主要因为河流湿地土壤的形成不断受到黄河水冲刷的影响,且河岸边植被根系不发达,生物量低,导致土壤的碳元素不易积累。沼泽湿地 SOC 密度较湖泊湿地和河流湿地高,差异显著,主要因为沼泽湿地优势种为芦苇,且覆盖度在 90%以上,沼泽湿地芦苇为高碳输入—低碳输出,具有较高的生产力,且枯落物完全返还于土壤,湿地土壤经常处于过湿的水饱和状态,抑制有机质分解[136],其土壤碳汇能力大;另一方面,大量水生植物残体沉积也可能导致沼泽湿地 SOC 密度高[137],表明植被生物量对有机碳积累影响大。在 0~40 cm 土壤中,四种不同类型湿地碳密度差异与湿地植被覆盖度有关[137~138],沼泽湿地碳密度较高,主要因为沼泽湿地中植被覆盖度较高,且植被淹水频率较高,有利于土壤碳的储存[139]。不同类型湿地土壤有机碳差异较大,可能原因在于不同类型湿地的植被生物量差异性大,使植物的光合固碳作用差异明显,且有些潮湿地区,人为干扰少,植物生物量大,枯枝落叶掉落及根系分泌基质多,促进了有机质积累。此外,湿地土壤碳储量受植被类型的植被功能性状决定了土壤中的碳输入数量和形式。同时,植被种类对有机碳的分解产生影响,植被种类决定土壤微生物的性状、活性及数量,通过影响微生物活性、数量对土壤有机碳分解产生作用。植被种类组成决定了湿地生态系统的碳储量潜力，同时影响湿地的碳汇能力。

6.4.1.3 水分条件

水分是湿地最重要的生态特征因子之一。湿地中水分条件特别是水位的变化常常是影响元素迁移、转化和累积的决定性因素。土壤有机碳的累积取决于生产与分解之间的平衡，由于湿地生态系统具有较高的生产力，因此，有机质分解的快慢往往是左右其累积状况的主要因素[142]。沼泽湿地表层土壤（0～40 cm）有机碳含量（基于 2000～2014 年的计算结果，下同）高于其他 3 种湿地，因为沼泽湿地处于季节性淹水带，土壤水分经常饱和或过饱和，厌氧还原条件抑制了有机质的分解，加之植被覆盖度高，有利于有机碳的累积[96]。一些河流湿地的河漫滩及河流阶地，土壤经常喷水，而丰水期频繁的洪泛作用使湿地维持了较长时间的淹水[143]，淹水强度较大，植被生长稠密，产生大量的根系脱落物和分泌物，土壤有机碳含量丰富。一些湖泊湿地边缘土壤处于无淹水带，土壤含水量较小，强氧化条件促进了土壤微生物对有机质的耗氧分解，加之人类的干扰较大，植物的残余较少，不利于有机碳的累积。

6.4.1.4 土壤理化性质及其营养元素的影响

湿地有机碳是其重要的结构性物质，具有良好的指示作用[144]，能够用来指示湿地碳储量[160]。湿地土壤 C、N、P 含量及生态化学计量特征直接或间接地影响湿地态系统碳汇潜力[162]，因此，湿地土壤理化性质及其营养元素是湿地有机质分解过程的重要制约因素。由表 6–8 可以看出，土壤 SOC 与土壤含水量之间呈显著正相关（$P < 0.01$），TN 与 pH 显著负相关（$P < 0.05$）。土壤有机碳与土壤中的总氮含量呈显著的正相关关系；SOC 和 TP 的相关性不显著，土壤 C/N 与 SOC 含量相关性显著，土壤 C/N 对 SOC 含量的影响较大。土壤理化性质中，土壤容重与土壤有机碳含量呈显著的负相关，表明容重越高，土壤有机碳含量越低，这与已有的研究成果相同[165]；土壤全盐和土壤 pH 值与土壤有机碳相关性不显著。

6.4.1.5 气候因子

气候因子是土壤有机碳的主要影响因子，气候因素与土壤有机碳密度有密切的相关关系[148]，主要通过温度和降水对土壤有机碳含量产生影响[98]。研究发现，陆地土壤有机碳密度一般随着降水的增加而增加；相同降水量条件下，有机碳密度随着温度的升高而降低。一般温度越低，年降水量越高，土壤有机碳积累越多。一方面，温度通过影响植物的生长来决定输入到土壤中植物残体的量，由于温度增加能促进土壤有机碳的分解，从而使得土壤有机碳密度随着温度的增加而下降[98,152]。按照全球尺度的研究结果，如果年均温度增加 1℃，土壤有机碳密度将下降 3.3%[160]。另一方面，土壤湿度

表 6-8 土壤 SOC、TN、TP 及 C/N、C/P、N/P 与环境因子的相关性分析

指标 Index	SOC	TN	TP	pH	土壤含水量（%）	全盐（g/kg）	土壤容重（g/cm³）
SOC	1	0.841**	0.199	–0.832	0.831**	–0.347	–0.615*
TN		1	0.502*	–0.325*	0.712*	–0.056	–0.043
TP			1	0.032	0.629*	–0.278**	–0.272
C/N	0.549*	0.682*	–0.712*	–0.438	0.573*	0.387*	0.484
C/P	0.674*	0.802*	0.106	–0.277	0.677*	0.297*	–0.487
N/P	0.481	0.699*	0.129	0.122	0.334	0.359	–0.006

*:表示显著相关(P<0.05),**:表示极显著相关(P<0.01)

影响微生物活性，在一定范围内，温度升高可以增强突然细胞内的酶活性，促进土壤呼吸，使储存的有机碳分解，释放 CO_2。银川平原地区温度较高，降水量少，影响了有机碳含量。

6.4.2 人为影响因素

研究区地处宁夏重点开发区沿黄经济区,城市建设、工农业污染、旅游等人类活动干扰也是影响平原湿地碳含量及碳密度的一个重要因素。人工湿地 SOC 含量较高,可能因为选取的人工湿地周边有大量农田或早期为农田,农药、化肥等的过量使用,使土壤中 N 和 P 元素富集,影响碳积累,外源物质的大量输入也会影响有机碳累积。如黄沙古渡湿地的 SOC 较其他重点湿地低,可能因为黄沙古渡湿地长期以来受到人类活动干扰弱,天然土壤有机质输入主要依赖有机残体归还量及腐殖质化程度[162]。平原中部湿地的碳含量比北部和南部湿地高,可能由于中部湿地所在地是宁夏的首府城市银川市,旅游、城市建设和工农业污染等人类活动的强度大,干扰程度大,湿地外源输入的有机质成分较大。平原北部的湿地碳密度比其他湿地低,可能因为北部湿地所在地受工业活动干扰大,沙湖的功能主要以旅游为主,加之所在地受农业活动和养殖活动干扰大,导致碳的损失率较高。

湿地生态系统是一个整体,由多种环境因子组成,这些环境因子之间相互作用,相互联系,密不可分,共同影响着湿地土壤有机碳的变化,只是每个环境因子对湿地土壤有机碳的影响强度不同,有些环境因子对土壤有机碳影响强烈,有些因子对湿地土壤有机碳影响较弱。在本研究中,统计分析的结果仅说明,某些因素相对于其他因素对有机碳的变化产生的影响更为强烈,但其他因素对有机碳变化的影响不能忽视,如气候因子的变化是一个渐变的过程,在长时间尺度上表现明显,在短时间尺度上表现不明显。因此应以系

统的观点来分析评价银川平原湿地土壤有机碳变化的影响因素。

6.5 小结

银川平原湿地土壤有机碳含量的波动范围为 3.58 ~ 6.13 g/kg，均值为 4.92 g/kg（基于 2000 ~ 2014 年的计算结果，下同），CV 为 35.53%。四类湿地有机碳含量排序为：沼泽湿地 > 人工湿地 > 湖泊湿地 > 河流湿地。河流湿地有机碳含量年际变化较大，湖泊湿地有机碳含量年际变化小，分布密度均匀，且较稳定。2000 ~ 2005 年，银川平原湿地土壤碳含量逐渐减少；2005 ~ 2014 年，土壤有机碳显著增加。银川平原南段的青铜峡库区湿地区有机碳含量较高，北部的平罗县、大武口区土壤碳含量较低。相比较而言，在人类干扰较少的黄河沿岸湿地因没有大的扰动和沙侵，有机碳含量较高。

银川平原湿地土壤碳密度的波动范围为 1954.45 ~ 3342.29 g/m^2，均值为 2668.72 g/m^2（基于 2000 ~ 2014 年的计算结果，下同），CV 为 27.39%。四种类型湿地中，有机碳密度（0 ~ 40 cm）排序为：沼泽湿地 > 湖泊湿地 > 人工湿地 > 河流湿地。不同类型湿地间的差异与有机碳含量的差异基本一致，年际变化比有机碳含量的变化小。

2000 ~ 2014 年，湿地表层土壤有机碳密度呈现先减少后增加趋势，碳汇能力增强。沼泽湿地的有机碳密度增加的最多，增加量为 1186.27g/m^2，是最主要的碳汇。湖泊湿地的有机碳密度基本保持稳定状态。2000 ~ 2005 年，四类湿地土壤有机碳密度在减少，碳汇能力下降。2005 ~ 2014 年，四类湿地土壤有机碳密度呈现增加趋势。2010 ~ 2014 年，增加幅度较大，沼泽湿地土壤碳密度增加最多。总的来说，银川平原湿地生态系统中土壤碳密度最大，其土壤碳密度约是植被碳总含量的 1.27 倍，是银川平原湿地的主要碳储存载体，在银川平原湿地碳循环中具有重要的地位和作用。不同类型湿地土壤有机碳密度的差别与有机碳含量相比较小。

银川平原湿地受黄河径流作用、植被和水盐特征的差异，并叠加人类活动干扰方式和程度的变化，使得土壤碳元素的累积过程更为复杂。湿地土壤理化性质及其营养元素直接或间接影响湿地碳密度，湿地成因和植被生物量是影响土壤碳密度的主要因素，温度和降水量是影响土壤有机碳密度的主要气候因子，不同类型湿地生物量的差异以及人类活动的干扰也影响着湿地土壤有机碳密度，旅游、城市建设、工农业活动等人类活动可导致土壤碳密度的空间变化。此外，土壤类型的差异也是影响银川平原湿地土壤有机碳密度空间差异的重要因素。

第七章　不同类型湿地碳储量及时空动态变化

7.1 湿地植被碳储量分析

7.1.1 不同类型湿地植被碳储量特征分析

银川平原不同类型湿地植被碳储量的估测结果显示(表 7-1),银川平原湿地生物量总碳储量波动范围为 $32.20\times10^4\sim59.60\times10^4$ tC，均值为 41.59×10^4 tC（14 年均值,下同),其中地上碳储量为 31.88×10^4 tC，占植被总碳储量的 76.64%；地下碳储量为 9.72×10^4 tC,占植被总碳储量的 23.36%。从四类湿地碳储量分布情况来看,河流湿地植被总碳储量波动范围为 $9.83\times10^4\sim18.86\times10^4$ tC,均值为 13.86×10^4 tC，占银川平原湿地植被碳储量的 33.33%,其中地上碳储量为 10.28×10^4 tC,地下碳储量为 3.97×10^4 tC;湖泊湿地植被碳储量波动范围为 $12.62\times10^4\sim16.26\times10^4$ tC ,均值为 14.27×10^4 tC,占银川平原湿地植被总碳储量的 34.30%，其中地上碳储量为 11.14×10^4 tC，地下碳储量为 3.13×10^4tC;沼泽湿地植被碳储量波动范围为 $5.44\times10^4\sim13.92\times10^4$ tC,均值为 8.40×10^4 tC,占银川平原湿地植被总碳储量的 20.18%,其中地上碳储量为 6.55×10^4 tC,地下碳储量为 1.84×10^4 tC;人工湿地植被碳储量波动范围为 $2.90\times10^4\sim10.55\times10^4$ tC,均值为 5.37×10^4 tC,占银川平原湿地植被总碳储量的 12.90%,其中地上碳储量为 4.18×10^4 tC,地下碳储量为 1.18×10^4 tC。

表 7-1　银川平原不同类型湿地植被碳储量

湿地类型	AGB 碳储量(10^4 tC)				BGB 碳储量(10^4 tC)				TB 碳储量(10^4 tC)			
	2000 年	2005 年	2010 年	2014 年	2000 年	2005 年	2010 年	2014 年	2000 年	2005 年	2010 年	2014 年
河流湿地	13.25	6.72	8.90	14.89	4.26	3.12	3.37	3.97	17.51	9.83	12.27	18.86
湖泊湿地	9.95	10.85	10.96	12.80	2.67	3.18	3.20	3.46	12.62	14.03	14.15	16.26
沼泽湿地	6.35	4.06	7.29	11.29	1.78	1.38	1.96	2.64	8.14	5.44	9.24	13.92
人工湿地	3.85	2.10	2.32	8.50	1.03	0.81	0.88	2.05	4.88	2.90	3.20	10.55
银川平原湿地	33.41	23.73	29.47	47.48	9.745	8.48	9.41	12.12	43.16	32.20	38.87	59.60

银川平原湿地植被地上碳储量波动范围为 $23.73 \times 10^4 \sim 47.48 \times 10^4$ tC，均值为 8.04×10^4 tC（基于 2000 ~ 2014 年的计算），地下碳储量波动范围为 $8.48 \times 10^4 \sim 12.12 \times 10^4$ tC。河流湿地植被地上碳储量波动范围为 $6.72 \times 10^4 \sim 14.89 \times 10^4$ tC；地下碳储量波动范围为 $3.12 \times 10^4 \sim 3.97 \times 10^4$ tC，均值为 3.59×10^4 tC；湖泊湿地植被地上碳储量波动范围为 $9.95 \times 10^4 \sim 12.80 \times 10^4$ tC，地下碳储量波动范围为 $2.67 \times 10^4 \sim 3.46 \times 10^4$ tC；沼泽湿地植被地上碳储量波动范围为 $4.06 \times 10^4 \sim 11.29 \times 10^4$ tC，地下碳储量波动范围为 $1.38 \times 10^4 \sim 2.64 \times 10^4$ tC，均值为 1.84×10^4 tC；人工湿地植被地上碳储量波动范围为 $2.10 \times 10^4 \sim 8.50 \times 10^4$ tC；地下碳储量波动范围为 $0.81 \times 10^4 \sim 2.05 \times 10^4$ tC，均值为 1.18×10^4 tC。

7.1.2 不同类型湿地植被碳储量的年际变化

银川平原四类湿地植被总碳储量的年际变化结果显示（表 7–2），2000 ~ 2014 年，银川平原四类湿地的植被碳储量呈波动变化，且波动变化存在差异。沼泽湿地植被总碳储量波动最大，CV 值为 22.39%；人工湿地次之，CV 值为 20.57%；湖泊湿地植被总碳储量

表 7–2　2000 ~ 2014 年银川平原湿地植被碳储量年际变化

碳储量组成	年　份	河流湿地	湖泊湿地	沼泽湿地	人工湿地	银川平原湿地
AGB 碳储量（$\times 10^4$ tC）	2000 ~ 2005	–6.54	0.90	–2.30	–1.76	–9.68
	2005 ~ 2010	2.19	0.10	3.23	0.22	5.74
	2000 ~ 2010	–4.35	1.01	0.93	–1.53	3.94
	2010 ~ 2014	5.99	1.85	4.00	6.18	18.02
	2000 ~ 2014	1.64	2.86	4.93	4.65	14.07
BGB 碳储量（$\times 10^4$ tC）	2000 ~ 2005	–1.14	0.50	–0.41	–0.22	–1.27
	2005 ~ 2010	0.25	0.02	0.58	0.08	0.93
	2000 ~ 2010	–0.89	0.52	0.17	–0.15	–0.34
	2010 ~ 2014	0.60	0.26	0.68	1.17	2.71
	2000 ~ 2014	–0.29	0.78	0.85	1.02	2.37
TB 碳储量（$\times 10^4$ tC）	2000 ~ 2005	–7.68	1.41	–2.70	–1.98	–10.95
	2005 ~ 2010	2.44	0.12	3.81	0.30	6.67
	2000 ~ 2010	–5.24	1.53	1.10	–1.68	–4.28
	2010 ~ 2014	6.59	2.11	4.68	7.35	20.73
	2000 ~ 2014	1.35	3.64	5.79	5.67	16.45

CV 值为 16.47%;河流湿地年际变化最小。总体看来,银川平原湿地植被碳储量变化趋势明显。不同类型湿地的 CV 值排序为:沼泽湿地 > 人工湿地 > 湖泊湿地 > 河流湿地。

7.1.3 湿地植被碳储量的空间变化分析

基于银川平原湿地植被碳含量空间分布图,利用 ARCGIS 10.0 的空间分析模块中重分类工具,分别对 4 个年份的湿地植被碳储量密度进行可视化表达,参照银川平原湿地生物量等级划分,应用 ARCGIS 10.0 将生成的图像划分为低、较低、中、较高、高 5 个等级,并对 5 个等级赋予不同的颜色,得到 4 个年份银川平原湿地植被碳储量密度分级图,见图 7–1。

7.1.3.1 湿地植被碳储量密度分级

根据银川平原湿地 4 个年份的植被平均碳储量密度(12.55 t/hm^2)和中国陆地植被平均碳密度[51](14.70 t/hm^2),参考前人的研究成果[165],并结合生物量等级划分,对 2000 ~ 2014 年银川平原湿地植被碳储量密度空间分布进行重分类,将植被碳储量密度划分为 5 个等级,即低(VCSD ≤5.0 t/hm^2)、较低(5.0 t/hm^2< VCSD ≤10.0 t/hm^2)、中(10.0 t/hm^2< VCSD≤15.0 t/hm^2)、较高(15.0 t/hm^2< VCSD≤20 .0 t/hm^2)、高(VCSD >20.0 t/hm^2),统计每个等级的碳储量密度像元数、面积及百分比,见表 7–3。

2000 年,银川平原湿地植被碳储量密度集中分布在中级,面积为 21097.42 hm^2,占银川平原湿地总面积的 54.93 %,主要分布在平罗县、贺兰县、兴庆区和金凤区。2005 年,银川平原湿地植被碳储量密度在较低等级分布较多,面积为 26082.14 hm^2,占银川平原总湿地面积的 67.39%,主要分布在贺兰县、平罗县、兴庆区、青铜峡及黄河沿岸湿地。2010 年,银川平原湿地植被碳储量密度主要分布在较低等级,面积为 18473.71 hm^2,占银川平原总湿地面积的 46.45%。相比 2005 年,2010 年较低等级储碳斑块面积减少,较高等级和高等级储碳斑块面积比例增加了 5.2 个百分点,主要分布在平罗县、贺兰县、金凤区和兴庆区。2014 年,银川平原湿地植被碳储量等级分布与前 3 年不同,低等级储碳斑块面积减少,较高等级储碳斑块面积显著增加,植被碳储量密度在高等级分布较多,高等级储碳斑块面积为 24172.71 hm^2,占银川平原总湿地面积的 58.10%,主要分布在贺兰县、金凤区、兴庆区、青铜峡及黄河沿岸湿地。

表 7–3　银川平原湿地植被碳储量密度（VCSD）等级统计

年　份	等　级	等级范围（t / hm²）	像元数(个)	面积（hm²）	比例（%）
2000	低	VCSD≤5.0	—	—	—
	较　低	5.0<VCSD≤10	97862	9436.26	24.57
	中	10.0<VCSD≤15.0	218798	21097.42	54.93
	较　高	15.0<VCSD≤20.0	78991	7616.64	19.83
	高	VCSD >20.0	2697	260.06	0.68
2005	低	VCSD≤5.0	25176	2408.66	6.22
	较　低	5.0<VCSD≤10	272618	26082.14	67.39
	中	10.0<VCSD≤15.0	55509	5310.70	13.72
	较　高	15.0<VCSD≤20.0	23702	2267.64	5.86
	高	VCSD >20.0	27543	2635.12	6.81
2010	低	VCSD≤5.0	79832	9169.72	23.06
	较　低	5.0<VCSD≤10	160833	18473.71	46.45
	中	10.0<VCSD≤15.0	43720	5021.80	12.63
	较　高	15.0<VCSD≤20.0	35251	4049.02	10.18
	高	VCSD >20.0	26596	3054.89	7.68
2014	低	VCSD≤5.0	173	16.35	0.04
	较　低	5.0<VCSD≤10	64105	6059.88	14.56
	中	10.0<VCSD≤15.0	71333	6743.15	16.21
	较　高	15.0<VCSD≤20.0	48832	4616.12	11.09
	高	VCSD >20.0	255713	24172.71	58.10

7.1.3.2 植被碳储量密度的空间变化特征

从图 7–1 中可以看出，银川平原各地区的湿地植被碳储量密度空间变化明显。对于同一年份，不同地区的湿地植被碳储量密度显示出了较强的差异。2000 ~ 2005 年，银川平原湿地植被碳储量密度降低，湿地呈衰减趋势，主要是由于河流湿地、人工湿地与沼泽湿地的大部分地区的植被碳储量密度偏低，而湖泊湿地的植被碳储量密度与往年基本持平。 2005 ~ 2014 年，银川平原湿地植被碳储量总体呈增加趋势。2010~2014 年，植被碳储量较高，不同地区的湿地植被碳储量变化大体一致。从具体年份来看，2000 年，银川平原湿地植被碳储量密度较高，该贡献主要来源于平罗县和贺兰县及西南部的青铜峡市，尤其是沙湖和青铜峡库区湿地植被长势较好，植被碳储量密度较大；2005年，银川平原湿地碳储量密度很低，除沙湖、星海湖、金凤区植被碳储量密度等级较高外，大面积地区植被碳储量密度明显低于其他年份水平，北部和东南部地区尤为明显；2010年，湿地植被碳储量密度较2005年有所增加，各地区趋势大体相同；2014年，银川平原湿地植被碳储量密度总体水平较高，该贡献主要来源于中部地区的银川市、贺兰县和北部地区的平罗县。这种差异表明了湿地植被碳储量密度年际变化格局的地域异质性。

银川平原湿地植被碳储量密度空间分布规律是东北部低，中部和西南部高。中部银川市的金凤区、兴庆区和贺兰县北部、石嘴山市的平罗县湿地区植被碳储量较高，高值区出现在贺兰县和银川市兴庆区的黄河沿岸以及西南部的青铜峡库区，低值区主要分布在北部的惠农区和大武口区。结果表明，银川平原湿地植被碳储量密度的稳定性自东北向西南总体呈现增加的趋势，东北部地区的湿地植被碳储量密度低且年际变异性大，而南部地区的湿地植被碳储量密度高且年际变异性小。

7.2 银川平原湿地土壤碳储量

7.2.1 不同类型湿地土壤碳储量分布特征

从表7–4可以看出，银川平原湿地土壤碳储量为106.41×10^4 t（14年均值，下同），波动范围为$75.65\times10^4\sim139.07\times10^4$ t；河流湿地土壤碳储量为35.41×10^4 t，波动范围为$23.62\times10^4\sim44.14\times10^4$ t；湖泊湿地土壤碳储量为34.13×10^4 t，波动范围为$29.62\times10^4\sim38.07\times10^4$ t；沼泽湿地土壤碳储量为21.87×10^4 t，波动范围为$12.87\times10^4\sim32.47\times10^4$ t；人工湿地土壤碳储量为12.76×10^4 t，波动范围为$6.91\times10^4\sim24.13\times10^4$ t。

表7–4　2000～2014年银川平原不同类型湿地（0～40 cm）土壤碳储量　　单位：10^4 t

湿地类型	2000年	2005年	2010年	2014年	14年平均值
河流湿地	41.15	23.62	32.74	44.14	35.41
湖泊湿地	29.62	33.00	35.84	38.07	34.13
沼泽湿地	19.11	12.87	23.03	32.47	21.87
人工湿地	11.46	6.91	8.56	24.13	12.76
银川平原湿地	101.17	75.65	109.12	139.07	106.41

7.2.2 不同类型湿地土壤碳储量年际变化分析

图7–2显示，2000～2014年银川平原沼泽湿地、河流湿地、人工湿地三类湿地土壤

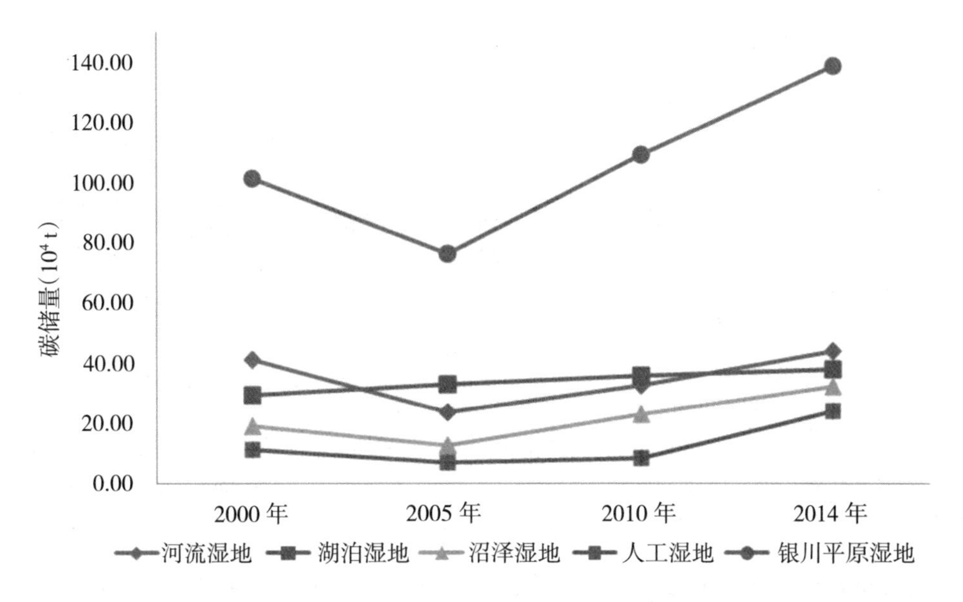

图 7-2　2000~2014 年银川平原不同类型湿地(0~40 cm)土壤碳储量变化

有机碳储量先减少后增加，呈现出碳汇集现象，湖泊湿地土壤碳储量呈现增加的变化趋势，波动幅度比较小。从整个银川平原湿地来看，土壤碳储量呈先减少后增加的变化趋势，2005 年土壤碳储量最低。

图 7-3 显示，2000 ~ 2014 年银川平原湿地土壤表层有机碳储量增加了 37.48×10^4 t。从不同阶段来看，2000 ~ 2005 年，河流、沼泽、人工湿地土壤有机碳储量均有所减少，呈现出碳损失现象。河流湿地土壤碳储量减少幅度最大，减少量为 17.53×10^4 t；其次是沼泽湿地，减少量为 6.24×10^4 t；人工湿地减少了 4.55×10^4 t。湖泊湿地碳储量呈增加趋势，增加了 3.38×10^4 t。从具体阶段来看，2000 ~ 2005 年，银川平原湿地碳储量呈减少趋势，主要是由于河流、沼泽、人工湿地三类湿地碳储量减少引起的；2005 ~ 2010 年，银川平原湿地碳储量增加，主要是沼泽湿地和人工湿地碳储量增加所做的贡献。2000 ~ 2014 年 14 年间，银川平原四类湿地土壤有机碳储量呈增加趋势，增加幅度较大，其中人工湿地土壤碳储量增加最多，增加了 15.57×10^4 t，是最主要的碳汇，湿地的有机碳储量增加与湿地面积变化有显著关系。整体来看，2000 ~ 2014 年，银川平原湿地碳储量呈先减少后增加的变化趋势，整体上是增加的。其中，河流湿地、沼泽湿地、人工湿地三种类型湿地土壤碳储量与银川平原湿地变化趋势一致，呈先减少后增加变化趋势，沼泽湿地的土壤碳储量增加的最多，增加量为 13.36×10^4 t，年均增加 0.95×10^4 t，年均增加量最大；河流湿地年均增加 0.21×10^4 t，增加量最小。湖泊湿地呈现增加的变化趋势，整体上是增加的，增加了 8.45×10^4 t。

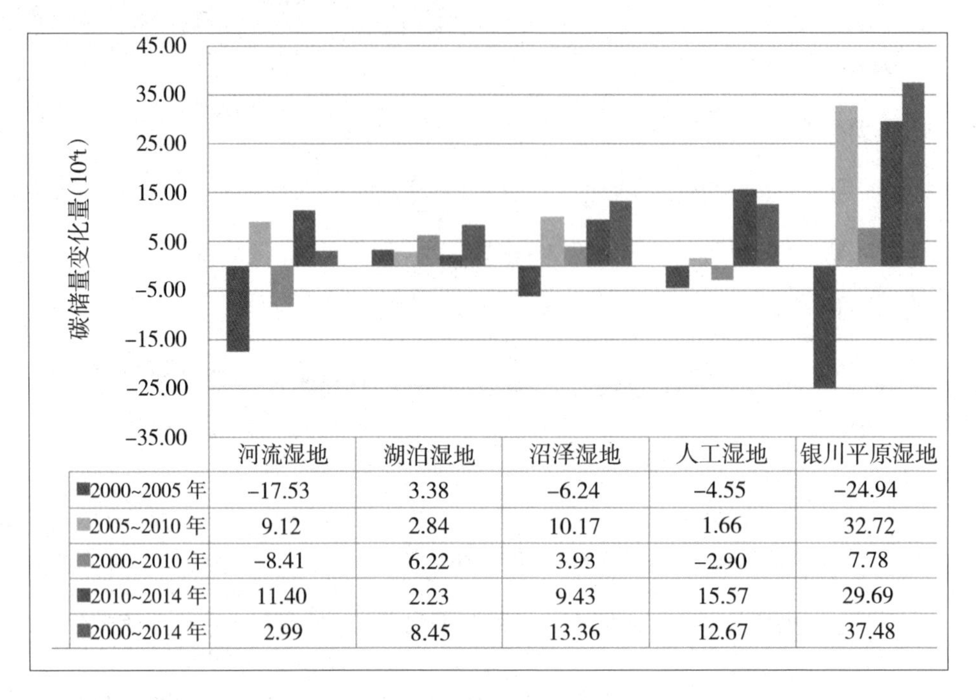

	河流湿地	湖泊湿地	沼泽湿地	人工湿地	银川平原湿地
2000~2005 年	-17.53	3.38	-6.24	-4.55	-24.94
2005~2010 年	9.12	2.84	10.17	1.66	32.72
2000~2010 年	-8.41	6.22	3.93	-2.90	7.78
2010~2014 年	11.40	2.23	9.43	15.57	29.69
2000~2014 年	2.99	8.45	13.36	12.67	37.48

图 7-3　2000~2014 年银川平原不同类型湿地土壤(0~40 cm)碳储量变化

7.2.3 不同类型湿地土壤碳储量空间变化分析

为了研究银川平原湿地土壤碳储量水平方向分布特征，利用 ARCGIS 10.0 空间分析模块中的重分类工具，分别对 4 个年份的湿地土壤碳储量密度进行可视化表达，应用 ARCGIS 10.0 将生成的图像划分为低、较低、中、较高、高 5 个等级，并对 5 个等级赋予不同的颜色，得到 4 个年份银川平原湿地土壤碳储量密度分级图，见图 7-4。

7.2.3.1 湿地土壤碳储量密度分级

根据银川平原湿地 4 个年份的土壤平均碳储量密度（26.69 t/hm^2）和宁夏引黄灌区土壤平均碳密度 [164]（21.44 t/hm^2），参考前人的研究成果 [165]，并结合生物量等级划分，对 2000 ~ 2014 年银川平原湿地土壤碳储量密度空间分布进行重分类，将土壤碳储量密度划分为 5 个等级，即低（SCSD≤10.0 t/hm^2）、较低（10.0 t/hm^2< SCSD≤20.0 t/hm^2）、中（20.0 t/hm^2< SCSD≤30.0 t/hm^2）、较高（30.0 t/hm^2< SCSD≤40.0 t/hm^2）、高（SCSD >40.0 t/hm^2），统计湿地每个等级的碳储量密度分布范围、像元数、面积及百分比，见表 7-5。

2000 年，银川平原湿地土壤碳储量密度在中级分布较多，面积为 22196.08 hm^2，占银川平原湿地总面积的 57.79%，主要分布在贺兰县、兴庆区和金凤区。2005 年，湿地土壤碳储量密度在较低等级分布较多，面积为 25186.26 hm^2，占银川平原湿地总面积的 65.07%，主要分布在平罗县、大武口区、金凤区和兴庆区及黄河沿岸湿地区。2010 年，湿地土壤碳储量密度在较低等级分布较多，面积为 20293.13 hm²，占银川平原湿地总面积的 51.03%。相比 2005 年，2010 年湿地土壤碳储量密度较低等级储碳斑块面积较少，较高等级和高等级储碳斑块面积比例增加了 5.6 个百分点，主要分布在贺兰县、兴庆区、平罗县和惠农区的黄河沿岸。2014 年，湿地土壤碳储量等级分布与前 3 年不同，低等级储碳斑块面积减少，较高等级和高等级储碳斑块面积显著增加，土壤碳储量密度在高等级分布较多，高等级储碳斑块面积为 12930.37 hm²，占银川平原湿地总面积的 31.08%，主要分布在平罗县、贺兰县、兴庆区、永宁县及黄河沿岸湿地区。

表 7–5　银川平原湿地土壤碳储量密度（SCSD）等级统计

年　份	等　级	等级范围（t / hm²）	像元数（个）	面积（hm²）	比例（%）
2000	低	SCSD≤10.0	—	—	—
	较　低	10.0<SCSD≤20.0	46391	4473.21	11.65
	中	20.0<SCSD≤30.0	230192	22196.08	57.79
	较　高	30.0<SCSD≤40.0	114278	11019.16	28.69
	高	SCD >40.0	7487	721.93	1.88
2005	低	SCSD≤10.0	12301	1176.87	3.04
	较　低	10.0<SCSD≤20.0	263254	25186.26	65.07
	中	20.0<SCSD≤30.0	75240	7198.42	18.60
	较　高	30.0<SCSD≤40.0	24612	2354.70	6.08
	高	SCD >40.0	29142	2788.10	7.20
2010	低	SCSD≤10.0	54088	6212.69	15.62
	较　低	10.0<SCSD≤20.0	176673	20293.13	51.03
	中	20.0<SCSD≤30.0	50173	5763.01	14.49
	较　高	30.0<SCSD≤40.0	37068	4257.73	10.71
	高	SCD >40.0	28231	3242.69	8.15
2014	低	SCSD≤10.0	4912	464.33	1.12
	较　低	10.0<SCSD≤20.0	129141	12207.78	29.34
	中	20.0<SCSD≤30.0	96223	9096.02	21.86
	较　高	30.0<SCSD≤40.0	73095	6909.71	16.61
	高	SCD >40.0	136785	12930.37	31.08

7.2.3.2 湿地土壤碳储量空间分布特征

4 个年份银川平原湿地土壤碳储量密度空间分布图显示，2000 ~ 2014 年，银川平原不同市（县）区湿地土壤碳储量密度差异很大，其空间分布趋势整体上中部地区和西南部地区较高，东北部地区较低。平罗县湿地土壤碳储量密度最高，其次是贺兰县，最低的是西夏区。河流湿地土壤碳储量密度最高的是平罗县，其次是青铜峡，最低的是金凤区，这主要是因为平罗县的河流湿地面积大，金凤区河流湿地面积小。湖泊湿地土壤碳储量密度最高的区域是平罗县，其次是贺兰县，最低的是西夏区。沼泽湿地土壤碳储量密度最高的区域是平罗县，最低的是利通区。人工湿地土壤碳储量密度（包括库塘和水产养殖场）最高的区域是贺兰县，其次是永宁县，最低的是利通区。银川平原湿地土壤碳储量密度分布与植被生物量密切相关，植被生物量高的区域土壤碳储量密度也较高，与植被生物量分布呈现相似的分布特征。

7.3 银川平原湿地总碳储量时空动态变化

7.3.1 不同类型湿地碳储量的特征分析

将银川平原及四种类型湿地的植被碳储量和土壤碳储量分别叠加得到各类型湿地的总碳储量（表 7–6 ）。

由表 7–6 可以得到，银川平原湿地总碳储量为 150.37×10^4 t（14 年平均值，下同），四种湿地的生态系统碳储量存在较大的差异性。河流、湖泊、沼泽、人工湿地多年平均碳储量依次为 50.03×10^4 t、48.40×10^4 t、28.41×10^4 t、18.15×10^4 t。碳储量大小排序为：河流湿地 > 湖泊湿地 > 沼泽湿地 > 人工湿地。沼泽湿地与河流湿地和湖泊湿地之间存在着显著的差异性（$p<0.05$），河流湿地和湖泊湿地之间并未表现出显著的差异性。河流湿地碳储量最高，占银川平原湿地总碳储量的 34.43%，主要原因是河流湿地的面积大，占到整个湿地面积的 40.76%；人工湿地面积最少，占整个湿地面积的 11.58%。单位面积总碳储量多年平均值分别为：河流湿地 31.93 t/hm²，湖泊湿地 42.49 t/hm²，沼泽湿地 45.02 t/hm²，人工湿地 38.92 t/hm²，四种类型湿地的单位面积碳储量大小排序为：沼泽湿地 > 湖泊湿地 > 人工湿地 > 河流湿地。主要原因是沼泽湿地植被覆盖度高，其有机碳储量密度最大；而河流湿地为流态湿地，以水面为主，其植物量相对较少，所以河流湿地有机碳储量最少。

7.3.2 不同类型湿地总碳储量的分配格局

表 7–7 显示，银川平原四种类型湿地总碳储量的分配格局既存在着共同特征，也存在着差异性。四种湿地的生态系统碳储量均以土壤碳储量占绝对优势地位（70.06% ~ 72.15%），植被碳储量占次要地位（27.85% ~ 29.83%）。2000 ~ 2014 年，四种湿地的碳储量

表 7-6　2000～2014 年银川平原不同类型湿地碳储量　　单位:10^4 t

类　型	组　成	2000 年	2005 年	2010 年	2014 年
河流湿地	植被碳储量	17.51	9.83	12.27	18.86
	土壤碳储量	41.15	23.62	32.74	44.14
	总碳储量	58.66	33.45	45.01	63.00
湖泊湿地	植被碳储量	12.62	14.03	14.15	16.26
	土壤碳储量	29.62	33.45	35.84	38.07
	总碳储量	42.24	47.03	49.99	54.33
沼泽湿地	植被碳储量	8.14	5.44	9.24	13.92
	土壤碳储量	19.11	12.87	23.03	32.47
	总碳储量	27.25	18.31	32.27	46.39
人工湿地	植被碳储量	4.88	2.9	3.20	10.55
	土壤碳储量	11.46	6.91	8.56	24.13
	总碳储量	16.34	9.81	11.76	34.68
银川平原湿地	植被碳储量	43.01	31.88	42.12	59.44
	土壤碳储量	101.17	75.65	109.12	139.07
	总碳储量	144.18	107.53	151.24	198.51

随着时间的变化,其分配格局有所变化,土壤碳储量比重在降低,植被碳储量比重在增大，但仍以土壤碳储量占优势地位（69.58%～70.06%），植被碳储量仍占次要地位(29.93%～30.42%)。表明银川平原湿地碳储量由以积累土壤碳方式将碳储存在土壤中为主,转变为以积累土壤碳和以积累植被生物量两种方式储存碳。从四种湿地碳储量分配格局来看,沼泽湿地总碳储量分配格局相近,土壤碳储量的优势地位(70.32%)进一步下降,土壤碳储量占总碳储量的比重降至 69.99%,植被碳储量的地位却进一步提升,植被碳储量占总碳储量的比重由 29.68%升至 30.01%,变化了 0.33 个百分点。人工湿地土壤碳储量的优势地位(70.64%)有所降低(69.58%),植被碳储量的地位(29.36%)有所上升(30.42%),变化了 0.06 个百分点,在四种湿地中碳储量分配变化量最小。河流湿地土壤碳储量的优势地位(70.63%)有所降低(70.06%),植被碳储量的地位(29.37%)有所上升(29.94%),变化了近 0.57 个百分点。湖泊湿地土壤碳储量的优势地位(70.17%)有所降低(66.89%),植被碳储量的地位(29.83%)有所上升(33.11 %),变化了 3.82 个百分点,在

四种湿地中碳储量分配变化量最大。这表明河流、湖泊、沼泽、人工湿地在碳储量分配格局方面存在着差异性，各类型湿地发挥碳汇功能的方式也有所不同。

表 7–7　银川平原不同类型湿地总碳储量的分配格局　　单位:%

湿地类型	组　成	2000 年	2005 年	2010 年	2014 年
河流湿地	植被碳储量	29.85	29.39	27.26	29.94
	土壤碳储量	70.15	70.61	72.74	70.06
	总碳储量	100.00	100.00	100.00	100.00
湖泊湿地	植被碳储量	29.88	29.83	28.31	29.93
	土壤碳储量	70.12	70.17	71.69	70.07
	总碳储量	100.00	100.00	100.00	100.00
沼泽湿地	植被碳储量	29.87	29.71	28.63	30.01
	土壤碳储量	70.13	70.29	71.37	69.99
	总碳储量	100.00	100.00	100.00	100.00
人工湿地	植被碳储量	29.87	29.56	27.21	30.42
	土壤碳储量	70.13	70.44	72.79	69.58
	总碳储量	100.00	100.00	100.00	100.00
银川平原总湿地	植被碳储量	29.83	29.65	27.85	29.94
	土壤碳储量	70.17	70.35	72.15	70.06
	总碳储量	100.00	100.00	100.00	100.00

7.3.3 不同类型湿地碳储量的年际变化

表 7–8 显示，2000 ~ 2014 年 14 年间，银川平原湿地总碳储量增加了 54.33×10^4 t，年均增加 3.88×10^4 t，植被碳储量增加了 16.43×10^4 t，年均增加 1.17×10^4 t；土壤碳储量增加了 37.90×10^4 t，年均增加 2.71×10^4 t，土壤碳储量年均增加量较植被碳储量多 1.54×10^4 t。主要原因是这 14 年国家西部大开发政策的影响和对湿地科普知识的普及，以及宁夏湿地恢复与重建工程的实施，使银川平原湿地总面积呈增加趋势，湿地植被覆盖度增加，湿地恢复保护效果显著。

从不同类型湿地来看，河流湿地总碳储量增加了 4.34×10^4 t，年均增加 0.31×10^4 t；湖泊湿地总碳储量增加了 12.09×10^4 t，年均增加 0.86×10^4 t；沼泽湿地增加了 19.14×10^4 t，年均增加 0.61×10^4 t；人工湿地（包括库塘和水产养殖场）总碳储量增加了 $18.34\times$

10^4 t，年均增加 1.31×10^4 t。四类湿地中，总碳储量年均增加量排序为：人工湿地 > 湖泊湿地 > 沼泽湿地 > 河流湿地；植被碳储量年均增加量排序为：沼泽湿地 > 湖泊湿地 > 人工湿地 > 河流湿地；土壤碳储量年均增加量排序为：人工湿地 > 湖泊湿地 > 河流湿地 > 沼泽湿地。植被碳储量、土壤碳储量与总碳储量的变化量基本一致。

从 2000～2014 年变化过程来看，银川平原湿地碳储量经历了先减少后增加的过程，其四类湿地在每个阶段碳储量变化差异性很大。2000～2005 年，银川平原湿地的碳储量在减少，减少了 36.65×10^4 t，年均减少 7.32×10^4 t；土壤碳储量的减少量大于植被碳储量。但是湖泊湿地的碳储量有所增加，增加了 4.79×10^4 t，年均增加 0.89×10^4 t。2005～2014 年，银川平原湿地的碳储量增加了 90.98×10^4 t，主要是河流湿地和沼泽湿地的碳储量增加所做的贡献，其碳储量分别增加了 29.55×10^4 t 和 28.08×10^4 t，年均分别增加 2.0×10^4 t 和 1.78×10^4 t。2000～2014 年，四类湿地的碳储量均有所增加，碳储量增加量排序为：沼泽湿地 > 人工湿地 > 湖泊湿地 > 河流湿地。

表 7-8　2000～2014 年银川平原不同类型湿地碳储量年际变化量　　单位：10^4 t

类　型	碳储量	2000～2005 年	2005～2010 年	2000～2010 年	2010～2014 年	2005～2014 年	2000～2014 年
河流湿地	植被碳储量	−7.68	2.44	−5.24	6.59	9.03	1.35
	土壤碳储量	−17.53	9.12	−8.41	11.40	20.52	2.99
	总碳储量	−25.21	11.56	−13.65	17.99	29.55	4.34
湖泊湿地	植被碳储量	1.41	0.12	1.53	2.11	2.23	3.64
	土壤碳储量	3.38	2.84	6.22	2.23	5.07	8.45
	总碳储量	4.79	2.96	7.75	4.34	7.30	12.09
沼泽湿地	植被碳储量	−2.70	3.80	1.10	4.68	8.48	5.78
	土壤碳储量	−6.24	10.16	3.92	9.44	19.6	13.36
	总碳储量	−8.94	13.96	5.02	14.12	28.08	19.14
人工湿地	植被碳储量	−1.98	0.30	−1.68	7.35	7.65	5.67
	土壤碳储量	−4.55	1.65	−2.90	15.57	17.22	12.67
	总碳储量	−6.53	1.95	−4.58	22.92	24.87	18.34
银川平原湿地	植被碳储量	−11.13	10.24	−0.89	17.32	27.56	16.43
	土壤碳储量	−25.52	33.47	7.95	29.95	63.42	37.90
	总碳储量	−36.65	43.71	7.06	47.27	90.98	54.33

7.3.4 重点湿地碳储量特征

2000 ~ 2014 年,7 个重点湿地总碳储量多年平均值的波动范围为 46.10×10^4 ~ 86.06×10^4 t(14 年均值),见表 7-9。2000 年,7 个重点湿地的总碳储量波动范围为 1.86×10^4 ~ 13.64×10^4 t,总碳储量为 55.31×10^4 t,占银川平原湿地总碳储量的 38.36%。总碳储量大小排序为:青铜峡库区 > 吴忠黄河湿地 > 沙湖 > 星海湖 > 黄沙古渡 > 阅海 > 鸣翠湖。植被碳储量波动范围为 0.62×10^4 ~ 4.49×10^4 t,植被碳储量总量 18.21×10^4 t,占银川平原湿地植被碳储量的 42.34%。青铜峡库区碳储量最大,为 4.49×10^4 t;鸣翠湖碳储量最小,为 0.62×10^4 t。土壤碳储量波动范围为 1.25×10^4 ~ 9.15×10^4 t,土壤碳储量总量 37.10×10^4 t,占银川平原湿地土壤碳储量的 36.70%。青铜峡库区土壤碳储量最大,为 9.15×10^4 t;鸣翠湖土壤碳储量最小,为 1.25×10^4 t。植被碳储量和土壤碳储量的变化基本一致。

2005 年,7 个重点湿地的总碳储量波动范围为 2.05×10^4 ~ 10.16×10^4 t,总碳储量为 46.10×10^4 t,占银川平原湿地总碳储量的 42.87%。总碳储量大小排序为:阅海 > 星海湖 > 青铜峡库区 > 沙湖 > 吴忠黄河湿地 > 黄沙古渡 > 鸣翠湖。植被碳储量波动范围为 0.67×10^4 ~ 3.38×10^4 t,植被碳储量总量 15.03×10^4 t,占银川平原湿地植被碳储量的 47.14%。阅海碳储量最大,为 3.38×10^4 t;鸣翠湖碳储量最小,为 0.67×10^4 t。土壤碳储量波动范围为 1.38×10^4 ~ 6.78×10^4 t,土壤碳储量总量 31.07×10^4 t,占银川平原湿地土壤碳储量的 41.07%。阅海土壤碳储量最大,为 6.78×10^4 t;鸣翠湖土壤碳储量最小,为 1.38×10^4 t。

2010 年,7 个重点湿地的总碳储量波动范围为 0.72×10^4 ~ 21.51×10^4 t,总碳储量为 76.87×10^4 t,占银川平原湿地总碳储量的 50.82%。总碳储量大小排序为:沙湖 > 星海湖 > 青铜峡库区 > 阅海 > 吴忠黄河湿地 > 黄沙古渡 > 鸣翠湖。植被碳储量波动范围为 0.23×10^4 ~ 7.11×10^4 t,植被碳储量总量 25.20×10^4 t,占银川平原湿地植被碳储量的 59.82%。沙湖碳储量最大,为 7.11×10^4 t;鸣翠湖碳储量最小,为 0.23×10^4 t。土壤碳储量波动范围为 0.49×10^4 ~ 14.40×10^4 t,土壤碳储量总量 51.67×10^4 t,占银川平原湿地土壤碳储量的 50.82%。沙湖土壤碳储量最大,为 14.40×10^4 t;鸣翠湖的土壤碳储量最小,为 0.49×10^4 t。

2014 年,7 个重点湿地的总碳储量波动范围为 3.40×10^4 ~ 25.01×10^4 t,总碳储量为 86.06×10^4 t,占银川平原湿地总碳储量的 43.35%。总碳储量大小排序为:青铜峡库区 > 吴忠黄河湿地 > 沙湖 > 星海湖 > 阅海 > 黄沙古渡 > 鸣翠湖。植被碳储量波动范围为 1.14×10^4 ~ 8.32×10^4 t,植被碳储量总量 28.48×10^4 t,占银川平原湿地植被碳储量的

表 7-9　2000 ~ 2014 年银川平原重点湿地碳储量　　单位：10^4 t

重点湿地		星海湖国家湿地公园	阅海国家湿地公园	鸣翠湖国家湿地公园	黄沙古渡国家湿地公园	吴忠黄河国家湿地公园	沙湖自然保护区	青铜峡库区湿然保护区	合　计
2000年	植被碳储量	2.33	1.85	0.62	1.93	3.80	3.19	4.49	18.21
	土壤碳储量	4.71	3.75	1.25	3.96	7.83	6.44	9.15	37.10
	总碳储量	7.04	5.60	1.86	5.89	11.64	9.63	13.64	55.31
2005年	植被碳储量	3.01	3.38	0.67	0.96	2.21	2.27	2.52	15.03
	土壤碳储量	6.10	6.78	1.38	2.04	4.63	4.80	5.34	31.07
	总碳储量	9.11	10.16	2.05	3.00	6.85	7.07	7.87	46.10
2010年	植被碳储量	5.48	3.74	0.23	1.34	3.44	7.11	3.85	25.20
	土壤碳储量	11.10	7.58	0.49	2.81	7.23	14.40	8.06	51.67
	总碳储量	16.58	11.32	0.72	4.15	10.67	21.51	11.91	76.87
2014年	植被碳储量	3.18	2.91	1.14	1.28	7.24	4.41	8.32	28.48
	土壤碳储量	6.54	5.93	2.26	2.62	14.54	9.01	16.68	57.59
	总碳储量	9.72	8.84	3.40	3.91	21.77	13.42	25.01	86.06

47.91%。青铜峡库区植被碳储量最大，为 8.32×10^4 t；鸣翠湖碳储量最小，为 1.14×10^4 t。土壤碳储量波动范围为 2.62×10^4 ~ 16.68×10^4 t，土壤碳储量总量 57.59×10^4 t，占银川平原湿地土壤碳储量的 28.76%；青铜峡库区土壤碳储量最大，为 16.68×10^4 t；鸣翠湖土壤碳储量最小，为 2.26×10^4 t。植被碳储量和土壤碳储量的变化基本一致。

2000 ~ 2014 年，7 个重点湿地的碳储量经历了先减少后增加的变化过程，整体上呈增加趋势，增加了 30.75×10^4 t，占银川平原湿地同时间段碳储量增加量的 56.61%（表 7-10）。2000~2005 年，7 个重点湿地碳储量呈减少趋势，总计减少了 9.21×10^4 t，年均减少 1.84×10^4 t，占银川平原湿地同期碳储量减少量的 25.13%。其中青铜峡库区减少的最多，为 5.78×10^4 t，年均减少 1.15×10^4 t；星海湖、阅海、鸣翠湖的碳储量在增加；土壤碳储量减少的幅度大于植被碳储量。

2005~2010 年，7 个重点湿地碳储量呈增加趋势，总计增加了 30.77×10^4 t，年均增加 6.15×10^4 t，占银川平原湿地同期碳储量增加量的 70.40%。其中沙湖增加量最多，其次为青铜峡库区和吴忠黄河湿地，鸣翠湖的碳储量略有减少。

2010~2014 年，7 个重点湿地碳储量呈增加趋势，总计增加了 9.20×10^4 t，占银川平原湿地同期碳储量增加量的 19.46%，年均增加 2.20×10^4 t。其中青铜峡库区增加量最多，吴忠黄河湿地和鸣翠湖增加量均较大。

植被碳储量和土壤碳储量的变化基本一致，说明重点湿地碳储量及其各组分变化与银川平原湿地生态系统的变化一致。

2000 年、2014 年，7 个重点湿地的总碳储量分别占同期银川平原湿地碳储量的 28.44%和 35.88%，植被碳储量分别占同期银川平原湿地植被碳储量的 35.69%和 52.56%，土壤碳储量分别占同期银川平原湿地土壤碳储量的 25.35%和 28.76%，说明重点湿地对银川平原湿地的碳储量贡献较大。

表 7-10　2000～2014 年银川平原重点湿地碳储量变化量　　单位：10^4 t

重点湿地		星海湖国家湿地公园	阅海国家湿地公园	鸣翠湖国家湿地公园	黄沙古渡国家湿地公园	吴忠黄河国家湿地公园	沙湖自然保护区	青铜峡库区湿地自然保护区	平均变化量
2000~2005 年	植被碳储量	0.68	1.52	0.06	−0.97	−1.59	−0.92	−1.97	−0.64
	土壤碳储量	1.38	3.03	0.13	−1.92	−3.20	−1.64	−3.81	−1.21
	总碳储量	2.07	4.55	0.19	−2.90	−4.79	−2.56	−5.78	−1.84
2005~2010 年	植被碳储量	2.47	0.37	−0.44	0.38	1.22	4.84	1.33	2.03
	土壤碳储量	5.00	0.80	−0.89	0.77	2.60	9.60	2.72	4.12
	总碳储量	7.47	1.17	−1.33	1.15	3.82	14.44	4.05	6.15
2010~2014 年	植被碳储量	−2.30	−0.84	0.90	−0.06	3.80	−2.71	4.47	0.82
	土壤碳储量	−4.57	−1.65	1.77	−0.18	7.30	−5.38	8.62	1.48
	总碳储量	−6.86	−2.48	2.68	−0.24	11.10	−8.09	13.09	2.30
2000~2014 年	植被碳储量	0.85	1.06	0.52	−0.65	3.43	1.22	3.83	0.73
	土壤碳储量	1.82	2.18	1.02	−1.34	6.70	2.57	7.53	1.46
	总碳储量	2.67	3.24	1.54	−1.99	10.14	3.79	11.37	2.20
平均值		0.19	0.23	0.11	−0.14	0.72	0.27	0.81	

7.3.5 不同类型湿地碳储量的空间分布格局

7.3.5.1 湿地碳储量密度分级

根据银川平原湿地 4 个年份的平均碳储量密度（39.24 t/hm^2）和中国陆地生态系统平均碳储量密度[95]（91.70 t/hm^2），并结合植被和土壤碳储量密度等级划分，对 2000～2014 年银川平原湿地总碳储量密度空间分布进行重分类，将总碳储量密度（TCSD）划分为 5 个等级，即低（TCSD≤20.0 t/hm^2）、较低（20.0 t/hm^2<TCSD≤30.0 t/hm^2）、中（30.0 t/hm^2<TCSD≤40.0 t/hm^2）、较高（40.0 t/hm^2<TCSD≤50.0 t/hm^2）、高（TCSD >50.0 t/hm^2），统计湿地每个等级的碳储量密度分布范围、像元数、面积及百分比，见表 7-11。

2000 年，湖泊、沼泽、人工湿地储碳格局呈块状格局分布，但斑块较小，尤其是高等

表 7-11　2000～2014 年银川平原不同类型湿地碳储量密度分级（这张表数据不全）

年份	分级	沼泽湿地			河流湿地			湖泊湿地			人工湿地			银川平原湿地		
		像元数（个）	面积（hm^2）	比例（%）	像元数（个）	面积（hm^2）	比例（%）	像元数（个）	面积（hm^2）	比例（%）	像元数（个）	面积（hm^2）	比例（%）	像元数（个）	面积（hm^2）	比例（%）
2000	低	878	90.15	1.33	—	—	—	556	53.73	0.55	184	17.86	0.48	2515	242.51	0.63
	较低	4728	485.47	7.18	5071	488.36	2.70	2654	256.45	2.62	750	72.81	1.95	60030	5788.34	15.07
	中	15901	1632.72	24.13	109051	10502.16	58.01	20780	2007.94	20.50	7639	741.61	19.81	160676	15493.05	40.34
	较高	27269	2799.98	41.38	61167	5890.69	32.54	44834	4332.24	44.22	18220	1768.84	47.26	119418	11514.78	29.98
	高	17118	1757.68	25.98	12697	1222.79	6.75	32554	3145.64	32.11	11762	1141.88	30.51	55709	5371.69	13.99
2005	低	9289	790.95	13.00	87137	8256.45	50.75	20045	2057.90	16.44	7850	748.80	19.55	112551	10768.07	27.82
	较低	31005	2640.06	43.40	76684	7266.00	44.66	9946	1021.10	8.16	21360	2037.50	53.18	171318	16390.48	42.35
	中	17912	1525.20	25.07	6189	586.42	3.60	36686	3766.33	30.08	8967	855.35	22.33	57033	5456.51	14.10
	较高	6040	514.30	8.45	832	78.83	0.48	12594	1292.95	10.33	1176	112.18	2.93	19583	1873.56	4.84
	高	7193	612.48	10.07	858	81.30	0.50	42690	4382.72	35.00	809	77.17	2.01	44064	4215.73	10.89
2010	低	11778	718.40	17.14	89759	8543.21	53.67	24104	2270.49	18.07	6452	621.26	14.82	110101	12646.50	31.80
	较低	34775	2121.12	50.61	59847	5696.20	35.78	31865	3001.54	23.89	27583	2655.95	63.37	124672	14320.16	36.01
	中	9522	580.80	13.86	10611	1009.95	6.34	18976	1787.45	14.23	5562	535.56	12.78	33648	3864.90	9.72
	较高	5622	342.92	8.18	3519	334.94	2.10	22087	2080.50	16.56	2188	210.68	5.03	26990	3100.14	7.80
	高	7013	427.76	10.21	3506	333.70	2.10	36329	3422.03	27.24	1740	167.54	4.00	50822	5837.55	14.68
2014	低	251	23.50	0.29	36445	3548.00	24.77	1729	163.85	1.30	211	20.31	0.31	39199	3705.51	8.91
	较低	6887	644.75	7.96	18843	1834.41	12.81	39129	3708.01	29.41	3840	369.69	5.62	69050	6527.34	15.69
	中	8106	758.87	9.37	8911	867.50	6.06	15126	1433.40	11.37	14951	1439.39	21.87	47451	4485.57	10.78
	较高	10900	1020.43	12.60	16075	1564.94	10.93	17653	1672.87	13.27	10398	1001.06	15.21	55617	5257.51	12.64
	高	60346	5649.46	69.77	66862	6509.16	45.44	59399	5628.88	44.65	38957	3750.55	56.99	228840	21632.38	51.99

级储碳斑块只占银川平原湿地总面积的 13.11%，且呈破碎状态镶嵌在低等级斑块中。银川平原湿地总碳储量主要集中在中级，面积为 15493.05 hm^2，占银川平原湿地总面积的 40.34 %，主要分布在贺兰县、大武口区、平罗县、兴庆区、金凤区及黄河沿岸湿地区。从不同类型湿地来看，沼泽湿地碳储量集中分布在较高等级，面积为 2799.98 hm^2，占沼泽湿地总面积的 41.38%，占银川平原湿地总面积的 6.85%，主要分布在贺兰县、平罗县和兴庆区；河流湿地碳储量集中分布在中级，面积为 10502.16 hm^2，占河流湿地总面积的 58.01%，占银川平原湿地总面积的 27.38%，主要分布在平罗县、灵武市、兴庆区，河流湿地碳格局在青铜峡和平罗县的等级较高，呈条带状格局；湖泊湿地碳储量集中分布在较高等级，面积为 4332.24 hm^2，占湖泊湿地总面积的 44.22%，占银川平原湿地总面积的 11.25%，主要分布在平罗县、金凤区和大武口区；人工湿地碳储量集中分布在较高等级，面积为 1768.84 hm^2，占人工湿地总面积的 47.26%，占银川平原湿地总面积的 4.57%，主要分布在贺兰县和兴庆区。

2005 年，银川平原湿地碳储量集中在较低等级，面积为 16390.48 hm^2，占银川平原湿地总面积的 42.35%，主要分布在贺兰县、平罗县、金凤区和兴庆区。从不同类型湿地来看，沼泽湿地碳储量集中分布在较低等级，面积为 2640.06 hm^2，占沼泽湿地总面积的 43.40%，占银川平原湿地总面积的 7.66%，主要分布在贺兰县、平罗县、兴庆区；河流湿地的条带状格局变弱，在原来高等级碳密度的斑块中出现大量的低等级的斑块，河流湿地碳储量集中分布在低等级，面积为 8256.45 hm^2，占河流湿地总面积的 50.75%，占银川平原湿地总面积的 21.54%，分布在黄河沿岸湿地；湖泊湿地在较低等级的斑块中出现了较高等级碳密度的斑块，碳储量集中分布在较高等级，面积为 4382.72 hm^2，占湖泊湿地总面积的 35.00%，占银川平原湿地总面积的 10.55%，主要分布在贺兰县、平罗县和大武口区；人工湿地碳储量集中分布在较低等级，面积为 2037.50 hm^2，占人工湿地总面积的 53.18%，占银川平原湿地总面积的 5.28%，主要分布在平罗县、贺兰县和兴庆区。

2010 年，银川平原湿地高等级碳密度斑块增加，碳储量集中在较低等级，面积为 14320.16 hm^2，占银川平原总湿地面积的 36.01%，主要分布在贺兰县、平罗县、兴庆区、大武口区、惠农区、青铜峡及黄河沿岸。从不同类型湿地来看，沼泽湿地碳储量集中分布在较低等级，面积为 2121.12 hm^2，占沼泽湿地总面积的 50.61%，占银川平原湿地总面积的 10.04%，主要分布在贺兰县、平罗县、永宁县；河流湿地低等级条带状格局消失，碳储量集中分布在低等级，面积为 8543.21 hm^2，占河流湿地总面积的 53.67%，占银川平原湿地总面积的 25.92%，主要分布在平罗县、青铜峡市、兴庆区、惠农区；湖泊湿地碳储量集中分布在较低等级，面积为 3001.54 hm^2，占湖泊湿地总面积的 23.89%，占银川平原湿地总面积的 10.49%，主要分布在贺兰县、金凤区、平罗县、大武口区和惠农区；人工湿地碳储量集中分布在较低等级，面积为 2655.95 hm^2，占人工湿地总面积的 63.37%，占银川平原湿地总面积的 7.97%，主要分布在平罗县、贺兰县、兴庆区。

2014 年，银川平原湿地碳储量等级分布与前 3 年不同，高等级所占比例较高，面积为 21632.38 hm^2，占银川平原湿地总面积的 51.99%，主要分布在利通区、贺兰县、平罗县、兴庆区、金凤区。从不同类型湿地来看，沼泽湿地碳储量在高等级，面积为 5649.46 hm^2，占沼泽湿地总面积的 69.77%，占银川平原湿地总面积的 14.92%，主要分布在青铜峡、兴庆区、贺兰县、平罗县、金凤区；河流湿地碳储量集中分布在高等级，面积为 6509.16 hm^2，占河流湿地总面积的 45.44%，占银川平原湿地总面积的 16.53%；湖泊湿地碳储量在高等级分布较多，面积为 5628.88 hm^2，占湖泊湿地总面积的 44.65%，占银川平原湿地总面积的 14.68%，主要分布在平罗县、大武口区、金凤区、大武口区；人工湿地碳储量在高等级分布较多，面积为 3750.55 hm^2，占人工湿地总面积的 56.99%，占银川平原湿地总面积的 9.63%，主要分布在贺兰县、平罗县。

7.3.5.2 湿地碳储量空间分布特征

根据银川平原湿地 2000 年、2005 年、2010 年、2014 年 4 个年份沼泽湿地、河流湿地、湖泊湿地、人工湿地的植被碳储量密度和土壤碳储量密度空间分布图，对银川平原湿地总碳储量密度进行可视化表达，并利用 ARCGIS 10.0 的空间分析模块中重分类工具，分别对 4 个年份的湿地碳储量密度进行可视化表达，并将生成的图像划分为低、较低、中、较高、高 5 个等级，并对 5 个等级赋予不同的颜色，得到银川平原湿地碳储量密度空间分级图，见图 7-5、图 7-6、图 7-7、图 7-8、图 7-9。

2000 ~ 2014 年，银川平原不同市县区湿地碳储量差异很大，其空间分布整体上中部和西南部地区较高，东北部地区较低。平罗县湿地碳储量最高，其次是贺兰县，最低的是西夏区。河流湿地碳储量最高的是平罗县，其次是青铜峡，最低的是金凤区，主要是因为平罗县的河流湿地面积大，金凤区河流湿地面积小；湖泊湿地碳储量最高的是平罗县，其次是贺兰县，最低的是西夏区；沼泽湿地碳储量最高的是平罗县，最低的是利通区；人工湿地碳储量（包括库塘和水产养殖场）最高的是贺兰县，其次是永宁县，最低的是利通区。银川平原湿地碳储量分布与植被生物量密切相关，植被生物量高的区域总碳储量也较高，与植被生物量分布呈现相似的分布特征。

总体来看，银川平原湿地植被碳储量密度、土壤碳储量密度和总碳储量密度分布格局基本一致，均呈现以下特征：

2000 ~ 2014 年，银川平原湿地的碳储量格局变化明显，尤其是 2010 年以后，高储碳等级的斑块不断增加，是碳储量上升的表现；2000 ~ 2005 年，碳储量密度较高等级和高等级的区域面积呈减少趋势，低储碳等级呈现斑块状和条带状格局，表明湿地土壤的储碳等级在降低，湿地土壤碳储量在减少，碳汇能力在下降；2010~2014 年，碳储量较高等级和高等级的斑块面积有所增加，碳汇能力增强。

银川平原湿地碳储量等级经历了不均衡—均衡的发展过程。2000 年，碳储量主要等级斑块的面积呈现不均衡；2005 年，较低等级斑块占了湿地的绝大多数面积，不均衡程度加大；相比 2005 年，2010 年低储碳等级斑块面积减少，高储碳等级斑块面积增加，向着均衡方向发展；2014 年，低储碳等级斑块面积减少，高储碳等级斑块面积增加。

2014 年，低储碳等级的斑块状和条带状格局基本消失，低储碳等级斑块呈现明显的缩小化、破碎化。河流湿地碳储等级分布格局变化最显著，湖泊湿地碳储等级分布格局变化较小，变化较稳定。

从空间分布来看，北部湿地储碳等级分布格局年际变化较大，中部湿地储碳等级分布格局变化较小。

从景观生态学理论可知，较高储碳等级斑块的出现且面积增大，意味着其斑块更加稳定。因此，高储碳等级的斑块面积增大，意味着湿地植被生物量进一步增加的可能性增大，植被碳库和土壤碳库也将随之增加。

7.3.6.重点湿地碳储量密度空间分布特征

基于银川平原湿地植被碳储量密度和土壤碳储量密度空间分布，结合 2000 年、2005 年、2010 年、2014 年 7 个重点湿地空间分布图，分别对 2000 年和 2014 年的 7 个重点湿地碳储量密度为单位面积的碳储量即碳储量密度进行可视化表达，应用 ARCGIS 10.0 将生成的图像用自然断点法划分为 5 个等级，并对 5 个等级赋予不同的颜色，得到 7 个重点湿地碳储量密度空间分布图，见图 7-10。

根据银川平原湿地碳储量密度等级划分范围，将 7 个重点湿地碳储量密度（TCD）划分为 5 个等级，即低（TCD≤20.0 t/hm^2）、较低（20.0 t/hm^2<TCD≤30.0 t/hm^2）、中（30.0 t/hm^2<TCD≤40.0 t/hm^2）、较高（40.0 t/hm^2<TCD≤50.0 t/hm^2）、高（TCD >50.0 t/hm^2），统计湿地每个等级的碳储量密度分布范围、像元数、面积及百分比，见表 7-12。

从图 7-10 和表 7-12 可以看出，7 个重点湿地碳储量密度空间差异较大。2000 年，7 个重点湿地总碳储量密度大小排序为：沙湖 > 阅海 > 青铜峡库区 > 星海湖 > 鸣翠湖 > 吴忠黄河湿地 > 黄沙古渡；2014 年，总碳储量密度大小排序为：鸣翠湖 > 青铜峡库区 > 沙湖 > 吴忠黄河湿地 > 阅海 > 星海湖 > 黄沙古渡。两个年份碳储量大小排序反映了银川平原湿地生态系统碳储量空间变化规律是中部和西南部碳储量密度高，从东北部向西南递增的变化规律。各重点湿地碳储量空间分布特征如下：

2000 年，沙湖自然保护区的碳储量密度分布范围为 25.09 ~ 59.91 t/hm²，平均值为 46.73 t/hm²。碳储量集中分布在较高等级和高等级，面积分别为 581.55 hm² 和 579.75 hm²，比例分别为 41.4%和 41.31%。较高等级碳储量密度范围呈片状分布，低等级碳储量范围呈小斑块镶嵌在较高等级斑块中。2014 年，碳储量密度分布范围为 15.31 ~ 158.57 t/hm²，平均值为 42.57 t/hm²。碳储量在较低等级分布较多，面积为 1158.58 hm²，比例为 45.09%。其空间分布格局与 2000 年相反，较低等级碳储量密度范围呈块状分布，较高等级的斑块呈现破碎化，且镶嵌在较低等级斑块中。2000 ~ 2014 年，沙湖单位面积碳储量密度呈减少趋势，减少了 4.16 t/hm²。

2000 年，青铜峡库区湿地自然保护区碳储量密度分布范围为 22.01 ~ 81.88 t/hm²，平均值为 44.21 t/hm²。碳储量在较高等级分布较多，面积为 1081.17 hm²，比例为 44.35%；较高等级和高等级碳储量密度分布范围呈条带状。2014 年，碳储量密度分布范围为 12.63 ~ 167.52 t/hm²，平均值为 69.53 t/hm²。碳储量在高等级分布较多，面积为 1985.32 hm²，比例为 65.88%。高等级储碳斑块面积增加，碳储量密度呈条带状和块状分布，较低等级的斑块呈现破碎化镶嵌在较高等级的斑块中。2000 ~ 2014 年，青铜峡库区湿地碳储量密度呈增加趋势。

2000 年，黄沙古渡国家湿地公园碳储量密度分布范围为 27.74 ~ 57.26 t/hm²，平均值为 37.77 t/hm²。碳储量集中在中等级分布，中等级储碳斑块占比为 76.34%，面积为 940.56 hm²；2014 年，碳储量密度分布范围为 11.32 ~ 148.11 t/hm²，平均值为 42.49 t/hm²。碳储量集中分布在低等级和高等级，所占比例分别为 32.87%和 36.48%，面积分别为 246.34 hm² 和 273.39 hm²，高等级和低等级储碳斑块均呈条带状分布，空间分布不均衡。2000 ~ 2014 年，碳储量密度呈增加趋势。

2000 年，鸣翠湖国家湿地公园碳储量密度空间分布范围为 18.32 ~ 64.62 t/hm²，平均值为 43.06 t/hm²。碳储量集中分布在较高等级，面积为 131.33 hm²，比例为 44.74%。2014 年，碳储量密度空间分布范围为 22.72 ~ 170.17 t/hm²，平均值为 81.62 t/hm²。碳储量集中分布在高等级，面积为 260.61 hm²，比例为 74.17%。低等级储碳斑块消失，高等级碳储斑块面积增加较大，湿地呈现稳定均衡发展趋势。2000 ~ 2014 年，碳储量密度呈增加趋势，增加了 38.56 t/hm²，增加幅度较大。

2000 年，吴忠黄河国家湿地公园碳储量密度空间分布范围为 22.14 ~ 69.38 t/hm²，平均值为 36.75 t/hm²。碳储量集中分布在中级，呈条带状分布，面积为 1691.21 hm²，比例为 67.88%。2014 年，碳储量密度空间分布范围为 10.99 ~ 175.38 t/hm²，平均值为 64.41 t/hm²。

碳储量集中分布在高级呈条带状分布，面积为 1634.34 hm^2，比例为 57.90%，高等级斑块呈条带状分布。

2000 年，星海湖国家湿地公园碳储量密度空间分布范围为 18.32 ~ 72.08 t/hm^2，平均值为 43.77 t/hm^2。碳储量在较高等级分布较多，面积为 408.20 hm^2，比例为 37.33%。较高等级和高等级储碳斑块呈块状分布格局，低等级斑块呈破碎化镶嵌在较高等级斑块中。2014 年，碳储量密度空间分布范围为 19.05 ~ 129.45 t/hm^2，平均值为 39.57 t/hm^2。碳储量在较低等级分布较多，面积为 841.30 hm^2，比例为 42.26%。与 2000 年相反，低等级碳储斑块面积增加，且呈块状分布。2000 ~ 2014 年，碳储量密度呈减少趋势。

2000 年，阅海国家湿地公园碳储量密度空间分布范围为 18.32 ~ 65.81 t/hm^2，平均值为 45.31 t/hm^2。碳储量在较高等级和高等级分布较多，较高等级分布更集中，面积为 360.48 hm^2，比例为 42.86%。各等级储碳分布较为均衡，高等级斑块呈块状分布。2014 年，碳储量密度空间分布范围为 17.39 ~ 150.69 t/hm^2，平均值为 46.02 t/hm^2。碳储量在较低等级分布较多，面积为 633.81 hm^2，比例为 40.29%。较低等级储碳斑块面积增加，且呈块状分布，高等级斑块呈破碎化镶嵌在较低等级斑块中。2000 ~ 2014 年，碳储量密度呈增加趋势，增加幅度不大。

总体来看，银川平原 7 个重点湿地碳储量密度空间格局呈现以下特征：

2000 ~ 2014 年，碳储量密度增加，呈现出碳汇集现象。碳储量密度高的区域面积呈增加趋势，表明湿地整体储碳能力在增加。

银川平原重点湿地碳储量密度分布朝着不均衡—均衡的方向发展，除沙湖和星海湖变化略有不同。

2014 年，储碳等级的斑块状和条带状格局逐渐减弱，高储碳密度的斑块面积增加。

7.4 不同类型湿地碳储量的影响因素

根据以上研究分析，2000 ~ 2014 年，银川平原湿地生态系统趋于良好的发展方向，湿地碳储量呈现增加趋势，湿地碳汇功能增加。分析湿地碳储量的影响因素，有利于更好地揭示其变化规律，明确碳汇功能变化的原因，为加强湿地碳汇功能提供指导。

7.4.1 自然因素

自然因素主要是全球气候变化大背景下带来的银川平原湿地局地气候演变，包括降水和温度的变化。气候的趋干趋暖对湿地植被的生长产生环境胁迫，致使植被生产力降低[167]。受全球气候变化的影响，在过去的 50 年里，宁夏气温的变化速率为 0.388℃·$10a^{-1}$。气温升高可能会导致土壤有机碳的分解[167]，气温变化可能会使湿地碳储量发生变化。降

表 7-12　银川平原重点湿地碳储量密度分级

年　份	分　级	等级范围（t / hm²）	黄沙古渡国家湿地公园			阅海国家湿地公园			沙湖自然保护区		
			像元(个)	面积(hm²)	比例(%)	像元(个)	面积(hm²)	比例(%)	像元(个)	面积(hm²)	比例(%)
2000	低	TCD≤20	—	—	—	31	2.99	0.36	—	—	—
	较　低	20<TCD≤30	279	26.61	2.16	310	29.94	3.56	14	1.32	0.09
	中	30<TCD≤40	9860	940.56	76.34	1662	160.54	19.09	2550	240.78	17.16
	较　高	40<TCD≤50	2151	205.19	16.65	3732	360.48	42.86	6159	581.55	41.44
	高	TCD >50	626	59.71	4.85	2973	287.17	34.14	6140	579.75	41.31
2005	低	TCD≤20	8428	797.66	79.41	1009	95.78	7.39	1337	125.88	5.87
	较　低	20<TCD≤30	1527	144.52	14.39	2352	223.26	17.23	4868	458.32	21.37
	中	30<TCD≤40	522	49.40	4.92	1734	164.60	12.70	3432	323.12	15.07
	较　高	40<TCD≤50	72	6.81	0.68	825	78.31	6.04	2020	190.18	8.87
	高	TCD >50	64	6.06	0.60	7729	733.67	56.63	11118	1046.76	48.82
2010	低	TCD≤20	1214	134.86	12.03	812	92.73	5.31	2485	285.65	8.54
	较　低	20<TCD≤30	7518	835.12	74.52	3482	397.63	22.76	6419	737.86	22.06
	中	30<TCD≤40	751	83.42	7.44	1132	129.27	7.40	3396	390.37	11.47
	较　高	40<TCD≤50	336	37.32	3.33	1649	188.31	10.78	2612	300.25	8.98
	高	TCD >50	270	29.99	2.68	8227	939.49	53.76	14180	1629.99	48.94
2014	低	TCD≤20	2631	246.34	32.87	401	37.53	2.39	515	48.20	1.88
	较　低	20<TCD≤30	608	56.93	7.60	6772	633.81	40.29	12378	1158.58	45.09
	中	30<TCD≤40	568	53.18	7.10	1532	143.38	9.11	4179	391.15	15.22
	较　高	40<TCD≤50	1277	119.56	15.95	2071	193.83	12.32	2781	260.30	10.13
	高	TCD >50	2920	273.39	36.48	6034	564.74	35.90	7596	710.99	27.67

表 7-12 （续表） 银川平原重点湿地碳储量密度分级

年份	等级	等级范围（t / hm²）	星海湖国家湿地公园			鸣翠湖国家湿地公园			吴忠黄河国家湿地公园			青铜峡库区湿地自然保护区		
			像元(个)	面积（hm²）	比例（%）	像元（个）	面积（hm²）	比例（%）	像元（个）	面积（hm²）	比例（%）	像元（个）	面积（hm²）	比例（%）
2000	低	TCD≤20	258	24.73	2.26	142	13.66	4.65	1	0.10	0.00	—	—	—
	较低	20<TCD≤30	864	82.81	7.57	126	12.12	4.13	1765	171.72	6.89	1463	145.24	5.96
	中	30<TCD≤40	2303	220.73	20.19	578	55.61	18.94	17383	1691.21	67.88	5183	514.53	21.11
	较高	40<TCD≤50	4259	408.20	37.33	1365	131.33	44.74	5551	540.06	21.68	10891	1081.17	44.35
	高	TCD >50	3724	356.92	32.64	840	80.82	27.53	910	88.53	3.55	7021	696.99	28.59
2005	低	TCD≤20	665	63.05	4.48	512	48.95	12.48	1756	166.72	8.94	3581	340.026	13.97
	较低	20<TCD≤30	2636	249.91	17.77	1899	181.56	46.29	16231	1541.03	82.65	19068	1810.56	74.36
	中	30<TCD≤40	2373	224.98	16.00	792	75.72	19.31	880	83.55	4.48	1425	135.30	5.56
	较高	40<TCD≤50	2372	224.88	15.99	171	16.35	4.17	319	30.29	1.62	680	64.56	2.65
	高	TCD >50	6786	643.37	45.75	728	69.60	17.75	452	42.91	2.30	888	84.31	3.46
2010	低	TCD≤20	1310	148.99	5.67	146	18.27	9.78	5721	662.51	21.30	4394	496.27	15.27
	较低	20<TCD≤30	3259	370.65	14.10	966	120.88	64.70	14383	1665.60	53.56	7221	815.56	25.09
	中	30<TCD≤40	1886	214.50	8.16	172	21.52	11.52	3196	370.11	11.90	15055	1700.36	52.32
	较高	40<TCD≤50	6725	764.84	29.09	127	15.89	8.51	2007	232.42	7.47	1631	184.21	5.67
	高	TCD >50	9937	1130.15	42.99	82	10.26	5.49	1546	179.03	5.76	476	53.76	1.65
2014	低	TCD≤20	27	2.53	0.13	--	--	--	4730	442.70	15.68	225	21.13	0.70
	较低	20<TCD≤30	8988	841.30	42.26	109	13.91	3.96	3405	318.69	11.29	4909	460.95	15.30
	中	30<TCD≤40	4021	376.37	18.91	283	36.12	10.28	2430	227.43	8.06	1520	142.73	4.74
	较高	40<TCD≤50	3424	320.49	16.10	319	40.71	11.59	2132	199.54	7.07	4297	403.49	13.39
	高	TCD >50	4807	449.95	22.60	2042	260.61	74.17	17462	1634.34	57.90	21143	1985.32	65.88

水量与植被覆盖的变化呈正相关关系[168]。干旱会影响湿地的碳汇能力,改变湿地植被碳库大小。干旱通过抑制光合作用来降低陆地生态系统总初级生产力,因此干旱会不同程度地影响陆地生态系统的碳汇能力,改变陆地植被碳库大小。在全球变暖的影响下,表层土壤温度会随气温的升高而升高,这可能不利于湿地土壤有机碳的积累[168,169]。图 7-11 显示,研究区四种类型湿地的碳储量随降水的变化而变化,降水量高的年份,碳储量较高;降水量低的年份,碳储量较低。2005 年,研究区降水量仅为 74.9 mm,出现极度干旱,导致银川平原湿地的蓄水量大幅减少,湿地水域面积相应缩小,湿地面积萎缩,使大量湿地植物数量减少,导致湿地植被的固碳能力降低,所以碳储量最低。

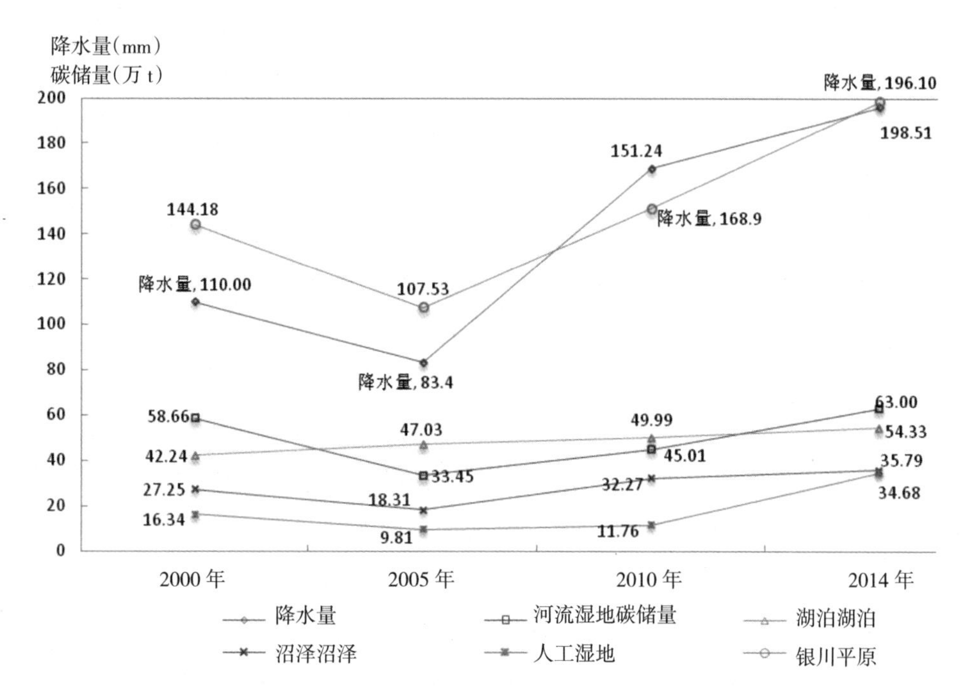

图 7-11　银川平原不同类型湿地碳储量与降水量关系

7.4.2 人为因素

人类活动近年来已经成为公认的改变地表生物圈的主要动力。经济开发活动、农业生产方式、旅游开发、管理措施等人为因素是影响湿地碳汇的主要因素。银川平原湿地区地处宁夏经济开发活动强的沿黄经济区,该区的经济发展和人口增加导致大量湿地植被变为养殖水面、河道等,不合理的旅游开发也对湿地环境造成破坏和威胁,直接或间接地影响着湿地碳储量格局。湿地周边工农业生产及生活用地的增加导致湿地面积减少。大量未经处理的工业废水、生活污水及农田退水排入河道,造成湿地水质严重下降,从而影响到植被资源的不稳定。国家和地方政府政策在不同程度上也影响着湿地碳储量。2002

年以来，宁夏实施了一系列湿地恢复与保护工程，湿地面积大幅度增加，植被覆盖度提高，湿地储碳能力显著提高。

生态系统是一个由多种环境因子组成的整体，这些环境因子之间相互联系，相互作用，密不可分，共同影响着区域土壤有机碳的变化[169]。银川平原湿地碳储量受自然因素和人为因素共同作用。由于银川平原湿地处于人口稠密的沿黄经济区，经济发展快，湿地受人文因素影响更显著。

7.4.3 碳储量估算的不确定性

当前对于区域碳储量计算还很难做到十分精确[26,148]，所以有必要对碳储量研究进行不确定性分析。受遥感影像空间分辨率及解译精度的影响，植被面积存在一定不确定性。采用的 30 m 分辨率的数据，很难解决植被与非植被混合像元的问题，本研究虽然采取了人工目视解译，解译精度相当高，但仍存在一定的解译误差。另外，沉水植物群落面积难以利用遥感得到，利用四种湿地水域面积算作沉水植被面积也存在误差。采样和统计过程中发现，同种植被在不同类型湿地的不同区域碳密度也不尽相同，例如芦苇群落碳密度的标准差为 0.55 $kg \cdot m^{-2}$，变异系数为 27%。虽然研究区的优势植被是芦苇群落，但以芦苇群落代表整个研究区的植被对估算植被碳储量可能会带来一定误差。

7.5 讨论

参照崔丽娟等人[1,56,106,113,170,172]对湿地碳储量的研究结果，将研究区湿地的碳储量与其他湿地研究结果对比分析（表 7–13）。研究区湿地单位面积的碳储量低于全球和全国，表明西北干旱区的湿地碳储量总体偏低，这主要是受到干旱环境的影响。在干旱区，湿地植物种类少，生物生产量低，因此其固碳力相应会下降。同时，西北干旱区的湿地生态环境脆弱，自我修复能力差，在受到干扰后，其碳汇功能会下降。

表 7–13 显示，银川平原湿地单位面积的碳储量高于西北内陆干旱区张掖黑河湿地。这可能是因为银川平原湿地是以黄河干流两侧为主的黄河湿地，湿地景观类型多样，其形成、演替、消长与黄河有密切关系[15]，相比新疆及河西地区的季节性河流，黄河水量变化相对较小，同时能够持续提供湿地所需水源。因此银川平原湿地较为稳定，具有较高的储碳功能[26]。

从湿地碳储量的空间分布来看，平罗县湿地碳储量最高，其河流、湖泊、沼泽湿地碳储量均高于其他各市(县)，主要因为平罗县湿地面积大，湿地植被覆盖度较高。同时由于地处平罗县的沙湖国家湿地公园兼具了湖泊、沼泽和人工湿地的储碳功能，呈现碳储量最大值。人工湿地(库塘和水产品养殖场)碳储量最高的是贺兰县，主要因为贺兰县人工

表 7–13　不同区域湿地碳储量对比

区　域	面积（10^6 hm^2）	湿地碳储量（10^6 t）	单位面积碳储量（t /hm^2）
全球[56]	570	154×10^3	270.17
中国[172]	38.50	5.04×10^3	130.91
银川平原	0.041	2.48	49.72
张掖黑河湿地[170]	0.041	1.87	45.83
若尔盖高寒沼泽湿地[106]	275.4.	39.27	77.97
内蒙古天然河湖湿地[113]	4.24	641.21	151.22

湿地水产品养殖场面积较大，自然条件优越，水、光、热及饵料生物均适于鱼类生长和繁殖。近年来，贺兰县实施了渔业资源开发与养护、产业支撑保障、水产品加工拓展、水产品质量保障等四大工程，使植被的物质生产功能得到了较大的发挥。银川市的西夏区和金凤区四类湿地的碳储量均较低，一方面因为该区湿地的面积较小，另一方面因为人类活动（主要是工农业生产活动、渔业养殖、大规模的城市建设）对湿地进行负向干扰，损害了湿地原有的功能，降低了湿地的碳汇效益。

组成生态系统的各个环境因子之间相互联系，相互作用，密不可分，共同影响着区域有机碳的变化[171]。就银川平原湿地而言，植被覆盖度和生物量大小是影响碳储量变化的主导因素，但是气候、人为活动和政策因素对湿地碳储量产生重要影响。气候因子又对植被生物量和湿地面积产生重要影响，如：气温升高，湿地蒸发量增加，湿地需水量随之增加，湿地生物量和植被覆盖度均会发生变化；降水增加，则湿地需水量减少，气温和生物量也随之变化。由此可见，这些影响因素之间存在密切的相互联系。对于湿地生态系统来说，某些影响因素相对于其他因素对湿地碳储量变化产生的影响更为强烈，更具主导性，但其他因素对湿地碳储量变化产生的影响不能忽视。因此，应以系统的观点来分析影响湿地生态系统有机碳变化的因素。

结合 3S 技术，采用多源数据融合的方法估测银川平原湿地的碳储量。在具体计算过程中，通过多源数据融合、模型参数的选择等提高湿地生态系统碳汇估测的精度。实验数据和遥感数据相结合为该地区湿地生态系统储碳量估测的准确性提供了强有力的数据支撑。

在今后进行湿地碳汇功能评估时，应采取多维度评估方法[48]，即通过对湿地生态系统碳汇功能的概念明晰,合理划分湿地植被类型和土壤类型,并采用地统计学和实验测试联用方法,以提高湿地生态系统碳储量估测的精度。湿地碳储量估测应采用多种集成方法,使得估测的结果更准确。

7.6 小结

银川平原湿地总碳储量为 150.37 × 10^4 t(14 年平均值,下同),四种湿地碳储量存在较大的差异性。河流、湖泊、沼泽、人工湿地多年平均碳储量依次为 50.03 × 10^4 t、48.40 × 10^4 t、28.41 × 10^4 t、18.15 × 10^4 t,碳储量大小排序为:河流湿地 > 湖泊湿地 > 沼泽湿地 > 人工湿地。河流湿地碳储量最高,占银川平原湿地总碳储量的 34.43%,主要原因是河流湿地的面积大,占整个湿地面积的 40.76%,人工湿地面积最少,占整个湿地面积的 11.58%。四类湿地单位面积碳储量排序为:沼泽湿地 > 湖泊湿地 > 人工湿地 > 河流湿地。沼泽湿地单位面积碳储量最高,主要原因是沼泽湿地植被覆盖度高,生物量丰富,其有机碳储量密度最大;河流湿地碳储量密度最低,主要原因是河流湿地为流体湿地,以水面为主,其植被生物量相对较少,有机碳储量最低。四类湿地的生态系统碳储量均以土壤碳储量占绝对优势地位(70.06% ~ 70.63%),植被碳储量占次要地位(29.63% ~ 29.97%)。

2000 ~ 2014 年,银川平原湿地碳储量经历了先减少后增加的过程,四类湿地的碳储量均有所增加,碳储量增加量排序为:沼泽湿地 > 人工湿地 > 湖泊湿地 > 河流湿地。四类湿地在每个阶段碳储量变化差异性较大。银川平原湿地总碳储量年均增加 3.88 × 10^4 t。其中,植被碳储量年均增加 1.17 × 10^4 t,土壤碳储量年均增加 2.71 × 10^4 t,土壤碳储量年均增加量较植被碳储量多 1.54 × 10^4 t。2000 ~ 2005 年,银川平原湿地的碳储量年均减少 7.32 × 10^4 t,土壤碳储量的减少量大于植被碳储量,但是湖泊湿地的碳储量呈增加趋势,年均增加 0.89 × 10^4 t。2005 ~ 2014 年,银川平原湿地的碳储量增加了 90.98 × 10^4 t,主要是河流湿地和沼泽湿地的碳储量增加所做的贡献。银川平原湿地土壤碳储量分布与植被生物量密切相关,植被生物量高的区域土壤碳储量也较高,与植被生物量分布呈现相似的分布特征。

2000 ~ 2014 年,银川平原不同市(县)区湿地碳储量差异很大,其空间分布趋势整体上中部地区和西南部地区较高,东北部地区较低。平罗县湿地碳储量最高,其次是贺兰县,最低的是西夏区。河流湿地碳储量最高的是平罗县,其次是青铜峡,最低的是金凤区;湖泊湿地碳储量最高的是平罗县,其次是贺兰县,最低的是西夏区;沼泽湿地碳储量最高的是平罗县,最低的是利通区;人工湿地碳储量(包括库塘和水产养殖场)最高的是贺兰县,其次是永宁县,最低的是利通区。

银川平原湿地碳储量密度分布格局呈现以下特征:(1) 银川平原湿地碳储量等级经历了不均衡—均衡的发展过程。2000～2005 年碳储量密度较高等级和高等级的区域面积呈减少趋势,低储碳等级呈现斑块状和条带状格局,表明湿地土壤的储碳等级在降低,湿地土壤碳储量在减少,碳汇能力在下降;2010–2014 年,碳储量较高等级和高等级的斑块面积有所增加,碳汇能力增强。(2)2014 年低储碳等级的斑块状和条带状格局基本消失,高储碳等级斑块面积呈现明显增加。河流湿地碳储等级分布格局变化最显著,湖泊湿地碳储等级分布格局变化较小,变化较稳定。(3)从空间分布来看,北部湿地储碳等级分布格局年际变化较大,中部湿地储碳等级分布格局变化较小。

第八章　不同类型湿地碳汇能力评估

8.1 湿地碳汇能力分析评价

湿地生态系统是地球上重要的有机碳库[44]。研究表明,多数湿地的 CO_2 固定量都远高于 CO_2 和 CH_4 的释放量，有机质被大量储存在土壤中，湿地植物净同化的碳仅仅有15%被释放到大气,因此多数天然湿地都是 CO_2 的净汇,是平衡大气中含碳温室气体的贡献者[59]。

为更好地表明银川平原湿地碳汇能力的变化情况,本研究提出两个指标概念:湿地绝对碳汇能力和湿地相对碳汇能力。两个指标的具体算法如下:

绝对碳汇能力 = 湿地平均碳储量 / 湿地总面积　　(8–1)

相对碳汇能力 = 湿地绝对碳汇能力 / 中国陆地(植被、土壤)平均碳汇能力 (8–2)

其中,中国陆地平均碳汇能力由前人文献资料的中国陆地植被碳储量除以中国陆地面积求得。

中国陆地生态系统总碳汇能力为 106.40 t/hm^2，植被平均碳汇能力为 14.70 t/hm^2,土壤平均碳汇能力为 91.70t/hm^2[177]。经计算,得到银川平原湿地绝对碳汇能力,见表 8–1。

从表 8–1 可知,银川平原湿地绝对碳汇能力从 2000 年的 38.97t/hm^2 下降到 2005 年的 28.67 t/hm^2,2010 年上升到 39.58 t/hm^2,到 2014 年上升到 49.72 t/hm^2。表明银川平原湿地绝对碳汇能力经历了先下降后上升的过程,湿地土壤的绝对碳汇能力是植被的 2 倍左右。不同类型湿地绝对碳汇能力(2000 ~ 2014 年平均值)排序为:沼泽湿地 > 湖泊湿地 > 人工湿地 > 河流湿地。

从表 8–2 看出, 2000 ~ 2005 年,银川平原湿地相对碳汇能力从中国陆地生态系统平均碳汇能力的 36.63%下降到 26.95%,2010 年上升到 37.20%,2014 年上升到 46.73%。表明 2000 ~ 2014 年 14 年来银川平原湿地的相对碳汇能力经历了先下降后上升的过程。2000 ~ 2005 年，相对碳汇能力呈下降趋势;2005 ~ 2014 年，呈上升趋势，其中 2005 ~ 2010 年上升幅度较大,到 2014 年湿地的碳汇能力大大增强了。湿地植被的相对碳汇能力是土壤的 3 倍左右，与绝对碳汇能力的变化相反。不同类型湿地的相对碳汇能力排序为：沼泽湿地 > 湖泊湿地 > 人工湿地 > 河流湿地，与绝对碳汇能力的变化一致。

表 8-1　银川平原湿地不同时期绝对碳汇能力评价　　单位：t/hm²

类　型	绝对碳汇能力	2000 年	2005 年	2010 年	2014 年	14 年平均值
河流湿地	植被碳汇	10.83	6.53	8.50	14.97	10.21
	土壤碳汇	22.73	14.52	20.56	30.81	22.16
	总碳汇	33.56	21.05	29.06	44.06	31.93
湖泊湿地	植被碳汇	14.65	12.65	12.72	14.65	13.67
	土壤碳汇	30.24	26.36	28.53	30.20	28.83
	总碳汇	44.88	39.01	41.25	44.85	42.49
沼泽湿地	植被碳汇	13.62	9.96	14.79	19.74	14.53
	土壤碳汇	28.24	21.15	32.46	40.10	30.49
	总碳汇	41.86	31.11	47.25	59.85	45.02
人工湿地	植被碳汇	14.84	8.34	8.42	18.37	12.49
	土壤碳汇	30.60	18.02	20.43	36.66	26.43
	总碳汇	45.44	26.36	28.85	55.04	38.92
银川平原总湿地	植被碳汇	12.64	9.13	12.14	16.29	12.55
	土壤碳汇	26.34	19.54	27.44	33.42	26.69
	总碳汇	38.97	28.67	39.58	49.72	39.24

表 8-2　银川平原湿地不同时期相对碳汇能力评价　　单位：%

类　型	相对碳汇能力	2000 年	2005 年	2010 年	2014 年	14 年平均值
河流湿地	植被碳汇	73.67	44.43	57.82	101.84	69.44
	土壤碳汇	24.79	15.83	22.42	33.60	24.16
	总碳汇	31.54	19.78	27.31	41.41	30.01
湖泊湿地	植被碳汇	99.65	86.02	86.52	99.66	92.96
	土壤碳汇	32.97	28.74	31.11	32.93	31.44
	总碳汇	42.18	36.65	38.77	42.15	39.94

续表

类型	相对碳汇能力	2000年	2005年	2010年	2014年	14年平均值
沼泽湿地	植被碳汇	92.64	67.73	100.61	134.32	98.83
	土壤碳汇	30.80	23.07	35.40	43.73	33.25
	总碳汇	39.34	29.24	44.41	56.25	42.31
人工湿地	植被碳汇	100.94	56.74	57.28	124.98	84.99
	土壤碳汇	33.37	19.65	22.28	39.98	28.82
	总碳汇	42.71	24.78	27.11	51.73	36.58
银川平原总湿地	植被碳汇	85.96	62.09	82.59	110.85	85.37
	土壤碳汇	28.72	21.31	29.92	36.45	29.10
	总碳汇	36.63	26.95	37.20	46.73	36.88

8.2 基于IPCC规则的库—差别法的碳汇量测评

8.2.1 不同类型湿地碳汇量测评

IPCC认证的陆地生态系统碳汇是指通过人为活动在管理土地内的温室气体排放或清除的过程及其数量，其计量学基础是各种碳库变化过程中的质量守恒原理[21]。对于指定的碳库的年度变化量的评价，优先推荐精度更高的碳储存量法，即采用两个时间点间年均变化量表示一个给定碳库的变化，称为库—差别方法[21,59]。

采用IPCC规则的库—差别碳汇计量方法计算了银川平原不同类型湿地的植被碳汇和土壤碳汇，见表8-3。

表8-3 基于IPCC规则的库—差别法的银川平原湿地碳汇测评　　单位：t/年

类型		2000～2005年	2005～2010年	2000～2010年	2005～2014年	2010～2014年	2000～2014年
河流湿地	植被碳汇量	-1.54	0.49	-0.52	0.072	1.65	0.10
	土壤碳汇量	-3.51	1.82	-0.84	0.163	2.85	0.21
	总碳汇量	-5.04	2.31	-1.37	0.235	4.50	0.31
湖泊湿地	植被碳汇量	0.28	0.02	0.15	0.018	0.53	0.26
	土壤碳汇量	0.68	0.57	0.62	0.040	0.56	0.60
	总碳汇量	0.96	0.59	0.78	0.058	1.09	0.86

续表

类　型		2000 ~ 2005 年	2005 ~ 2010 年	2000 ~ 2010 年	2005 ~ 2014 年	2010~ 2014 年	2000 ~ 2014年
沼泽湿地	植被碳汇量	−0.54	0.76	0.11	0.067	1.17	0.41
	土壤碳汇量	−1.25	2.03	0.39	0.156	2.36	0.95
	总碳汇量	−1.79	2.79	0.50	0.223	3.53	1.37
人工湿地	植被碳汇量	−0.40	0.06	−0.17	0.061	1.84	0.41
	土壤碳汇量	−0.91	0.33	−0.29	0.137	3.89	0.91
	总碳汇量	−1.31	0.39	−0.46	0.197	5.73	1.31
银川平原湿地	植被碳汇量	−2.23	2.05	−0.09	0.219	4.33	1.17
	土壤碳汇量	−5.10	6.69	0.80	0.503	7.49	2.71
	总碳汇量	−7.33	8.74	0.71	0.722	11.82	3.88

从表 8–3 看出，2000 ~ 2014 年 14 年来银川平原湿地的碳汇量为 3.88 t/ 年，经历了先下降后上升的过程。2000 ~ 2005 年，碳汇量呈下降趋势；2005 ~ 2014 年，呈上升趋势，其中 2010 ~ 2014 年上升幅度较大。2000 ~ 2014 年，湿地土壤的碳汇量是植被碳汇量的 2 倍左右。不同类型湿地的碳汇量贡献量排序为：沼泽湿地 > 湖泊湿地 > 人工湿地 > 河流湿地，与研究区湿地绝对碳汇能力的变化一致。

8.2.2 重点湿地碳汇量测评

采用基于 IPCC 规则的库—差别碳汇计量方法计算了银川平原重点湿地的植被碳汇和土壤碳汇，见图 8–1。

2000 ~ 2014 年，7 个重点湿地总碳汇量为 2.20×10^4 t / 年，占银川平原湿地碳汇量的 56.70%。植被碳汇量为 0.73 × 104 t/ 年，占银川平原湿地植被碳汇量的 62.39%。土壤碳汇量为 1.46 × 104 t/ 年，占银川平原湿地土壤碳储量增加量 53.87%。土壤碳汇量较植被碳汇量大。

7 个重点湿地总碳汇量排序为：青铜峡库区 > 吴忠黄河湿地 > 沙湖 > 阅海 > 星海湖 > 鸣翠湖 > 黄沙古渡。青铜峡库区的碳汇量最大，为 0.81×10^4 t/ 年；其次为吴忠黄河湿地，碳汇量为 0.72×10^4 t/ 年；鸣翠湖增加量最少，碳汇量为 0.11×10^4 t/ 年；黄沙古渡植被碳汇量和土壤碳汇量均有所减少，减少量分别为 0..05 × 10^4 t/ 年和 0.10×10^4 t/ 年，总量减少了 0.15×10^4 t/ 年。

整体上，2000 ~ 2014 年，银川平原重点湿地碳汇能力在提升，与银川平原湿地生态系统的碳汇能力变化一致。

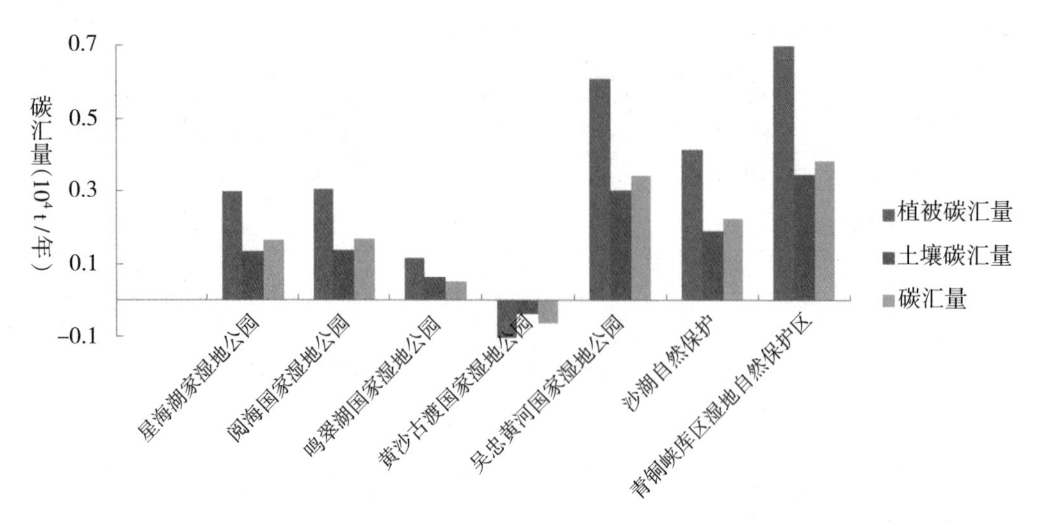

图 8-1　2000~2014 年银川平原重点湿地碳汇量

8.3 不同类型湿地固碳释氧能力测评

8.3.1 不同类型湿地固碳释氧量

生态系统的固碳释氧功能指绿色植物通过光合作用将 CO_2 转化为有机物并释放 O_2 的功能，这种功能对于调节气候、平衡空气中 CO_2/O_2 浓度具有重要意义，特别是随着大气中 CO_2 浓度升高，全球气候变化的异常，对于生态系统固碳释氧功能价值的测评显得尤为重要[174]。

土壤也具有强大的吸收 CO_2 的能力，对减缓 CO_2 浓度升高起着不可忽视的作用。美国俄亥俄州立大学的土壤学家瑞腾·拉尔经研究得出论断：地球上的所有土壤能吸收大气中 13%的 CO_2，相当于 1980 年至现在全世界 CO_2 的排放总量。植物和土壤中的微生物共生共存，帮助调节大气中的 CO_2 含量。土壤吸收 CO_2 是间接的，土壤中的植物光合作用时从空气中吸收 CO_2，并将其转化成糖和其他碳基分子。这些含碳化合物一部分从根部被共生真菌和土壤中的微生物所摄取，形成土壤中的有机质和腐殖质，腐殖质可以在土壤中存在较长时间，不会很快分解，形成碳汇[175]。

根据公式(1-4)和(1-5)，计算出银川平原湿地生态系统吸收 CO_2 和释放 O_2 的物质量。近 14 年来银川平原不同类型湿地生态系统的固碳释氧量见表 8-4、表 8-5。由表可见，2000 年、2005 年、2010 年和 2014 年吸收 CO_2 量分别为 528.66×10^4 t、394.28×10^4 t、554.55×10^4 t、727.87×10^4 t；释放氧气的量分别为 114.69×10^4 t、85.01×10^4 t、112.32×10^4 t、158.51×10^4 t。2000 ~ 2014 年，银川平原湿地生态系统的固碳量增加了 199.21×10^4 t，年均增加 14.23×10^4 t；释氧量增加了 43.82×10^4 t，年均增加 3.13×10^4 t；2000 ~ 2005

年，固碳释氧量分别减少 25.42%和 25.88%；2005～2014 年，固碳释氧量分别增加 84.60%和 86.46%。整体来看，2000～2014 年，固碳释氧量分别增加 37.68%和 38.21%。

在不同类型湿地中，2014 年河流湿地的固碳释氧量最多，分别为 231.00×10⁴ t、50.29×10⁴ t，占总固碳释氧量的 31.60%、31.72%；湖泊湿地次之，固碳释氧量分别为 199.21×10⁴ t、43.36×10⁴ t，占总固碳释氧量的 27.37%、27.35%；沼泽湿地较低，固碳释氧量分别为 131.23×10⁴ t、37.12×10⁴ t，占总固碳释氧量的 23.37%、23.41%；人工湿地固碳释氧量最少，分别为 127.16×10⁴ t、28.13×10⁴ t，占总固碳释氧量的 17.74%、17.47%。不同类型湿地固碳释氧量排序为：河流湿地 > 湖泊湿地 > 沼泽湿地 > 人工湿地。

从时间上看，2000～2014 年，银川平原湿地固碳释氧量呈现先减少后增加的趋势，2000～2005 年呈减少趋势，2005～2014 年呈增加趋势，2010～2014 年增加幅度较大。从不同类型湿地固碳释氧量来看，2000～2014 年，河流湿地、沼泽湿地、人工湿地固碳释氧量均出现了先减少后增加的趋势，湖泊湿地一直呈增加趋势。2000～2005 年，河流湿地、

表 8-4　2000～2014 年银川平原不同类型湿地吸收 CO_2 量　　单位：10^4 t

类　型	组　成	2000	2005 年	2010 年	2014 年
河流湿地	植被吸收	64.20	36.04	44.99	69.15
	土壤吸收	150.88	86.61	120.05	161.85
	吸收总量	215.09	122.65	165.04	231.00
湖泊湿地	植被吸收	46.27	51.44	51.88	59.62
	土壤吸收	108.61	121.00	131.41	139.59
	吸收总量	154.88	172.44	183.30	199.21
沼泽湿地	植被吸收	29.85	19.95	33.88	51.04
	土壤吸收	70.07	47.19	84.44	80.19
	吸收总量	99.92	67.14	118.32	131.23
人工湿地	植被吸收	17.89	10.63	11.73	38.68
	土壤吸收	42.02	25.34	31.39	88.48
	吸收总量	59.91	35.97	43.12	127.16
银川平原湿地	植被吸收	157.70	116.89	154.44	217.95
	土壤吸收	370.96	277.38	400.11	509.92
	吸收总量	528.66	394.28	554.55	727.87

表 8-5　2000 ~ 2014 年银川平原不同类型湿地释氧量　　单位:10^4 t

类　型	2010	2005 年	2010 年	2014 年
河流湿地	46.69	26.21	32.72	50.29
湖泊湿地	33.65	37.41	37.73	43.36
沼泽湿地	21.71	14.51	24.64	37.12
人工湿地	13.01	7.73	8.53	28.13
银川平原湿地	114.69	85.01	112.32	158.51

沼泽湿地、人工湿地固碳释氧量呈减少趋势，湖泊湿地固碳释氧量在增加;2005 ~ 2014 年,河流湿地、沼泽湿地、人工湿地固碳释氧量均呈增加趋势。

8.3.2 不同类型湿地固碳释氧量空间分布

通过 ARCGIS 10.0 软件的可视化表达，得到银川平原湿地固碳释氧量的空间分布(图 8-2)。从空间来看,银川平原湿地固碳释氧量空间差异很大,其空间分布趋势整体上中部和西南地区较高,西部和东南部地区较低。固碳释氧量低值区主要分布在湿地植被覆盖率较低的东南部和西部。高值区主要在银川平原的中部,这里湿地广布,湿地植被覆盖率较高,固碳释氧量较高。2000 ~ 2014 年,固碳释氧高值区增加比较明显的区域分布在中部。

从表 8-6、表 8-7、表 8-8 可以看出,银川平原不同市(县)区湿地的固碳释氧量差异也很大。平罗县湿地固碳释氧量最高,其次是青铜峡市和贺兰县,西夏区和金凤区较低。从湿地类型来看,河流、湖泊、沼泽湿地固碳释氧量均是平罗县最高,人工湿地固碳释氧量最高的是贺兰县,银川市西夏区和金凤区四类湿地的固碳释氧量均较低。存在以上差异的主要原因是不同市(县)区湿地面积和植被覆盖度的差异。

表 8-6 2000 年银川平原各市(县)区不同类型湿地固碳释氧量　　单位:10^4 t

市(县)区	河流湿地		湖泊湿地		沼泽湿地		人工湿地		四类湿地总量	
	吸收 CO_2	释放 O_2 量	吸收 CO_2	释放 O_2 量	吸收 CO_2	释放 O_2 量	吸收 CO_2	释放 O_2 量	吸收 CO_2	释放 O_2 量
惠农区	24.63	5.35	7.13	1.55	13.11	2.85	4.26	0.92	49.13	10.67
大武口区	1.18	0.26	19.28	4.19	7.45	1.62	1.76	0.38	29.67	6.45
平罗县	57.13	12.40	33.54	7.29	56.51	12.28	8.58	1.86	155.75	33.83
贺兰县	15.96	3.47	27.45	5.96	8.16	1.77	12.47	2.71	64.04	13.91

续表

市(县)区	河流湿地		湖泊湿地		沼泽湿地		人工湿地		四类湿地总量	
	吸收CO_2	释放O_2量	吸收CO_2	释放O_2量	吸收CO_2	释放O_2量	吸收CO_2	释放O_2量	吸收CO_2	释放O_2量
西夏区	0.30	0.07	2.21	0.48	0.79	0.17	5.28	1.15	8.59	1.87
兴庆区	26.94	5.85	5.08	1.10	5.52	1.20	4.68	1.02	42.22	9.17
金凤区	0.00	0.00	17.33	3.76	2.47	0.54	3.89	0.84	23.68	5.14
永宁县	8.71	1.89	7.83	1.70	2.68	0.58	7.73	1.68	26.95	5.85
灵武市	23.94	5.20	14.84	3.22	0.00	0.00	4.35	0.95	43.13	9.37
青铜峡	42.14	9.15	15.30	3.33	2.75	0.60	5.20	1.13	65.39	14.20
利通区	14.14	3.07	4.90	1.07	0.48	0.10	1.72	0.37	21.24	4.61
银川平原	215.09	46.69	154.88	33.65	99.92	21.71	59.91	13.01	528.66	114.69

表 8-7　2014 年银川平原各市(县)区不同类型湿地固碳释氧量　　单位：10^4 t

市(县)区	河流湿地		湖泊湿地		沼泽湿地		人工湿地		四类湿地总量	
	吸收CO_2量	释放O_2量	吸收CO_2量	释放O_2量	吸收CO_2量	释放O_2量	吸收CO_2量	释放O_2量	吸收CO_2量	释放O_2量
惠农区	26.46	5.76	9.17	2.00	22.32	4.87	9.03	2.00	68.17	14.62
大武口区	1.27	0.28	24.80	5.40	12.68	2.77	3.73	0.83	42.54	9.27
平罗县	61.35	13.36	43.13	9.39	96.20	20.99	18.21	4.03	221.69	47.77
贺兰县	17.15	3.73	35.30	7.68	13.89	3.03	26.47	5.86	93.57	20.30
西夏区	0.33	0.07	2.85	0.62	1.35	0.29	11.21	2.48	15.77	3.47
兴庆区	28.93	6.30	6.54	1.42	9.39	2.05	9.93	2.20	45.60	11.97
金凤区	0.00	0.00	22.28	4.85	4.20	0.92	8.25	1.82	34.72	7.59
永宁县	9.35	2.04	10.07	2.19	4.57	1.00	16.41	3.63	40.83	8.86
灵武市	25.71	5.60	19.08	4.15	0.00	0.00	9.23	2.04	55.20	11.79
青铜峡	45.26	9.85	19.68	4.28	4.67	1.02	11.03	2.44	82.70	17.60
利通区	15.19	3.31	6.30	1.37	0.82	0.18	3.64	0.81	26.67	5.66
银川平原	231.00	50.29	199.21	43.36	170.10	37.12	127.16	28.13	727.87	158.51

表 8-8 2000～2014 年银川平原各市(县)区不同类型湿地固碳释氧量 单位：10^4 t

市(县)区	河流湿地		湖泊湿地		沼泽湿地		人工湿地		四类湿地总量	
	吸收 CO_2 量	释放 O_2 量	吸收 CO_2 量	释放 O_2 量	吸收 CO_2 量	释放 O_2 量	吸收 CO_2 量	释放 O_2 量	吸收 CO_2 量	释放 O_2 量
惠农区	1.83	0.41	2.04	0.45	9.21	2.02	4.77	1.08	19.04	3.95
大武口区	0.09	0.02	5.52	1.21	5.23	1.15	1.97	0.45	12.87	2.82
平罗县	4.22	0.96	9.59	2.1	39.69	8.71	9.63	2.17	65.94	13.94
贺兰县	1.19	0.26	7.85	1.72	5.73	1.26	14	3.15	29.53	6.39
西夏区	0.03	0	0.64	0.14	0.56	0.12	5.93	1.33	7.18	1.6
兴庆区	1.99	0.45	1.46	0.32	3.87	0.85	5.25	1.18	3.38	2.8
金凤区	0	0	4.95	1.09	1.73	0.38	4.36	0.98	11.04	2.45
永宁县	0.64	0.15	2.24	0.49	1.89	0.42	8.68	1.95	13.88	3.01
灵武市	1.77	0.4	4.24	0.93	0	0	4.88	1.09	12.07	2.42
青铜峡	3.12	0.7	4.38	0.95	1.92	0.42	5.83	1.31	17.31	3.4
利通区	1.05	0.24	1.4	0.3	0.34	0.08	1.92	0.44	5.43	1.05
银川平原	15.91	3.6	44.33	9.71	70.18	15.41	67.25	15.12	197.67	43.84

8.3.3 重点湿地固碳释氧能力评估

根据公式(1-4)和(1-5)，计算出银川平原重点湿地生态系统吸收 CO_2 和释放 O_2 的物质量。2000～2014 年银川平原重点湿地生态系统的固碳释氧量见表 8-9、表 8-10。由表可见，2000 年和 2014 年重点湿地吸收 CO_2 总量分别为 202.80 × 10^4 t、315.57 × 10^4 t，占同期银川平原湿地吸收 CO_2 总量的 38.36.13%和 43.36%；释放氧气的总量分别为 48.57 × 10^4 t、75.94 × 10^4 t，占同期银川平原湿地释放 O_2 总量的 42.35%和 47.91%。

在 7 个重点湿地中，2000 年，青铜峡库区的固碳释氧量最多，分别为 50.02 × 10^4 t、11.98 × 10^4 t；吴忠黄河湿地次之，固碳释氧量分别为 42.67 × 10^4 t、10.14 × 10^4t；鸣翠湖较低，固碳释氧量分别为 6.83 × 10^4 t、1.64 × 10^4 t。7 个重点湿地固碳量和释氧量的变化一致，其排序为：青铜峡库区 > 吴忠黄河湿地 > 沙湖 > 黄沙古渡 > 星海湖 > 阅海 > 鸣翠湖。

2014 年，青铜峡库区的固碳释氧量最多，分别为 91.69 × 10^4 t、22.20 × 10^4 t；吴忠黄河湿地次之，固碳释氧量分别为 79.83 × 10^4 t、19.29 × 10^4 t；鸣翠湖较低，固碳释氧量分别为

12.47×10^4 t、3.03×10^4 t。7 个重点湿地固碳量排序为：青铜峡库区 > 吴忠黄河湿地 > 沙湖 > 星海湖 > 阅海 > 黄沙古渡 > 鸣翠湖；释氧量排序为：青铜峡库区 > 吴忠黄河湿地 > 沙湖 > 星海湖 > 阅海 > 黄沙古渡 > 鸣翠湖。7 个重点湿地的固碳量变化较 2000 年略有不同；2014 年，鸣翠湖的固碳量最低。

2000 ~ 2014 年，银川平原重点湿地的固碳量增加了 112.77×10^4t，年均增加 8.05×10^4 t；释氧量增加了 27.37×10^4 t，年均增加 1.96×10^4 t。青铜峡库区的固碳释氧量增加最多，分别增加了 41.67×10^4 t 和 10.22×10^4 t；其次是吴忠黄河湿地，分别增加了 37.16×10^4 t 和 11.31×10^4 t；黄沙古渡的固碳释氧量均呈减少趋势，分别减少了 5.39×10^4 t、1.72×10^4 t。

表 8-9　2000 ~ 2014 年银川平原重点湿地吸收 CO_2 量　　单位：10^4 t

重点湿地	2000 年			2014 年			2000~2014 年变化量
	植被吸收 CO_2	土壤吸收 CO_2	吸收 CO_2 总量	植被吸收 CO_2	土壤吸收 CO_2	吸收 CO_2 总量	
星海湖国家湿地公园	8.54	17.29	25.83	11.67	23.96	35.63	9.80
阅海国家湿地公园	6.80	13.74	20.54	10.67	21.74	32.40	11.87
鸣翠湖国家湿地公园	2.26	4.57	6.83	4.16	8.30	12.47	5.64
黄沙古渡国家湿地公园	7.07	14.54	21.61	4.70	9.62	14.33	−7.28
吴忠黄河国家湿地公园	13.95	28.72	42.67	26.53	53.30	79.83	37.16
沙湖自然保护区	11.70	23.61	35.31	16.16	33.05	49.21	13.90
青铜峡库区湿地自然保护区	16.47	33.56	50.02	30.52	61.17	91.69	41.67

表 8-10　2000 ~ 2014 年银川平原重点湿地释氧量　　单位：10^4 t

重点湿地	2000 年	2014 年	变化量
星海湖国家湿地公园	6.21	8.49	2.28
阅海国家湿地公园	4.94	7.76	2.81
鸣翠湖国家湿地公园	1.64	3.03	1.39
黄沙古渡国家湿地公园	5.14	3.42	−1.72
吴忠黄河国家湿地公园	10.14	19.29	11.31
沙湖自然保护区	8.51	11.75	3.25
青铜峡库区湿地自然保护区	11.98	22.20	10.22

8.4 湿地碳汇功能经济效益评价

随着气候变化科学研究的深入以及温室气体增加和人类活动关系认识的深入，人们越来越关注生态系统碳汇价值的研究。近来出现的涉及碳汇价值的新概念包括：碳吸附、碳封存、碳积蓄、碳排放和碳足迹等。这些概念都是在研究温室气体过量排放的解决途径当中提出的。温室气体的固定毫无疑问对缓解温室效应起着重要的作用，生态系统对于温室气体的固定和封存无疑在缓解温室效应和气候暖化方面存在巨大价值。对于湿地而言，明确湿地植被对于固定和积蓄温室气体的碳汇价值对于认识当前的经济发展模式优劣、合理开发和保护湿地具有重要意义.

8.4.1 碳汇价值的概念

碳汇价值是生态系统功能价值的一部分，即生态系统在碳固定和碳积蓄过程中体现出来的对于人类有益的功能价值。谢高地等从生态服务功能的视角界定了碳汇价值[104]，认为碳汇价值包括碳固定和碳积蓄两部分价值。碳固定价值指将大气中的 CO_2 固定成非温室气体形式的碳这一过程对人类产生的利益，碳蓄积价值指以有机物的形式存在某个生态系统中对人类产生的利益。表现形式为把单位 CO_2 以非温室气体形式储存在碳库中的存储价格。

碳价值目前可以通过碳交易、碳税和固碳项目实际成本 3 种机制形成碳价格，并在此基础上通过碳补偿实现碳价值[104]。具体而言，对生态系统单位 CO_2 吸收功能经济价值的评估多采用碳税法和生态系统构建成本法（造林成本法）结合计算[104,105]，见表 8-11。

所谓“碳税”是指一种污染税，是针对 CO_2 排放所征收的税。它以环境保护为目的，希望通过削减 CO_2 排放来减缓全球变暖。通过每吨碳排放量的价格换算出对电力、天然气或石油的税费，实现减少化石燃料消耗和 CO_2 排放。碳税法在计算中一般使用瑞典税率，转换成固定 CO_2 的税率为 40.94$ / t 。中国造林成本法一般采用杉木、马尾松、泡桐的平均造林成本，转换成固定 CO_2 的成本为 71.2 元 /t[106]。由于西方国家税收水平较高，造林成本法又难以反映人们的实际支付意愿，取碳税法和造林成本法两种计算方法的平均值更接近其实际价值，因而被广泛采用[107]。

8.4.2 银川平原湿地碳汇价值的估算

银川平原湿地碳汇价值的估算采用碳税法和造林成本法结合的方式，取两种计算方法的平均值作为其碳汇价值的度量。

利用下面公式进行计算：

$$P_i=\sum_{i=1}^{n}\frac{Vi\times\frac{11}{3}\times10^{-6}\times(C_1+C_2)}{2}$$

式中，P 为银川平原湿地的碳汇价值，V 表示湿地的总碳储量，i 为湿地类型，11/3 是碳单质和 CO_2 之间的对应系数，10^{-6} 是单位转换系数，C_1 和 C_2 分别为中国造林成本法和国外碳税法所对应的碳汇价值的具体价格。

表 8-11 各种标准的碳汇、碳蓄积与固定价值

价 值	价 格	数据来源或说明	价值化方法
碳汇价值	73.9 元 /t CO_2	文献（碳汇价值 104）	中国造林成本法
	40.5\$/t CO_2	瑞典政府提议碳税率	碳税法
	25.1\$/t CO_2	文献（碳汇价值 104）	效益转化与统计
	0.1–8\$/t CO_2	芝加哥气候交易所 CCX（2003~2010 年）	市场交易价格
	8–30\$/t CO_2	欧盟排放权交易体系 EU ETS（2008~2010 年）	市场交易价格
碳固定价值	15–75\$/t CO_2	文献（碳汇价值 104）	从电厂捕获成本
	5–55\$/t CO_2	文献（碳汇价值 104）	从高纯度源捕获成本
	25–115\$/t CO_2	文献（碳汇价值 104）	从工业源捕获成本
	365\$/t CO_2	文献（碳汇价值 104）	固定碳的造林成本
碳蓄积价值	0.09~0.9 元 /(t CO_2·a)	文献（碳汇价值 104）	地质封存成本
	0.28–1.7 元 /(t CO_2·a)	文献（碳汇价值 104）	海洋封存成本
	20.5 元 /(t CO_2·a)	文献（碳汇价值 104）	固定碳的造林成本

表改自文献[104]

造林成本碳汇价值参数选取 73.9 元 /t CO_2，碳税法碳汇参数选取 40.5\$/t CO_2，40.5 \$/t CO_2 × 6.6=267.3 元 /t CO_2，6.6 为人民币对美元汇率[108]。

2000 年、2005 年、2010 年、2014 年 4 个研究年份的植被碳汇价值计算如下：

从表 8-12、8-13 可以看出，银川平原湿地碳汇价值 2000 年为 9.04 万元，其中河流湿地的碳汇价值最大，为 3.67 万元；人工湿地碳汇价值最小，为 1.02 万元。2005 年，碳汇价值减少为 6.79 万元。2000~2005 年，减少幅度相对较小，平均每年减少约 0.45 万元；河流湿地减少幅度最大，年均减少 0.32 万元，占研究区湿地总减少量的 70%。2010 年，湿地碳汇价值略有增加，为 8.70 万元。2005~2010 年，增加幅度较大，平均每年增加 0.38 万元；沼泽湿地年平均增加量最大，达 0.17 万元，占研究区湿地总增加量的 46%。2014 年，

表 8-12　2000~2014 年银川平原不同类型湿地碳汇价值　　单位:万元

年　份	2000	2005	2010	2014
河流湿地	3.67	2.09	2.82	3.94
湖泊湿地	2.64	2.94	3.13	3.40
沼泽湿地	1.70	1.15	2.02	2.24
人工湿地	1.02	0.61	0.74	2.17
各类湿地总计	9.04	6.79	8.70	11.75

表 8-13　2000~2014 年银川平原不同类型湿地碳汇价值变化量　　单位:万元

年　份	2000~2005	2005~2010	2010~2014	2000~2014
河流湿地	-1.58	0.72	1.13	0.27
湖泊湿地	0.30	0.19	0.27	0.76
沼泽湿地	-0.56	0.87	0.22	0.53
人工湿地	-0.41	0.12	1.43	1.15
碳汇总价值	-2.25	1.90	3.05	2.71

碳汇价值为 11.75 万元,2010~2014 年增加幅度较大,年均增加 0.61 万元;人工湿地增加幅度最大,达 1.43 万元,占研究区湿地总增加量的 47%。2000~2014 年,银川平原湿地碳汇价值整体呈先减少后增加的趋势,增加了 2.71 万元,年均增加 0.19 万元;其中人工湿地增加量最大,为 1.15 万元,占研究区湿地总增加量的 42%;河流湿地增加量最少,为 0.27 万元,占研究区湿地总增加量的 10%。

8.4.3 碳汇价值与经济总量的关系

从表 8-14 可以看出,2005~2014 年,银川平原地区碳汇价值与经济总量的变化趋势一致,即整体碳汇价值呈增加的趋势,经济总量也呈增加的趋势;碳汇量对经济的贡献度呈减少的趋势。表明该区在进行经济开发活动时,需要加大环境保护的力度。

表 8-14　2005~2014 年银川平原不同类型湿地碳汇价值与经济总量关系

银川平原地区	2005 年	2010 年	2014 年
经济总量(亿元)	533.60	1457.20	2543.13
碳汇价值(万元)	107.53	151.24	198.51

8.5 讨论

2000～2014年，银川平原湿地碳汇能力经历了先下降后上升的过程。2000～2005年相对碳汇能力呈下降趋势，2005～2014年呈上升趋势，2014年，湿地的碳汇能力大大增强了。主要因为2002年以来，宁夏实施了一系列湿地恢复保护工程，使湿地面积增加，植被覆盖度明显提高，湿地生物多样性增加，碳汇能力大幅提高，尤其是2014年湿地生态恢复保护工程建设效果凸显。

将银川平原湿地生态系统植被绝对碳汇能力和总碳汇能力与全球陆地植被的平均碳汇能力进行比较（见表8-15），可以看出，2000年、2005年、2010年和2014年银川平原湿地植被的绝对碳汇能力介于温带草原生物群系（4.00 t/hm^2）与热带稀疏草原和草地生物群系的碳汇能力（28.62 t/hm^2）之间。2005年银川平原湿地生态系统绝对碳汇能力（28.67 t/hm^2）与热带稀疏草原和草地的碳汇能力（28.62 t/hm^2）相当。随着湿地碳汇能力的上升，到2014年湿地总碳汇能力（49.72 t/hm^2）已高于北方森林的碳汇能力（41.61 t/hm^2），沼泽湿地的总碳汇能力（59.85 t/hm^2）与地中海式灌丛的碳汇能力（60.71 t/hm^2）相当。

将银川平原湿地生态系统绝对碳汇能力与中国主要陆地生态系统的碳汇能力比较（见表8-16），2000年、2005年和2010年银川平原湿地生态系统碳汇能力介于中国草原生态系统（21.07 t/hm^2）和森林生态系统（59.78 t/hm^2）之间；随着湿地碳汇能力的上升，2014年湿地生态系统总碳汇能力（49.72 t/hm^2）已接近中国森林生态系统的平均碳汇能力（59.78 t/hm^2）。2000～2014年14年间，银川平原湿地植被的平均碳汇能力（16.29 t/hm^2）高于中国植被合计的平均碳汇能力（13.72 t/hm^2）。2000～2014年，银川平原湿地相对碳汇能力占中国陆地平均碳汇能力上升了10.1个百分点，其中沼泽湿地植被的相对碳汇能力达到134.32%，比2000年（92.64%）增加了41.68个百分点，表明银川平原湿地的碳汇能力增强显著，湿地恢复保护成效显著。

8.6 小结

本研究提出了基于研究区现状的绝对碳汇能力和基于中国陆地生态系统平均碳汇水平的相对碳汇能力，银川平原湿地绝对碳汇能力从2000年的38.97 t/hm^{2}上升到2014年的49.72 t/hm^2，相对碳汇能力从36.63%上升到2014年的46.73%。不同类型湿地的绝对碳汇能力和相对碳汇能力排序一致，为沼泽湿地 > 湖泊湿地 > 人工湿地 > 河流湿地。14年来银川平原湿地的碳汇能力经历了先下降后上升的过程，2000～2005年碳汇能力呈下降趋势，2005～2014年呈上升趋势，其中2005～2010年上升幅度高于2010～2014

表 8–15　全球陆地生态系统植被平均碳汇能力

植被类型	面积(10^6 km^2)	总碳库(PgC)	平均碳汇能力(t/hm^2)
热带森林	17.5	340	194.29
温带森林	10.4	139	133.65
北方森林	13.7	57	41.61
地中海式灌丛	2.8	17	60.71
热带稀疏草原和草地	27.6	79	28.62
温带草原	15.0	6	4.00
沙　漠	27.7	10	3.61
合　计	149.3	652	43.67

本表参考文献[176]、[168]

表 8–16　中国主要陆地生态系统碳汇能力

生物群系	面积(10^4 km^2)	总碳库(PgC)	平均碳汇能力(t /hm^2)
森　林	124.8	75.20	59.78
草　原	33.41	7.04	21.07
灌草丛	178	18.9	10.62
农　田	108	—	—
植被合计	736.8	101.1	13.72
土壤合计	736.8	58.11	7.89

本表参考文献[176]

年，2014 年湿地的碳汇能力大幅增强。2014 年，银川平原湿地总碳汇能力已接近中国森林的平均碳汇能力，表明银川平原湿地的碳汇能力增强显著，湿地恢复保护成效显著。

采用基于 IPCC 规则的库—差别法对银川平原湿地碳汇量进行测评，结果表明，2000 ~ 2014 年银川平原湿地的碳汇量为 3.88 t/hm^2，碳汇量经历了先下降后上升的过程。2000 ~ 2005 年碳汇量呈下降趋势；2005 ~ 2014 年呈上升趋势，其中 2010 ~ 2014 年上升幅度较大。2000 ~ 2014 年湿地土壤的碳汇量是植被碳汇量的 2 倍左右。不同类型湿地的碳汇贡献量排序为：沼泽湿地 > 湖泊湿地 > 人工湿地 > 河流湿地，与绝对碳汇能力的变化一致。

2000 ~ 2014 年，四类湿地固碳释氧量均出现了先减少后增加的趋势，整体上呈增加趋势。固碳量增加了 199.21×10^4 t，年平均增加 14.23×10^4 t；释氧量增加了 43.82×10^4 t，年均增加 3.13×10^4t。固碳释氧量分别增加 37.68%和 38.21%。不同类型湿地固碳释氧量排序为：河流湿地 > 湖泊湿地 > 沼泽湿地 > 人工湿地。银川平原湿地固碳释氧量空间差异很大，其空间分布趋势整体上中部和西南地区较高，西部和东南部地区较低。固碳释氧量低值区主要分布在植被覆盖率较低的东南部灵武市和东北部惠农区。高值区主要在银川平原中部的平罗县、贺兰县和银川市的兴庆区，这里湿地广布，湿地植被覆盖率较高，固碳释氧量较高。2000～2014 年，固碳释氧价值高值区增加比较明显的区域分布在的中部的平罗县和贺兰县。2000～2014 年，7 个重点湿地固碳释氧量呈增加的趋势。

第九章　基于评估结果的湿地增汇途径与对策建议

湿地生态系统是地球上重要的有机碳库，湿地影响着重要温室气体 CO_2 和 CH_4 的全球平衡[104]。湿地生态系统的源/汇地位取决于植物光合作用的碳吸收与呼吸作用的碳释放之间的平衡，即湿地是温室气体的源还是汇主要取决于 CO_2 净汇与 CO_2 和 CH_4 释放之间的平衡。由于湿地植被类型、地下水位和气候等方面的影响，温度和水文周期变化也会改变碳吸收与碳释放之间的平衡，不同类型湿地的碳循环和 CO_2、CH_4 碳释放存在很大的差异。研究表明，多数湿地 CO_2 固定量都远高于 CH_4 的释放量，是 CO_2 的净汇，是平衡大气中含碳温室气体的贡献者。

银川平原湿地生态系统碳汇量是指区域内不同类型湿地生态系统碳储量增量的总和。植被通过光合作用固定大气中 CO_2 是湿地碳库增加的主要途径。研究湿地生态系统碳汇功能的评估方法，发展湿地增汇生态途径和增汇措施，为提升区域生态系统碳汇能力提供理论基础和科学依据。

9.1 银川平原湿地生态系统增汇途径

银川平原湿地生态系统碳汇能力评估的结果表明，银川平原湿地生态系统在不同的阶段，其植被生产力和碳积累的动态过程不同。因此，以生态系统演替理论、生态发展理论、碳汇理论、生态系统管理理论等相关理论为基础，提出银川平原湿地生态系统的两种增汇途径，即基于生态过程的碳增汇途径和基于人为活动的碳增汇途径。

9.1.1 基于生态过程的增汇模式

应对气候变化的碳管理的主要思路是，通过人为调控增强生态系统碳汇功能、吸收 CO_2，以减缓气候变化进程[21]。于贵瑞等研究认为，通过改善自然和人为措施的生态调控、增强人为的生态过程管理可能增加碳汇[58]。湿地生态系统的碳汇能力与生态系统结构及其稳定性密切相关。若湿地生态系统受到胁迫或发生退化，则湿地生态系统的固碳能力会降低；湿地生态恢复与保护工程能使湿地生态系统具有长期的、稳定的碳汇效应。

9.1.1.1　改善湿地生态环境，提升湿地植物种群的光合能力

合理控制湿地植物种群的组成、结构和演化动态，改善湿地植物的生存和生产环境，

增强湿地植物种群光合能力。通过合理的措施，改良湿地物种，改善湿地植物生境，对湿地植物群落组成和结构进行优化配置，同时利用生态位分化原理和互补效应等提高湿地生态系统生产力，提高湿地生态系统光合能力，增加湿地生态系统碳输入水平。针对湿地生态系统的限制因子，调控氮、磷含量，改善生态系统养分状况，提高生态系统生态生产力，增加有机质输入与归还，提高生态系统有机碳储量。如适度放牧以增加牛粪和羊粪的返还量，芦苇秸秆焚烧等，直接通过输入有机质来增加土壤碳汇，进而提高生态系统的生产力，实现湿地生态系统的增汇目的。此外，根据植物生长的特点对湿地生态系统逐步进行调整，保证湿地生态系统的完整与健康。对于一年生植物，由于其生长周期较短，碳固定和生物量积累量会更多。因此，可由一年生草本植物转变为多年生草本植物亦或由草本植物升级为调节功能更强的木本植物等。

9.1.1.2 优化湿地管理模式，提高湿地生态系统的固碳能力

生态系统生产力水平往往比气候和土壤限制下的生产力水平低很多，主要原因是生态系统管理水平的差距，这会限制生态系统自然固碳潜力的发挥。通过生态系统管理水平的提高增加生态系统固碳潜力必将成为应对气候变化的重要途径，是必须给予高度重视的碳汇[60]。根据湿地生态系统独有的特性，通过合理建设、利用和保护湿地，优化区域湿地生态管理模式，提高区域湿地生态系统的碳固持总量、持续性和稳定性。根据景观生态学原理，遵循可持续性原则、景观多样性原则和资源有效利用原则等，合理配置各类湿地利用的规模和强度，加强湿地和生物多样性的保护，减少人类活动对湿地碳蓄积的干扰，如减少植被采集、采伐，减少工农业污水排放，适度放牧等，从而提升湿地生态系统的碳汇能力。

9.1.2 基于人为活动的增汇模式

人为增加陆地碳汇功能的理论基础是人为措施影响下的生态系统固碳速率与潜在自然固碳速率之间存在较大的差距[60]。人为活动的增汇主要是指人为活动影响下的土地利用 / 覆被状态的变化而增加的碳汇，即通过人为活动采取一些措施来减小各种限制因子对生态系统固碳潜力的制约，以提高生态系统固碳速率和潜力水平。

9.1.2.1 以保护境内黄河河流水体为主，保证湿地用水安全

以黄河河流水体为主体的河流湿地分布区是该区水资源供给的重要组成部分。保护以黄河为主体的河流水体，严格按照国家制定的水资源分配量，合理调配水资源，积极推行节约用水，大力发展集水、节水农业，增加境内湿地水量，保证湿地保护区用水安全。

9.1.2.2 以保护湿地及珍稀鸟类为主，发挥湿地自我修复能力

湿地开垦、过度利用等一系列人为活动是湿地生态系统退化的重要原因，同时也会

造成大量的碳损失。通过退田还湖、控制放牧强度、实施湿地恢复与保护工程等措施,合理保护湿地生态系统,恢复退化的湿地,是增加区域湿地生态系统碳汇功能的重要途径。银川平原境内湿地分布较广,且植物丛生,水质较好,气候适宜,是众多鸟禽的良好栖息地。因此,在生态演替理论的基础上,依靠湿地的自我修复能力,辅以适当的人为管理措施,如种植湿地植被、建立合理利用和抚育制度,恢复和保护湿地生态系统的内部结构与生态功能,提高湿地生态系统的生物多样性,提高湿地生态系统生产力,增加生态系统碳储量。

9.1.2.3 以合理利用湿地资源为主,建立人工湿地

湿地开垦,围湖造田等措施,增加了湿地生态系统的碳损失。湿地是一个巨大的碳库和碳汇,但不合理的利用方式使湿地由碳汇转变为碳源。银川平原境内类型湿地多样,水域面积较大,水质较好,野生动植物资源丰富。因此,在保护野生动植物的前提下,有计划地开发利用湿地资源,建立人工湿地是实现湿地增汇的重要途径。对于水质较差、污染比较严重的湿地,考虑建立人工湿地,即人为设计用于处理污水,具有低投入、高效率的脱氮除磷纳污工艺,确保湿地水质。对于湖泊和沼泽湿地,可建立塘—人工湿地、河道二级人工湿地—净化湖净化系统以及渗滤沟等工程设施;对于河流湿地,可建立集中污染河水处理厂,采用生物膜等工艺,达到水体自身净化的目的,以提高湿地生态系统生产能力,实现湿地生态系统增汇的目的。

9.2 银川平原湿地生态系统增汇措施

9.2.1 采取综合措施,缓解水资源紧缺压力

随着经济社会的高速发展,水资源短缺的矛盾必将日益突出,宁夏要加强对西北水资源的战略研究,制定具有前瞻性的发展规划和水资源的应急预案。要探索地区经济社会可持续发展的模式。要建立水资源和生态检测体系,科学计算宁夏生产、生活和生态用水量,为了防止引黄水减少和农业产业结构调整对生态环境造成不可逆转的影响,国家应当在宁夏等灌区建设生态环境检测体系,随时检测生态环境的变化,并加强湿地和生物多样性的保护措施。要加强对农业节水技术的推广应用,进一步减少对黄河水资源的消耗。要加大对环保技术及设施的投资,减少工业废水、生活污水排放,减低对现有的水资源、湿地及生物多样性的破坏。

9.2.2 加强组织领导,完善湿地保护管理体制

湿地保护与建设是一项牵涉面广、协调难度大的系统工程,湿地保护涉及发展改革、财政、规划、环保、水务、农业、国土等多个部门,需要各级党委、政府对湿地保护与建设工

作的高度重视，及时协调解决涉及相关行政主管部门的有关配合问题，建立有效的协调机制，明确各部门的职责，充分发挥部门协作配合的合力。

9.2.3 积极开展湿地科学研究

银川平原湿地的保护与建设，离不开科学研究的支撑与指导。为此，政府部门应该在政策、资金、项目等方面支持相关科研单位，设立湿地保护和科研专项基金，在开展湿地资源清查的基础上，建立湿地监测站，对湿地的动态变化进行长期监测。同时，联合相关科研单位，探索建立宁夏湿地碳汇信息库和湿地气候变化模型，制订湿地生态风险评估方案，提高湿地保护与管理科学性和可行性。

9.2.4 建立湿地生态效益补偿机制

多因素协同作用导致的生态环境退化，已引起全社会的关注。《中共中央挂于构建社会主义和谐社会若干重大问题的决定的实施意见》中指出，"着力解决资源开发造成的生态环境破坏问题，坚持谁开发，谁保护，谁受益，谁补偿，加快建立生态补偿机制"。宁夏作为西部经济最不发达省区之一，虽然地方财力十分薄弱，但仍然坚持不懈地大力开展了生态建设，并在生态补偿方面进行了有益的探索。银川平原地区的湿地补偿处于试点阶段，石嘴山星海湖湿地、吴忠黄河滨河湿地已于 2011 年开始开展湿地生态补偿试点，财政部为两处湿地分别安排 300 万元和 400 万元的经费，用于科研监测体系、宣传教育体系和保护管理系统建设。

银川平原地区要在总结以往经验的基础上，建立覆盖全区域的生态补偿机制。重点开展湿地保护、黄河干流水资源生态补偿试点示范，探索建立跨省区下游受益省市对上游省市生态环境建设的生态补偿制度；加强基础研究工作，完善重点领域生态补偿标准体系；创新投融资体制，建立多层次和多元化生态补偿体系；积极向国家有关部门建议建立湿地生态效益补偿机制，包括湿地资源补偿原则、湿地恢复和流域水环境保护的生态补偿机制、水权有偿转换机制、湿地系统碳汇补贴原则等一系列有利于湿地保护与可持续利用的管理机制。

9.2.5 提高公众对湿地的认识

深入开展世界湿地日、野生动物保护月等活动，加大湿地保护的法制宣传，开展内容丰富、形式多样的宣传教育活动，大力宣传有关湿地保护与湿地资源可持续利用方面的知识，提高公众对湿地和湿地保护重大意义的认识。加强湿地保护宣传和教育，树立全社会湿地资源保护和持续利用意识，增强全民的湿地保护责任感和使命感，让广大民众切身认识湿地与生存发展息息相关，进一步调动群众参与湿地建设的积极性。

第十章　结论和尚需进一步研究的问题

10.1 主要结论

湿地生态系统具有很强的碳汇能力，在全球碳循环中占有重要地位。本文以银川平原湿地生态系统为研究区域，以生态系统演替理论、生态系统管理理论、碳汇理论等为理论指导，选择银川平原湿地恢复与保护工程实施前期（2000年）、中期（2005年，2010年）和近期（2014年）4期TM影像，在分析总结前人研究的基础上，采用野外调查采样、实验室测定和“3S”技术及模型构建相结合的方法，对研究区四类湿地生物量、植被碳含量、土壤碳含量及碳密度、碳储量的动态变化进行分析，并对其分布进行等级划分，在此基础上进行碳汇能力评估。本研究成果为该区域碳汇功能动态监测、促进区域湿地碳循环、提升区域碳汇能力提供理论与方法创新，同时为我国旱区湿地碳汇功能研究提供科学依据和理论指导，本研究对进一步研究全球气候背景下的湿地碳动态测评具有参考意义。本研究主要结论如下：

通过分析多个遥感因子与实测生物量之间的相关性，构建了银川平原河流、湖泊、沼泽、人工湿地植被生物量、植被碳含量、土壤碳含量最优RS-MLRM（遥感多元线性回归估测模型）。通过对四类湿地RS-MLRM精度进行检验，结果显示，RS-MLRM具有较高的反演精度和预测能力，其模型显著性检验为极显著，比传统的RS-LAIM（基于叶面积指数的一元回归遥感估测模型）具有更高的精度和可靠性，可以估测研究区湿地生物量、植被碳含量和土壤有机碳含量。

2000～2014年，银川平原湿地生物量等级分布呈现先减少后上升的过程，经历了由不平衡—平衡发展过程，趋向平衡方向发展。不同类型湿地的多年平均生物量排序为：沼泽湿地>湖泊湿地>人工湿地>河流湿地，且年际波动存在较大差异。生物量分布存在较大的空间差异，呈现出中部和西南部地区较高、北部低的分布规律，中部的稳定性较高，7个重点湿地生物量变化与银川平原湿地变化基本一致。

2000～2014年，银川平原湿地储碳等级分布呈现由不均衡至均衡的发展。2014年，低储碳等级斑块面积减少，高储碳等级斑块面积增加。植被碳含量和土壤有机碳密度均呈现先减少后增加的趋势，呈现出碳汇集的现象。不同类型湿地的碳储量年际波动存在较大差异，空间分布整体上中部地区和西南部地区较高，东北部地区较低。7个重点湿地碳储量变化与银川平原湿地变化基本一致。多年平均植被碳含量的波动范围为891.54～1629.49 gC/m^2，均值为1174.31 gC/m^2，CV(变异系数)为29.42%；土壤碳密度的波动范围为2913.58～3342.29 g/m^2，均值为2461.03 g/m^2，CV为27.39%。银川平原湿地以土壤碳含量和碳密度最大，其土壤碳密度约是植被碳总含量的1.27倍，是银川平原湿地的主要碳储存载体，在银川平原湿地碳循环中具有重要的地位和作用。银川平原湿地碳储量分布与植被生物量密切相关，植被生物量高的区域，总碳储量也较高，与植被生物量空间分布呈现相似的特征。

本文提出绝对碳汇能力和相对碳汇能力两个概念。同时从绝对碳汇能力、相对碳汇能力、基于IPCC规则的库—差别法的碳汇量测评及固碳释氧量4个方面对2000～2014年银川平原湿地的碳汇能力进行了评估。结果表明，2000～2014年，银川平原湿地的碳汇能力经历了先下降后上升的过程。2000～2005年，碳汇能力呈下降趋势；2010～2014年，呈上升趋势。2014年，湿地的碳汇能力提升明显。2000～2014年，湿地土壤的碳汇量是植被碳汇量的2倍左右。不同类型湿地的绝对碳汇能力和相对碳汇能力变化一致，为沼泽湿地 > 湖泊湿地 > 人工湿地 > 河流湿地。7个重点湿地碳汇能力为：青铜峡库区 > 吴忠黄河湿地 > 沙湖 > 黄沙古渡 > 星海湖 > 阅海 > 鸣翠湖，其4个时期碳汇能力变化与银川平原湿地基本一致。2014年，研究区湿地碳汇能力已接近中国森林的平均碳汇能力，湿地碳汇能力增强显著，这表明湿地恢复与保护成效显著。

综上所述，基于RS-MLRM，2000～2014年银川平原湿地的碳汇能力经历了先下降后上升的过程，2014年湿地的碳汇能力提升明显，湿地恢复与保护工程效果显著。从四类湿地的碳汇量贡献来看，沼泽湿地的碳汇量贡献最大，其次为湖泊湿地，人工湿地和河流湿地的碳汇量贡献较小；从湿地碳汇量组成来看，植被碳汇增加，土壤碳汇量减少。因此，建议今后在湿地恢复与保护工程实施过程中，加大沼泽湿地和湖泊湿地的恢复与保护力度，尤其要加大植被恢复力度，相应减少人工湿地的面积，促进湿地生态系统向着健康方向发展，以提高湿地碳汇能力。

10.2 尚需进一步研究的问题

本研究的估算结果虽在一定程度上反映了四类湿地的生物量水平，但仍存在不确定性和相应的误差。如，采用典型样地—样方调查的生物量与遥感因子拟合生物量方法建立遥感估测模型，估测研究区湿地生物量，受遥感影像空间分辨率及解译精度的影响，植被面积存在一定不确定性。

在今后进行湿地生态系统碳储量估测时，应采用高分辨率影像，针对不同的植被类型和土壤类型，并结合植物生理过程参数和理化性质及土壤理化性质联用方法，以提高湿地生物量估测的准确性。估测大中尺度生物量时，可采用遥感 RS 进行动态监测、构建基于植被生长过程的 RS 反演模型等多种方法相结合进行估测，使湿地生物量估测的精度更高。

参考文献

[1] 国家发展和改革委员会能源研究所课题组.中国2050年低碳发展之路——能源需求暨碳排放情景分析.北京:科学出版社,2009,21~23

[2] 政府间气候变化专门委员会（IPCC).2006年国家温室气体清单指南. 日本叶山:IPCC /OECD /IEA/IGES,2006

[3] 刘学谦,杨多贵,周志田.可持续发展前沿问题研究.北京:科学出版社,2010,55~65

[4] 宋洪涛,崔丽娟,栾军伟,等.湿地固碳功能与潜力.世界林业研究,2011,24(6):6~11

[5] 米楠,卜晓燕,米文宝.宁夏旱区湿地生态系统碳汇功能研究.干旱区资源与环境,2013,27(7): 52~55

[6] 郭小伟,韩道瑞,张法伟,等.青藏高原高寒草原碳增贮潜力的初步研究.草地学报,2011,19(5):740~745

[7] 徐志伟,肖荣波,邓一荣,等.广州海珠湖城市湿地CO_2通量特征.应用与环境生物学报,2016,22(1):13~19

[8] 史小红,赵胜男,李畅游,等.呼伦贝尔市湿地碳储量及分配格局研究.生态科学,2015,34(1):110~118

[9] 李新琪.新疆艾比湖流域平原区景观生态安全研究.(博士学位论文).上海:华东师范大学,2008

[10] 杜占池,樊江文,钟华平.草原、草地与牧地辨析.草业与畜牧,2009(7):1~7

[11] 中华人民共和国农业部畜牧兽医司,全国畜牧兽医总站.中国草地资源.北京:中国科学技术出版社,1996

[12]《中国资源科学百科全书》编辑委员会.中国资源科学百科全书. 北京:中国大百科全书出版社,石油大学出版社,2000

[13] 章祖同,刘起.中国重点牧区草地资源及其开发利用.北京:中国科学技术出版,1992

[14] 王栋.草原管理学.南京:畜牧兽医图书出版社,1955

[15] 任继周,胡自治,牟新待,等.草原的综合顺序分类法及其草原发生学意义.中国

草原,1980(1): 12~24,38

[16] 任继周.草地资源管理的原则札记.中国畜牧兽医,2004,31(1):3~5

[17] 中国植被编辑委员会(主编:吴征镒).中国植被.北京:科学出版社,1980

[18] 胡自治.草原分类学概论.北京:中国农业出版社,1997

[19] 陆健健,何文珊,童春富,等.湿地生态学.北京:高等教育出版社,2006

[20] Willian J. Mitsch. *Protecting the world´s wetlands: threats and opportunities in the 21st century*.In A. J. MCCOMB, J. A. Davis. eds. Wetlands for the future. Adelaide: Gleneagles Publishing. 1998.

[21] 吕宪国.湿地生态系统保护与管理.北京:化学工业出版社,2004

[22] 吕宪国,等.湿地生态系统观测方法.北京:中国环境科学出版社,2005

[23] 王翀,林慧龙.中国内陆天然湿地的类型特征及分布规律——I 类的划分.草业学报,2012(1):262~272

[24] 牛振国,张海英,王显威,等.1978~2008 年中国湿地类型变化.草业学报,2012,57(16): 1400~1411

[25] 吴征镒.中国植被,1980

[26] 陈佐忠等.中国草地生态系统分类初步研究.草地学报,2002,10(2):81~86

[27] 辛有俊,吴阿迪,辛玉春.青海省天然草地类型与分类系统.青海草业,2012,2(2):45~49

[28] 李玉凤,刘红玉.湿地分类和湿地景观分类研究进展.湿地科学,2014,12(1):56~61

[29] 倪晋仁,殷康前,赵智杰.湿地综合分类研究: I 分类.自然资源学报,1998,13(3):12~16

[30] 唐小平,黄桂林.中国湿地分类系统的研究.林业科学研究,2003,16(5):531~539

[31] 宁夏回族自治区林业局.宁夏回族自治区湿地资源调查报告.2010

[32] 李卫军,高辉远,徐江.不同生长型芦苇与土壤水盐相关的研究.中国草地,1995(6) : 20~23

[33] 王庆基,宋民.沙打旺青贮和半干青贮饲料的调制.内蒙古草业,1998(1):43~48

[34] 高玉龙. 宁夏地区湿地资源——芦苇在畜牧业生产中的应用前景. 北京农业,2015(4):4~5

[35] 艾尼瓦尔·艾山,赵光伟.新疆芦苇资源现状及其作为饲草开发的初探.草地资源,2008(11):19~23

[36] 徐伟伟,王国祥,刘金娥.温带湖泊周边湿地原生草地与人工林土壤碳释放差异性分析.海洋科学进展. 2012,30(1):33~38

[37] 杨继松,刘景双,孙丽娜,等.三江平原草甸湿地土壤呼吸和枯落物分解的 CO_2 释放.生态学报,2008,28(2): 181~187

[38] 陈全胜,李凌浩,韩兴国,等.水热条件对锡林河流域典型草原退化群落土壤呼吸的影响.植物生态学报,2003,27(2): 202~209

[39] 对温带湖泊湿地人工林和原生草地土壤碳通量的研究. 生态环境学报,2013,22(4)

[40] 杨林平,靳彩芳,武高林.黄河首曲湿地功能区草地畜牧业经营现状及发展对策.草业科学,2008,25(7):45~51

[41] 金良, 姚云峰. 草地类自然保护区及其在中国的发展. 干旱区资源与环境,2008,22(3): 31~36

[42] 贾若祥,侯晓丽.我国限制开发区域的类型、特征、地位和作用.宏观经济研究,2006 (12):12~16

[43] 刘景双,等.湿地生态系统碳、氮、硫、磷生物地球化学过程.北京:中国科学技术出版社,2013

[44] 陈泮勤,等.中国陆地生态系统碳收支与增汇对策.北京:中国科学出版社,2008

[45] 于洪贤,黄璞祎.湿地碳汇功能探讨:以泥炭地和芦苇湿地为例.生态环境,2008,17(5):2103~2106

[46] 董恒宇,云锦凤,王国钟,等.碳汇概要.北京:科学出版社,2012

[47] 闫学金,傅国华.海南碳汇研究初探.热带林业, 2008,36(1):3~6

[48] 辞海.上海:上海辞书出版社,1979:2025~2027

[49] 李玉强,赵哈林,陈银萍.陆地生态系统碳源与碳汇及其影响机制研究进展.生态学杂志,2005,24(1):37~42

[50] 于贵瑞,王秋凤, 刘迎春,等.区域尺度陆地生态系统固碳速率和增汇潜力概念框架及其定量认证科学基础。地理科学进展,2011,30(7):772~787

[51] 张莉, 郭志华, 李志勇. 红树林湿地碳储量及碳汇研究进展. 应用生态学报,2013,24 (4): 1153~1159

[52] 董明辉.洞庭湖区湿地生态农业资源持续开发研究.生态农业研究,2004,8(4):79~82

[53] 马学慧,等.中国泥炭地碳储量与碳排放.北京:中国林业出版社,2013

[54] 傅国斌,李克让.全球变暖与湿地生态系统的研究进展.地理研究,2001(2):120~128

[55] 陈宜瑜,吕宪国.湿地功能与湿地科学的研究方向.湿地科学,2003(9):7~12

[56] 黎明,李伟.湿地碳循环研究进展.华中农业大学(硕士论文),2009(2):116~124

[57] 杨永兴.国际湿地科学研究的主要特点进展与展望.地理科学进展,2002,21(2):111 ~120

[58] JEAN L M, PIERRE R. *Production, oxidation, emission and consumption of methane by soils:A review*.European Journal of Soil Biology.2001,37(1):25~50

[59] 韩爱惠.森林生物量与碳储量监测方法研究(博士学位论文).北京林业大学,2009

[60] 湿地国际组织中国办事处.湿地保护与全球变暖.环境经济杂志,2007(42):25~27

[61] 于贵瑞,孙晓敏.陆地生态系碳通量观测技术及时空变化特征.北京:科学出版社,2008

[62] 米楠,米文宝.生态恢复与重建的新理论——生态发展.宁夏大学学报(自然科学版),2009,3(2):193~197

[63] 董恒宇.携手拯救地球家园——碳汇理论研究及其意义.群言,2011(5):35~37

[64] 贾卫国,聂影,薛建辉.碳循环理论对生态调节税费政策实施的作用.林业经济问题,2004,24(1):1~5

[65] 任海, 邬建国, 彭少麟, 等. 生态系统管理的概念及其要素. 应用生态学报,2000,11 (3) :455~458

[66] Wood, Roland. *Coastal Management in the World Bank.World bank Sector and Operation Policy*. Marine/Enriron.Paper,1992(1),Washington,D.C.

[67] 郑景明,曾德慧,姜凤岐.森林生态系统的价值及其评估.沈阳农业大学学报,2002,33(3):223~227

[68] 梅雪英,张修峰.长江口典型湿地植被储碳、固碳功能研究——以崇明东滩芦苇为例.中国生态农业学报,2008,16(2):269~272

[69] 索安宁,赵冬至,张丰收.我国北方河口湿地植被储碳、固碳功能研究——以辽河三角洲盘锦地区为例.海洋学研究,2010,28(3):67~71

[70] Ding WX, Cai Z C, Haruo T. *Methane concentration and emission as affected by methane transport capacity of Plants in freshwater marsh*. water, Air and soil Pollution,2004,158: 99~111

[71] Bridgham S D, Megonigal J P, Keller J K, et al. *The carbon balance of North American wetlands*.Wetlands,2006,26(4):889~916

[72] Roulet N T, Lafleur P M, Richard P J H, et al. *Contemporary carbon balance and late Holocene carbon accumulation in a northern peatland*. Global Change Biology,2007,13(2):397 ~411.

[73] Bernal B, Mitsch W J.*A comparison of soil carbon pools and profiles in wetlands*

in Costa Rica and Ohio. Ecological Engineering,2008,34(4):311~323

[74] 李博,刘存歧,王军霞,张亚娟.白洋淀湿地典型植被芦苇储碳固碳功能研究.农业环境科学学报,2009,28(12):2603~2607

[75] 田应兵,熊明彪,宋光煌.若尔盖高原湿地生态系统恢复过程中土壤有机质的变化研究.湿地科学,2004,2(2):58~93

[76] 刘晓辉,吕宪国.三江平原湿地生态系统固碳功能及其价值评估.湿地科学,2008(2): 212~217

[77] 王汉杰,刘健文.全球变化与人类适应.北京:中国林业出版社,2008

[78] 于泉洲,张祖陆,吕建树,等.1987~2008 年南四湖湿地植被碳储量时空变化特征.生态环境学报,2012,21(9):1527~1532

[79] ZhangY, LIC, TrettinCC, et al. *Modelling soil carbon dynamics of forested wet-land. SylnPosum Carbon Balanee of Peatland Sponsor.* Intemational Peat Society,1999

[80] Parish F,LOOI C C.*Wetlands,biodiversity and clmate change.Opnions and needs fro enhanced linkage between the Ramsar conventions on wetland.*Convention on biological diversity and UN framework conventi on on climate change.Tokio,1999

[81] 段晓男,王效科,等.中国湿地生态系统固碳现状和潜力.生态学报,2008,2(28):463~464

[82] Crill M P,Bartlett K B,Harriss R C,et al.*Methane flux from Minnesota Peatlands.* Global Biogeochem Cycles,1988(2):371~384.

[83] Aselmann I,Crutzen P J.*Global distribution of natural freshwater wetlands and rice paddies, their net primary productivity*,seasonality andpossible methane emissions.Journal of Atmosphere Chemistry, 1989,8(4):307~358

[84] 马学慧,吕宪国,杨青,等.三江平原沼泽地碳循环初探.地理科学,1996,16(4):323~330

[85] 李孟颖.全球气候变化背景下湿地系统的碳汇作用研究——以天津为例.中国园林,2010(6): 27~30

[86] 李鸿鹄.扎龙湿地碳汇功能研究(硕士学位论文).哈尔滨:东北林业大学,2013

[87] 吕铭志,盛连喜,张立.中国重点湿地生态系统碳汇功能比较.湿地科学, 2013,11(1): 114~120

[88] Penman J, Kikan CKSK, Hiraishi T,et al.*Good Practice Guidance for Land Use, Land~use Change and Forestry.*Kanagawa Japan: Institute for Global Environmental Strate-gies for the IPCC,2003

[89] 张桂芹,王兆军.基于 3S 的济南湿地资源调查及碳汇功能研究.环境科学与技

术,2011,34(12):212~216

[90] 郑姚闽,张海英,牛振国,等.中国国家级湿地自然保护区保护成效初步评估.科学通报,2012,57(4):207~230

[91] Buffam I, Turner MG, Desai A,et al. *Integrating aquatic and terrestrial components to construct a complete carbon budget for a north temperate lake district*[J].Global Change Biology, 2011(17):1193~1211

[92] 崔丽娟,马琼芳,宋洪涛,等.湿地生态系统碳储量估算方法综述.生态学杂志,2012,31 (10): 2673~2680

[93] 乔婷.东洞庭湖湿地碳含量遥感反演研究(硕士学位论文).北京:中国林业科学研究院,2013

[94] 朴世龙, 等. 利用CASA模型估算我国植被净第一性生产力. 植物生态学报,2001,25(5): 603~608

[95] Whittaker R H,Likens G E,Lieth H,et al.*Primary Productivity of the Biosphere*. New York: Springer Verlag,1975:305~328

[96] Sehlesinger W H. Carbon balance in terrestrial detritus. Ann Rev Eco lSyst,1977,8: 51~81

[97] 周涛,史培军,罗巾英,等.基于遥感与碳循环过程模型估算土壤有机碳储量.遥感学报,2007,11(1):127~136

[98] 张文菊,童成立,吴金水,等.重点湿地生态系统碳循环模拟与预测.环境科学,2007,28 (9):1905~1911

[99] 马琼芳.若尔盖高寒沼泽湿地生态系统碳储量研究(博士学位论文).北京:中国林业科学研究院,2013

[100] 苗正红,王宗明.1980~2010年三江平原土壤有机碳储量动态变化(博士学位论文). 沈阳:中国科学院东北地理与农业生态研究所,2013

[101] 卜晓燕,米文宝,许浩,等.宁夏平原不同类型湿地土壤碳氮磷含量及其生态化学计量学特征.浙江大学学报(农业与生命科学版),2016,42(1):107~118

[102] 张雪妮,吕光辉,贡璐.艾比湖湿地自然保护区土壤碳库研究(硕士学位论文).乌鲁木齐:新疆大学,2011

[103] 闫明,潘根兴,李恋卿,等.中国芦苇湿地生态系统固碳潜力探讨.中国农学通报,2010,26(18):320~323

[104] 林光辉,卢伟志,陈卉.红树林湿地生态系统碳库及碳汇潜力的时空动态分析.中国第五届红树林学术会议论文摘要集,2011,6

[105] 庄洋.内蒙古天然河湖湿地固碳潜力评估及碳汇交易机制探讨.呼和浩特:内蒙

古大学,2013

[106] 李自明.重点湿地生态系统中植物碳汇潜力研究(硕士学位论文).杭州:浙江农林大学,2013

[107] 于婷.以芦苇为例:湿地植物碳汇经济价值分析.经济研究导刊,2011(2):259~260

[108] 张金波，宋长春，杨文燕. 沼泽湿地垦殖对土壤碳动态的影响. 地理科学，2006,26(3): 340~344

[109] 苏艳华,黄耀.湿地垦殖对土壤有机碳影响的模拟研究.农业环境科学,2008,27(4): 1643~1648

[110] 刘子刚. 湿地生态系统碳储存和温室气体排放研究. 地理科学,2004,24(5):634~639

[111] 孟伟庆,吴绽蕾,王中良.湿地生态系统碳汇与碳源过程的控制因子和临界条件.生态环境学报, 2011,20(8):1359~1366

[112] 李爽.洪河自然保护区湿地植被地上生物量遥感估算研究(硕士学位论文).北京:首都师范大学,2009

[113] 徐松浚,李亮宇,赵艳,等.中国森林碳汇研究进展.广东农业科学,2014(4):218~222

[114] 李延峰,毛德华,王宗明.双台河口国家级自然保护区芦苇叶面积指数遥感反演与空间格局分析.湿地科学,2014,28(2):33~38

[115] 刘钰.九段沙植被分布碳汇功能评估.上海:华东师范大学,2013

[116] 梅安新,彭望球,秦其明,等.遥感导论.北京:高等教育出版社,2001

[117] 牛铮,王长耀.碳循环遥感基础与应用.北京:科学出版社,2008:32~34

[118] 宋挺,段峥,刘军志,等.Landsat 8 数据地表温度反演算法对比.遥感学报,2015(3): 452~464

[119] 古丽给娜·塔依尔江等.基于表观反射率的植被指数遥感监测.新疆农业科学,2010,47 (9): 1828~1831

[120] 徐涵秋,唐菲.新型 Landsat 8 卫星影像的反射率和地表温度反演. 地球物理学报,2013,33 (11):3249~3257

[121] 韦玉春,黄家柱. Landsats 图像的增益、偏置取值及其对行星反射率计算分析.地球信息科学,2006,8 (1):111~113

[122] 马建林，何彤慧. 银川平原湿地的初步研究. 宁夏大学学报（自然科学版），2002,23(4): 377~380

[123] 刘红玉,李玉凤,曹晓,等.我国湿地景观研究现状、存在的问题与发展方向.地

理学报,2009,11(15):18~23

[124] 白林波,白明生,石云.基于RS与GIS的银川市湿地景观变化研究.水土保持研究,2011,18(4):79~80

[125] 李明诗,谭莹,潘洁,等.结合光谱、纹理及地形特征的森林生物量建模研究.遥感信息,2006,12(30):21~26

[126] 牟乃夏,刘文宝. ArcGIS10.0.北京:测绘出版社,2012

[127] 汤国安,杨昕. ArcGIS地理信息系统空间分析实验教程.北京:科学出版社,2012

[128] 汪一鸣.银川平原湖沼的历史变迁与今后利用方向.干旱区资源与环境,1992,3(1): 47~56

[129] 卜晓燕,米文宝.塞北湖城建设初步研究.干旱区资源与环境,2010,25(2):276~282

[130] 卜晓燕,齐拓野,米文宝.基于TM影像的银川平原湖泊湿地景观空间格局动态演化研究.环境保护前沿,2012(2):57~63

[131] 汪一鸣.宁夏人地关系演化研究.银川:宁夏人民出版社,2005,10:76~89

[132] 汪一鸣.宁夏平原湿地保护、利用的经验教训.干旱区资源与环境,2004,18(6):47~57

[133] 程志.银川平原沟渠湿地高等植物多样性及影响因素研究(硕士学位论文).银川:宁夏大学,2011

[134] 赵永全,何彤慧,程志,等.银川平原湿地常见植物种间关系研究.干旱区研究,2013,30(5):838~844

[135] 中国科学院网址:http://www.cas.cn/kxcb/kpwz.shtml,2012

[136] 赵英时.遥感应用分析原理与方法.北京:科学出版社,2003

[137] 赵宪文,李崇贵.基于3S的森林资源定量估测.中国科学技术出版社,2001

[138] 陈述彭,赵英时.遥感地学分析. 北京:测绘出版社,1990

[139] 姜青香,刘慧平,孔令彦.纹理分析方法TM图像信息提取中的应用.遥感信息,2003(4): 24~27

[140] 张楼香,阮仁宗,夏双.洪泽湖湿地纹理特征参数分析.国土资源遥感,2015,27(1): 75~80

[141] 徐建华.现代地理学中的数学方法.北京:高等教育出版社,2011

[142] 吴天君,张曦文,赫晓慧.基于CBERS的黄河湿地生物量反演研究.测绘与空间地理信息,2012,35(5):19~27

[143] 高明亮,赵文吉,宫兆宁,等.基于环境卫星数据的黄河湿地植被生物量反演研

究. 生态学报,2013,33(2) : 542~553

[144] Chen J M, Black T A. *Defining leaf-area index for non-flat leaves*. Plant Cell Environ, 1992, 15(4): 421~429

[145] 孙建文,李英年,宋成刚,等.高寒矮蒿草草甸地上生物量和叶面积指数的季节动态模拟.中国农业气象,2010,31(2):230~234

[146] 靳华安,刘殿伟,王宗明,等. 三江平原湿地植被叶面积指数遥感估算模型. 生态学杂志,2008,27(5): 803~808

[147] 邢丽玮,李小娟,李昂晟,等.基于高光谱与多光谱植被指数的洪河沼泽植被叶面积指数估算模型对比研究. 湿地科学,2013,11(3): 313~319

[148] 张学艺,张磊,黄峰,等.宁夏灌区春小麦叶面积指数的动态模拟研究.干旱地区农业研究,2011,29(1):199~202

[149] 方秀琴, 张万昌. 叶面积指数 (LAI) 的遥感定量方法综述. 国土资源遥感, 2003,3(57): 58~62

[150] 夏贵菊, 段志刚, 赵永全, 等. 银川平原芦苇种群生长研究. 甘肃科学学报, 2014,26(2):1~5

[151] 李延峰,毛德华, 王宗明,等.双台河口国家级自然保护区芦苇叶面积指数遥感反演与空间格局分析. 湿地科学,2014,12(2): 163~169

[152] 张学艺,李剑萍,官景得,等.两种叶面积指数动态模拟方法的对比研究.国土资源遥感,2011,(3):43~47

[153] 牛海.毛乌素沙地不同水分梯度植物群落生物量的研究(硕士学位论文).内蒙古:内蒙古农业大学,2008

[154] 张建设,王刚.植物生物量研究综述.四川林业科技,2014,35(1):44~48

[155] 孙琳丽,侯琼,赵慧颖.河套灌区不同强度低温冷害对玉米生物量累积和产量的影响. 生态学杂志,2016,35(1):17~25

[156] 杜灵通,宋乃平,王磊,等. 近 30a 气候变暖对宁夏植被的影响.中国自然资源学报,2015,32(12): 1479 ~1485

[157] 刘莉.黄河三角洲自然保护区湿地植被生物量及其空间分布规律研究(硕士学位论文),山东:山东师范大学,2015

[158] 张玉峰,张娟红,孙晓波.基于表型分析的银川平原芦苇种群生长动态研究.宁夏农林科技,2012,53(7):1~4,6

[159] 董林林,杨浩,于东升,等.引黄灌区土壤有机碳密度剖面特征及固碳速率.生态学报. 2014,34(3):690~700

[160] 芦宝良.青海湖流域景观格局变化及其对土壤有机碳库的影响(硕士学位论

文). 青海:青海师范大学,2013

[161] 青烨,孙飞达,李勇,等.若尔盖高寒退化湿地土壤碳氮磷比及相关性分析.草业学报,2015,24(3): 38~47

[162] 王维奇,曾从盛,钟春棋,等.人类干扰对闽江河口湿地碳、氮、磷生态化学计量学特征的影响.环境科学,2010,31(10):2411~2416

[163] Tian H Q, Chen G S, Zhang C, et al. *Pattern and variation of C:N:P rations in China's soils: a synthesis of observational data.*Biogeochermisttry,2010,98:139~151

[164] Magnani F, Mencuccini M, Borghetti M et al. *The human footprint in the carbon cycle of temperate and boreal forests.*Nature,2007,447:849~851.

[165] Sterner R W, Elser J J. 2002.*Ecological stoichinmetry: the biology of elements from molecules to the biosphere.* Princeton: Princeton Univ Press. Taylor P G, Townsend A R. *Stoichometric control of organic carbon~nitrate relationshiios from soils to the sea.* Nature,2010,464:1178~1181

[166] 王维奇,王纯,曾从盛,等.闽江河口不同河段芦苇湿地土壤碳氮磷生态化学计量学特征.生态学报,2012,32(13):4087~4093

[167] Jobbagy E G, Jackson R B.*The vertical distribution of soil organic carbon and it's relation to climate and vegetation.*Ecol Appl,2002,10(2):423~436

[168] 于泉洲.南四湖湿地植被碳储量初步研究(硕士学位论文).山东师范大学,20

[169] 董林林,于东升,张海东,等.宁夏引黄灌区土壤有机碳密度时空变化特征.生态学杂志,2015,34(8):2245~2254

[170] Pan GX, Xu XW, Smith P, et al.2010.*An increase in topsoil SOC stock of China's croplands between 1985 and 2006 reveal by soil monitoring.* Agriculture, Ecosystems and Environment, 136:133~138

[171] 简太敏,王小丽.关于宁夏植被覆盖变化与气候因子相关性分析.农业研究,2015:136~137

[172] 董林林,杨浩,于东升,等.不同类型土壤引黄灌溉固碳效应的对比研究.土壤学报,2011,48(5):922~930

[173] 肖烨,黄志刚,武海涛.三江平原四种重点湿地土壤碳氮分布差异和微生物特征.应用生态学报,2014,25(10):2847~2854

[174] 孔东升,张灏.张掖黑河湿地自然保护区湿地生态服务功能价值评估.生态学报,2013,35(4): 23~16

[175] Parmesan C, Burrows MT, Duarte CM, et al.*2013.Beyond climate change attribution in conservation and ecological research* .Ecology Letters,16:58~71

[176] 方精云.1981~2000 年中国陆地植被碳汇的估算. 中国科学·地球科学,2007,37(6): 804~812

[177] 王绍强,周成虎,罗承文.中国陆地自然植被碳量空间分布特征探讨.地理科学进展,1999,18(3):238~243

[178] 李博,赵斌,彭荣豪,等.陆地生态系统生态学原理.北京:高等教育出版社,2005

后　记

呈现在读者面前的这本著作是我在博士论文《银川平原不同类型湿地碳汇能力评估研究》的基础之上改写而来。在论文和著作的设计及完成过程中,得到了众多人的关心和帮助,凝聚着他们的辛勤劳动和努力,在此对他们表示衷心的感谢。

回顾博士阶段的学习以及论文和著作的写作过程,首先要感谢我的导师米文宝教授。三年来,他的热情鼓励和谆谆教导使我奋力拼搏,勇往直前。在论文的选题、设计、野外采样调查和写作中,他给予了精心的指导和详细修改。恩师心怀坦荡,诚实的为人之道和严谨的治学作风、创造性地启迪学生的思想和对学生孜孜不倦的教诲使我终生受益,永生难忘。老师在专业上精益求精的精神令我深深感动,在此谨表示衷心感谢和崇高敬意。

在本书的写作过程中,中国科学院地理科学与资源研究所王捷老师、陈洁老师在资料收集、GIS技术方面给予热情帮助和技术指导。著名人文地理学家、宁夏大学资源环境学院汪一鸣教授,宁夏大学副校长谢应忠教授,宁夏大学副校长许兴教授,宁夏大学农学院副院长张亚红教授,宁夏大学西北土地退化与生态恢复国家重点实验室培育基地主任宋乃平教授,宁夏大学资源环境学院李建华老师、贾科利老师、石云老师等在遥感影像处理、GIS技术方面给予热情帮助。陕西师范大学宋永永博士、宁夏农林科学研究院吴旭东博士、宁夏气象局张学艺工程师、宁夏农林科学院许浩博士、兰州大学董军在野外调查、TM影像处理与解译、实验室测定等工作中给予了热情关心、帮助和支持。在野外工作中,沙湖旅游管理处、青铜峡库区湿地区管理处、鸣翠湖湿地管理处、黄沙古渡湿地管理处等众多单位和同志提供了帮助,在此一并感谢。

在我攻读博士学位期间和完成论文、著作过程中,宁夏职业技术学院的领导和同事给了许多热情帮助,在此也表示感谢。

在本文的写作过程中，引用和参考了大量的资料、文献、专著等，限于篇幅，文后仅列出了一部分，谨对作者一同表示感谢。

此外，还要感谢家人无私的奉献和给予的大力支持。

卜晓燕

2016年12月

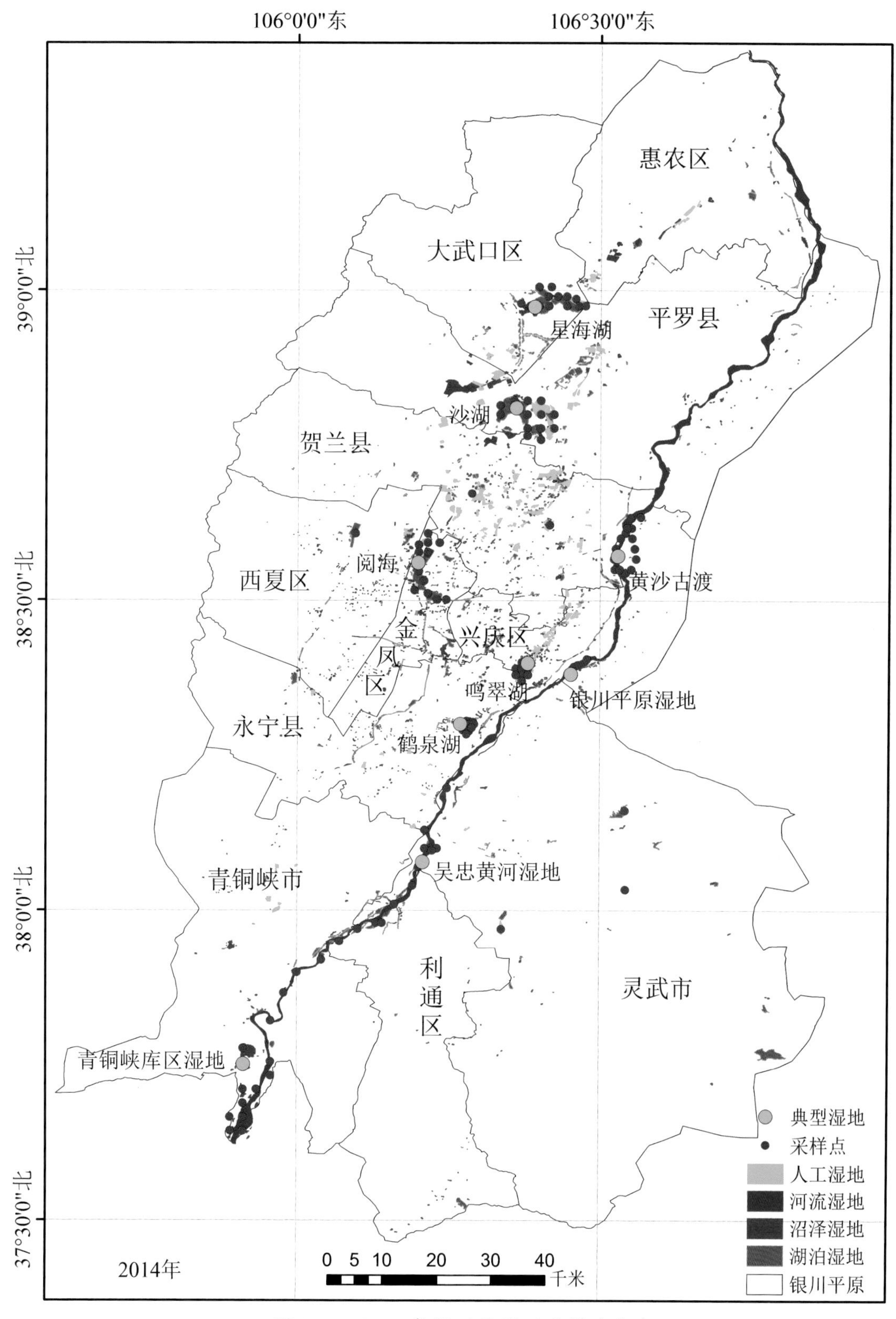

图 1-1 2014 年银川平原湿地样地分布

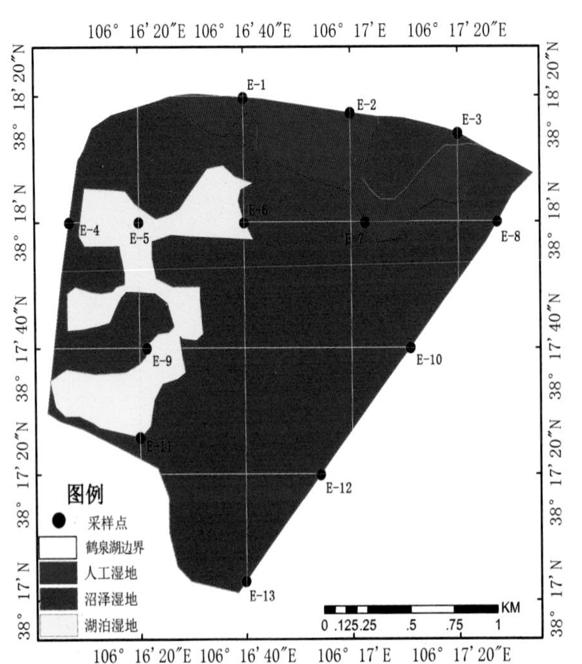

图例
采样点
鹤泉湖边界
人工湿地
沼泽湿地
湖泊湿地
E-1
E-2
E-3
E-4
E-5
E-6
E-7
E-8
E-9
E-10
E-11
E-12
E-13
KM
0 .125 .25 .5 .75 1
106° 16′20″E
106° 16′40″E
106° 17′E
106° 17′20″E
38° 18′20″N
38° 18′N
38° 17′40″N
38° 17′20″N
38° 17′N

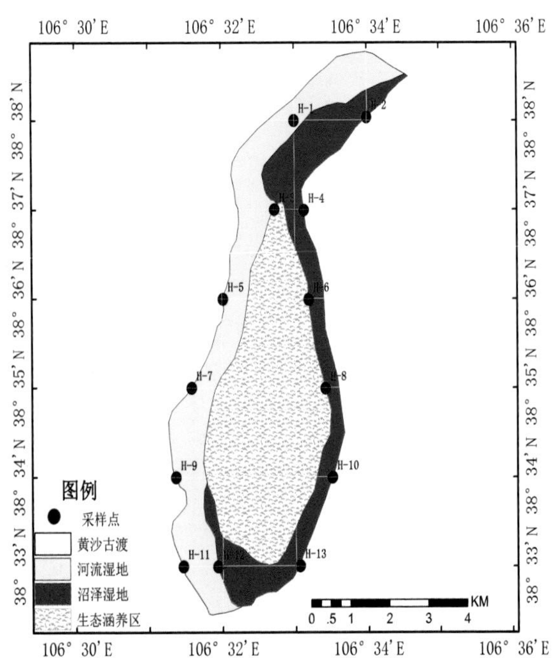

图例
采样点
黄沙古渡
河流湿地
沼泽湿地
生态涵养区
H-1
H-2
H-4
H-5
H-6
H-7
H-8
H-9
H-10
H-11
H-13
KM
0 .5 1 2 3 4
106° 30′E
106° 32′E
106° 34′E
106° 36′E
38° 38′N
38° 37′N
38° 36′N
38° 35′N
38° 34′N
38° 33′N

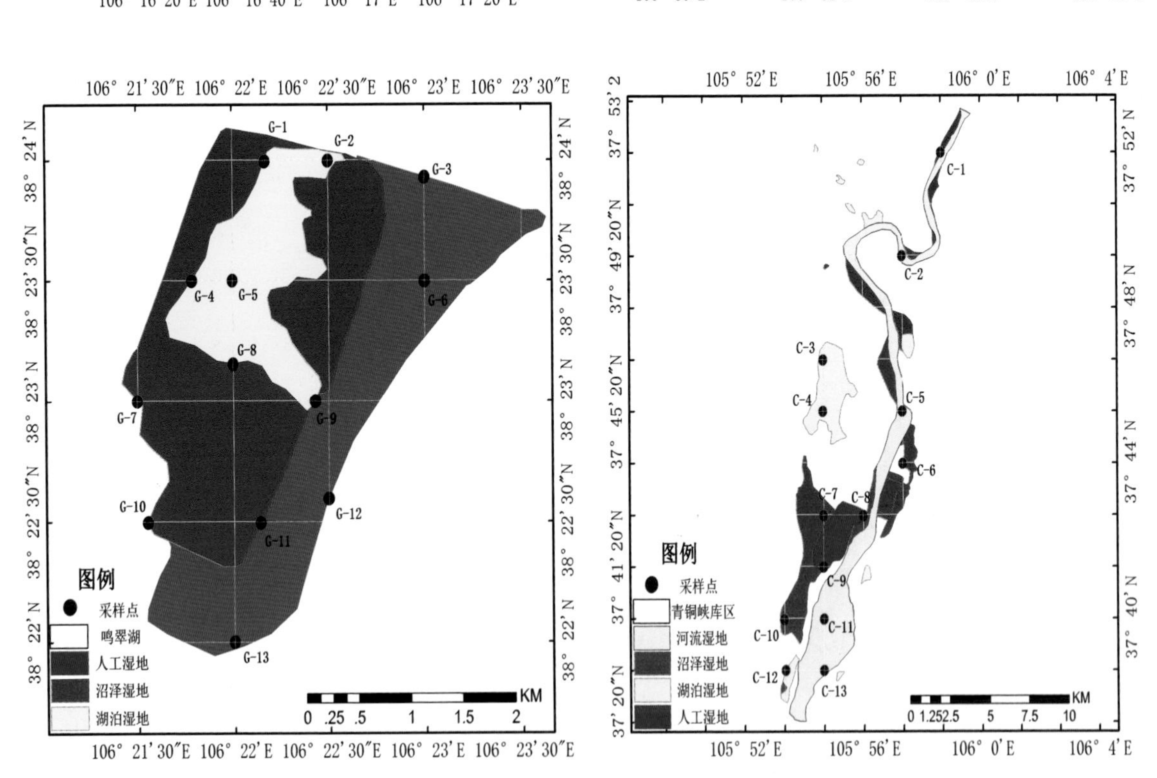

图例
采样点
鸣翠湖
人工湿地
沼泽湿地
湖泊湿地
G-1
G-2
G-3
G-4
G-5
G-6
G-7
G-8
G-9
G-10
G-11
G-12
G-13
KM
0 .25 .5 1 1.5 2
106° 21′30″E
106° 22′E
106° 22′30″E
106° 23′E
106° 23′30″E
38° 24′N
38° 23′30″N
38° 23′N
38° 22′30″N
38° 22′N
图例
采样点
青铜峡库区
河流湿地
沼泽湿地
湖泊湿地
人工湿地
C-1
C-2
C-3
C-4
C-5
C-6
C-7
C-8
C-9
C-10
C-11
C-12
C-13
KM
0 1.25 2.5 5 7.5 10
105° 52′E
105° 56′E
106° 0′E
106° 4′E
37° 52′N
37° 48′N
37° 44′N
37° 40′N

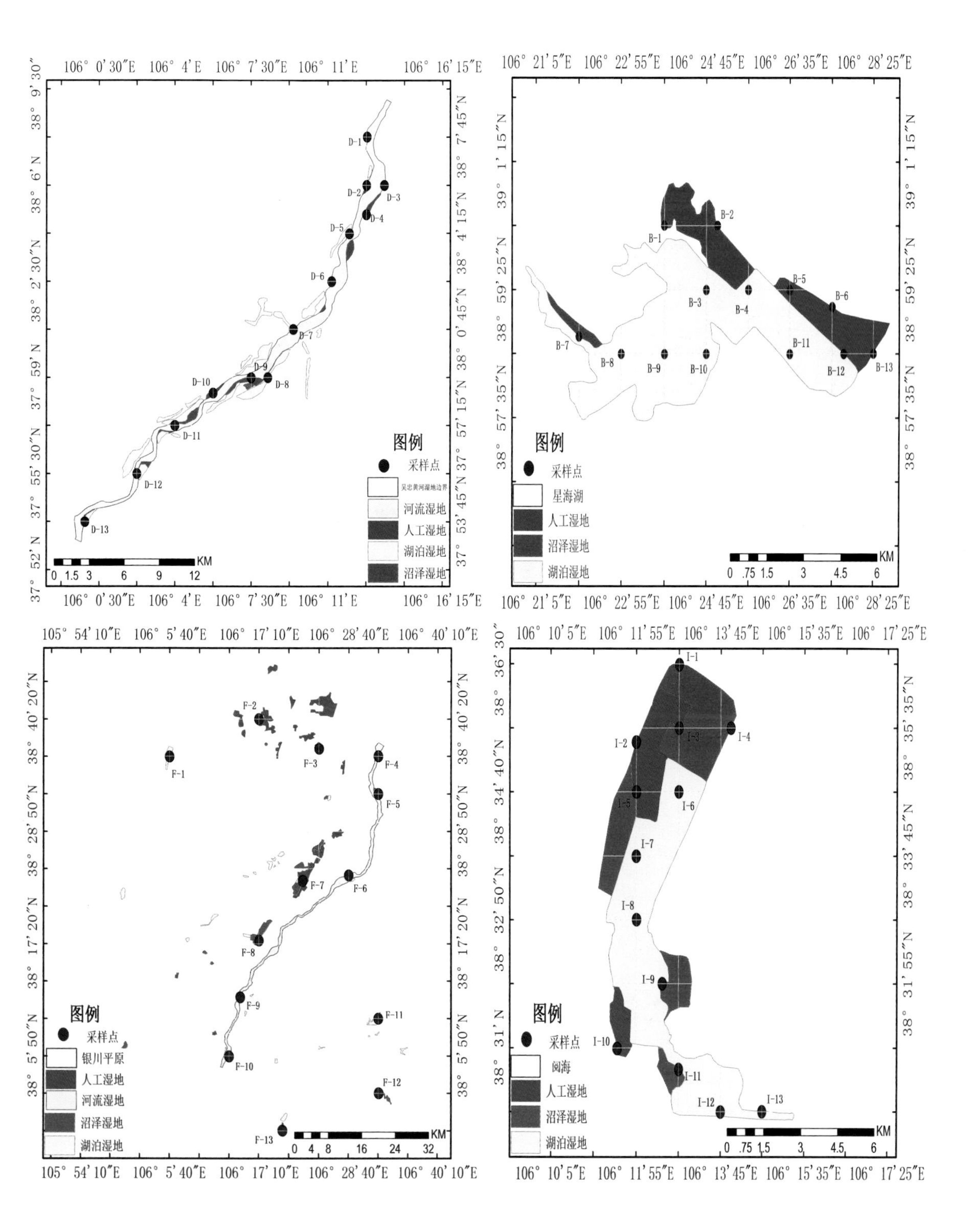
图例
采样点
吴忠黄河湿地边界
河流湿地
人工湿地
湖泊湿地
沼泽湿地
星海湖
银川平原
阅海

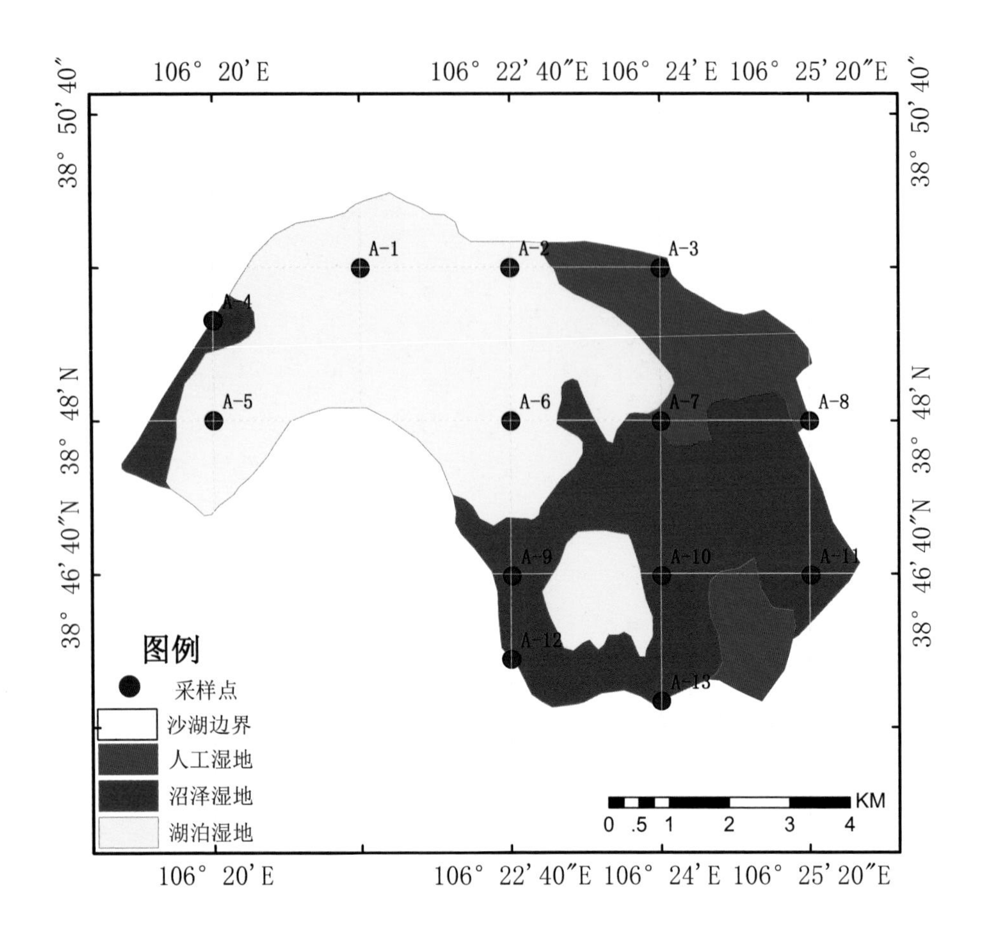

图 1-2　2014 年银川平原重点湿地采样点分布

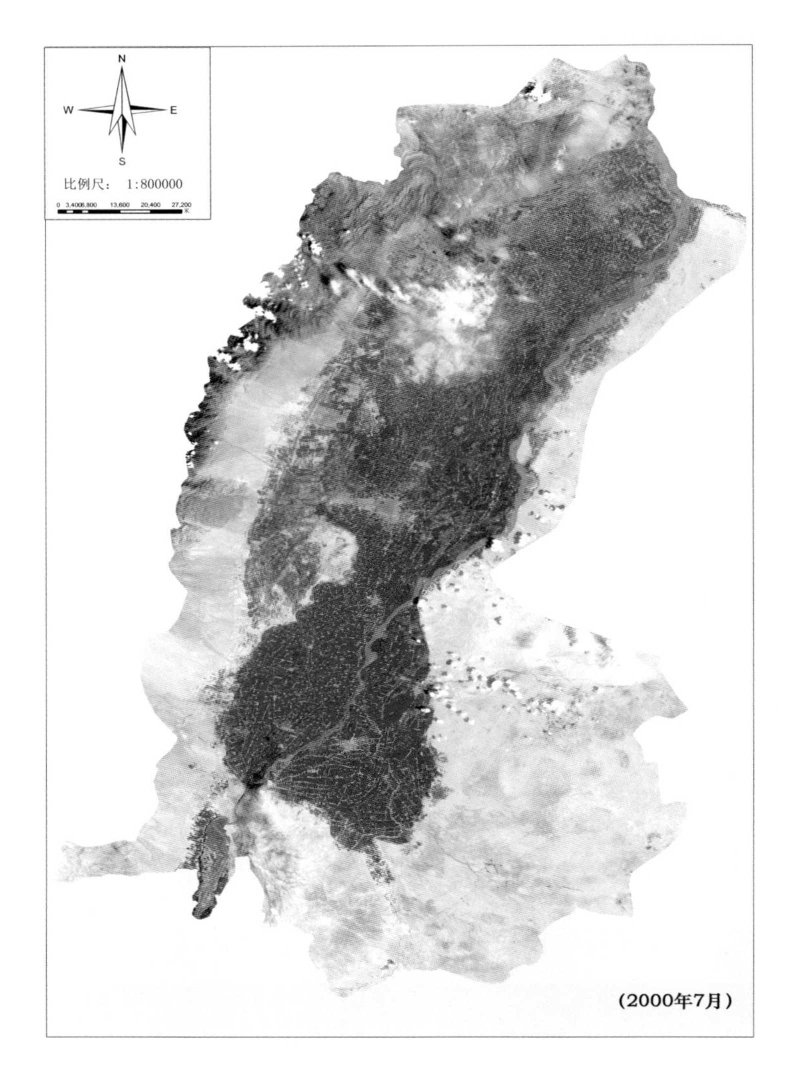
N
W
E
S
比例尺： 1:800000
0 3,4006,800 13,600 20,400 27,200
(2000年7月)

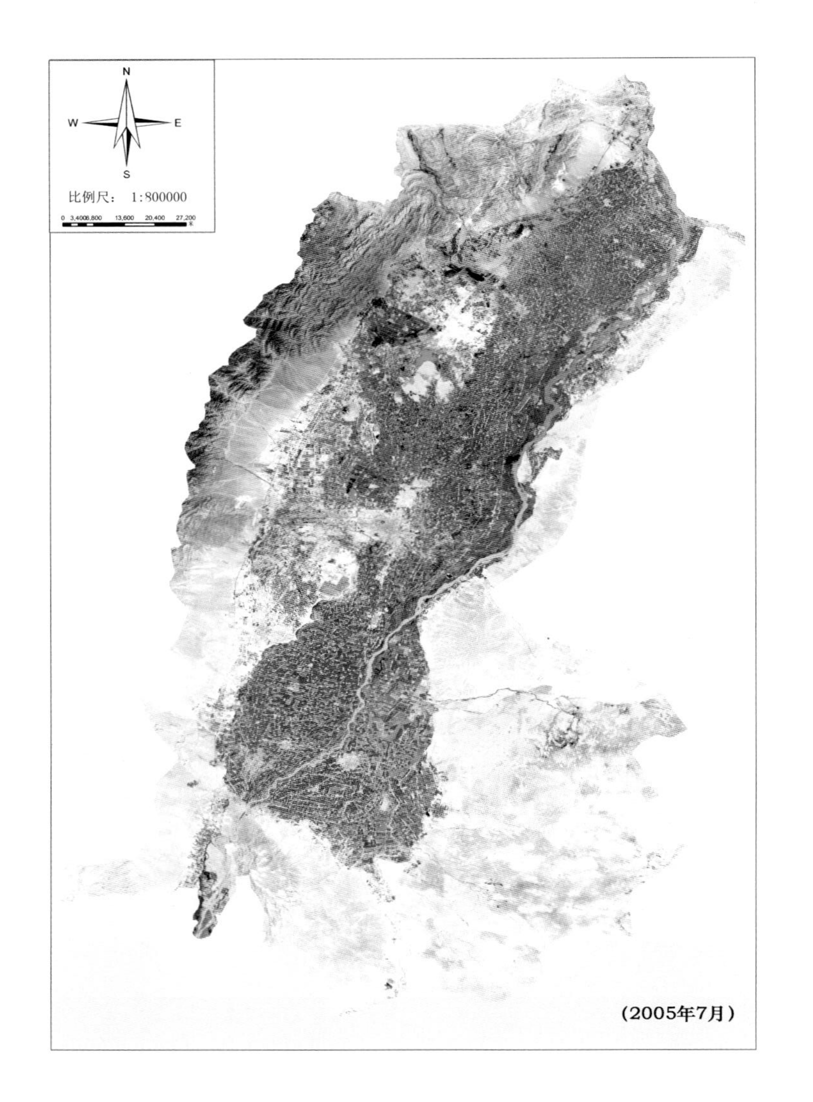
N
W
E
S
比例尺： 1:800000
0 3,4006,800 13,600 20,400 27,200
(2005年7月)

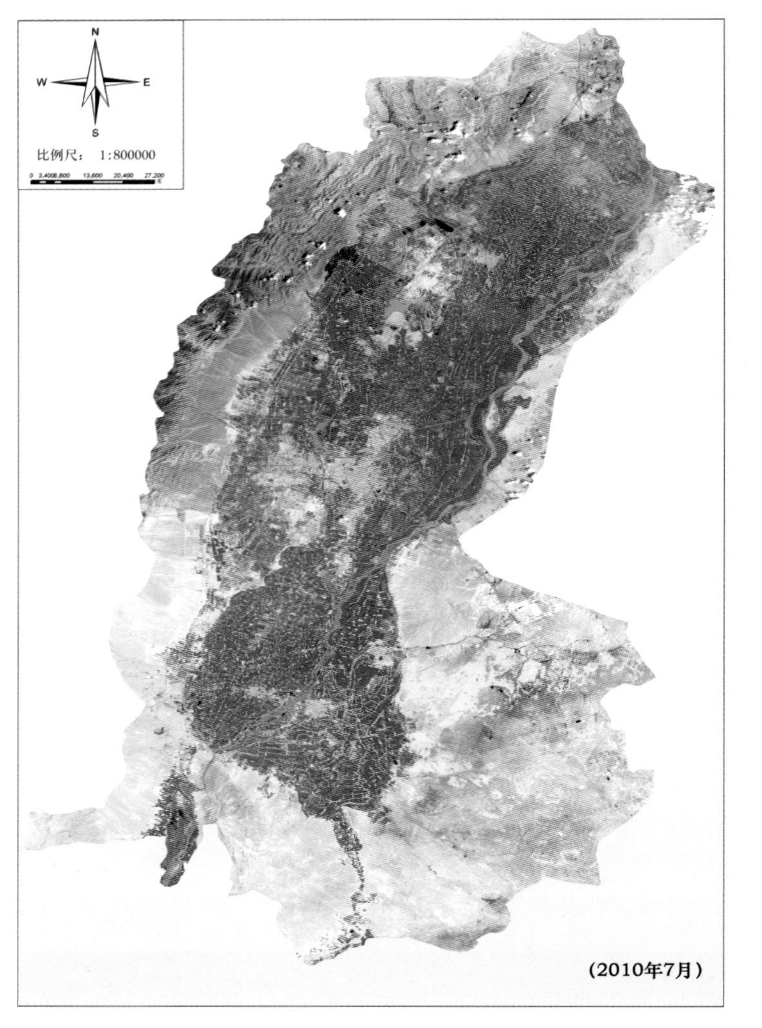

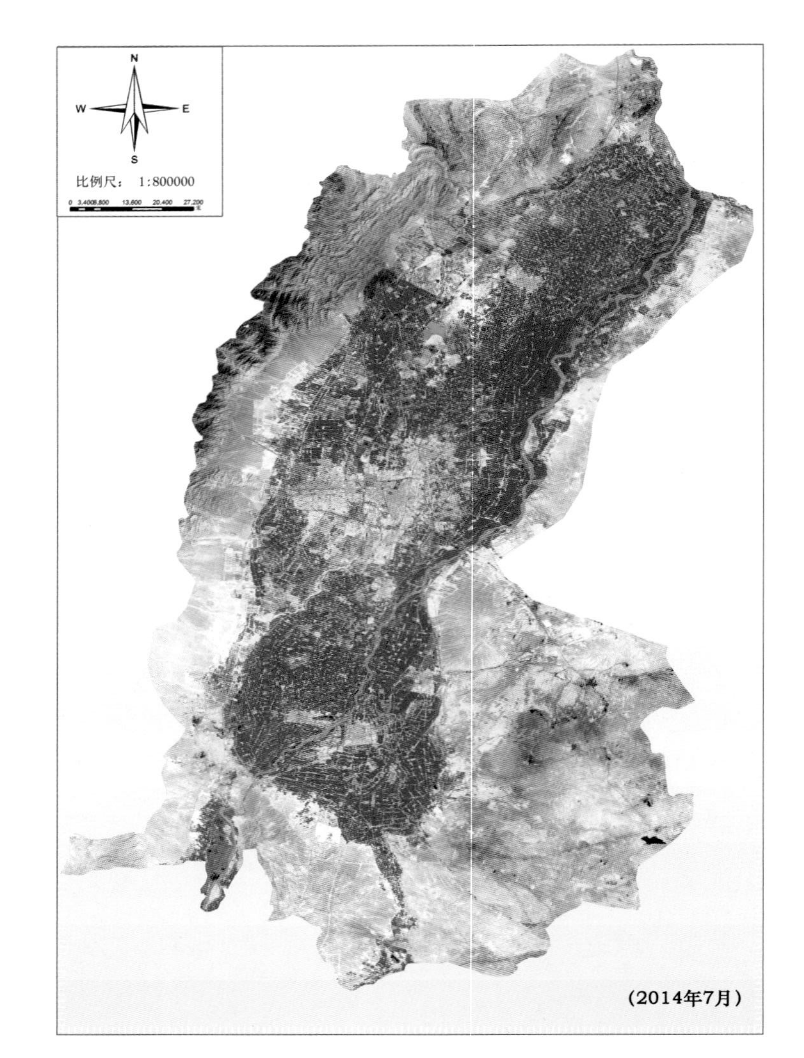

图 1-3　2000 年、2005 年、2010 年、2014 年 4 期原始遥感影像

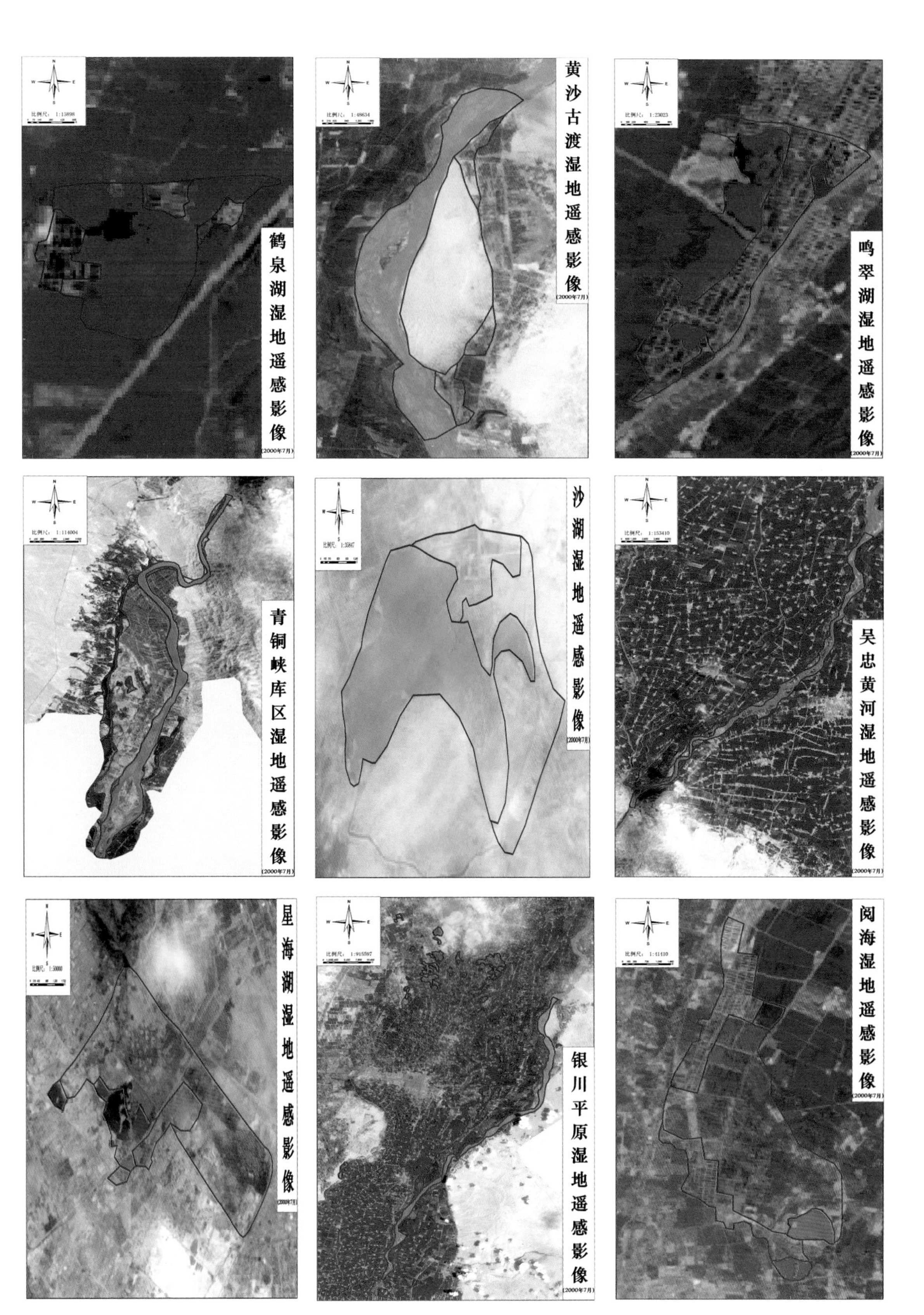

图 1-4　2000 年银川平原 9 个重点湿地遥感影像图

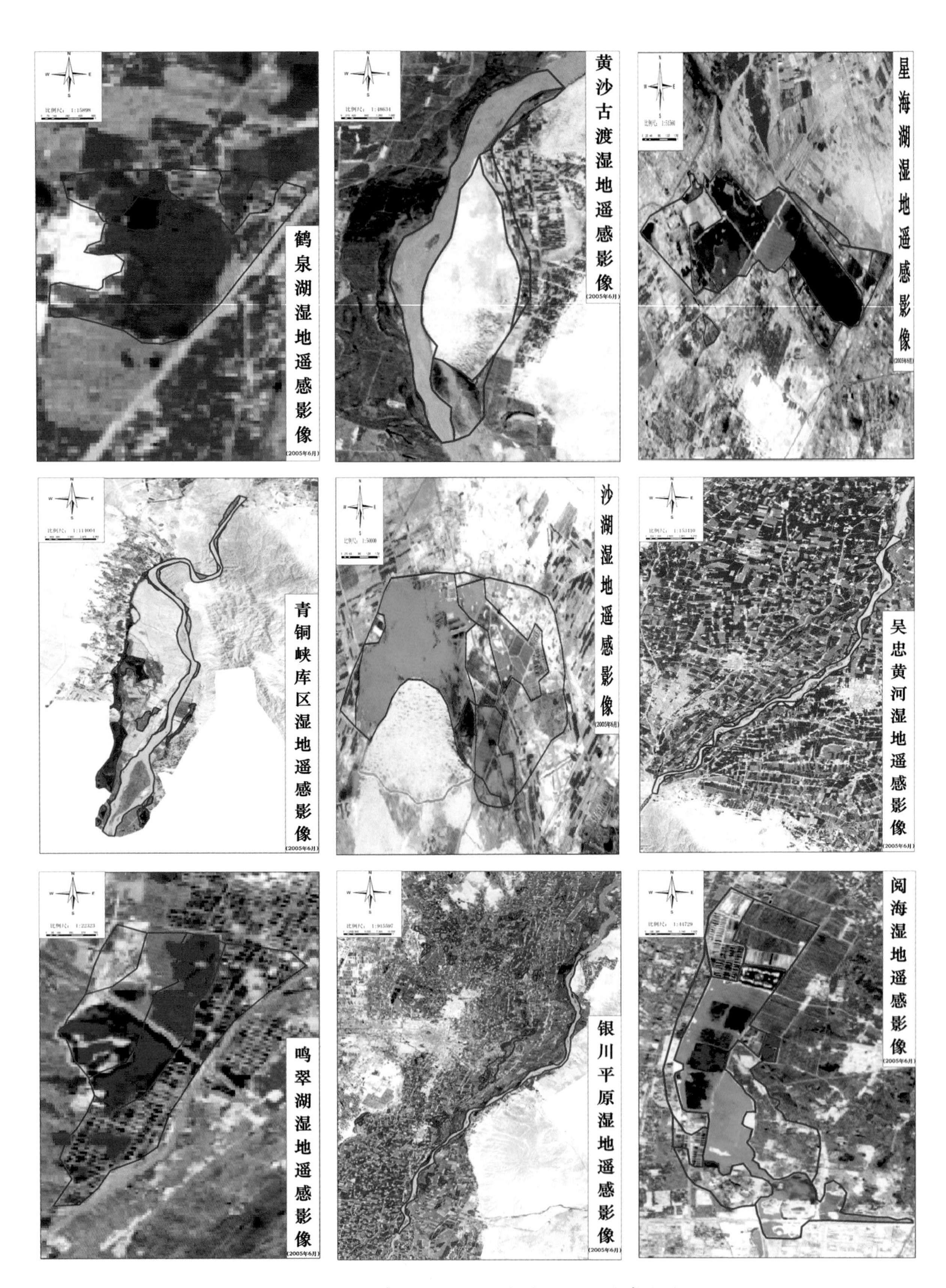

图 1-5　2005 年银川平原 9 个重点湿地遥感影像图

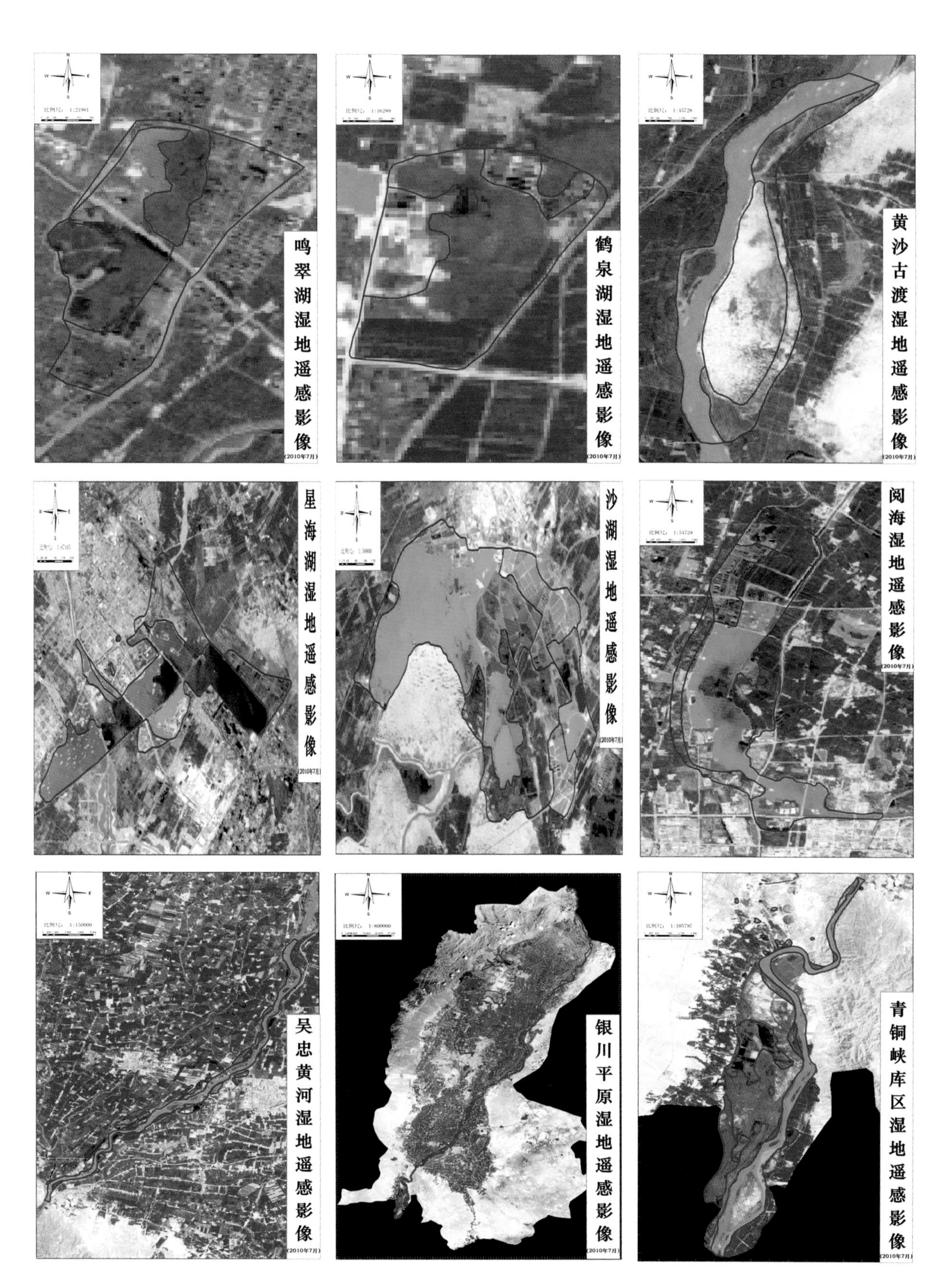

图 1-6　2010 年银川平原 9 个重点湿地遥感影像图

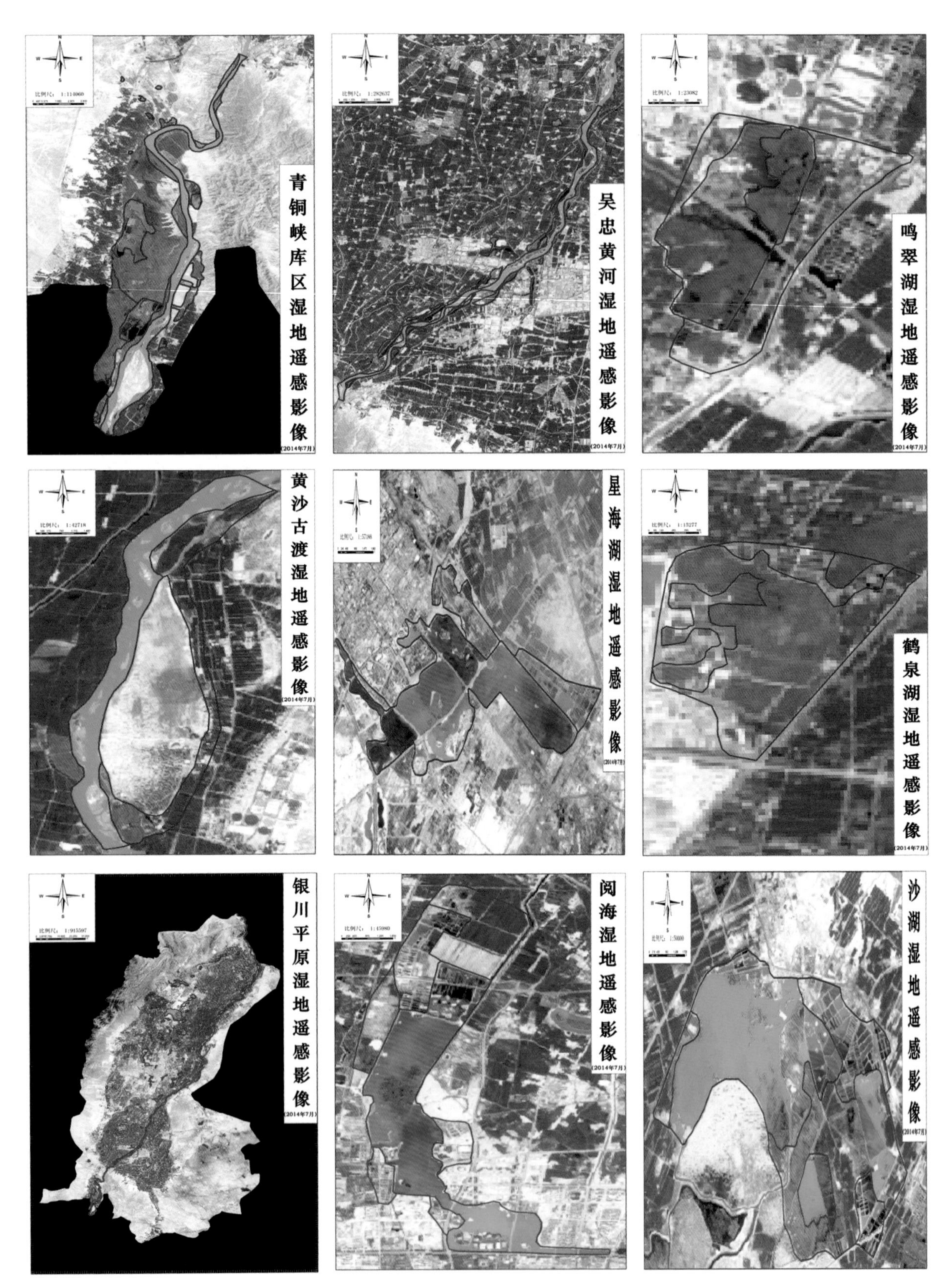

图 1-7　2014 年银川平原 9 个重点湿地遥感影像图

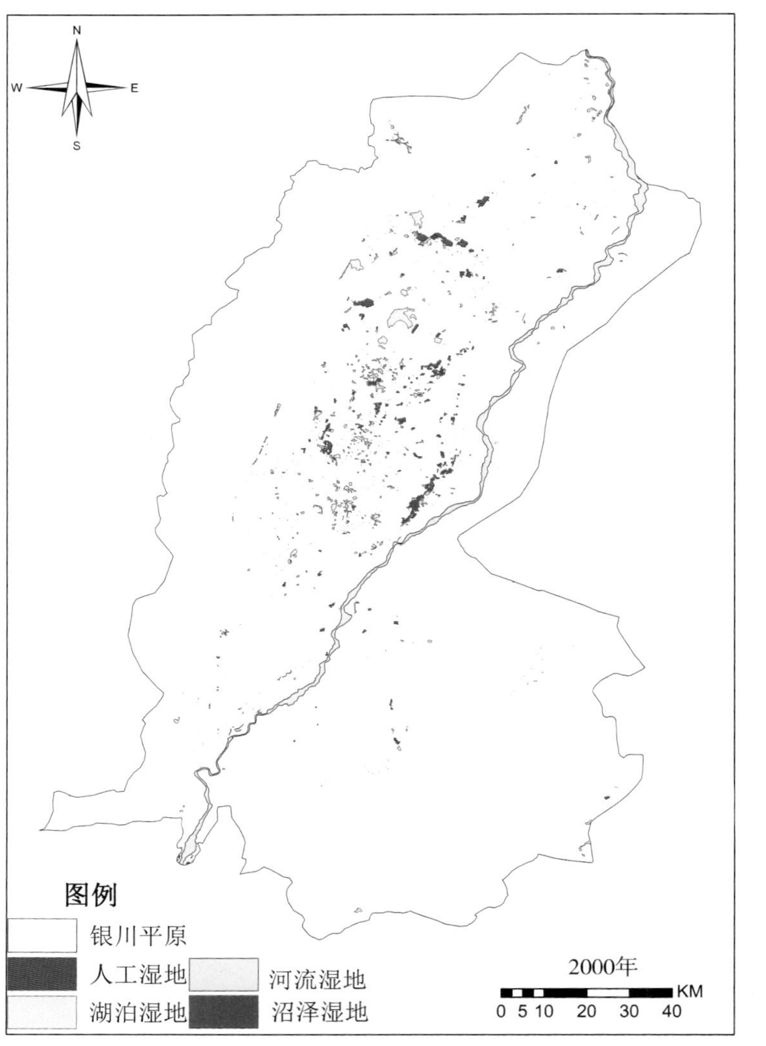
N
W
E
S
图例
银川平原
人工湿地
河流湿地
湖泊湿地
沼泽湿地
2000年
0 5 10 20 30 40
KM

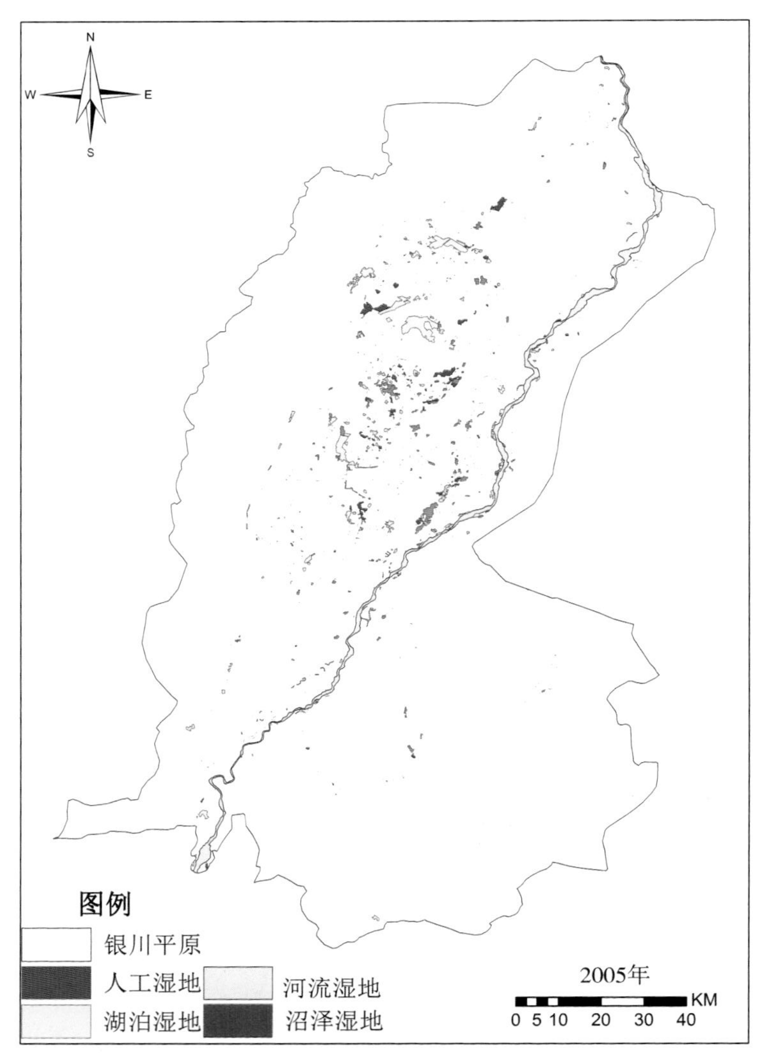
N
W
E
S
图例
银川平原
人工湿地
河流湿地
湖泊湿地
沼泽湿地
2005年
0 5 10 20 30 40
KM

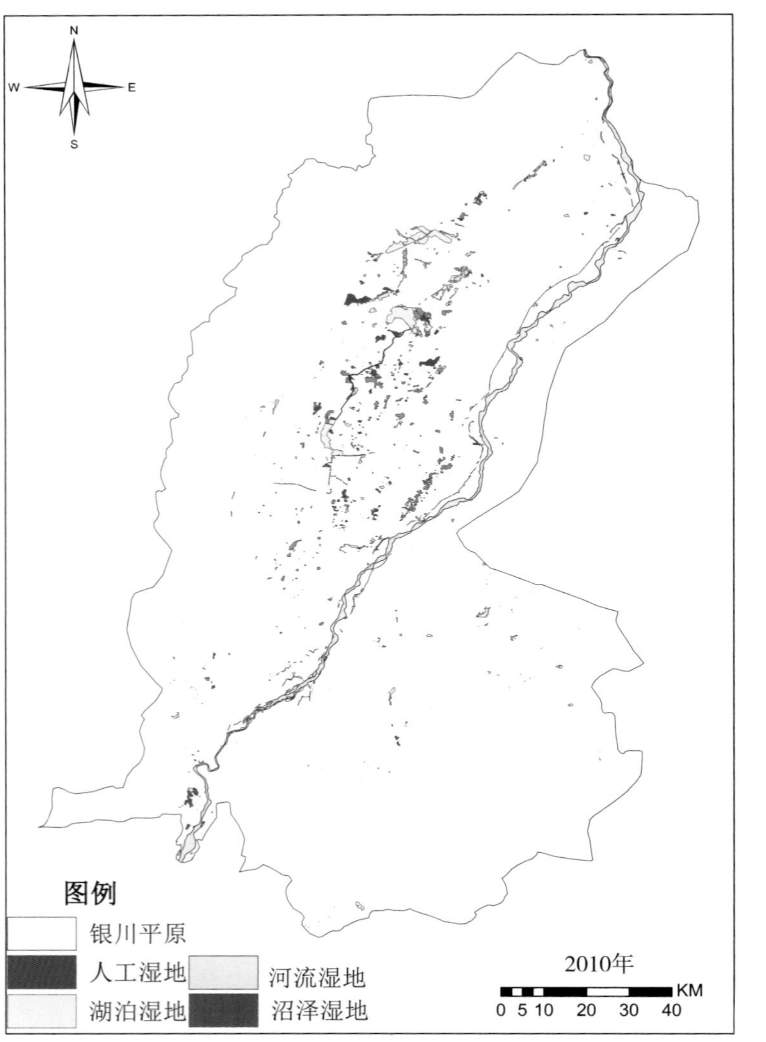

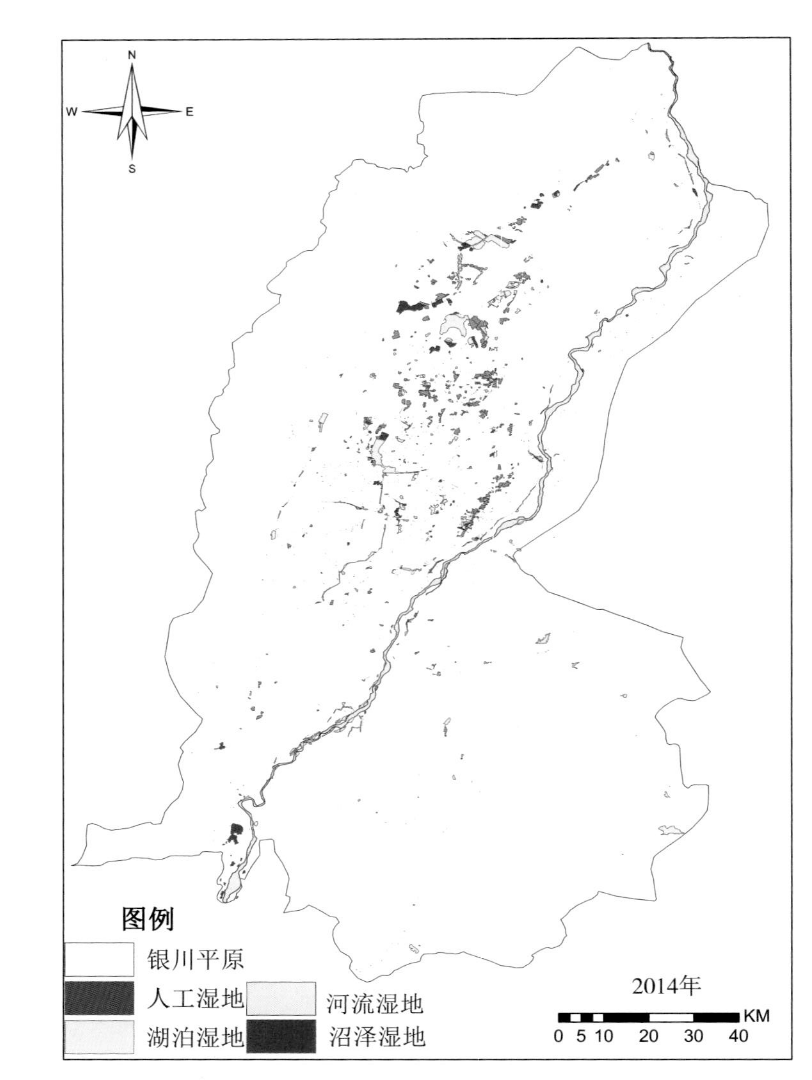

图 1-8　2004~2014 年银川平原湿地类型分布图

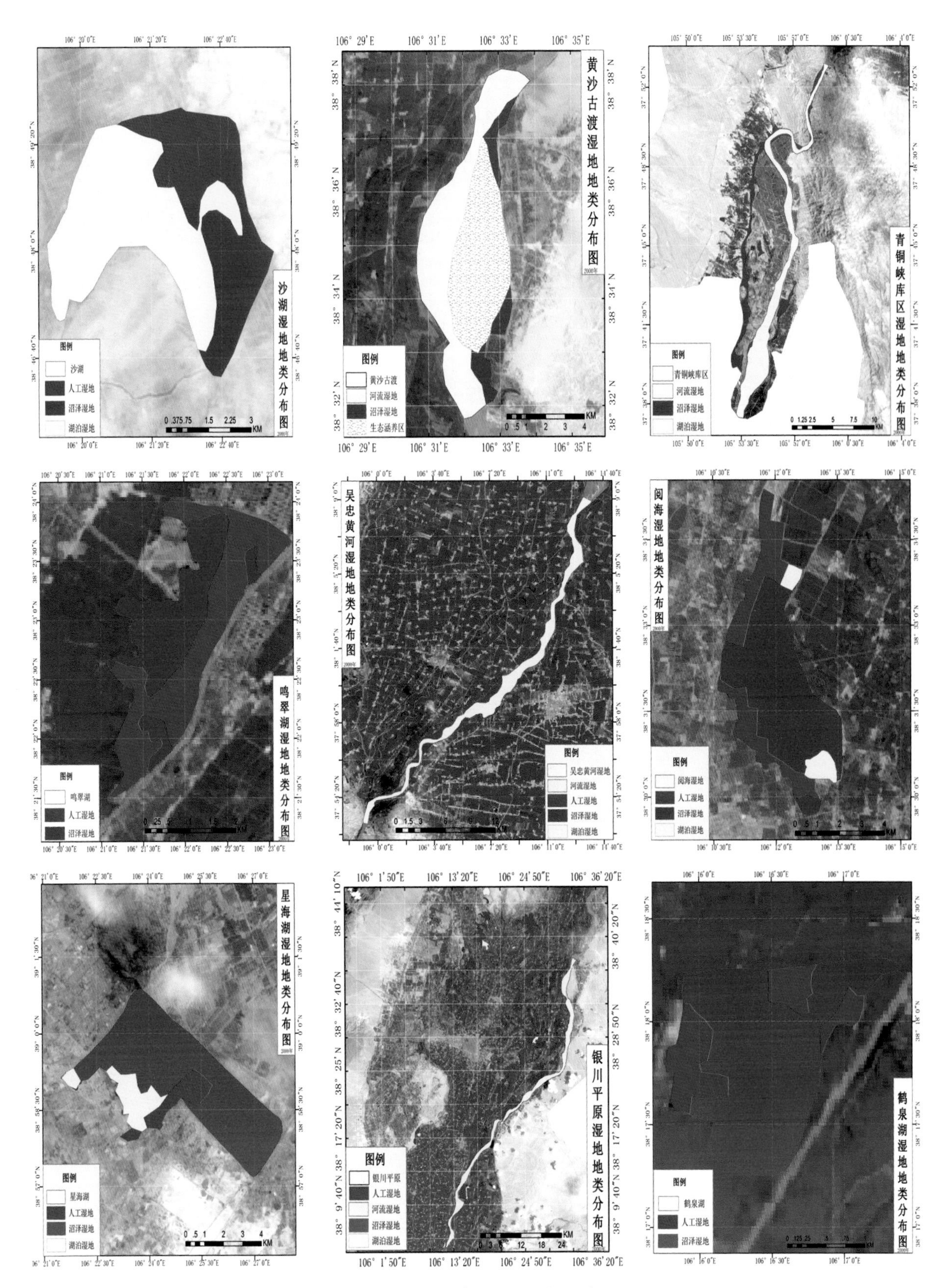

图 1-9 2000 年湿地地类分布图

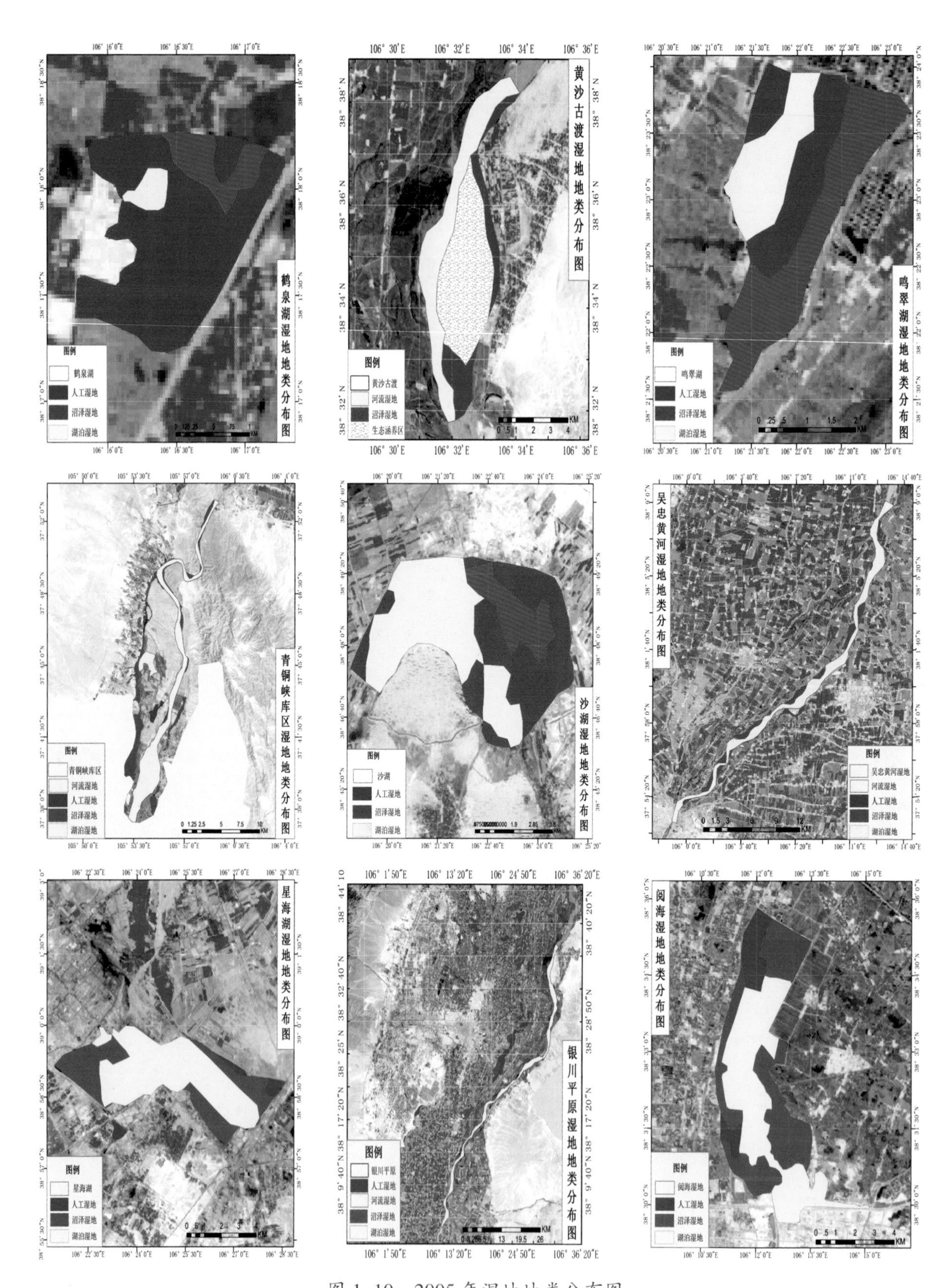

图 1-10　2005 年湿地地类分布图

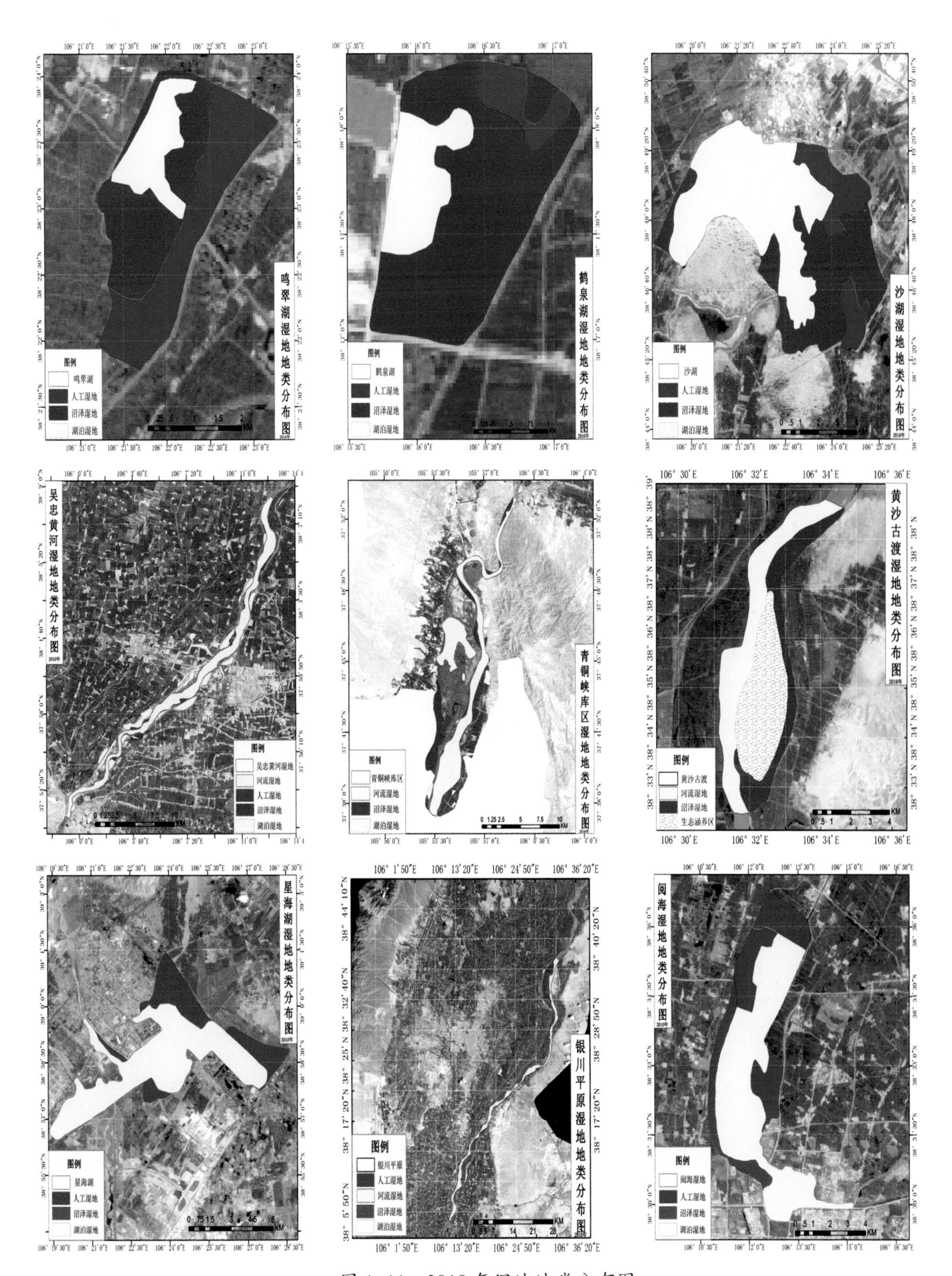

图 1–11　2010 年湿地地类分布图

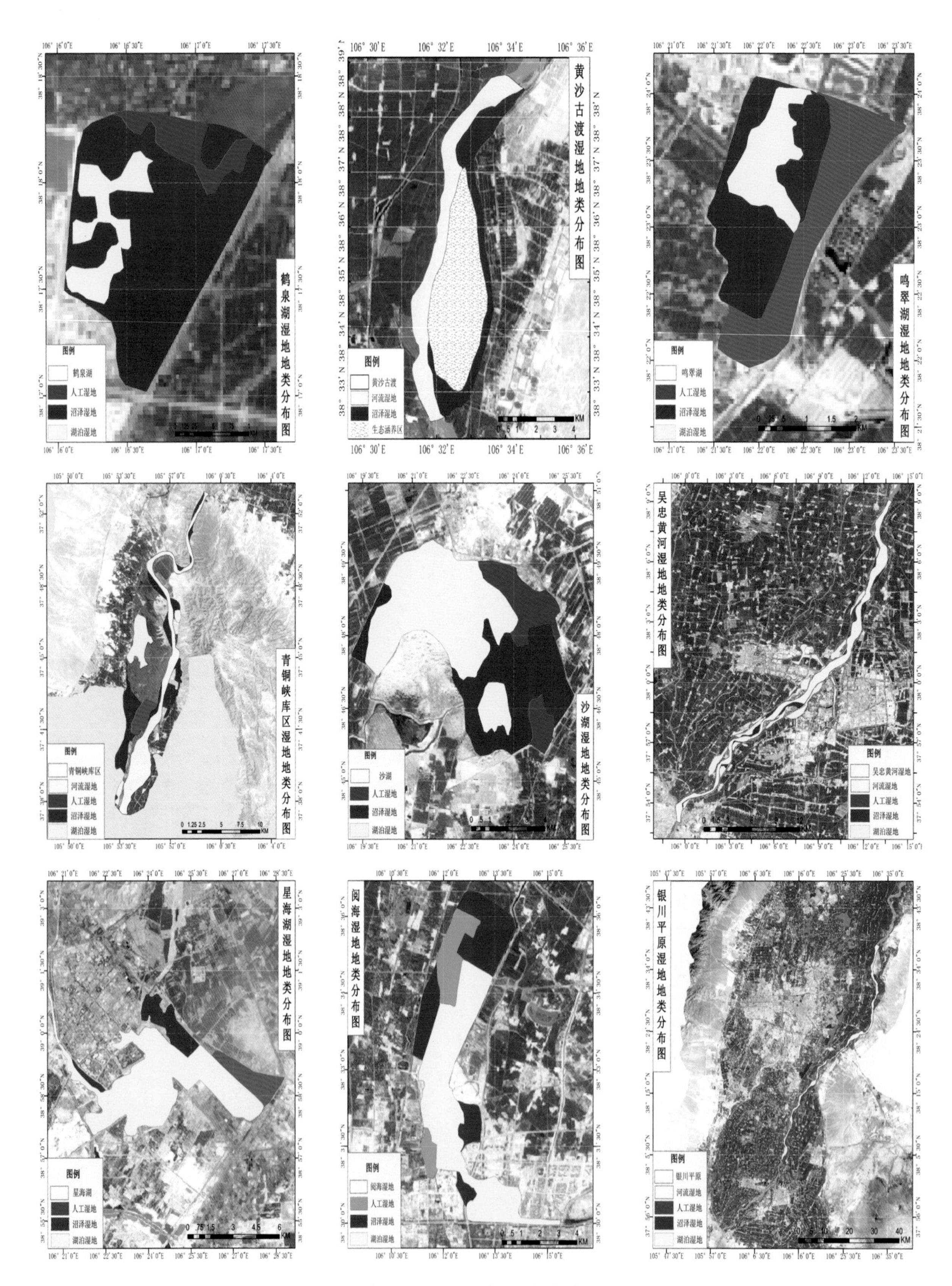

图 1-12 2014 年湿地分布图

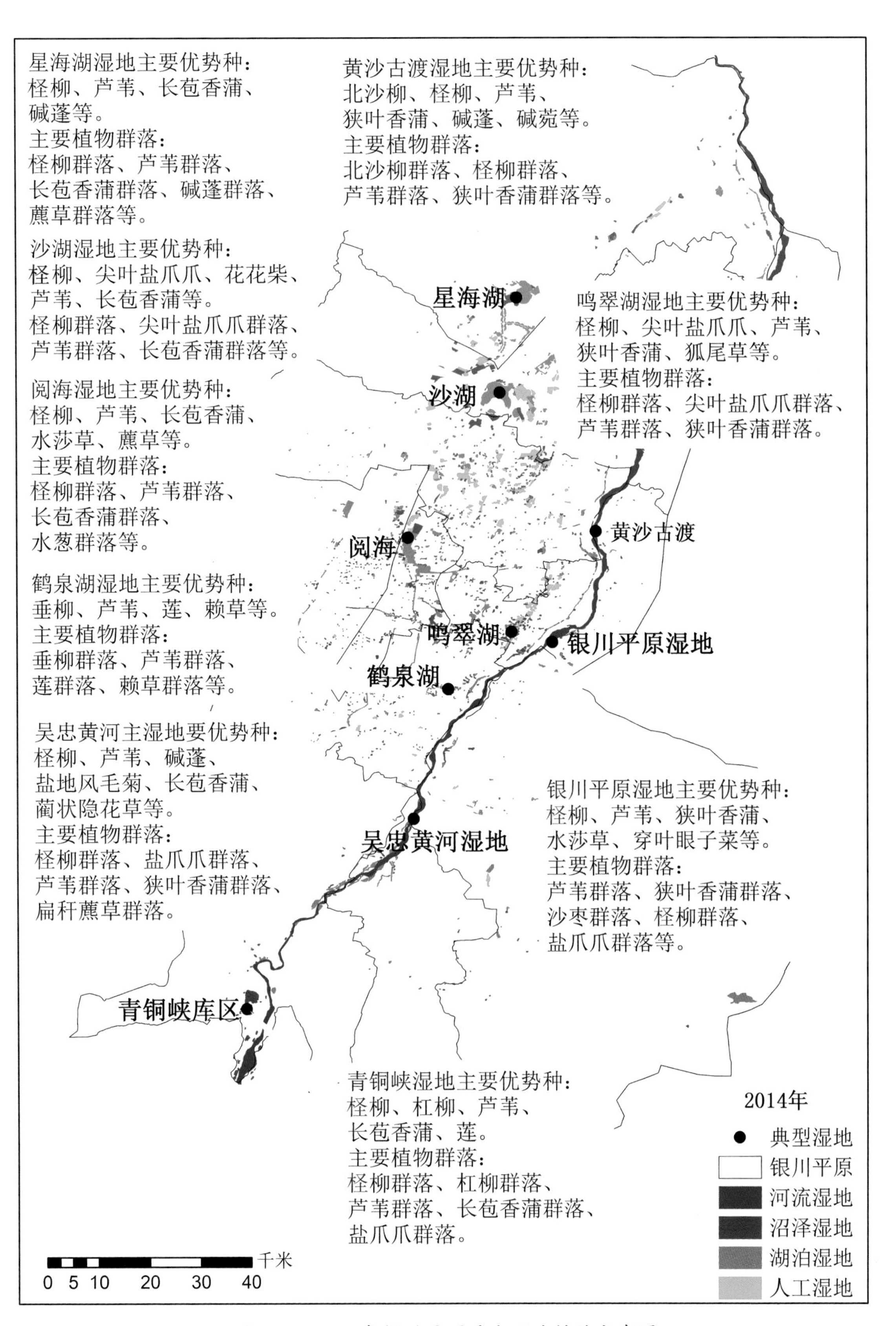

图 2-3　2014 年银川平原重点湿地植被分布图

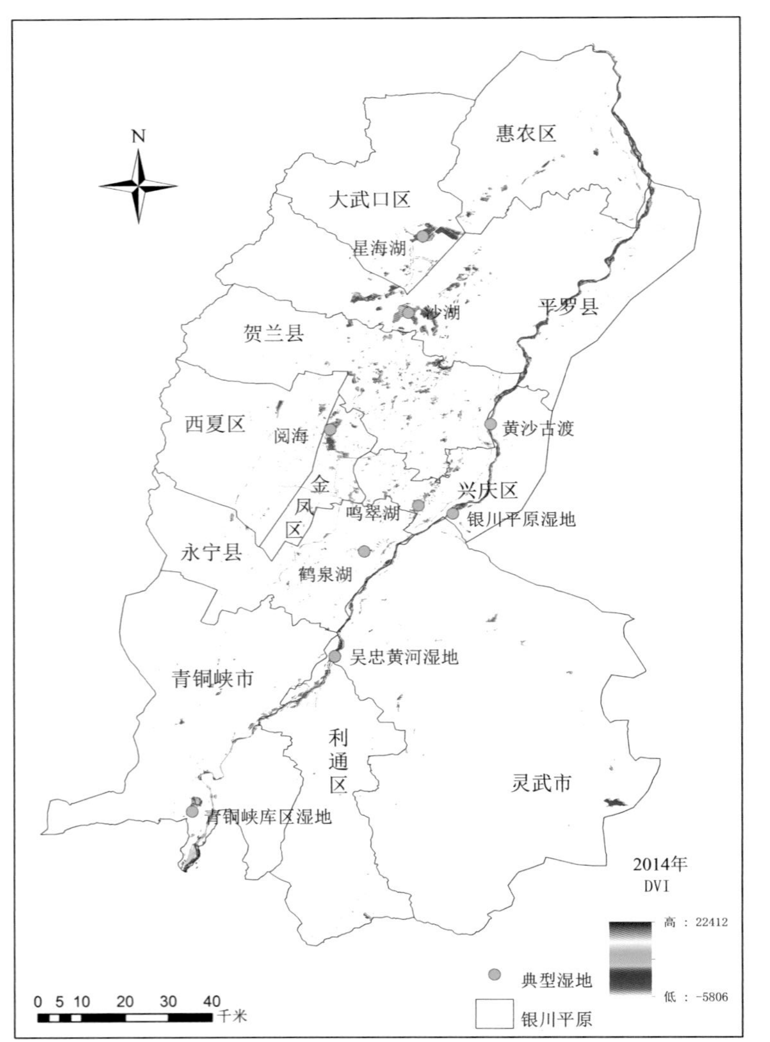
N
惠农区
大武口区
星海湖
沙湖
平罗县
贺兰县
西夏区
阅海
黄沙古渡
金
凤
区
兴庆区
鸣翠湖
银川平原湿地
永宁县
鹤泉湖
吴忠黄河湿地
青铜峡市
利
通
区
灵武市
青铜峡库区湿地
2014年
DVI
高：22412
低：-5806
典型湿地
银川平原
0 5 10 20 30 40
千米

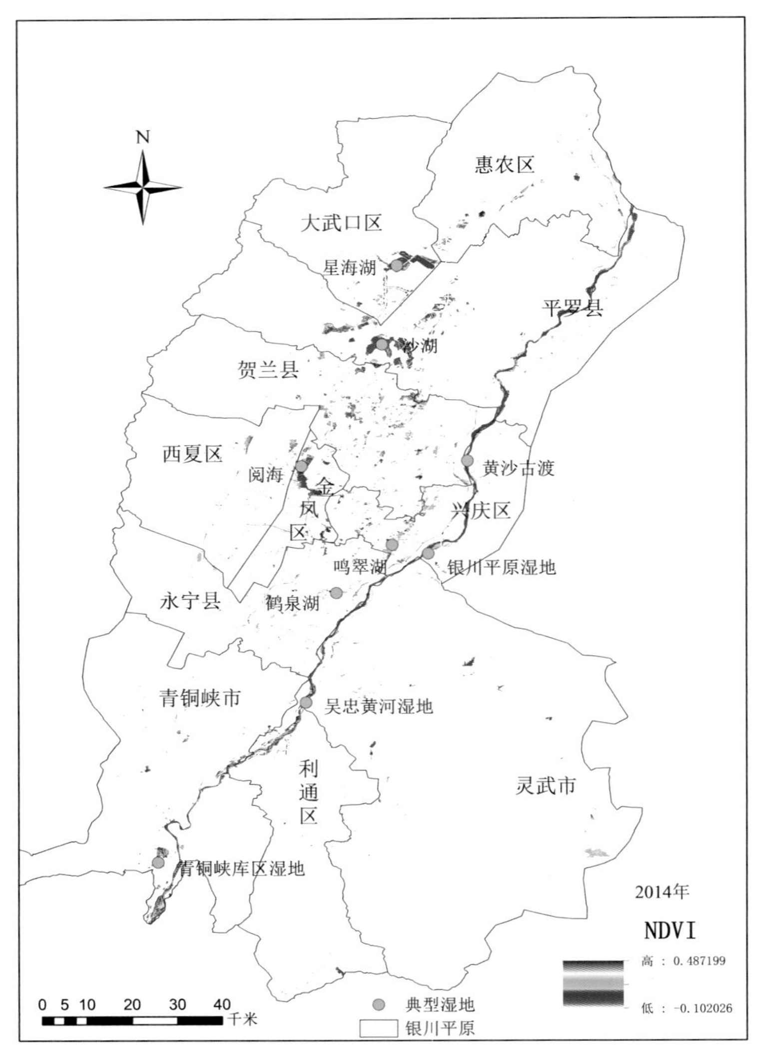
N
惠农区
大武口区
星海湖
平罗县
沙湖
贺兰县
西夏区
阅海
黄沙古渡
金
凤
区
兴庆区
鸣翠湖
银川平原湿地
永宁县
鹤泉湖
青铜峡市
吴忠黄河湿地
利
通
区
灵武市
青铜峡库区湿地
2014年
NDVI
高：0.487199
低：-0.102026
典型湿地
银川平原
0 5 10 20 30 40
千米

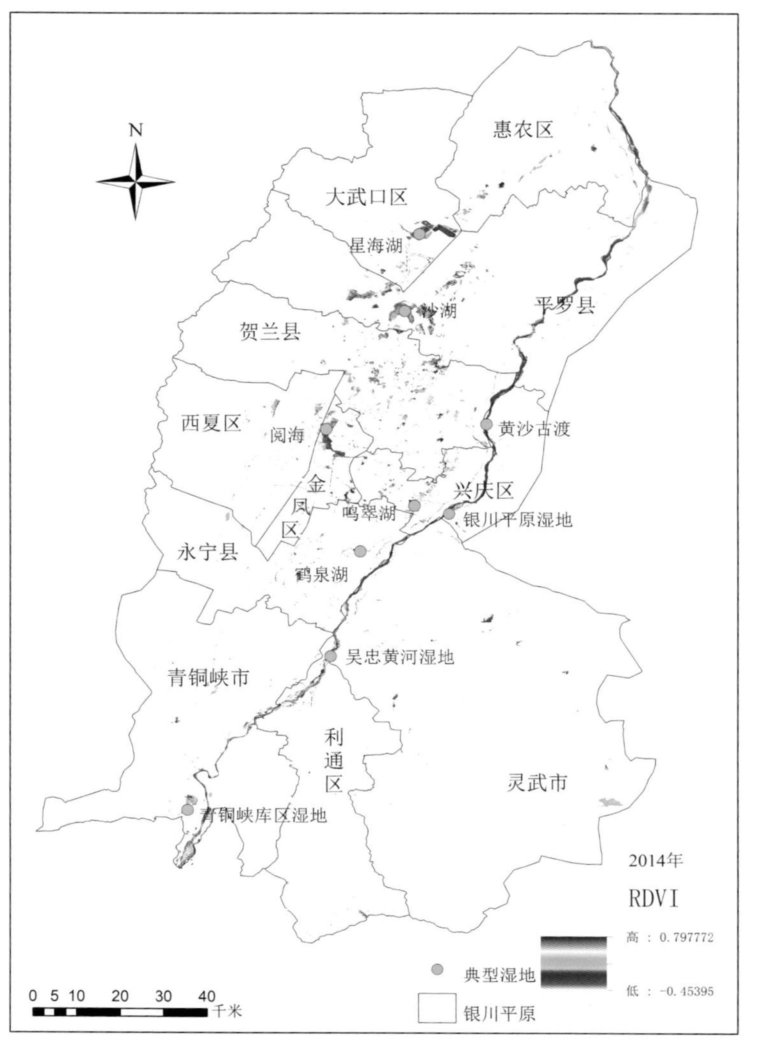
N
惠农区
大武口区
星海湖
沙湖
平罗县
贺兰县
西夏区
阅海
黄沙古渡
金
凤
区
鸣翠湖
兴庆区
银川平原湿地
永宁县
鹤泉湖
吴忠黄河湿地
青铜峡市
利
通
区
灵武市
青铜峡库区湿地
2014年
RDVI
高 : 0.797772
低 : -0.45395
典型湿地
银川平原
0 5 10 20 30 40
千米

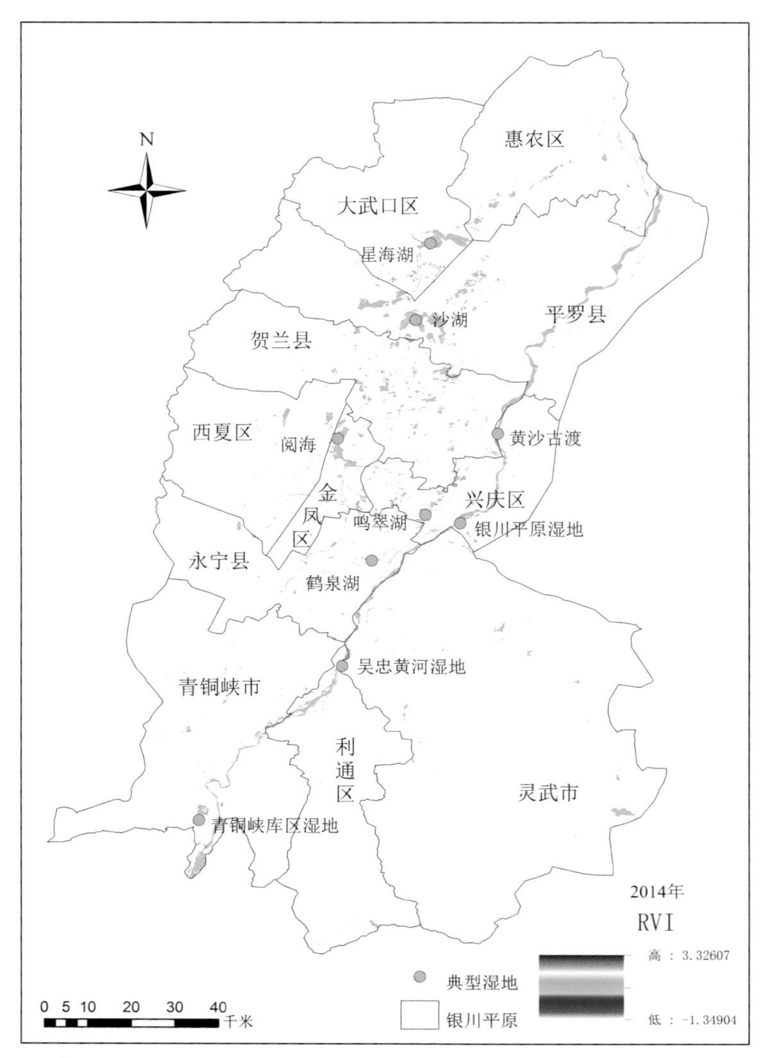
N
惠农区
大武口区
星海湖
沙湖
平罗县
贺兰县
西夏区
阅海
黄沙古渡
金
凤
区
鸣翠湖
兴庆区
银川平原湿地
永宁县
鹤泉湖
吴忠黄河湿地
青铜峡市
利
通
区
灵武市
青铜峡库区湿地
2014年
RVI
高 : 3.32607
低 : -1.34904
典型湿地
银川平原
0 5 10 20 30 40
千米

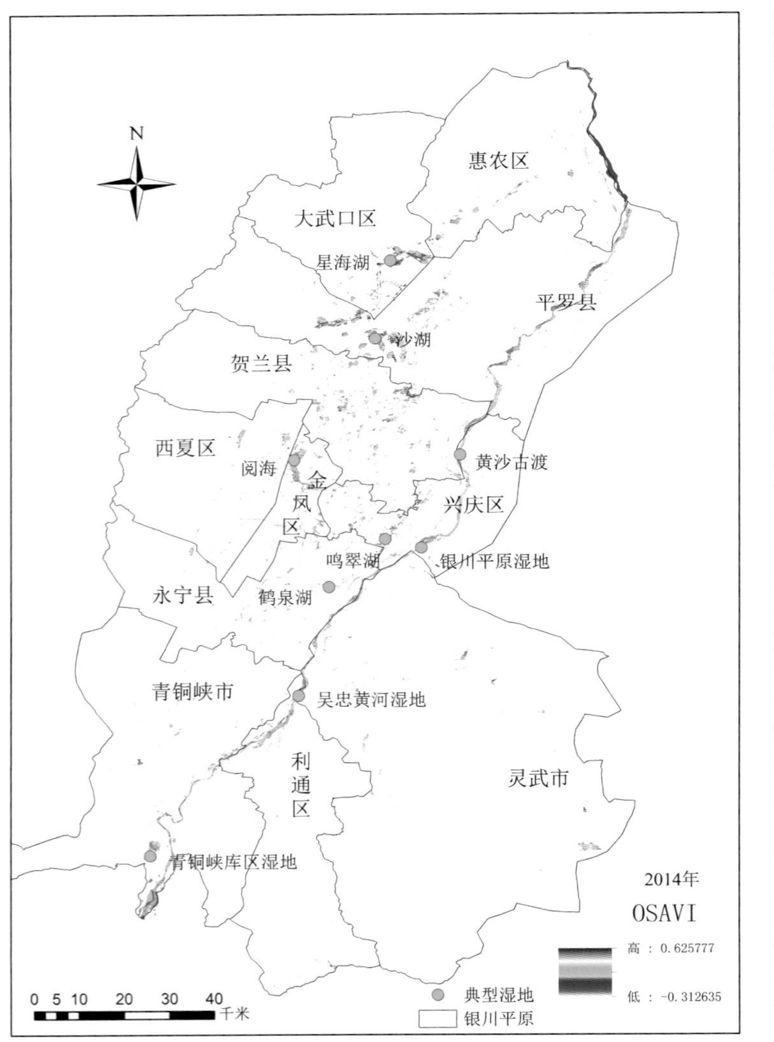
N
惠农区
大武口区
星海湖
平罗县
沙湖
贺兰县
西夏区
阅海
金
凤
区
黄沙古渡
兴庆区
鸣翠湖
银川平原湿地
永宁县
鹤泉湖
青铜峡市
吴忠黄河湿地
利
通
区
灵武市
青铜峡库区湿地
2014年
OSAVI
高：0.625777
低：-0.312635
0 5 10 20 30 40
千米
典型湿地
银川平原

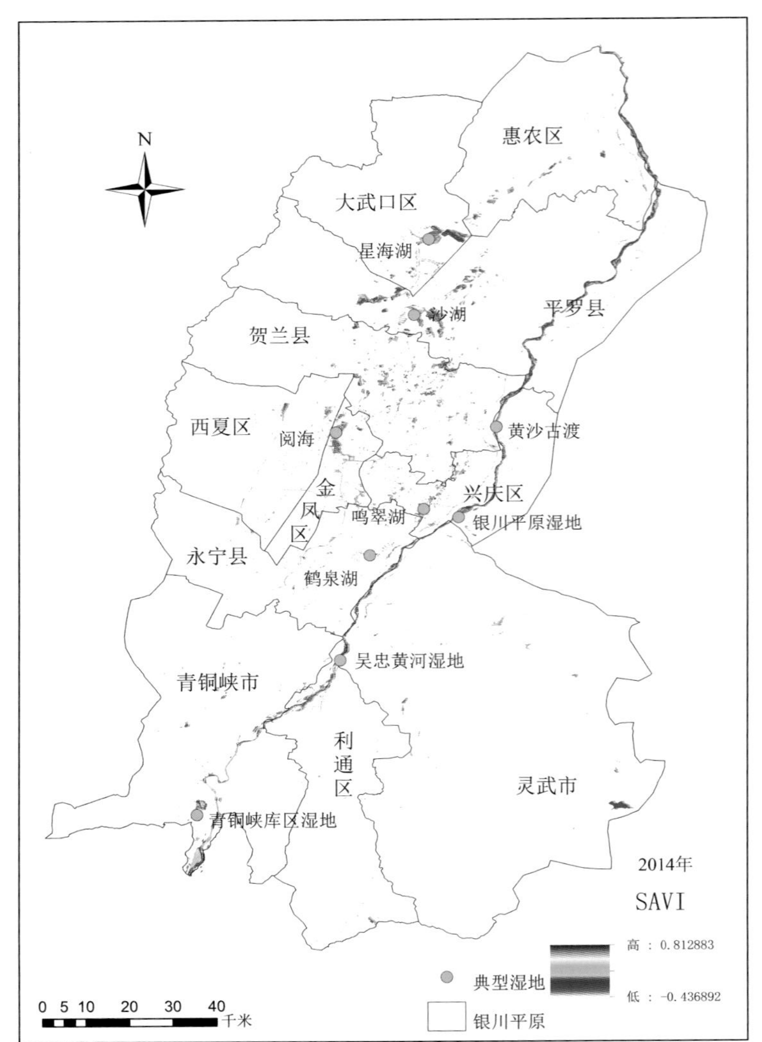
N
惠农区
大武口区
星海湖
沙湖
平罗县
贺兰县
西夏区
阅海
黄沙古渡
金
凤
区
兴庆区
鸣翠湖
银川平原湿地
永宁县
鹤泉湖
吴忠黄河湿地
青铜峡市
利
通
区
灵武市
青铜峡库区湿地
2014年
SAVI
高：0.812883
低：-0.436892
0 5 10 20 30 40
千米
典型湿地
银川平原

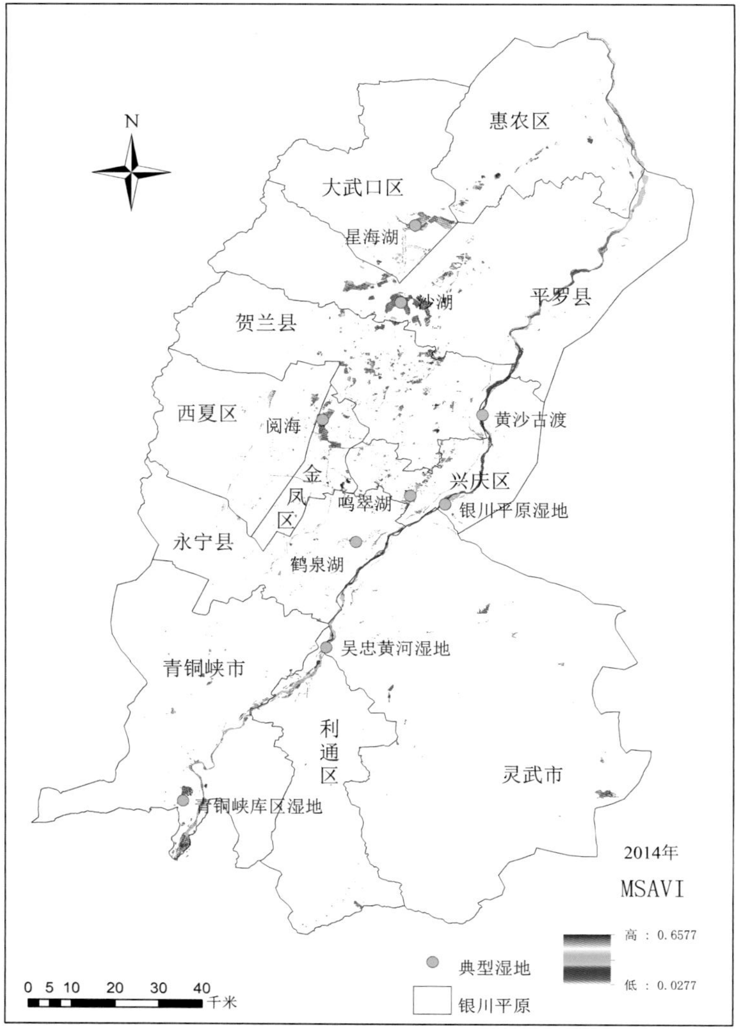

图 3-1　银川平原湿地 DVI、NDVI、RDVI、RVI、OSAVI、SAVI、MSAVI 灰度示意图

假彩色合成的主成分

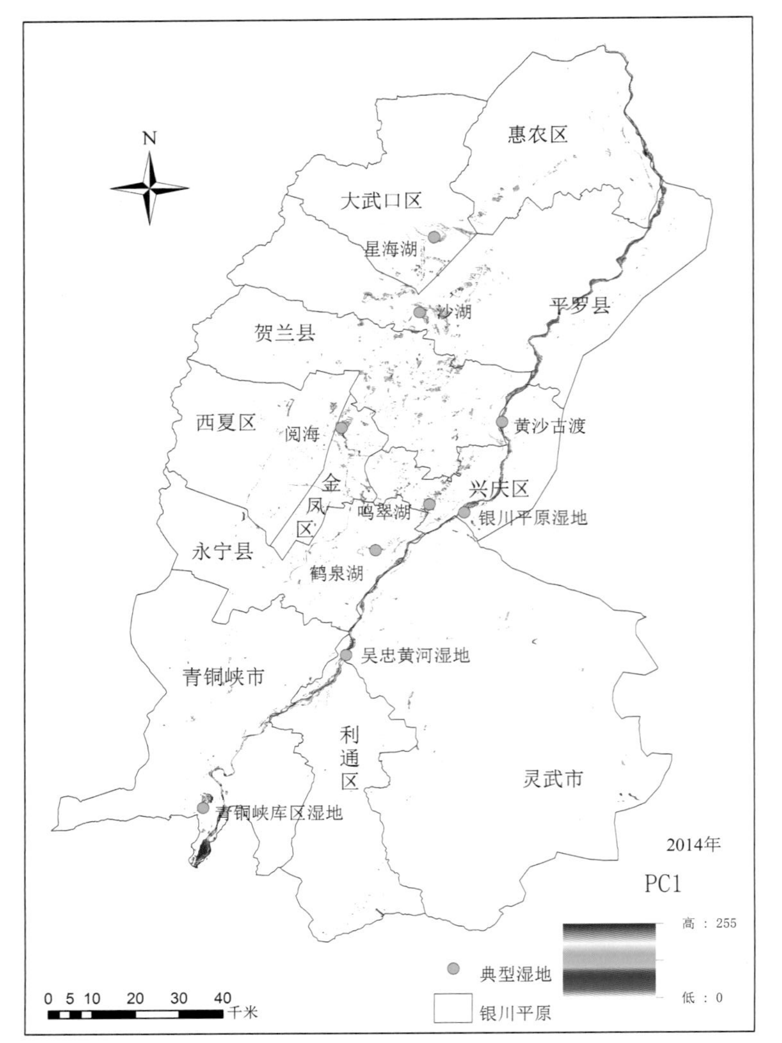
N
惠农区
大武口区
星海湖
沙湖
平罗县
贺兰县
西夏区
阅海
黄沙古渡
金
凤
区
兴庆区
鸣翠湖
银川平原湿地
永宁县
鹤泉湖
吴忠黄河湿地
青铜峡市
利
通
区
灵武市
青铜峡库区湿地
2014年
PC1
高：255
低：0
典型湿地
银川平原
0 5 10 20 30 40
千米

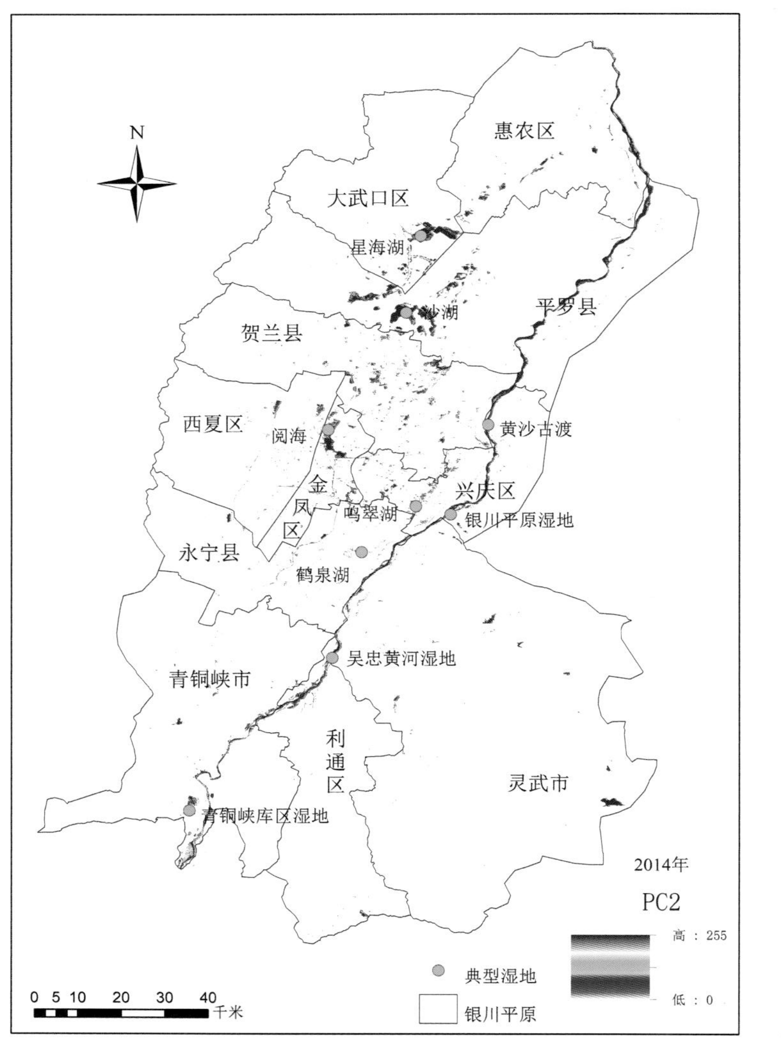

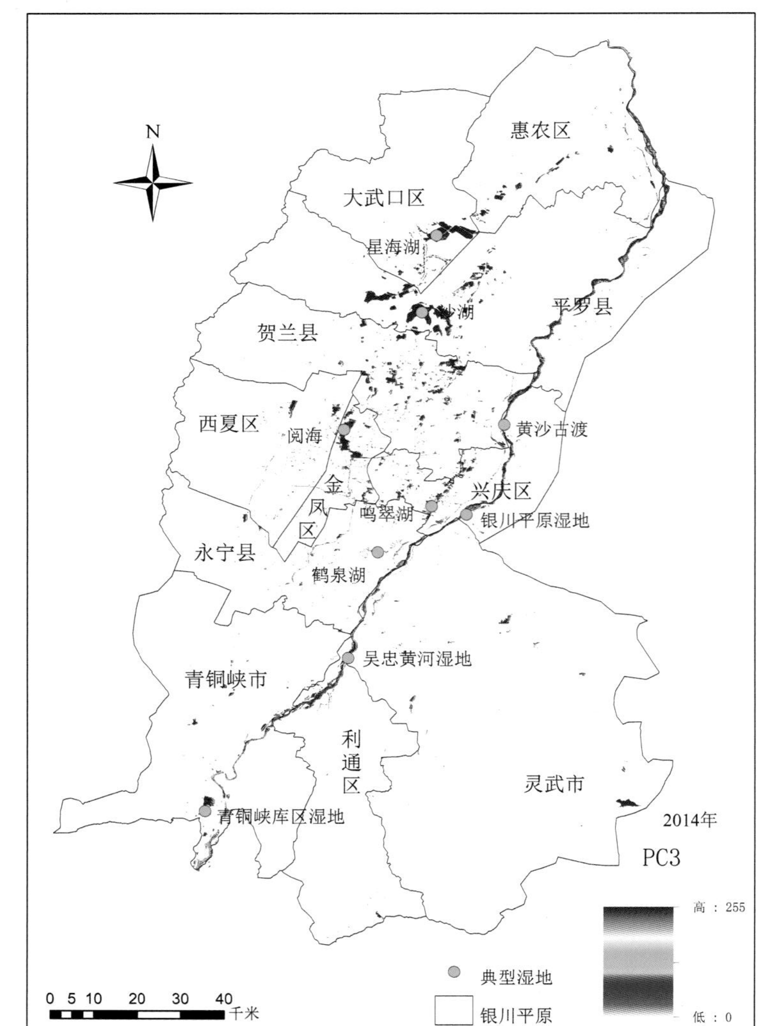

图 3-2 主成分分析 3 个分量灰度图

纹理特征图

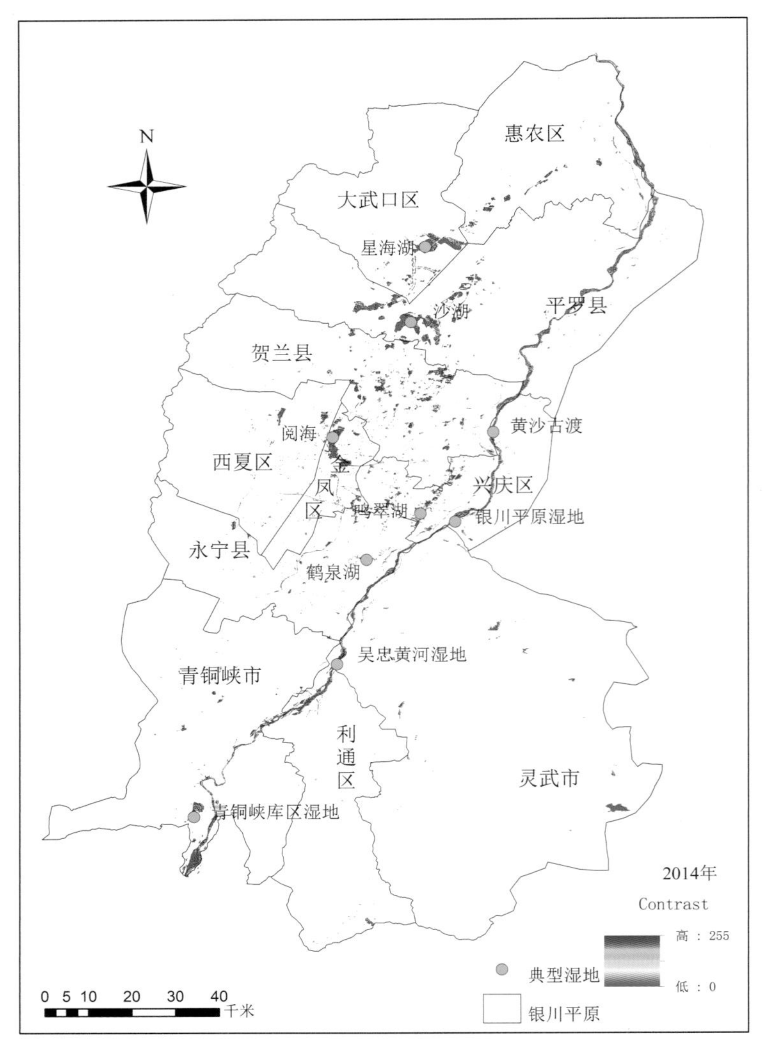
N
惠农区
大武口区
星海湖
沙湖
平罗县
贺兰县
阅海
黄沙古渡
西夏区
金
凤
区
兴庆区
鸣翠湖
银川平原湿地
永宁县
鹤泉湖
吴忠黄河湿地
青铜峡市
利
通
区
灵武市
青铜峡库区湿地
2014年
Contrast
高：255
低：0
典型湿地
银川平原
0 5 10 20 30 40
千米

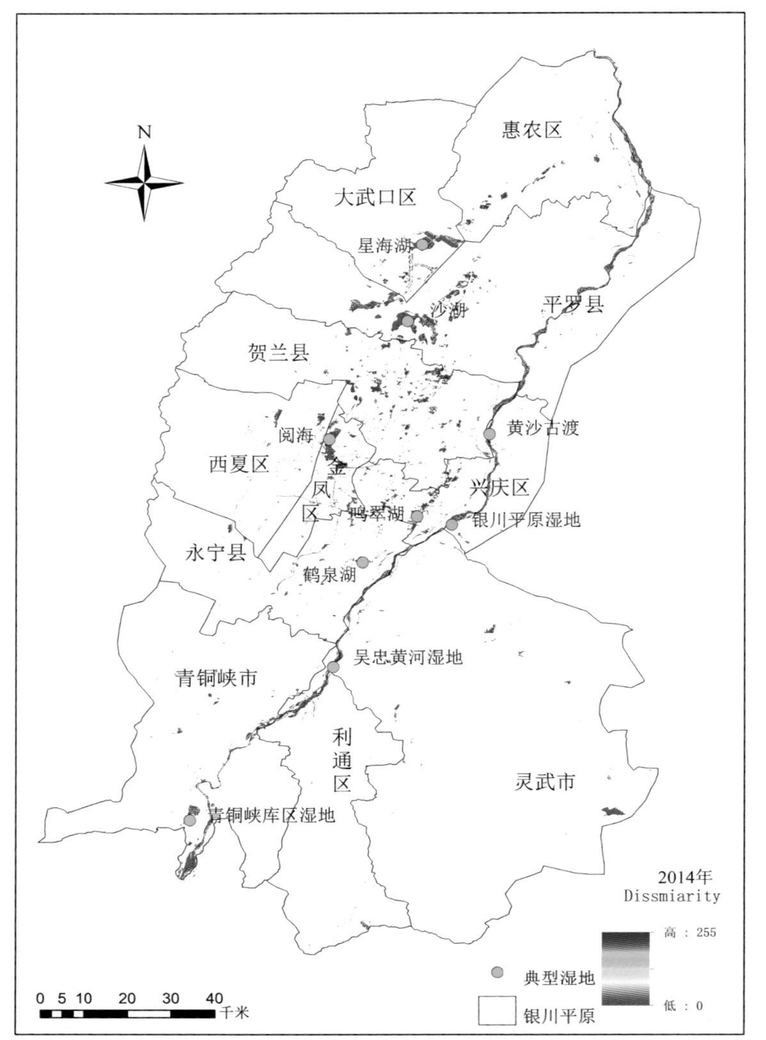

N
惠农区
大武口区
星海湖
沙湖
平罗县
贺兰县
阅海
黄沙古渡
西夏区
金
凤
区
兴庆区
鸣翠湖
银川平原湿地
永宁县
鹤泉湖
吴忠黄河湿地
青铜峡市
利
通
区
灵武市
青铜峡库区湿地
2014年
Dissmiarity
高 : 255
低 : 0
典型湿地
银川平原
0 5 10 20 30 40
千米

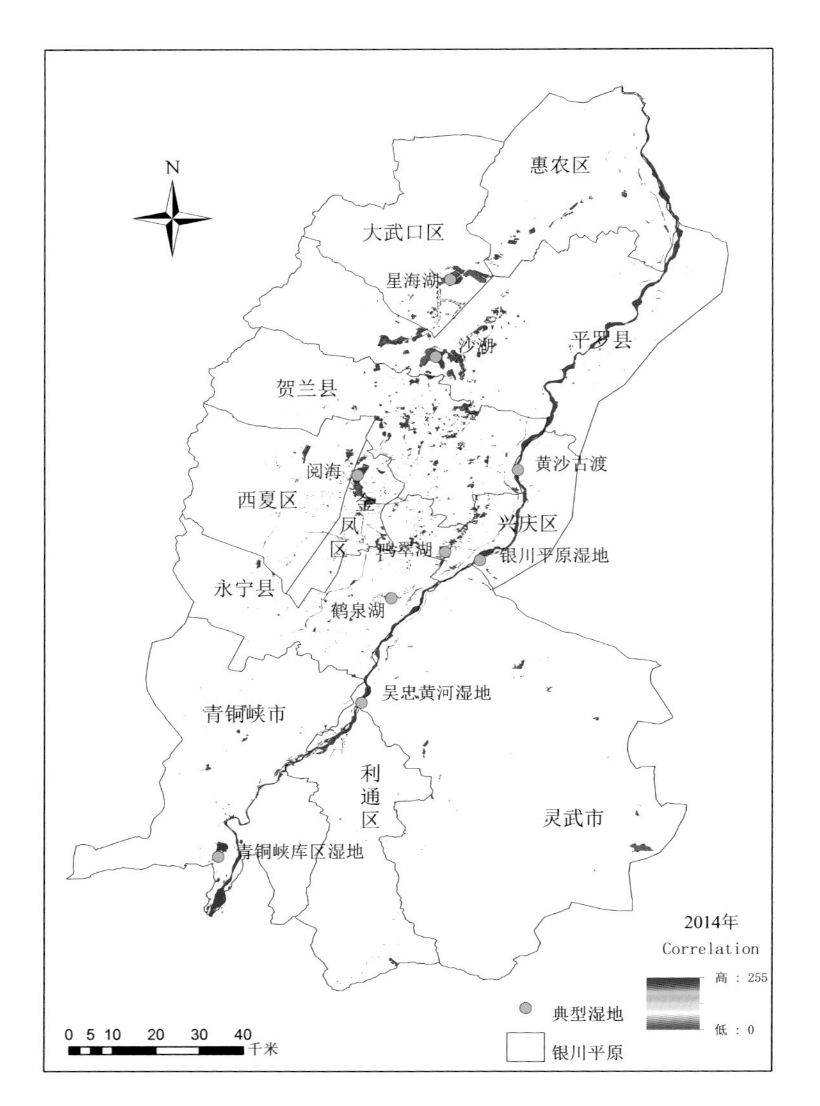

N
惠农区
大武口区
星海湖
沙湖
平罗县
贺兰县
阅海
黄沙古渡
西夏区
金
凤
区
兴庆区
鸣翠湖
银川平原湿地
永宁县
鹤泉湖
吴忠黄河湿地
青铜峡市
利
通
区
灵武市
青铜峡库区湿地
2014年
Correlation
高 : 255
低 : 0
典型湿地
银川平原
0 5 10 20 30 40
千米

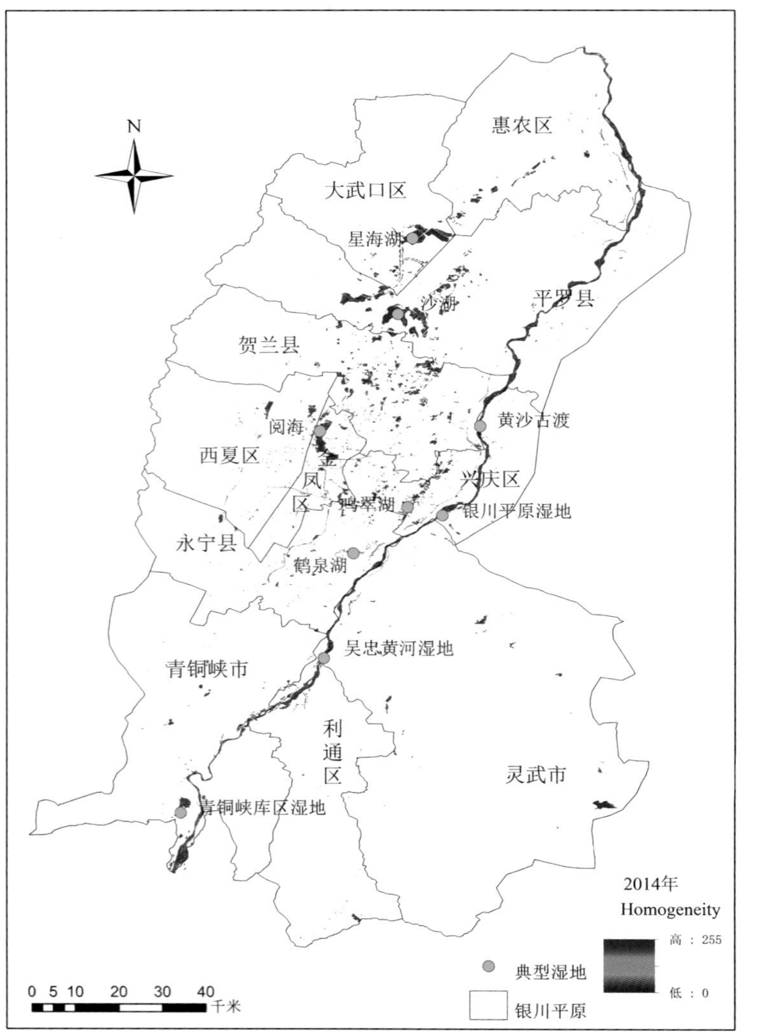
N
惠农区
大武口区
星海湖
沙湖
平罗县
贺兰县
阅海
黄沙古渡
西夏区
金
凤
区
兴庆区
鸣翠湖
银川平原湿地
永宁县
鹤泉湖
吴忠黄河湿地
青铜峡市
利
通
区
灵武市
青铜峡库区湿地
2014年
Homogeneity
高 : 255
低 : 0
典型湿地
银川平原
0 5 10 20 30 40
千米

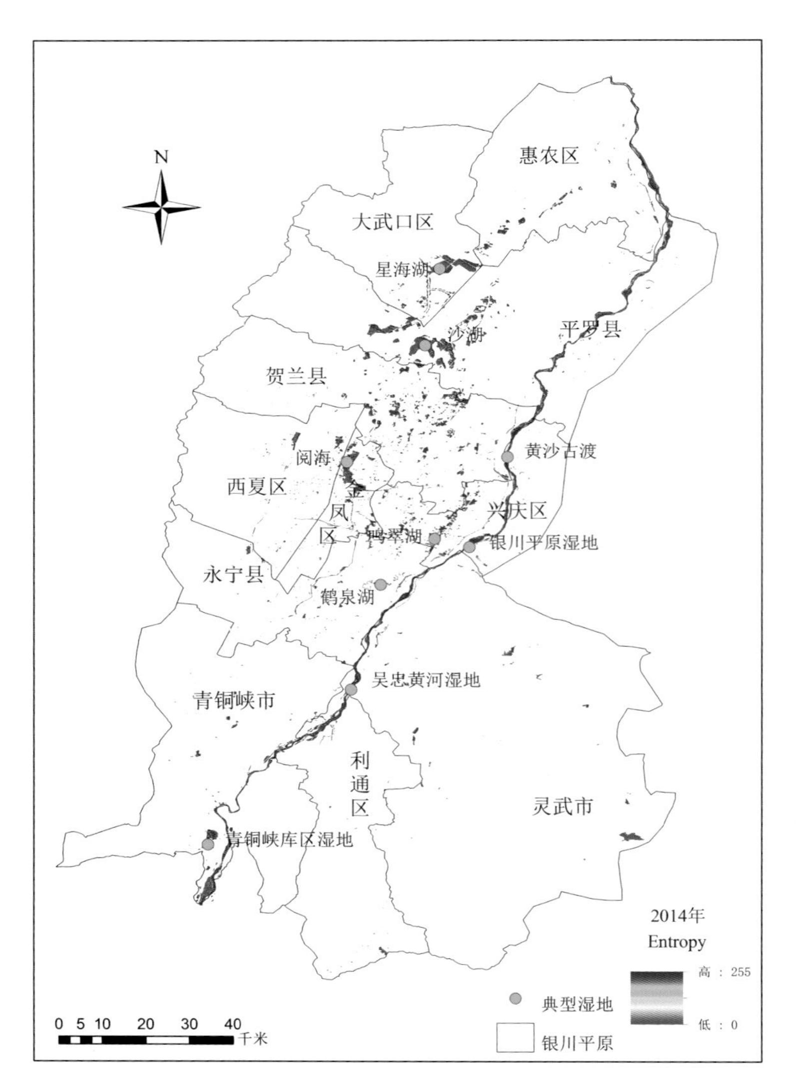
N
惠农区
大武口区
星海湖
沙湖
平罗县
贺兰县
阅海
黄沙古渡
西夏区
金
凤
区
兴庆区
鸣翠湖
银川平原湿地
永宁县
鹤泉湖
吴忠黄河湿地
青铜峡市
利
通
区
灵武市
青铜峡库区湿地
2014年
Entropy
高 : 255
低 : 0
典型湿地
银川平原
0 5 10 20 30 40
千米

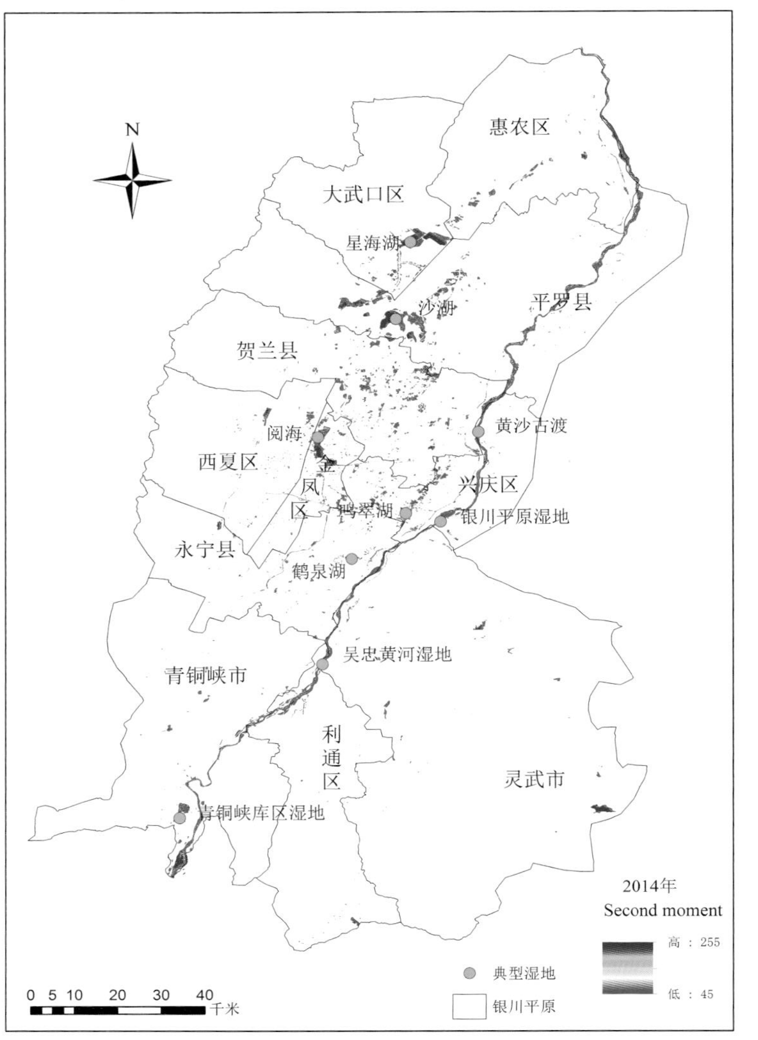
N
惠农区
大武口区
星海湖
沙湖
平罗县
贺兰县
阅海
黄沙古渡
西夏区
金
凤
区
鸭翠湖
兴庆区
银川平原湿地
永宁县
鹤泉湖
吴忠黄河湿地
青铜峡市
利
通
区
灵武市
青铜峡库区湿地
2014年
Second moment
高 : 255
低 : 45
典型湿地
银川平原
0 5 10 20 30 40
千米

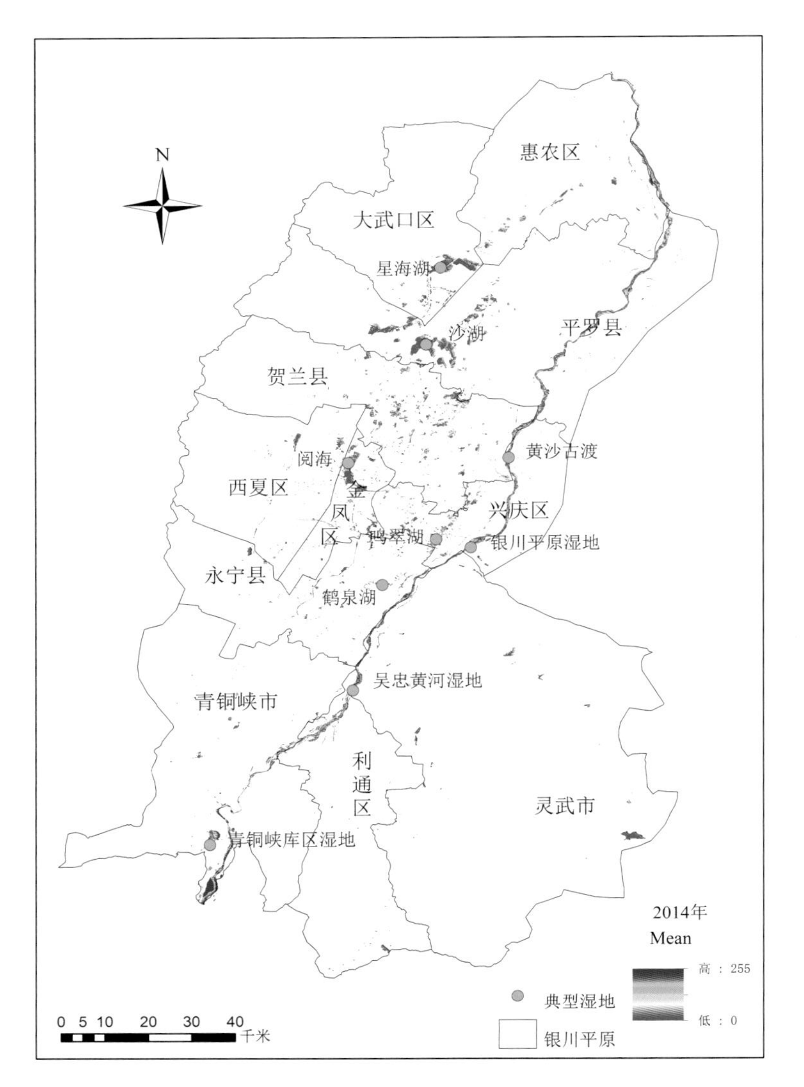
N
惠农区
大武口区
星海湖
沙湖
平罗县
贺兰县
阅海
黄沙古渡
西夏区
金
凤
区
鸭翠湖
兴庆区
银川平原湿地
永宁县
鹤泉湖
吴忠黄河湿地
青铜峡市
利
通
区
灵武市
青铜峡库区湿地
2014年
Mean
高 : 255
低 : 0
典型湿地
银川平原
0 5 10 20 30 40
千米

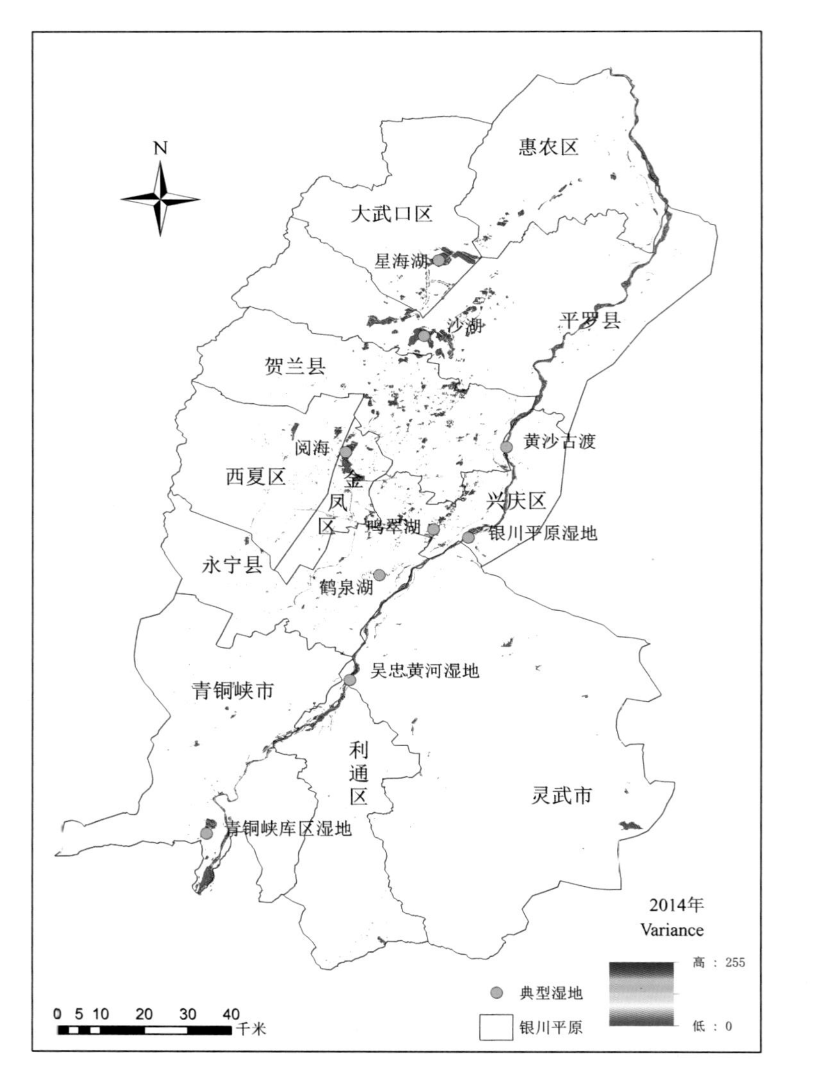

N
惠农区
大武口区
星海湖
沙湖
平罗县
贺兰县
黄沙古渡
阅海
西夏区
金
凤
区
兴庆区
鸣翠湖
银川平原湿地
永宁县
鹤泉湖
吴忠黄河湿地
青铜峡市
利
通
区
灵武市
青铜峡库区湿地
2014年
Variance
高 : 255
低 : 0
典型湿地
银川平原
0 5 10 20 30 40
千米

图 3-3　纹理分析特征

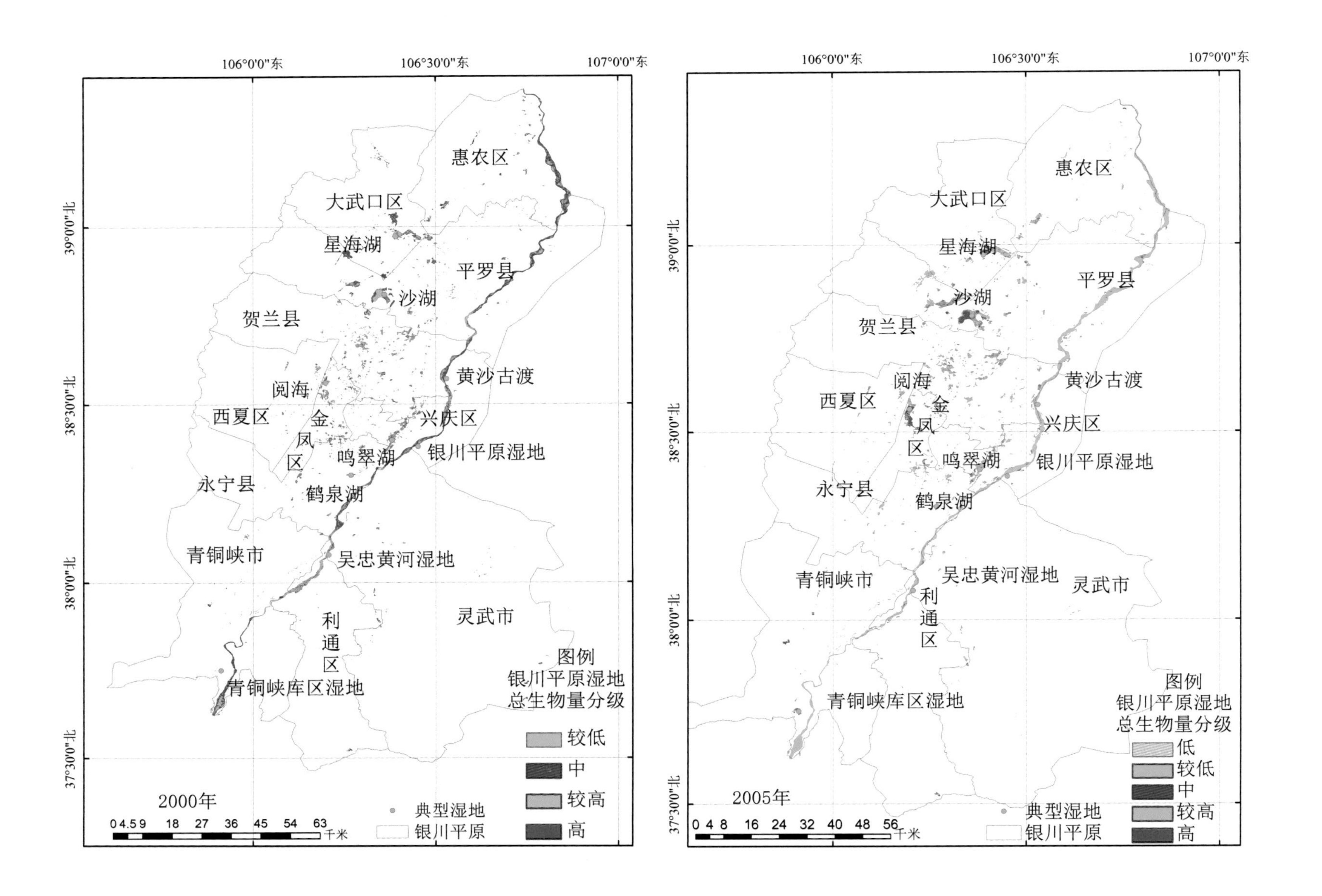

106°0'0"东
106°30'0"东
107°0'0"东
39°0'0"北
38°30'0"北
38°0'0"北
37°30'0"北
惠农区
大武口区
星海湖
平罗县
沙湖
贺兰县
黄沙古渡
阅海
西夏区
金凤区
兴庆区
鸣翠湖
银川平原湿地
永宁县
鹤泉湖
青铜峡市
吴忠黄河湿地
利通区
灵武市
青铜峡库区湿地
图例
银川平原湿地
总生物量分级
较低
中
较高
高
2000年
典型湿地
银川平原
0 4.5 9 18 27 36 45 54 63 千米
106°0'0"东
106°30'0"东
107°0'0"东
39°0'0"北
38°30'0"北
38°0'0"北
37°30'0"北
惠农区
大武口区
星海湖
平罗县
沙湖
贺兰县
黄沙古渡
阅海
西夏区
金凤区
兴庆区
鸣翠湖
银川平原湿地
永宁县
鹤泉湖
青铜峡市
吴忠黄河湿地
灵武市
利通区
青铜峡库区湿地
图例
银川平原湿地
总生物量分级
低
较低
中
较高
高
2005年
典型湿地
银川平原
0 4 8 16 24 32 40 48 56 千米

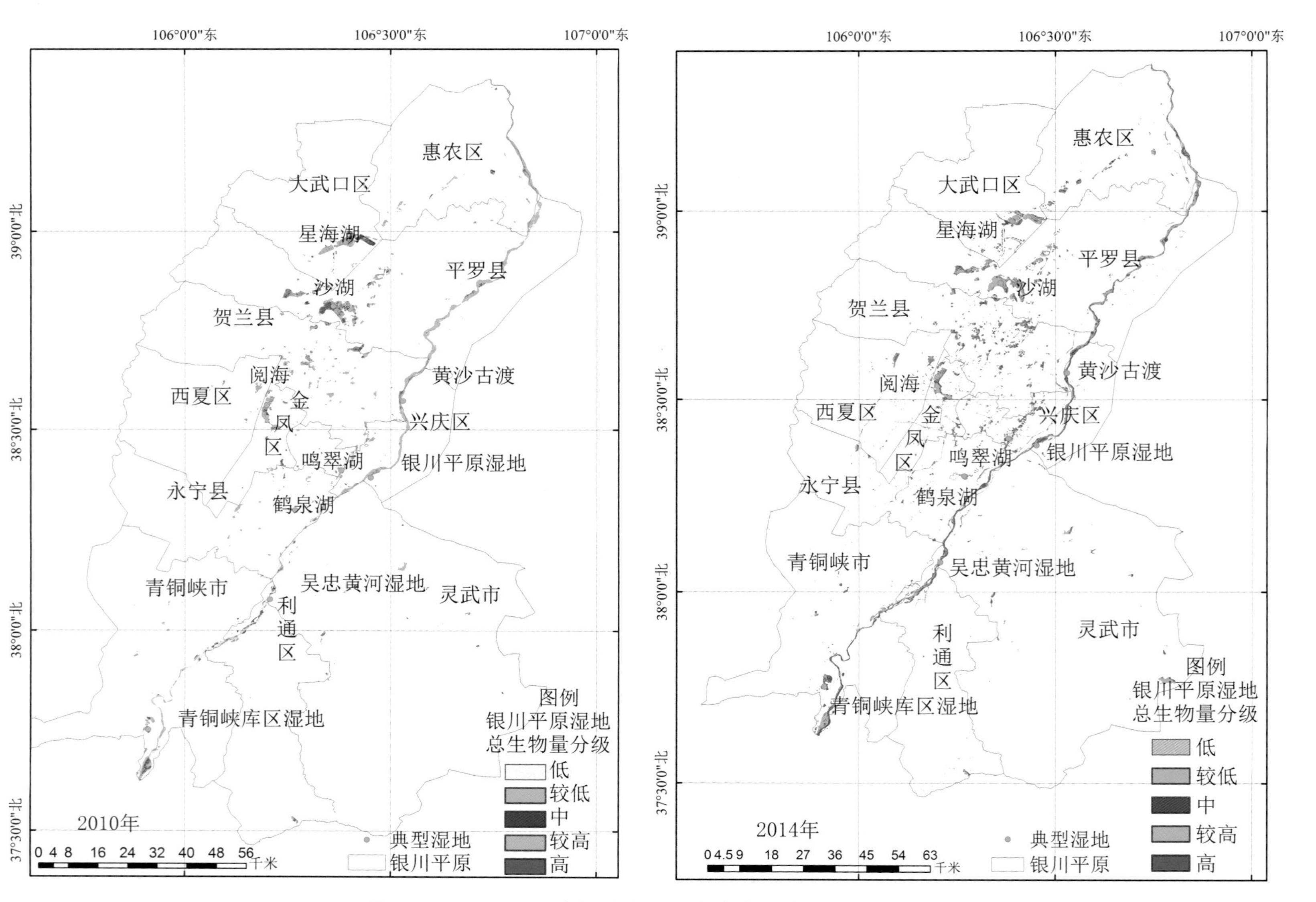

图 4-2　2000~2014 年银川平原湿地总生物量分级图

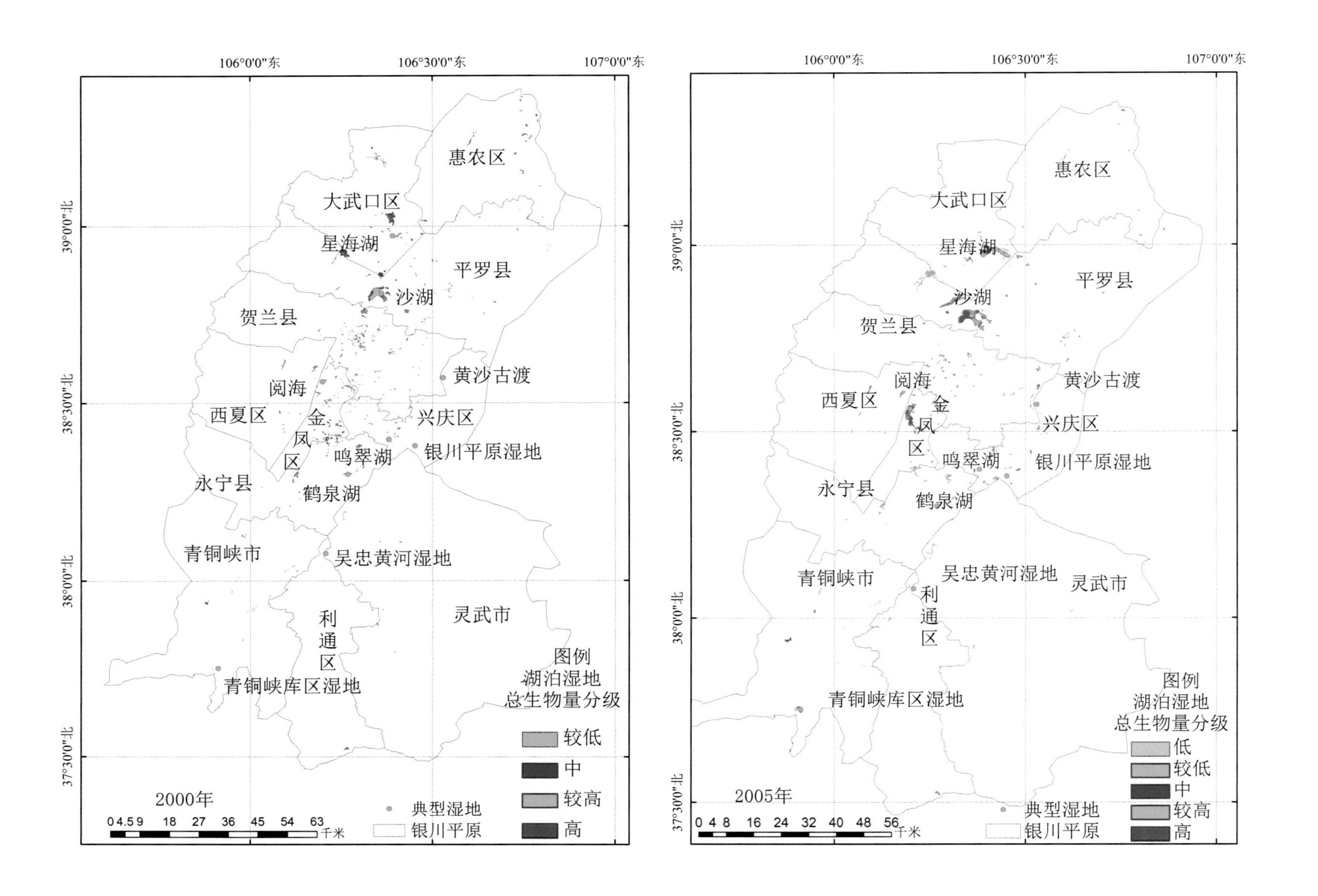

106°0'0"东
106°30'0"东
107°0'0"东
39°0'0"北
38°30'0"北
38°0'0"北
37°30'0"北
惠农区
大武口区
星海湖
平罗县
沙湖
贺兰县
黄沙古渡
阅海
西夏区
金
凤
区
兴庆区
鸣翠湖
银川平原湿地
永宁县
鹤泉湖
青铜峡市
吴忠黄河湿地
利
通
区
灵武市
青铜峡库区湿地
图例
湖泊湿地
总生物量分级
较低
中
较高
高
典型湿地
银川平原
2000年
0 4.5 9 18 27 36 45 54 63 千米
106°0'0"东
106°30'0"东
107°0'0"东
39°0'0"北
38°30'0"北
38°0'0"北
37°30'0"北
惠农区
大武口区
星海湖
平罗县
沙湖
贺兰县
黄沙古渡
阅海
西夏区
金
凤
区
兴庆区
鸣翠湖
银川平原湿地
永宁县
鹤泉湖
青铜峡市
吴忠黄河湿地
灵武市
利
通
区
青铜峡库区湿地
图例
湖泊湿地
总生物量分级
低
较低
中
较高
高
典型湿地
银川平原
2005年
0 4 8 16 24 32 40 48 56 千米

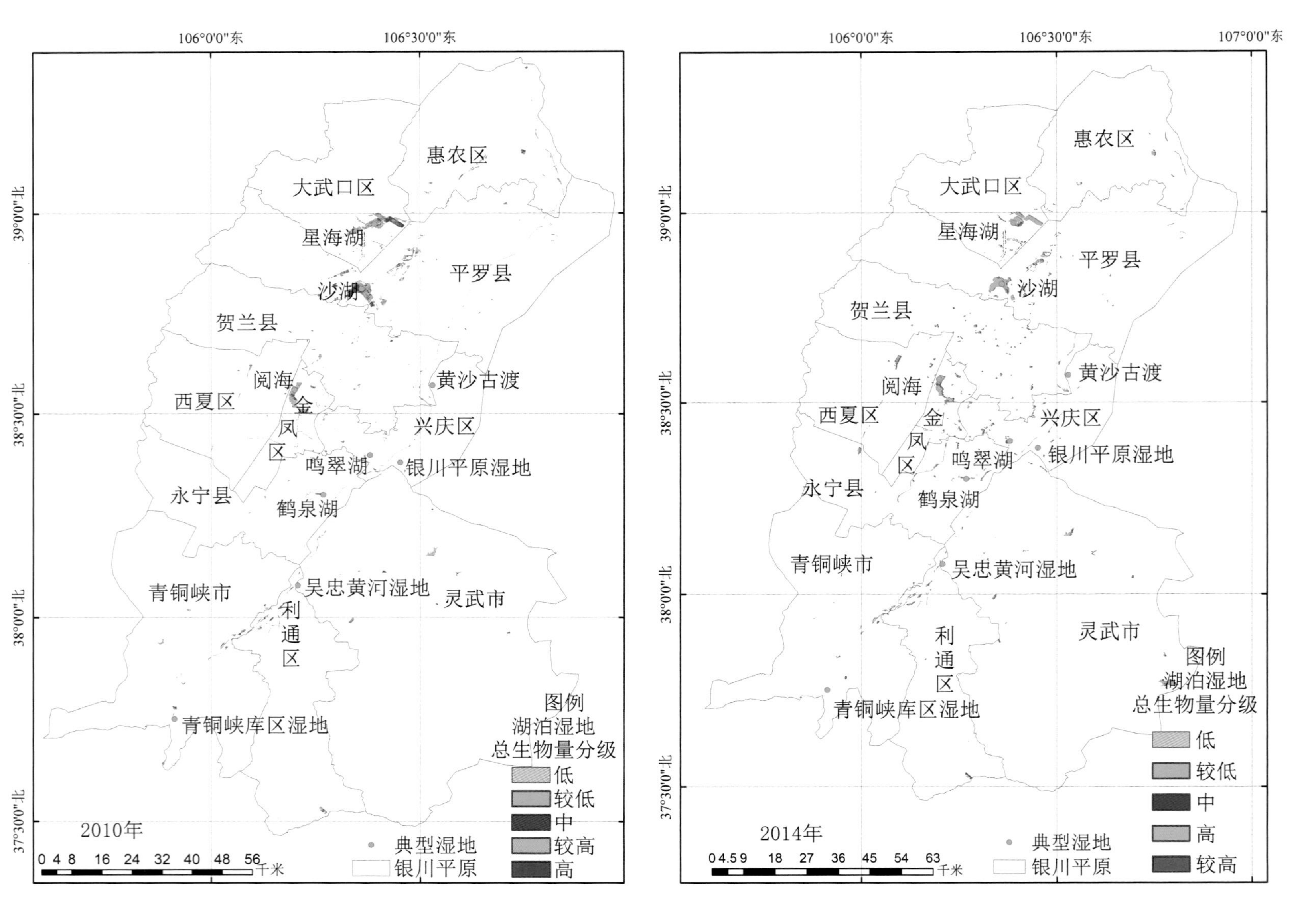

图 4-3　2000~2014 年湖泊湿地总生物量分级图

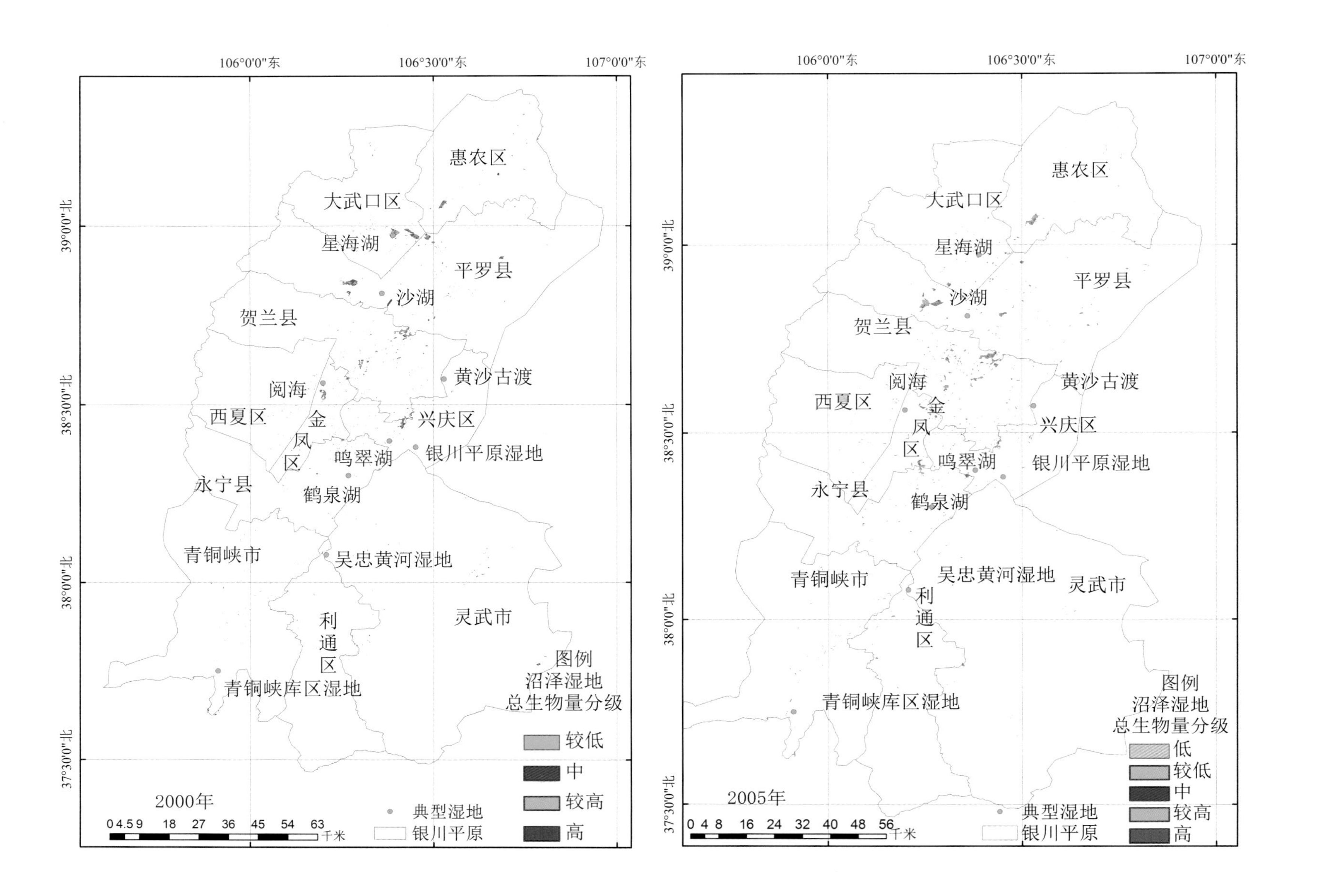
106°0'0"东
106°30'0"东
107°0'0"东
39°0'0"北
38°30'0"北
38°0'0"北
37°30'0"北
惠农区
大武口区
星海湖
平罗县
沙湖
贺兰县
阅海
黄沙古渡
西夏区
金
凤
区
兴庆区
鸣翠湖
银川平原湿地
永宁县
鹤泉湖
青铜峡市
吴忠黄河湿地
利
通
区
灵武市
青铜峡库区湿地
图例
沼泽湿地
总生物量分级
较低
中
较高
高
2000年
典型湿地
银川平原
0 4.5 9 18 27 36 45 54 63
千米
106°0'0"东
106°30'0"东
107°0'0"东
39°0'0"北
38°30'0"北
38°0'0"北
37°30'0"北
惠农区
大武口区
星海湖
平罗县
沙湖
贺兰县
阅海
黄沙古渡
西夏区
金
凤
区
兴庆区
鸣翠湖
银川平原湿地
永宁县
鹤泉湖
青铜峡市
吴忠黄河湿地
灵武市
利
通
区
青铜峡库区湿地
图例
沼泽湿地
总生物量分级
低
较低
中
较高
高
2005年
典型湿地
银川平原
0 4 8 16 24 32 40 48 56
千米

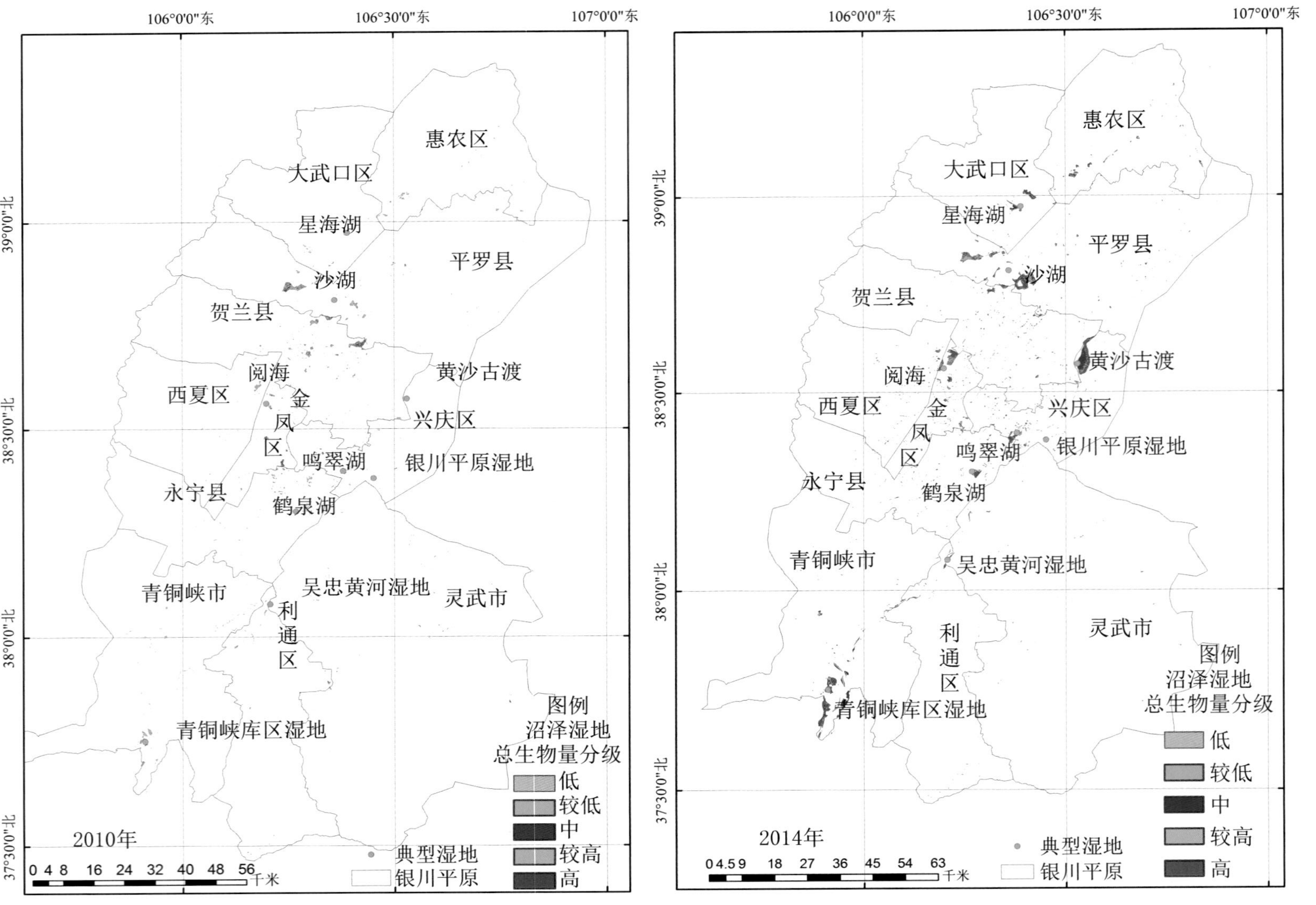

图 4-4　2000~2014 年沼泽湿地总生物量分级图

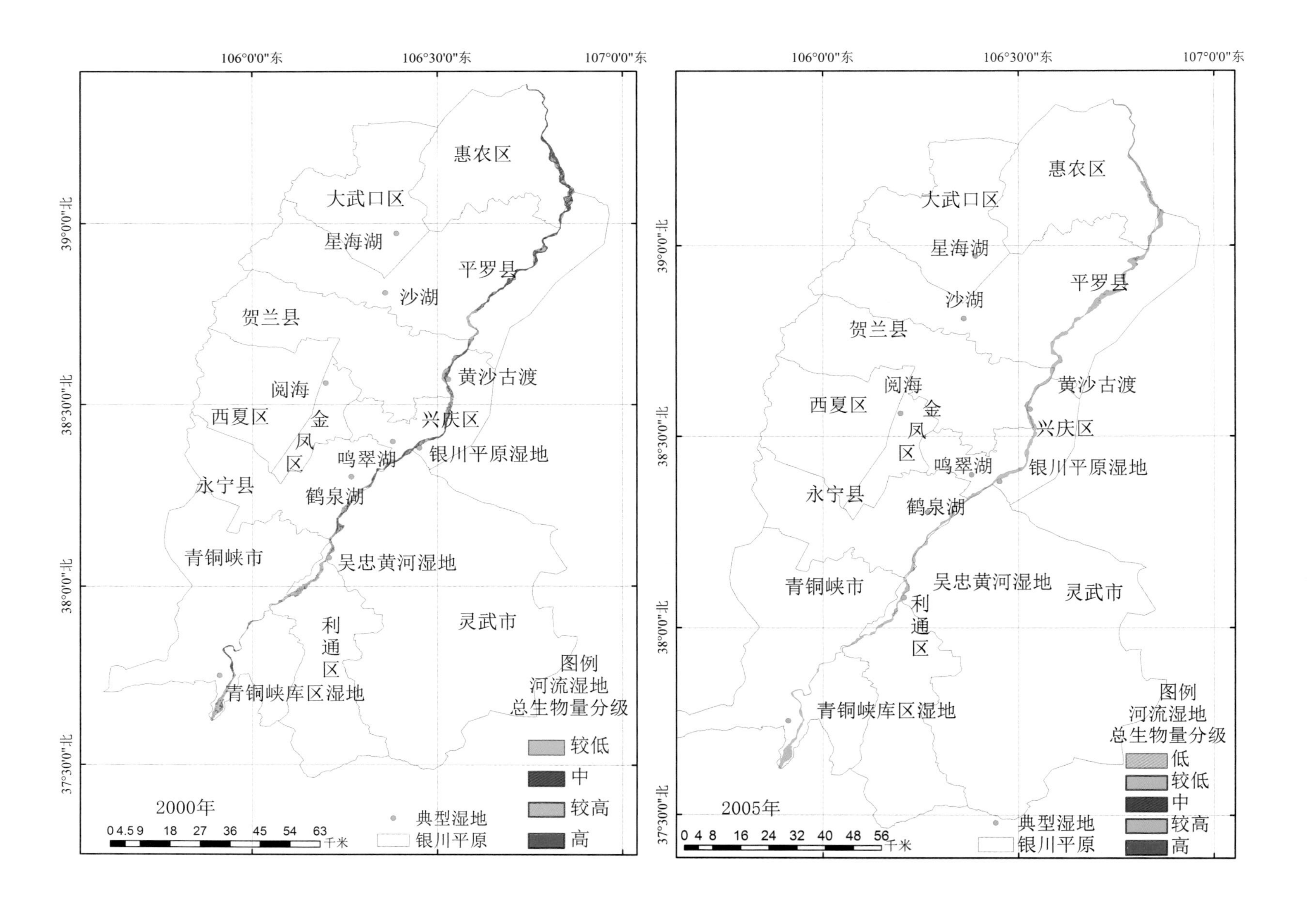

106°0'0"东
106°30'0"东
107°0'0"东
39°0'0"北
38°30'0"北
38°0'0"北
37°30'0"北
惠农区
大武口区
星海湖
平罗县
沙湖
贺兰县
黄沙古渡
阅海
西夏区
金凤区
兴庆区
鸣翠湖
银川平原湿地
永宁县
鹤泉湖
青铜峡市
吴忠黄河湿地
利通区
灵武市
青铜峡库区湿地
图例
河流湿地
总生物量分级
较低
中
较高
高
2000年
典型湿地
银川平原
0 4.5 9 18 27 36 45 54 63 千米
106°0'0"东
106°30'0"东
107°0'0"东
39°0'0"北
38°30'0"北
38°0'0"北
37°30'0"北
惠农区
大武口区
星海湖
平罗县
沙湖
贺兰县
黄沙古渡
阅海
西夏区
金凤区
兴庆区
鸣翠湖
银川平原湿地
永宁县
鹤泉湖
青铜峡市
吴忠黄河湿地
灵武市
利通区
青铜峡库区湿地
图例
河流湿地
总生物量分级
低
较低
中
较高
高
2005年
典型湿地
银川平原
0 4 8 16 24 32 40 48 56 千米

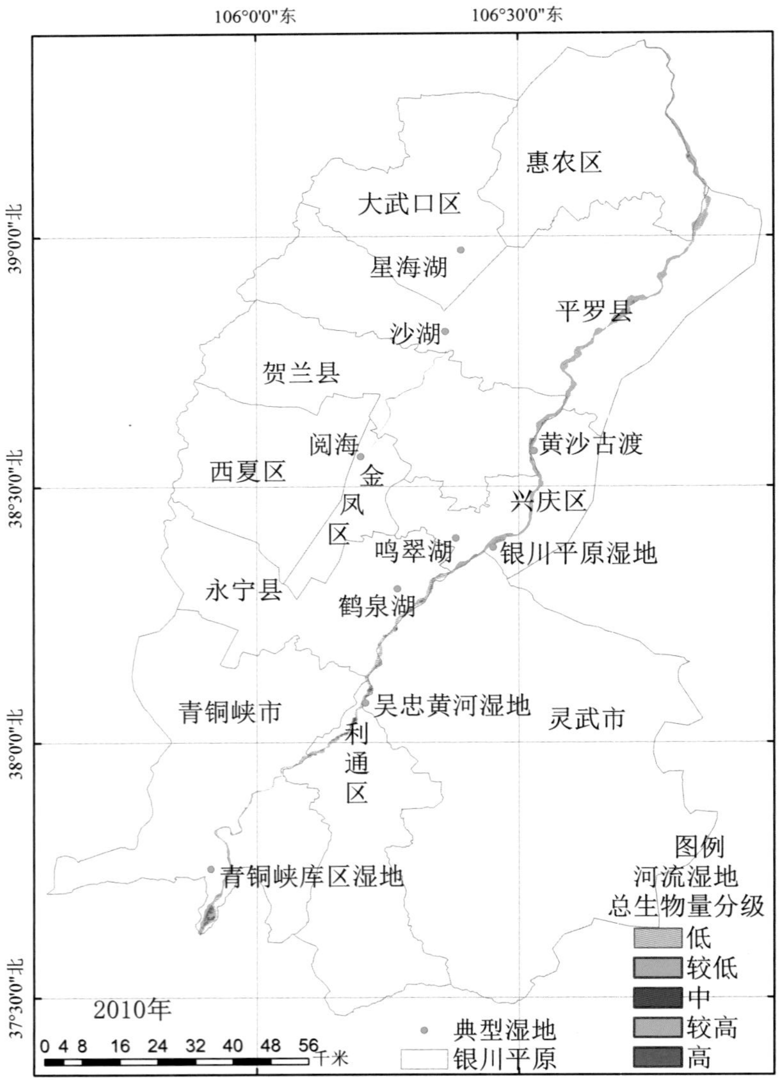

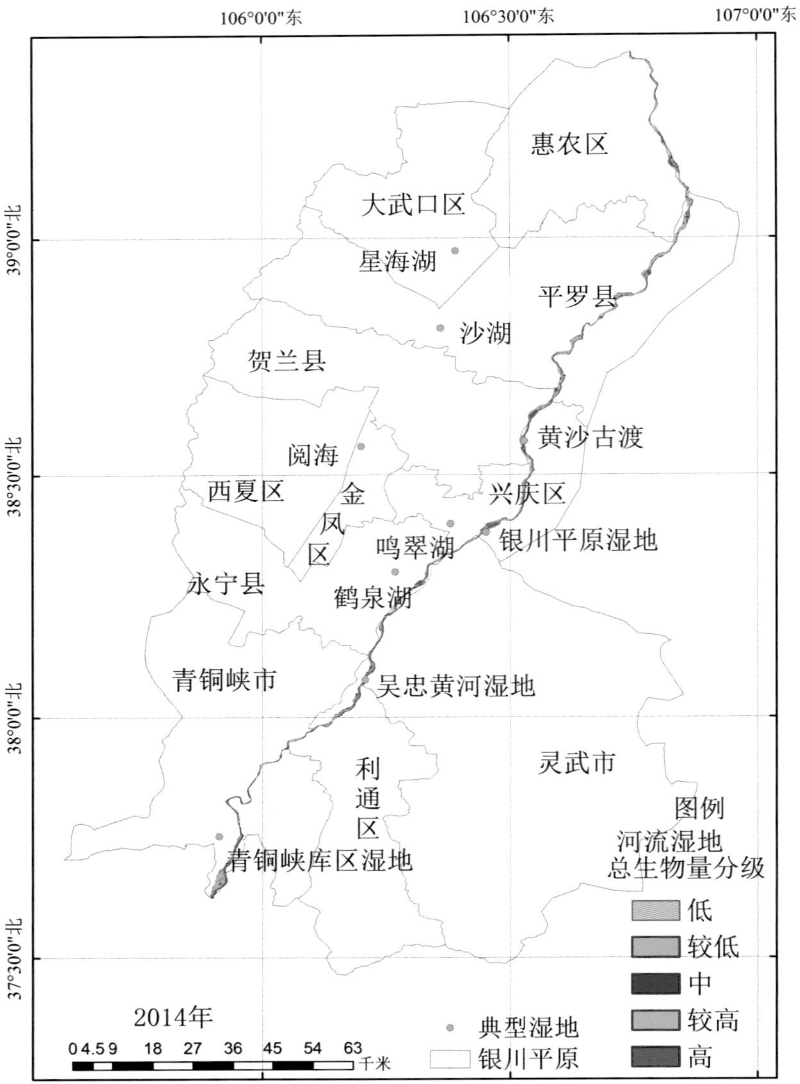

图 4-5　2000~2014 年河流湿地总生物量分级图

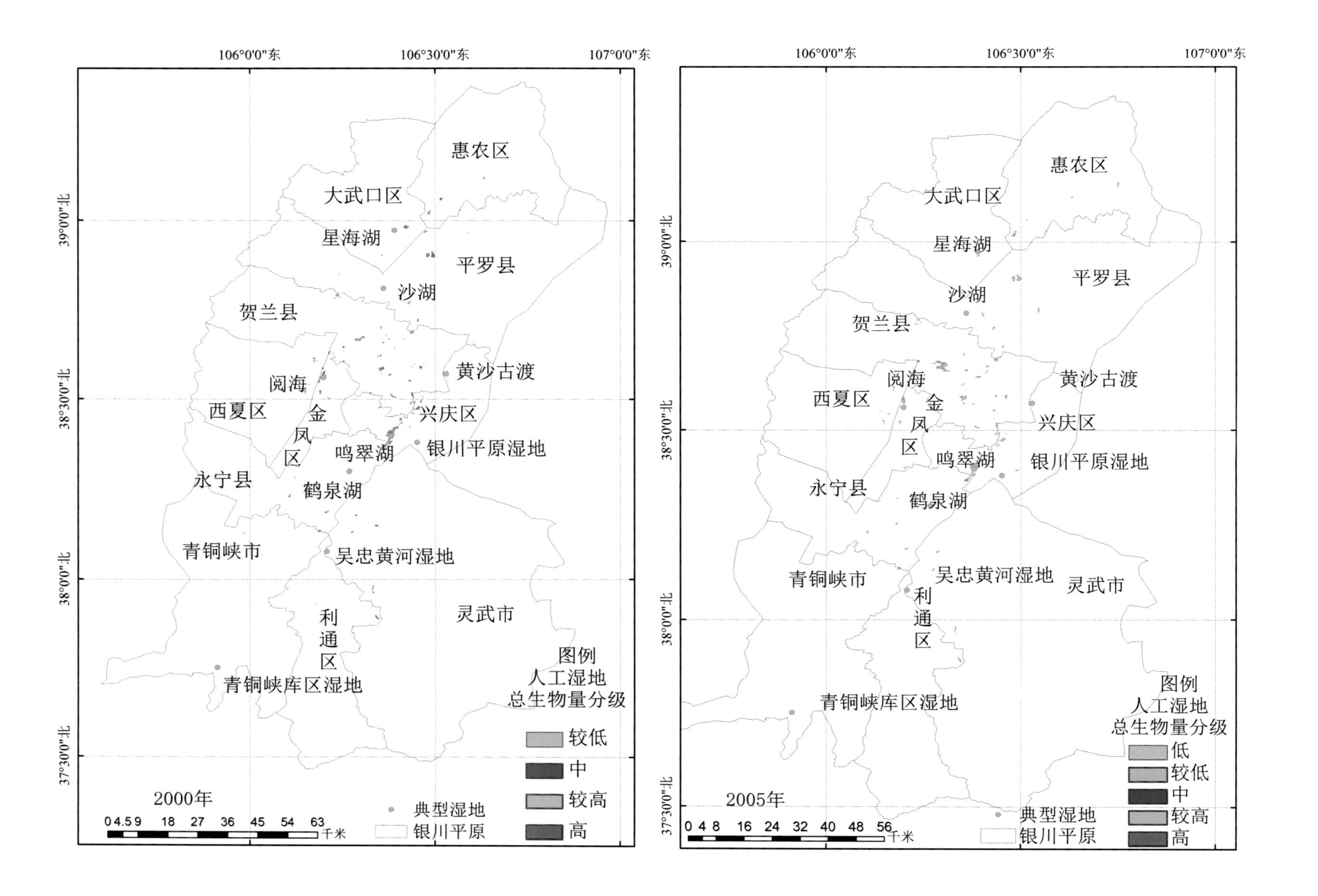
106°0'0"东
106°30'0"东
107°0'0"东
39°0'0"北
38°30'0"北
38°0'0"北
37°30'0"北
惠农区
大武口区
星海湖
平罗县
沙湖
贺兰县
黄沙古渡
阅海
西夏区
金
凤
区
兴庆区
银川平原湿地
鸣翠湖
永宁县
鹤泉湖
青铜峡市
吴忠黄河湿地
灵武市
利
通
区
青铜峡库区湿地
图例
人工湿地
总生物量分级
较低
中
较高
高
典型湿地
银川平原
2000年
0 4.5 9 18 27 36 45 54 63 千米
106°0'0"东
106°30'0"东
107°0'0"东
39°0'0"北
38°30'0"北
38°0'0"北
37°30'0"北
惠农区
大武口区
星海湖
平罗县
沙湖
贺兰县
黄沙古渡
阅海
西夏区
金
凤
区
兴庆区
鸣翠湖
银川平原湿地
永宁县
鹤泉湖
青铜峡市
吴忠黄河湿地
灵武市
利
通
区
青铜峡库区湿地
图例
人工湿地
总生物量分级
低
较低
中
较高
高
典型湿地
银川平原
2005年
0 4 8 16 24 32 40 48 56 千米

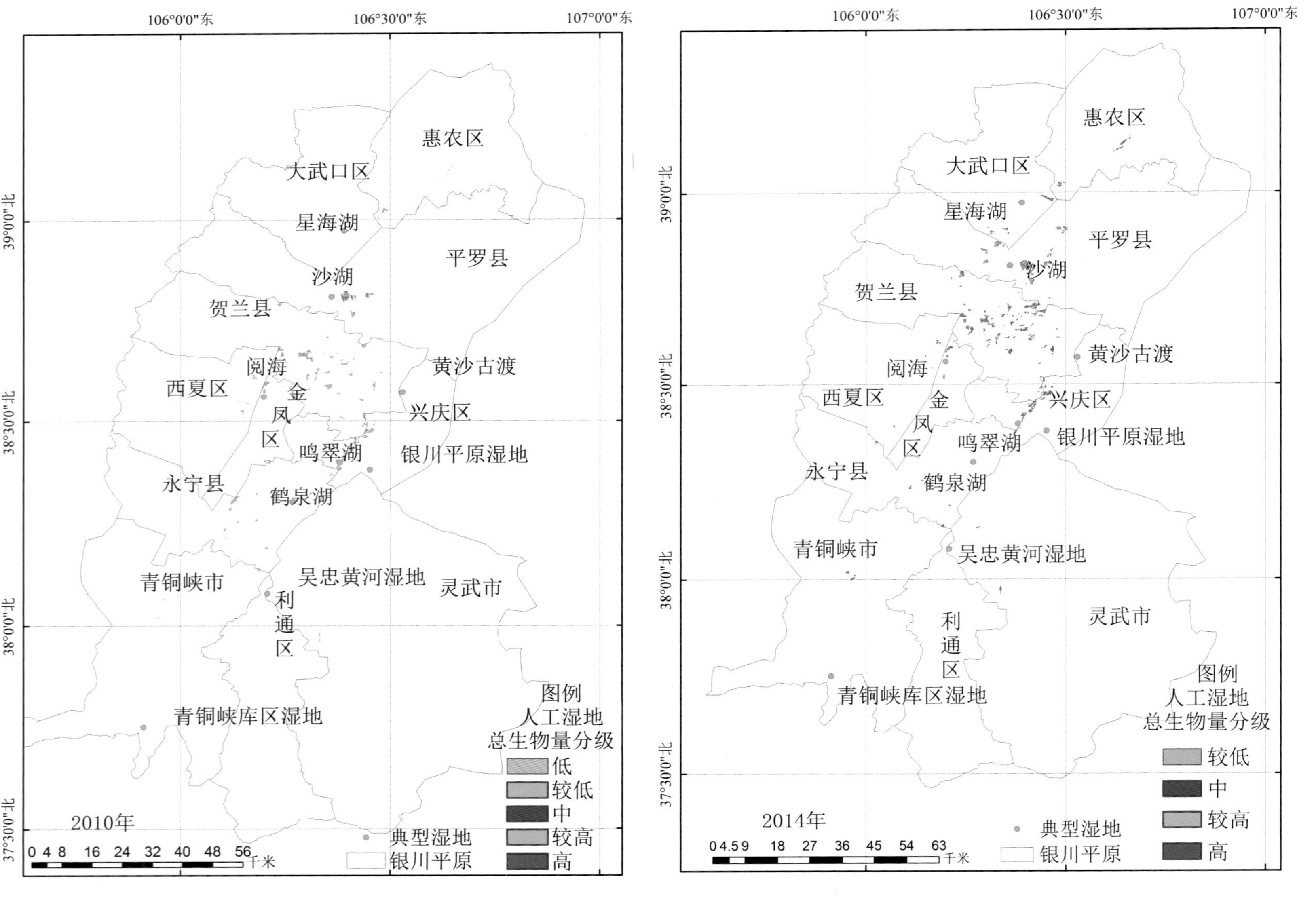

图 4-6　2000~2014 年人工湿地总生物量分级图

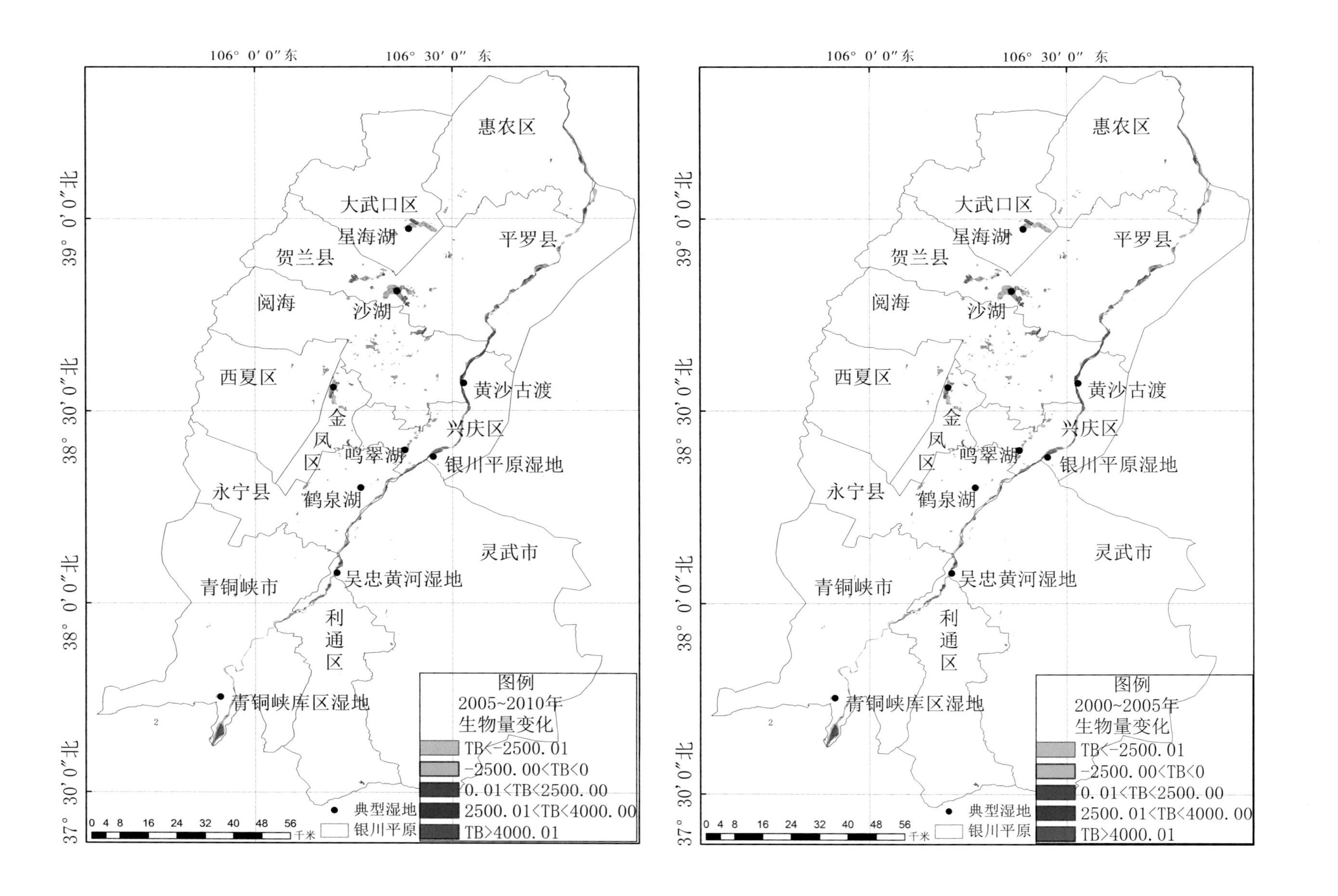
106° 0′ 0″ 东
106° 30′ 0″ 东
39° 0′ 0″ 北
38° 30′ 0″ 北
38° 0′ 0″ 北
37° 30′ 0″ 北
惠农区
大武口区
星海湖
平罗县
贺兰县
阅海
沙湖
西夏区
黄沙古渡
金
凤
区
鸣翠湖
兴庆区
银川平原湿地
永宁县
鹤泉湖
灵武市
青铜峡市
吴忠黄河湿地
利
通
区
青铜峡库区湿地
图例
2005~2010年
生物量变化
TB<-2500.01
-2500.00<TB<0
0.01<TB<2500.00
2500.01<TB<4000.00
TB>4000.01
典型湿地
银川平原
0 4 8 16 24 32 40 48 56 千米
图例
2000~2005年
生物量变化

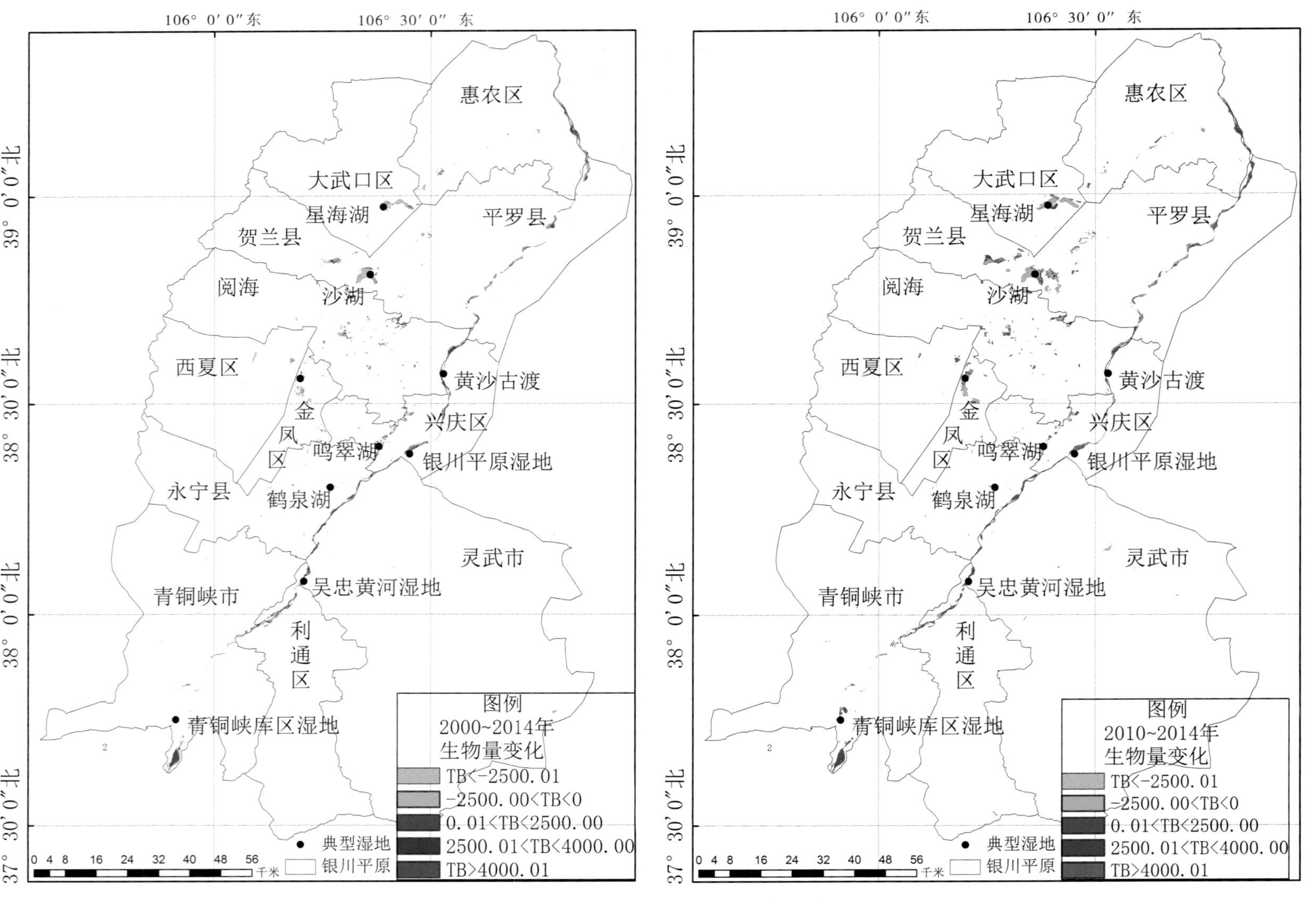

图 4-7　2000~2014 年银川平原生物量变化

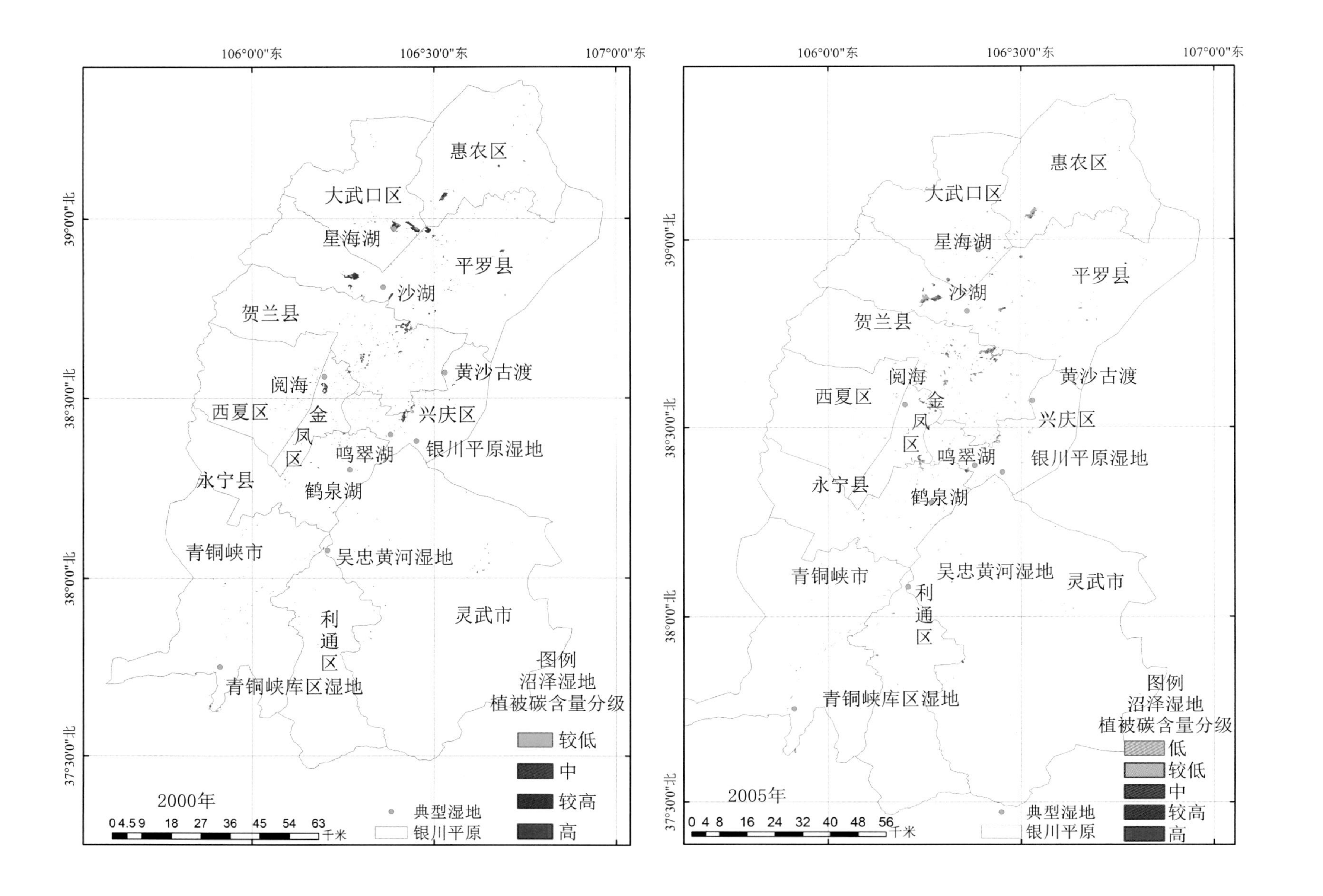
2000年
惠农区
大武口区
星海湖
平罗县
沙湖
贺兰县
黄沙古渡
兴庆区
阅海
金
凤
区
西夏区
银川平原湿地
鸣翠湖
鹤泉湖
永宁县
吴忠黄河湿地
青铜峡市
灵武市
利
通
区
青铜峡库区湿地
图例
沼泽湿地
植被碳含量分级
较低
中
较高
高
典型湿地
银川平原
0 4.5 9 18 27 36 45 54 63
千米
106°0'0"东
106°30'0"东
107°0'0"东
39°0'0"北
38°30'0"北
38°0'0"北
37°30'0"北
2005年
惠农区
大武口区
星海湖
平罗县
沙湖
贺兰县
黄沙古渡
兴庆区
阅海
金
凤
区
西夏区
银川平原湿地
鸣翠湖
鹤泉湖
永宁县
吴忠黄河湿地
灵武市
利
通
区
青铜峡市
青铜峡库区湿地
图例
沼泽湿地
植被碳含量分级
低
较低
中
较高
高
典型湿地
银川平原
0 4 8 16 24 32 40 48 56
千米
106°0'0"东
106°30'0"东
107°0'0"东
39°0'0"北
38°30'0"北
38°0'0"北
37°30'0"北

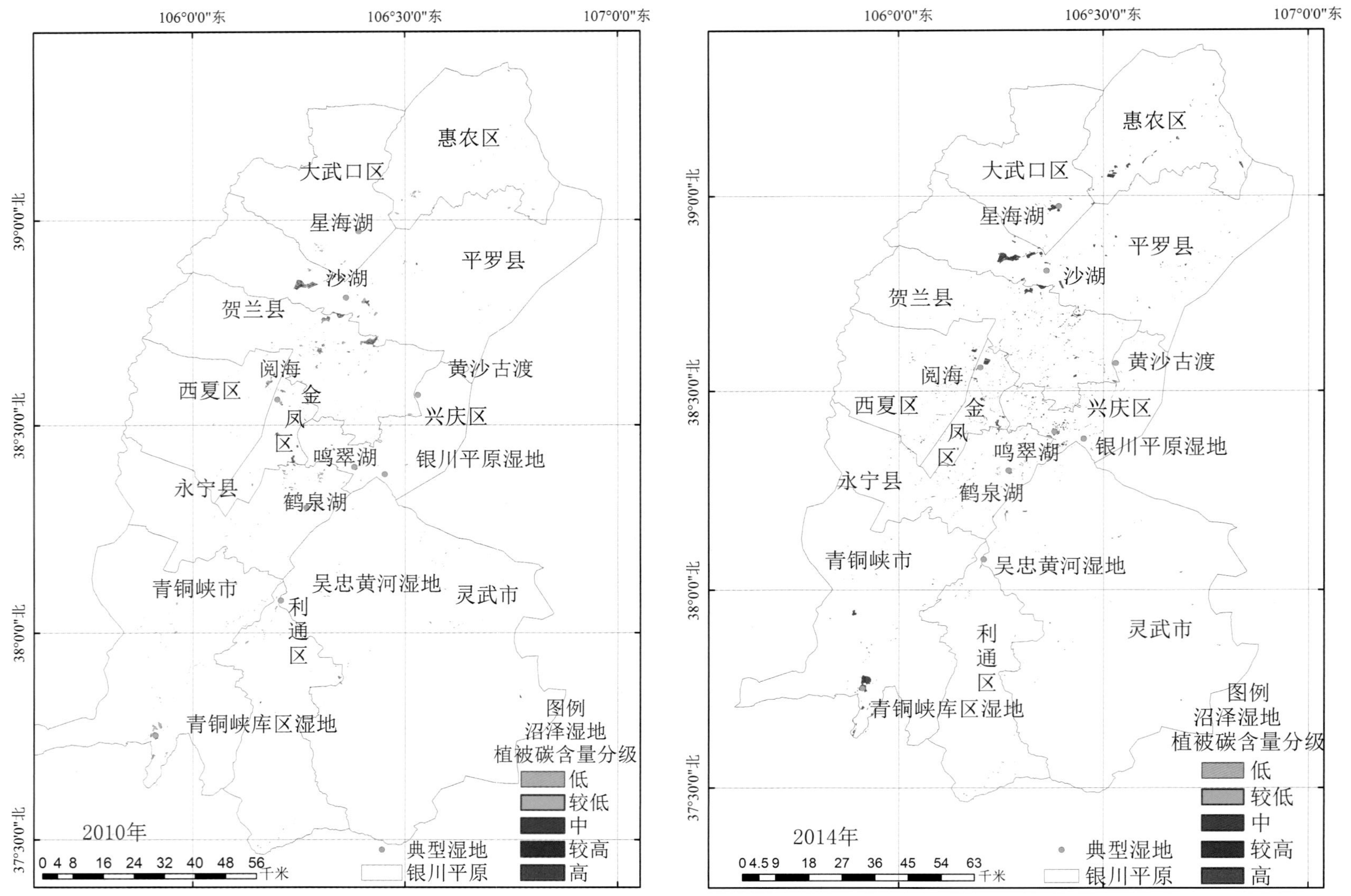

图 5-1 2000~2014 年沼泽湿地植被碳含量空间分布图

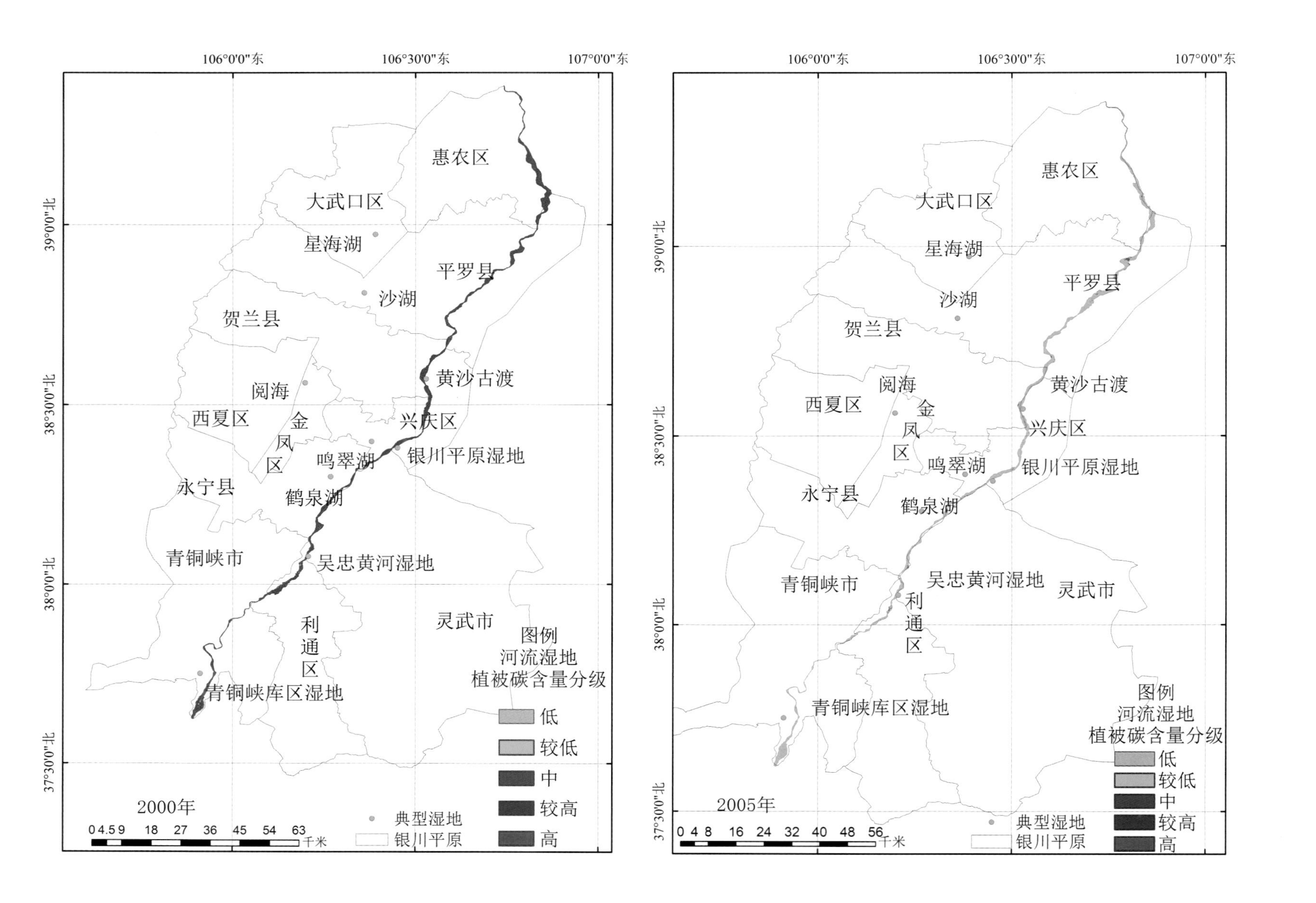
2000年
106°0'0"东
106°30'0"东
107°0'0"东
39°0'0"北
38°30'0"北
38°0'0"北
37°30'0"北
惠农区
大武口区
星海湖
平罗县
沙湖
贺兰县
黄沙古渡
阅海
西夏区
金
凤
区
兴庆区
鸣翠湖
银川平原湿地
永宁县
鹤泉湖
青铜峡市
吴忠黄河湿地
利
通
区
灵武市
青铜峡库区湿地
图例
河流湿地
植被碳含量分级
低
较低
中
较高
高
典型湿地
银川平原
0 4.5 9 18 27 36 45 54 63 千米
2005年
106°0'0"东
106°30'0"东
107°0'0"东
39°0'0"北
38°30'0"北
38°0'0"北
37°30'0"北
惠农区
大武口区
星海湖
平罗县
沙湖
贺兰县
黄沙古渡
阅海
西夏区
金
凤
区
兴庆区
鸣翠湖
银川平原湿地
永宁县
鹤泉湖
青铜峡市
吴忠黄河湿地
灵武市
利
通
区
青铜峡库区湿地
图例
河流湿地
植被碳含量分级
低
较低
中
较高
高
典型湿地
银川平原
0 4 8 16 24 32 40 48 56 千米

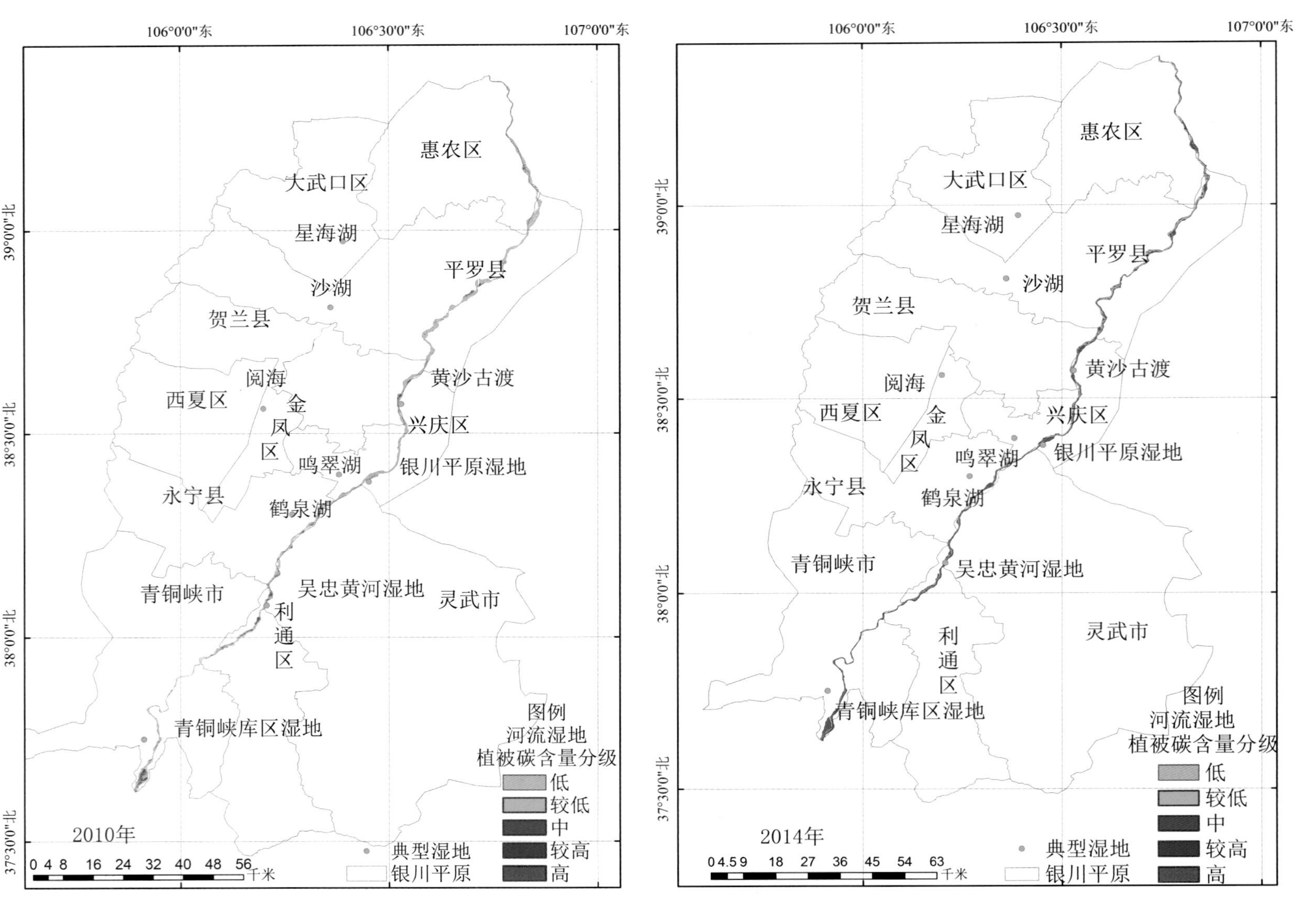

图 5-2　2000~2014 年河流湿地植被碳含量空间分布图

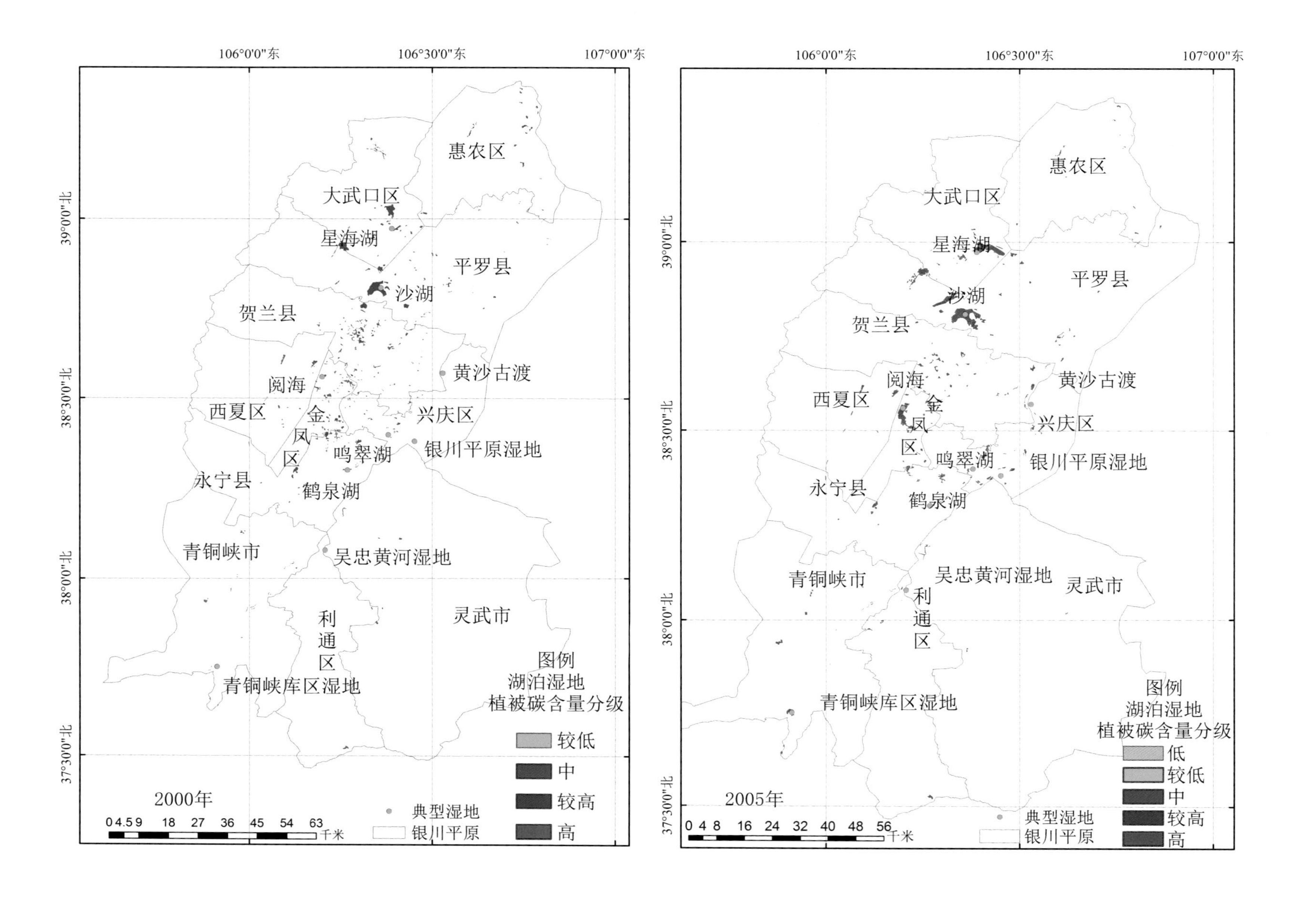
106°0'0"东
106°30'0"东
107°0'0"东
39°0'0"北
38°30'0"北
38°0'0"北
37°30'0"北
惠农区
大武口区
星海湖
平罗县
沙湖
贺兰县
黄沙古渡
阅海
西夏区
金
凤
区
兴庆区
鸣翠湖
银川平原湿地
永宁县
鹤泉湖
青铜峡市
吴忠黄河湿地
利
通
区
灵武市
青铜峡库区湿地
图例
湖泊湿地
植被碳含量分级
较低
中
较高
高
2000年
典型湿地
银川平原
0 4.5 9 18 27 36 45 54 63
千米
106°0'0"东
106°30'0"东
107°0'0"东
39°0'0"北
38°30'0"北
38°0'0"北
37°30'0"北
惠农区
大武口区
星海湖
平罗县
沙湖
贺兰县
黄沙古渡
阅海
西夏区
金
凤
区
兴庆区
鸣翠湖
银川平原湿地
永宁县
鹤泉湖
青铜峡市
吴忠黄河湿地
灵武市
利
通
区
青铜峡库区湿地
图例
湖泊湿地
植被碳含量分级
低
较低
中
较高
高
2005年
典型湿地
银川平原
0 4 8 16 24 32 40 48 56
千米

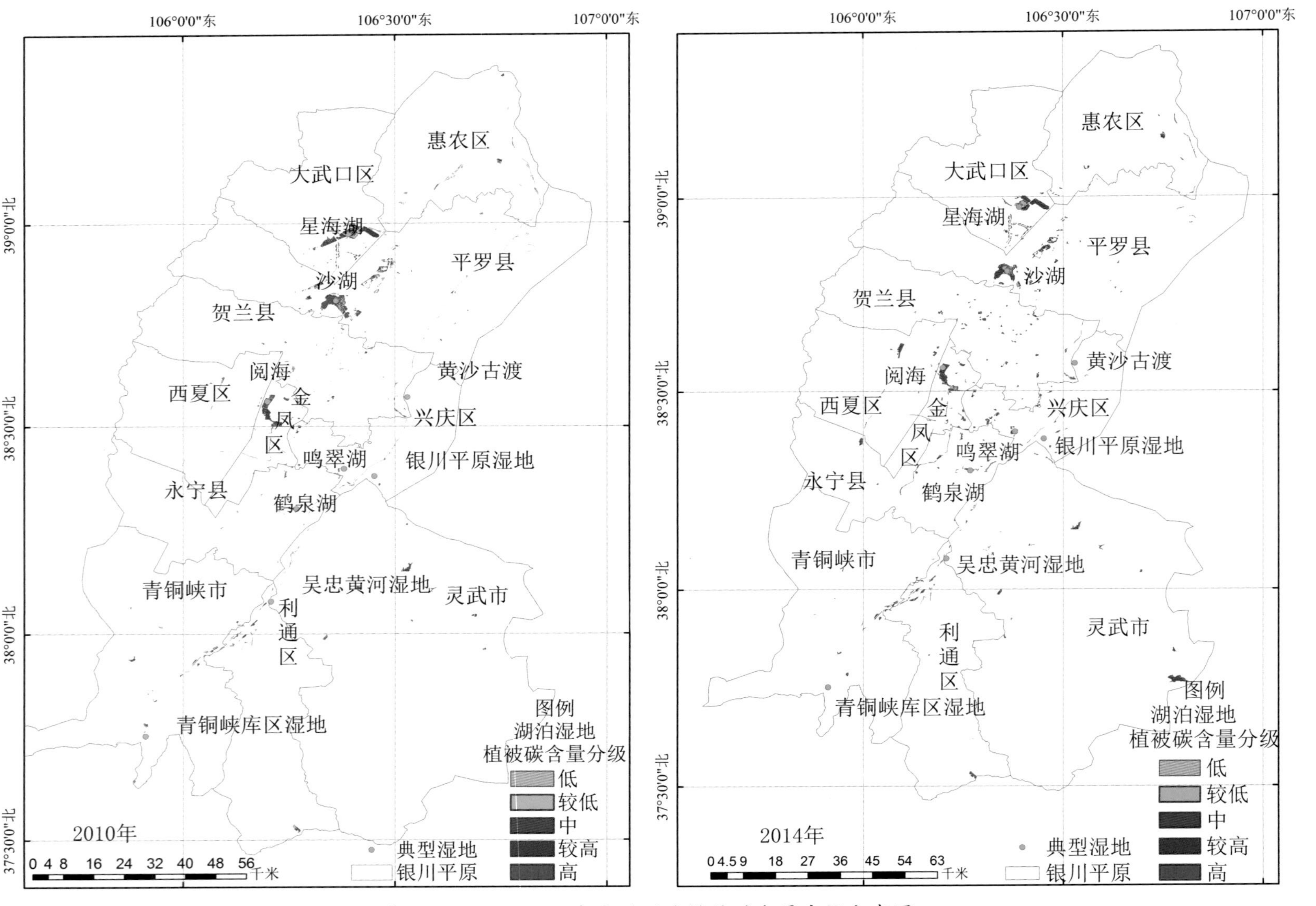

图 5-3　2000~2014 年湖泊湿地植被碳含量空间分布图

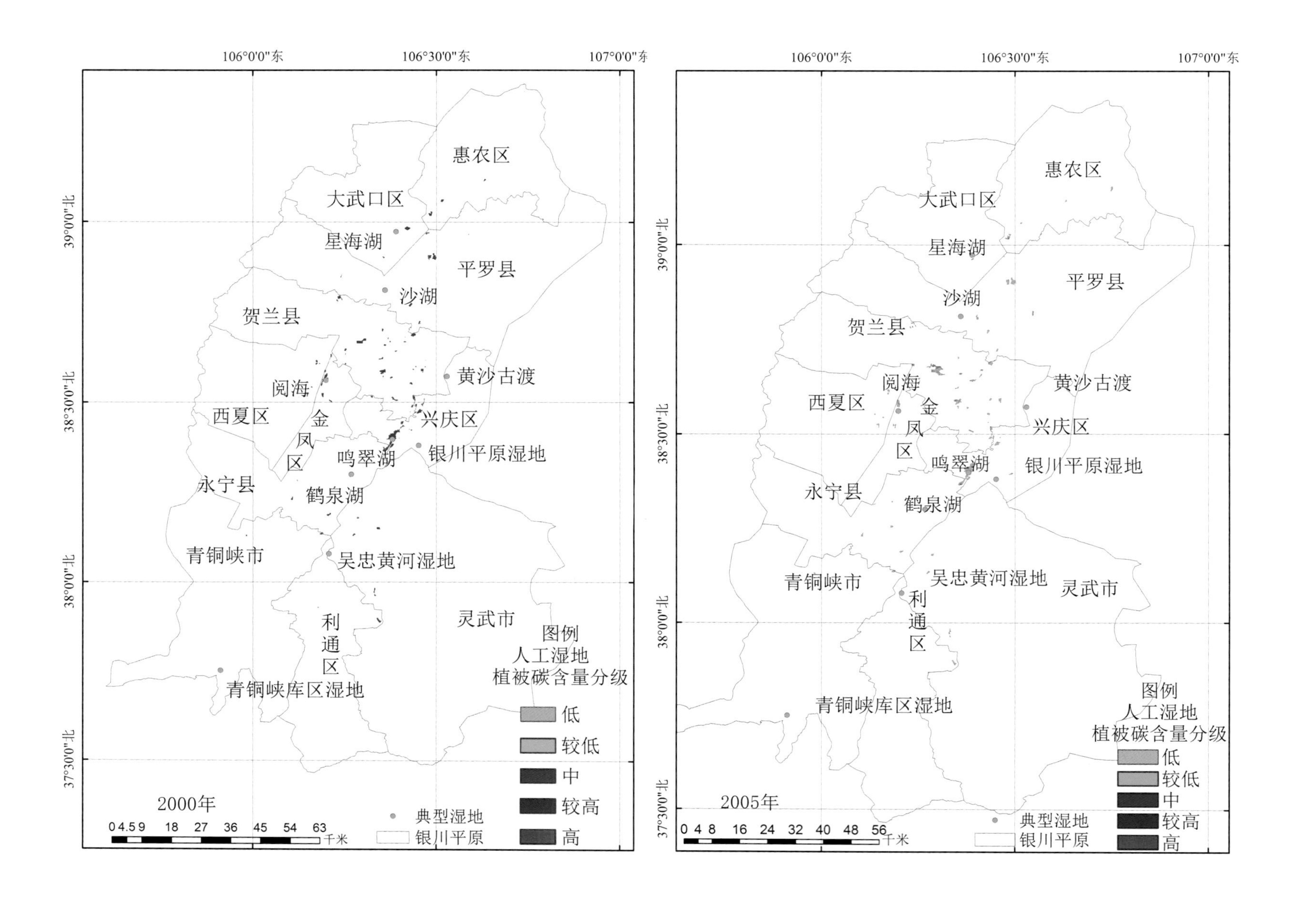
106°0'0"东
106°30'0"东
107°0'0"东
39°0'0"北
38°30'0"北
38°0'0"北
37°30'0"北
惠农区
大武口区
星海湖
平罗县
沙湖
贺兰县
阅海
黄沙古渡
西夏区
金
凤
区
兴庆区
鸣翠湖
银川平原湿地
永宁县
鹤泉湖
青铜峡市
吴忠黄河湿地
利
通
区
灵武市
青铜峡库区湿地
图例
人工湿地
植被碳含量分级
低
较低
中
较高
高
典型湿地
银川平原
2000年
0 4.5 9 18 27 36 45 54 63 千米
2005年
0 4 8 16 24 32 40 48 56 千米

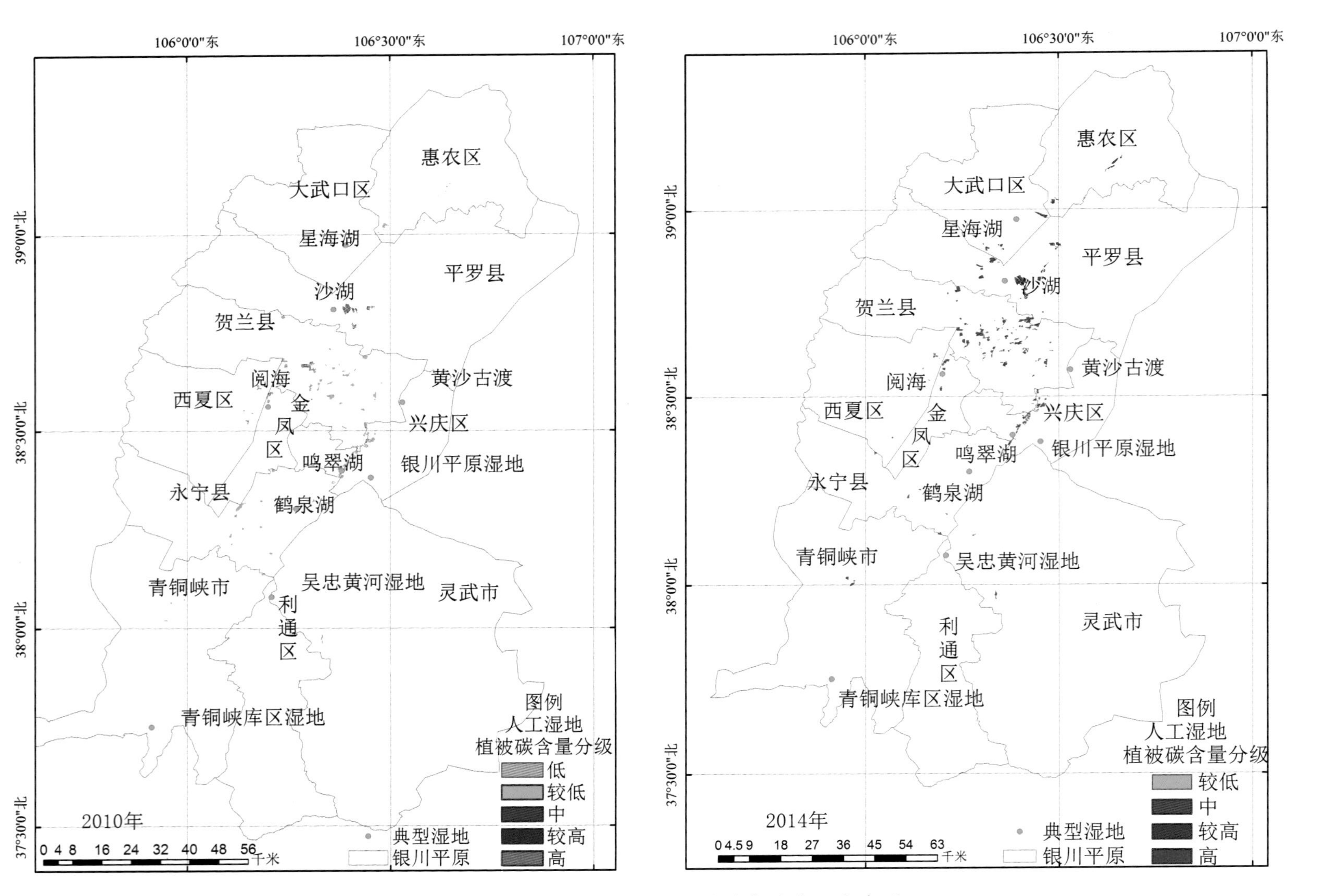

图 5-4　2000~2014 年人工湿地植被碳含量空间分布图

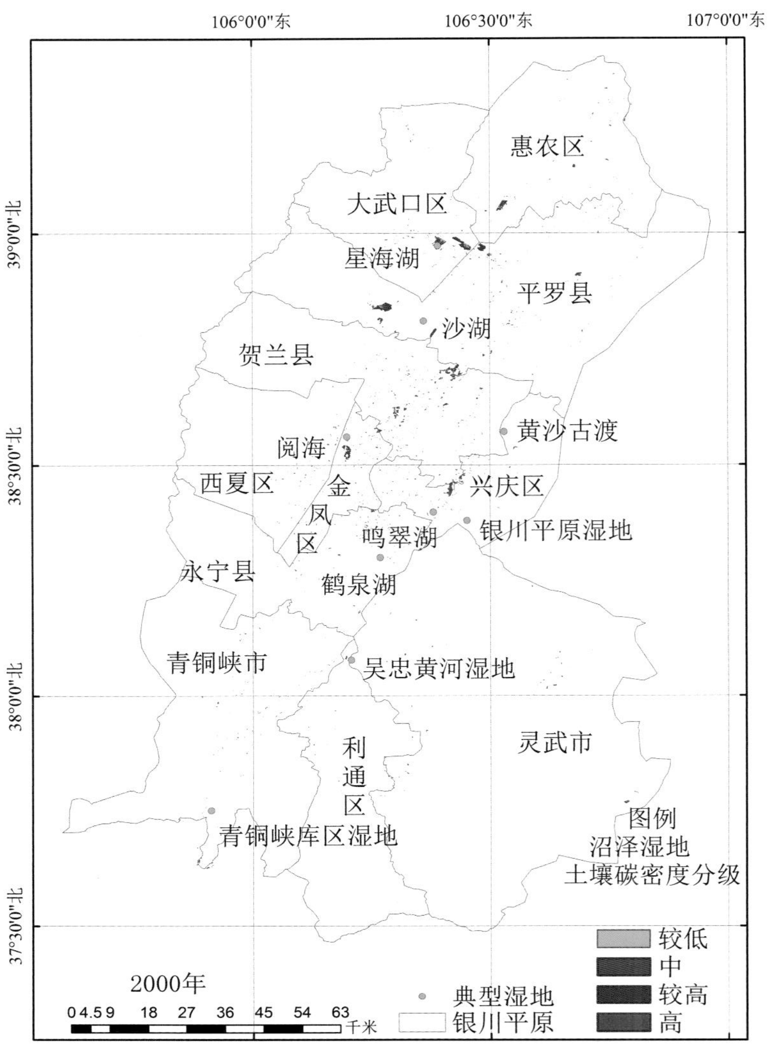
106°0'0"东
106°30'0"东
107°0'0"东
39°0'0"北
38°30'0"北
38°0'0"北
37°30'0"北
惠农区
大武口区
星海湖
平罗县
沙湖
贺兰县
阅海
黄沙古渡
西夏区
金
凤
区
兴庆区
鸣翠湖
银川平原湿地
永宁县
鹤泉湖
青铜峡市
吴忠黄河湿地
利
通
区
灵武市
青铜峡库区湿地
图例
沼泽湿地
土壤碳密度分级
较低
中
较高
高
典型湿地
银川平原
2000年
0 4.5 9 18 27 36 45 54 63 千米

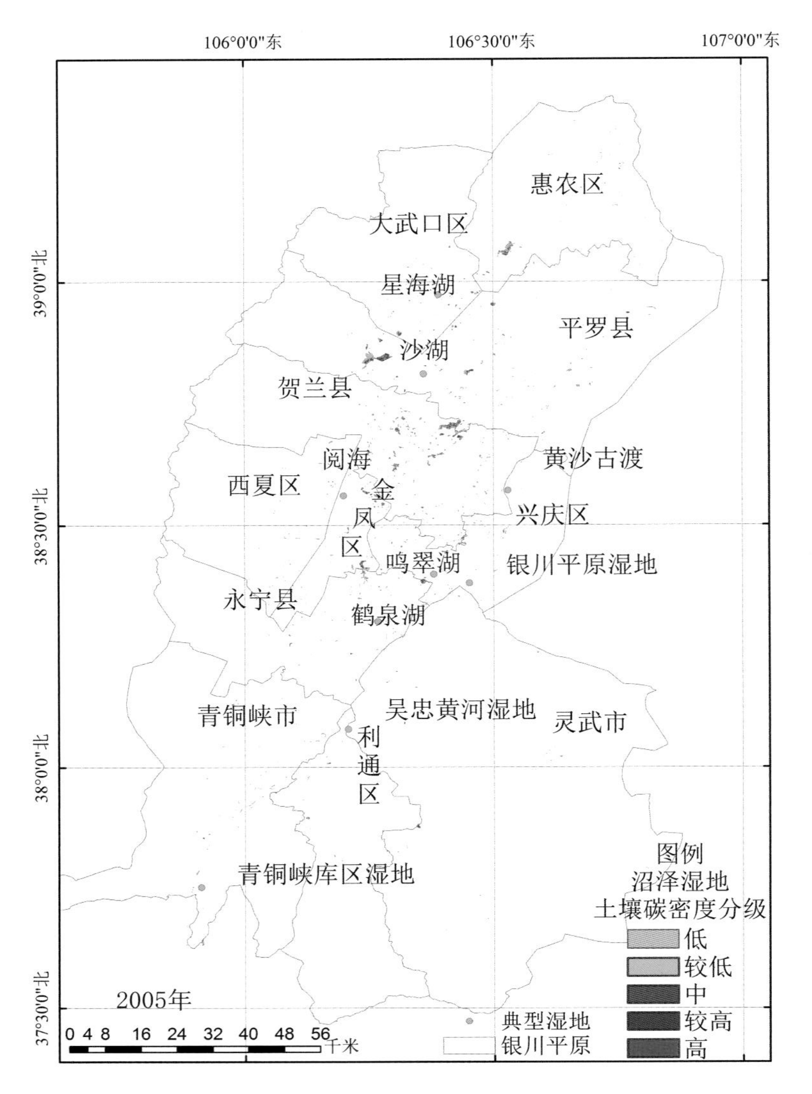
106°0'0"东
106°30'0"东
107°0'0"东
39°0'0"北
38°30'0"北
38°0'0"北
37°30'0"北
惠农区
大武口区
星海湖
平罗县
沙湖
贺兰县
阅海
黄沙古渡
西夏区
金
凤
区
兴庆区
鸣翠湖
银川平原湿地
永宁县
鹤泉湖
青铜峡市
吴忠黄河湿地
灵武市
利
通
区
青铜峡库区湿地
图例
沼泽湿地
土壤碳密度分级
低
较低
中
较高
高
典型湿地
银川平原
2005年
0 4 8 16 24 32 40 48 56 千米

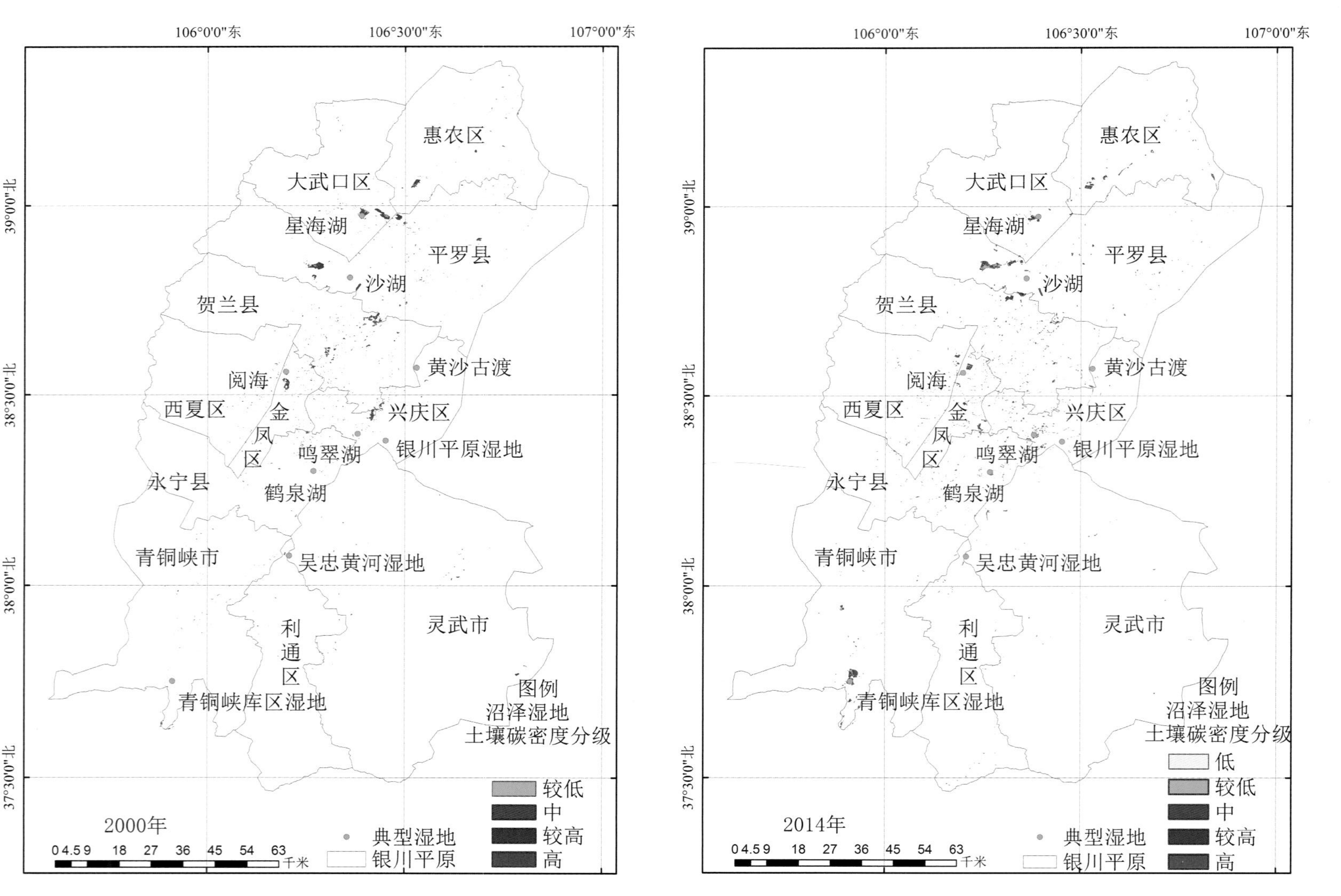

图 6-2　2000~2014 年沼泽湿地土壤碳密度分级图

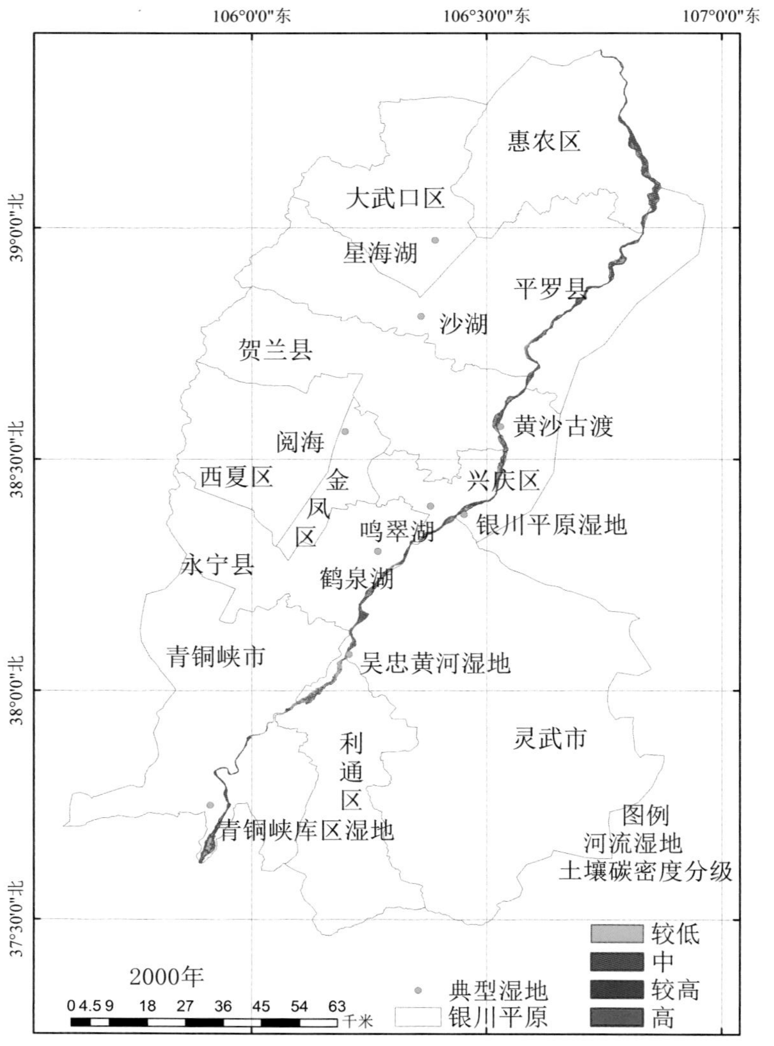
106°0'0"东
106°30'0"东
107°0'0"东
39°0'0"北
38°30'0"北
38°0'0"北
37°30'0"北
惠农区
大武口区
星海湖
平罗县
沙湖
贺兰县
黄沙古渡
阅海
西夏区
金
凤
区
兴庆区
鸣翠湖
银川平原湿地
永宁县
鹤泉湖
青铜峡市
吴忠黄河湿地
利
通
区
灵武市
青铜峡库区湿地
图例
河流湿地
土壤碳密度分级
较低
中
较高
高
2000年
典型湿地
银川平原
0 4.5 9 18 27 36 45 54 63
千米

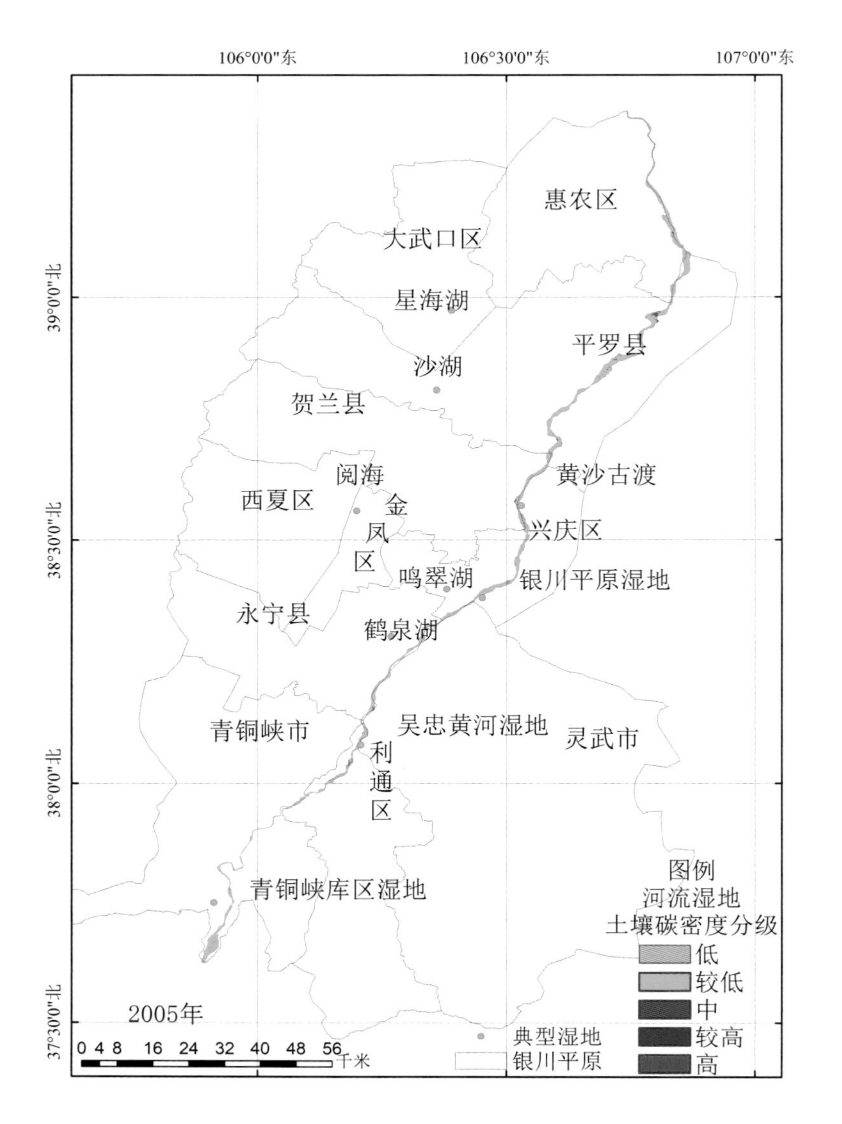
106°0'0"东
106°30'0"东
107°0'0"东
39°0'0"北
38°30'0"北
38°0'0"北
37°30'0"北
惠农区
大武口区
星海湖
平罗县
沙湖
贺兰县
黄沙古渡
阅海
西夏区
金
凤
区
兴庆区
鸣翠湖
银川平原湿地
永宁县
鹤泉湖
青铜峡市
吴忠黄河湿地
灵武市
利
通
区
青铜峡库区湿地
图例
河流湿地
土壤碳密度分级
低
较低
中
较高
高
2005年
典型湿地
银川平原
0 4 8 16 24 32 40 48 56
千米

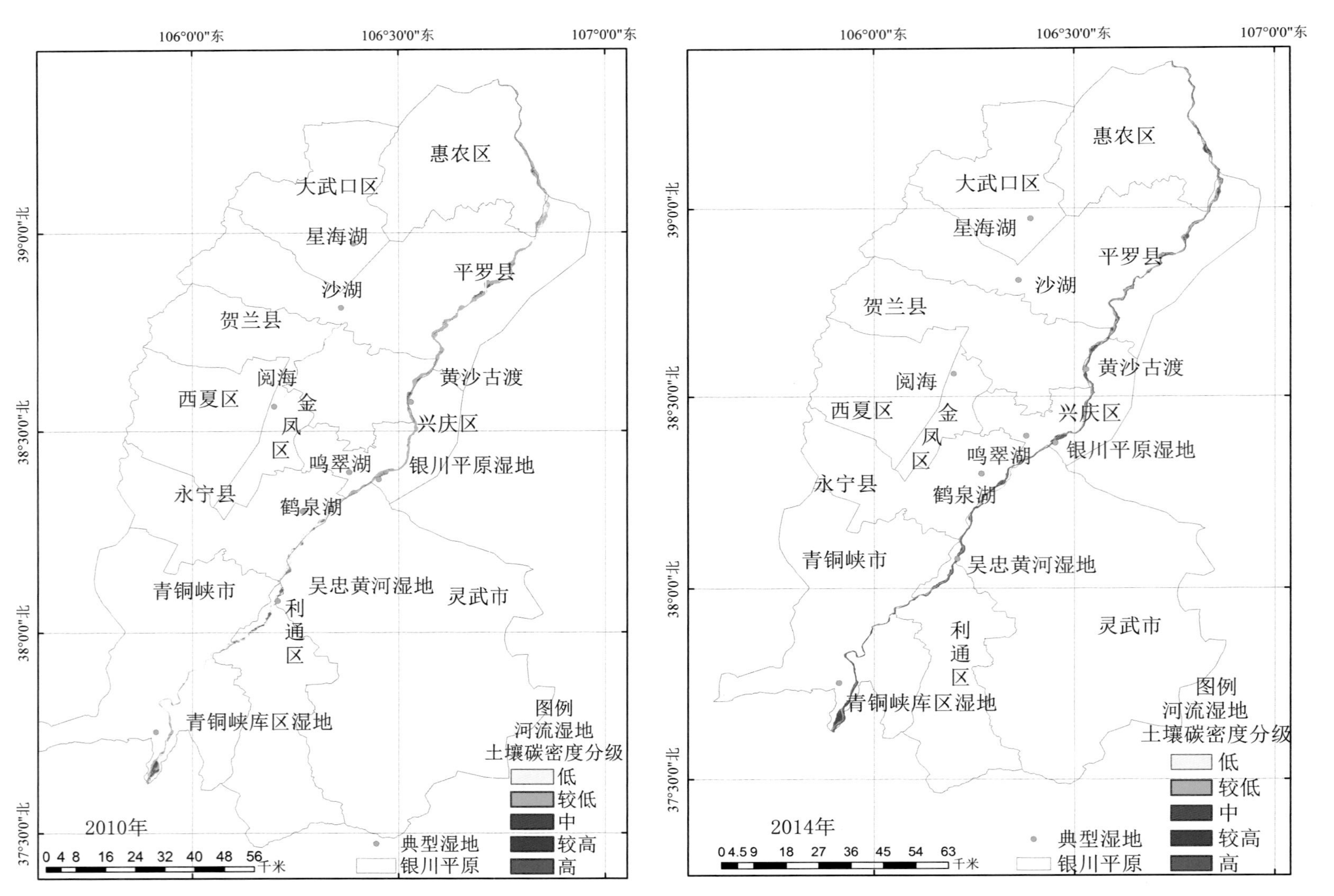

图 6-3 2000~2014 年河流湿地土壤碳密度分级图

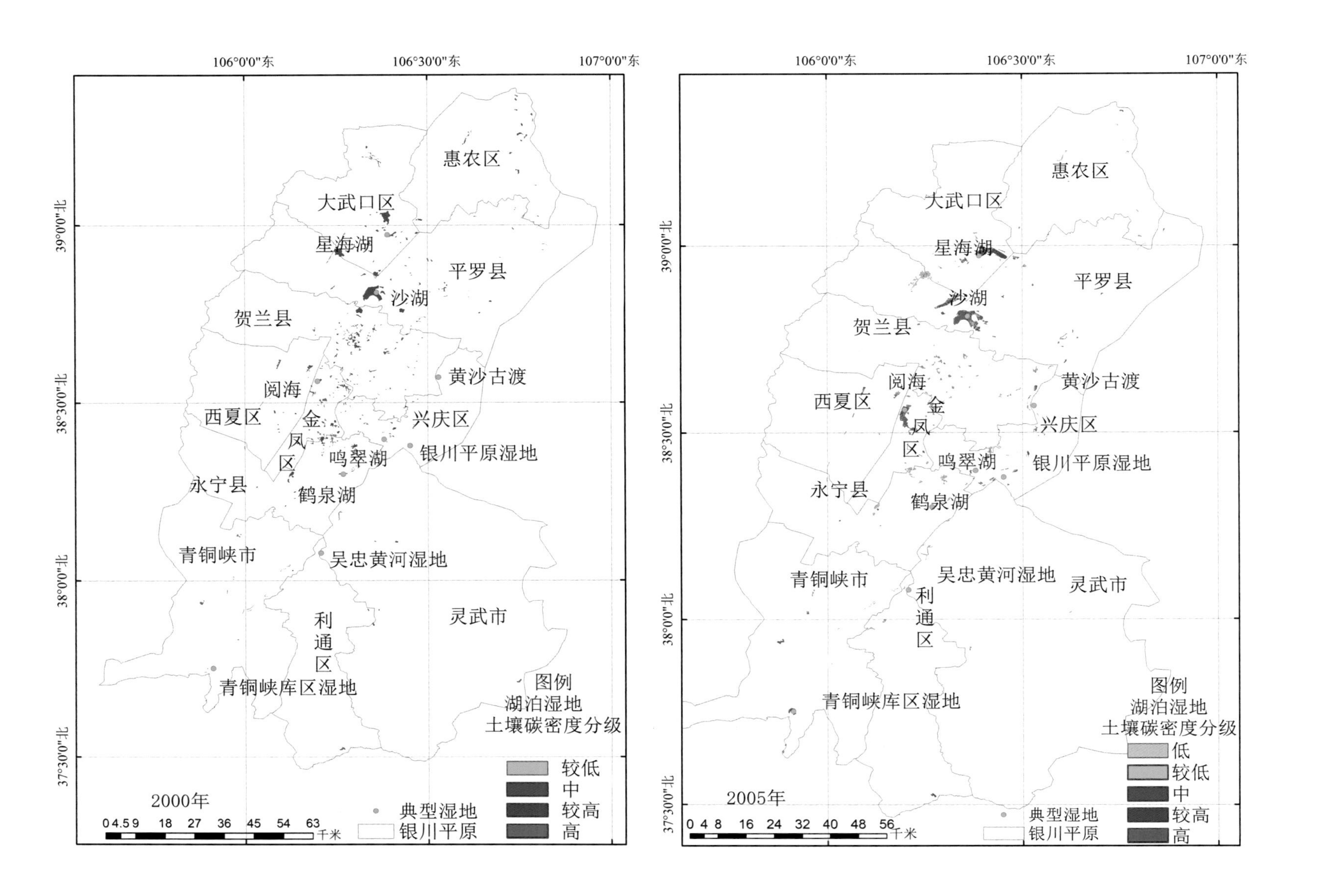
106°0'0"东
106°30'0"东
107°0'0"东
39°0'0"北
38°30'0"北
38°0'0"北
37°30'0"北
惠农区
大武口区
星海湖
平罗县
沙湖
贺兰县
黄沙古渡
阅海
西夏区
金
凤
区
兴庆区
鸣翠湖
银川平原湿地
永宁县
鹤泉湖
青铜峡市
吴忠黄河湿地
利
通
区
灵武市
青铜峡库区湿地
图例
湖泊湿地
土壤碳密度分级
较低
中
较高
高
2000年
典型湿地
银川平原
0 4.5 9 18 27 36 45 54 63 千米
106°0'0"东
106°30'0"东
107°0'0"东
39°0'0"北
38°30'0"北
38°0'0"北
37°30'0"北
惠农区
大武口区
星海湖
平罗县
沙湖
贺兰县
阅海
黄沙古渡
西夏区
金
凤
区
兴庆区
鸣翠湖
银川平原湿地
永宁县
鹤泉湖
青铜峡市
吴忠黄河湿地
灵武市
利
通
区
青铜峡库区湿地
图例
湖泊湿地
土壤碳密度分级
低
较低
中
较高
高
2005年
典型湿地
银川平原
0 4 8 16 24 32 40 48 56 千米

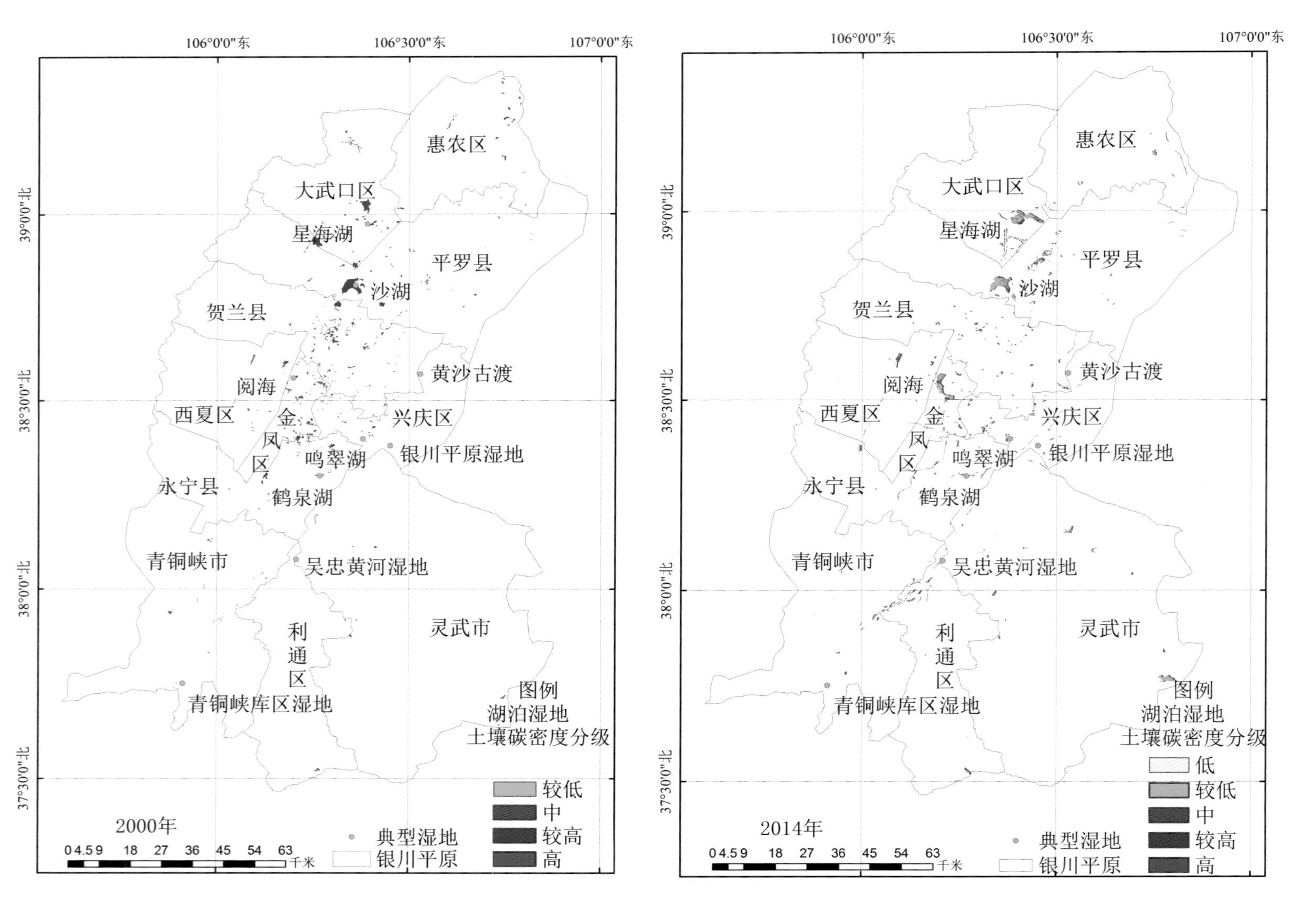

图 6-4 2000~2014 年湖泊湿地土壤碳密度分级图

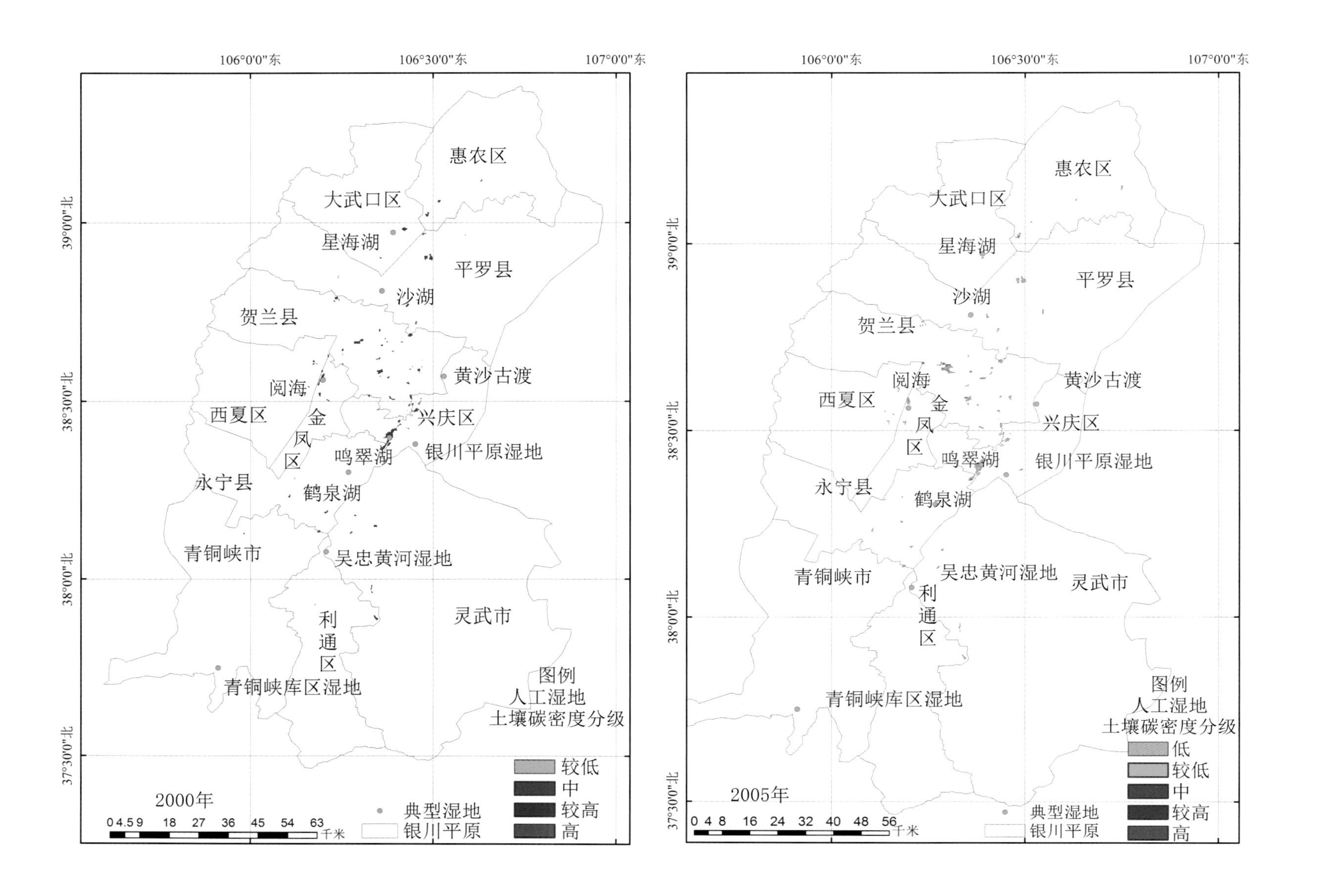
106°0'0"东
106°30'0"东
107°0'0"东
39°0'0"北
38°30'0"北
38°0'0"北
37°30'0"北
惠农区
大武口区
星海湖
平罗县
沙湖
贺兰县
黄沙古渡
阅海
西夏区
金
凤
区
兴庆区
鸣翠湖
银川平原湿地
永宁县
鹤泉湖
青铜峡市
吴忠黄河湿地
利
通
区
灵武市
青铜峡库区湿地
图例
人工湿地
土壤碳密度分级
较低
中
较高
高
2000年
典型湿地
银川平原
0 4.5 9 18 27 36 45 54 63 千米
106°0'0"东
106°30'0"东
107°0'0"东
39°0'0"北
38°30'0"北
38°0'0"北
37°30'0"北
惠农区
大武口区
星海湖
平罗县
沙湖
贺兰县
阅海
黄沙古渡
西夏区
金
凤
区
兴庆区
鸣翠湖
银川平原湿地
永宁县
鹤泉湖
青铜峡市
吴忠黄河湿地
灵武市
利
通
区
青铜峡库区湿地
图例
人工湿地
土壤碳密度分级
低
较低
中
较高
高
2005年
典型湿地
银川平原
0 4 8 16 24 32 40 48 56 千米

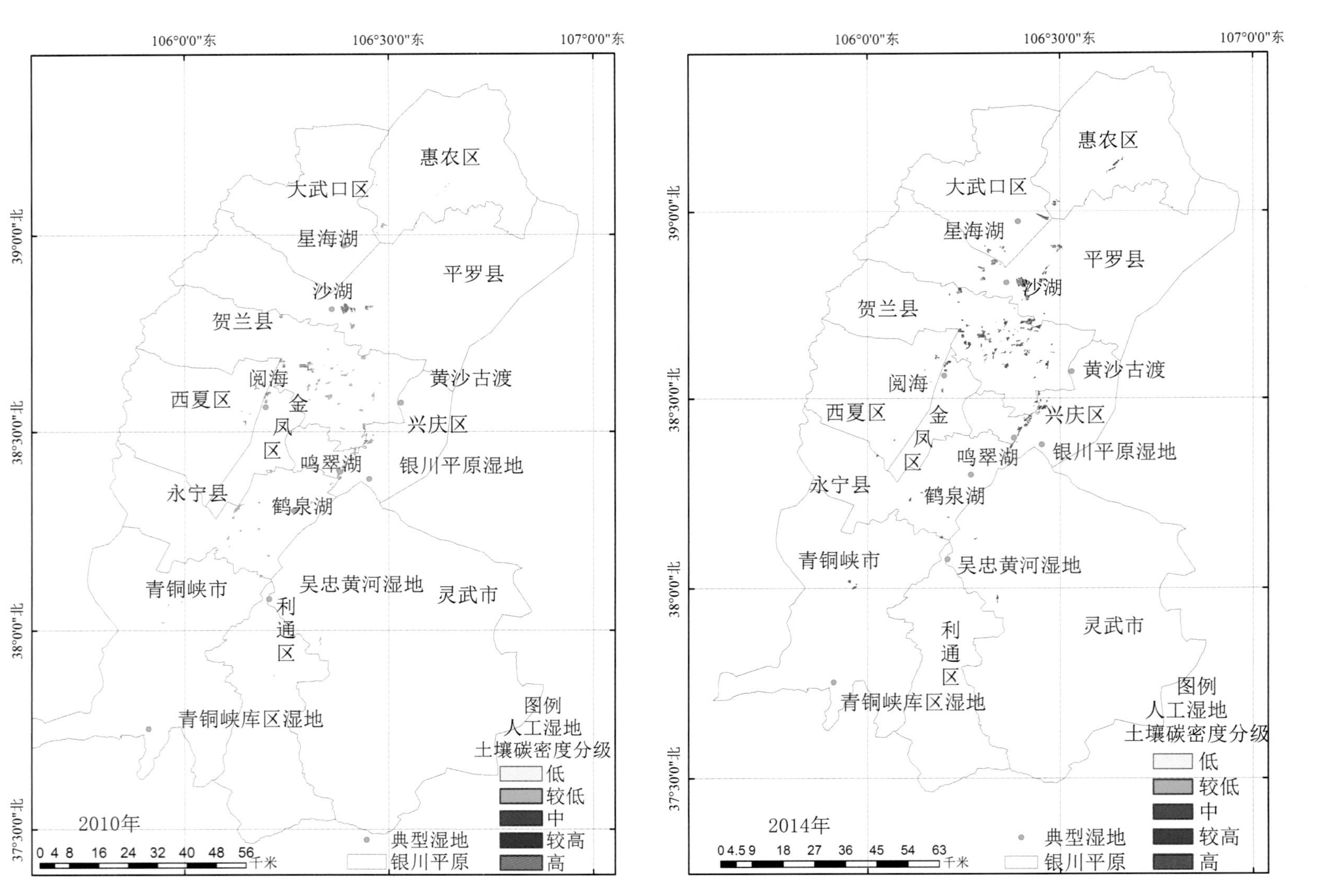

图 6-5　2000~2014 年人工湿地土壤碳密度分级图

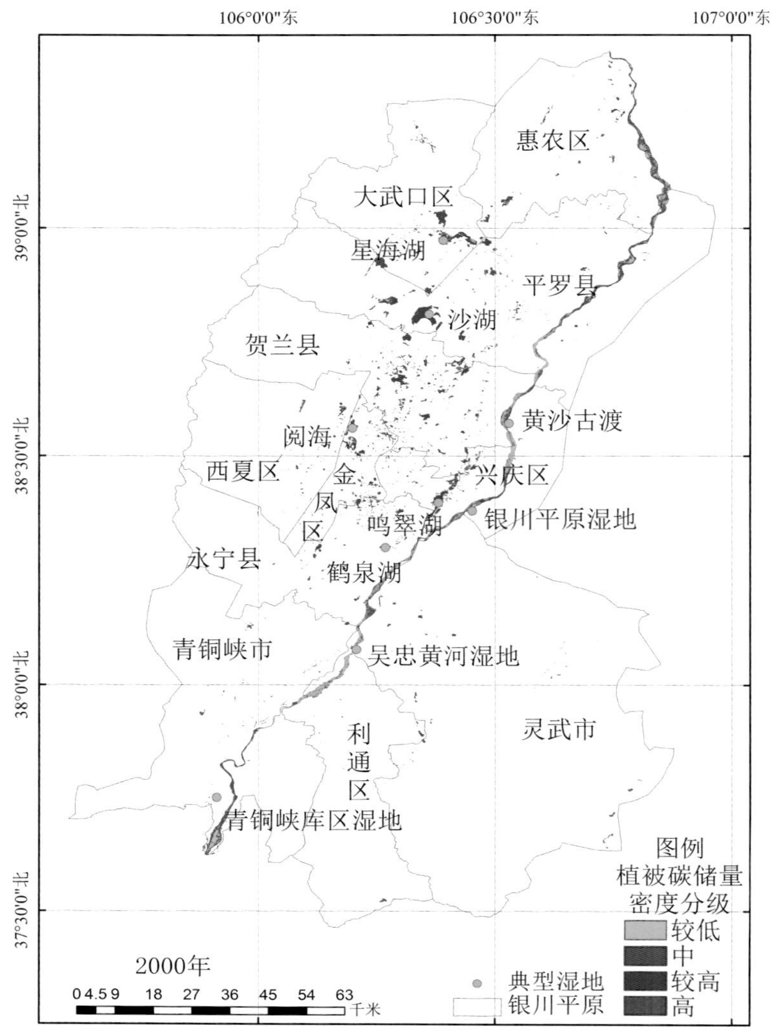
106°0'0"东
106°30'0"东
107°0'0"东
39°0'0"北
38°30'0"北
38°0'0"北
37°30'0"北
惠农区
大武口区
星海湖
平罗县
沙湖
贺兰县
黄沙古渡
阅海
西夏区
金
凤
区
兴庆区
鸣翠湖
银川平原湿地
永宁县
鹤泉湖
青铜峡市
吴忠黄河湿地
利
通
区
灵武市
青铜峡库区湿地
图例
植被碳储量
密度分级
较低
中
较高
高
2000年
典型湿地
银川平原
0 4.5 9 18 27 36 45 54 63
千米

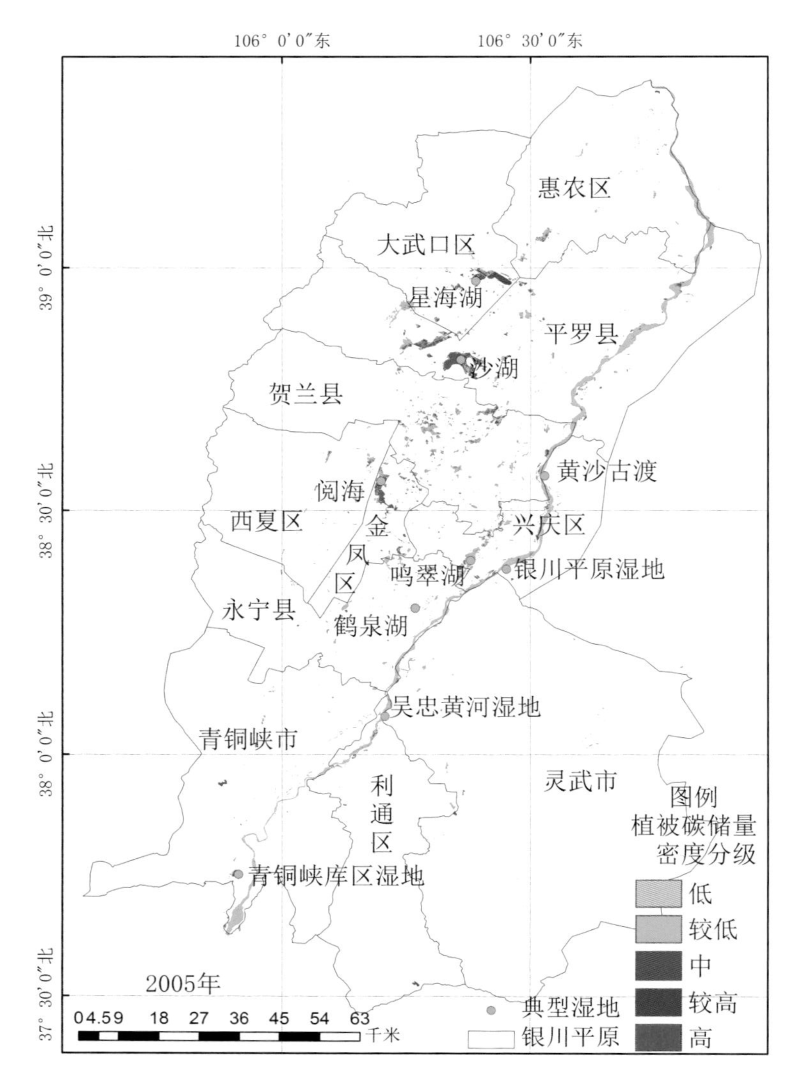
106° 0' 0"东
106° 30' 0"东
39° 0' 0"北
38° 30' 0"北
38° 0' 0"北
37° 30' 0"北
惠农区
大武口区
星海湖
平罗县
沙湖
贺兰县
黄沙古渡
阅海
西夏区
金
凤
区
兴庆区
鸣翠湖
银川平原湿地
永宁县
鹤泉湖
吴忠黄河湿地
青铜峡市
利
通
区
灵武市
青铜峡库区湿地
图例
植被碳储量
密度分级
低
较低
中
较高
高
2005年
典型湿地
银川平原
0 4.5 9 18 27 36 45 54 63
千米

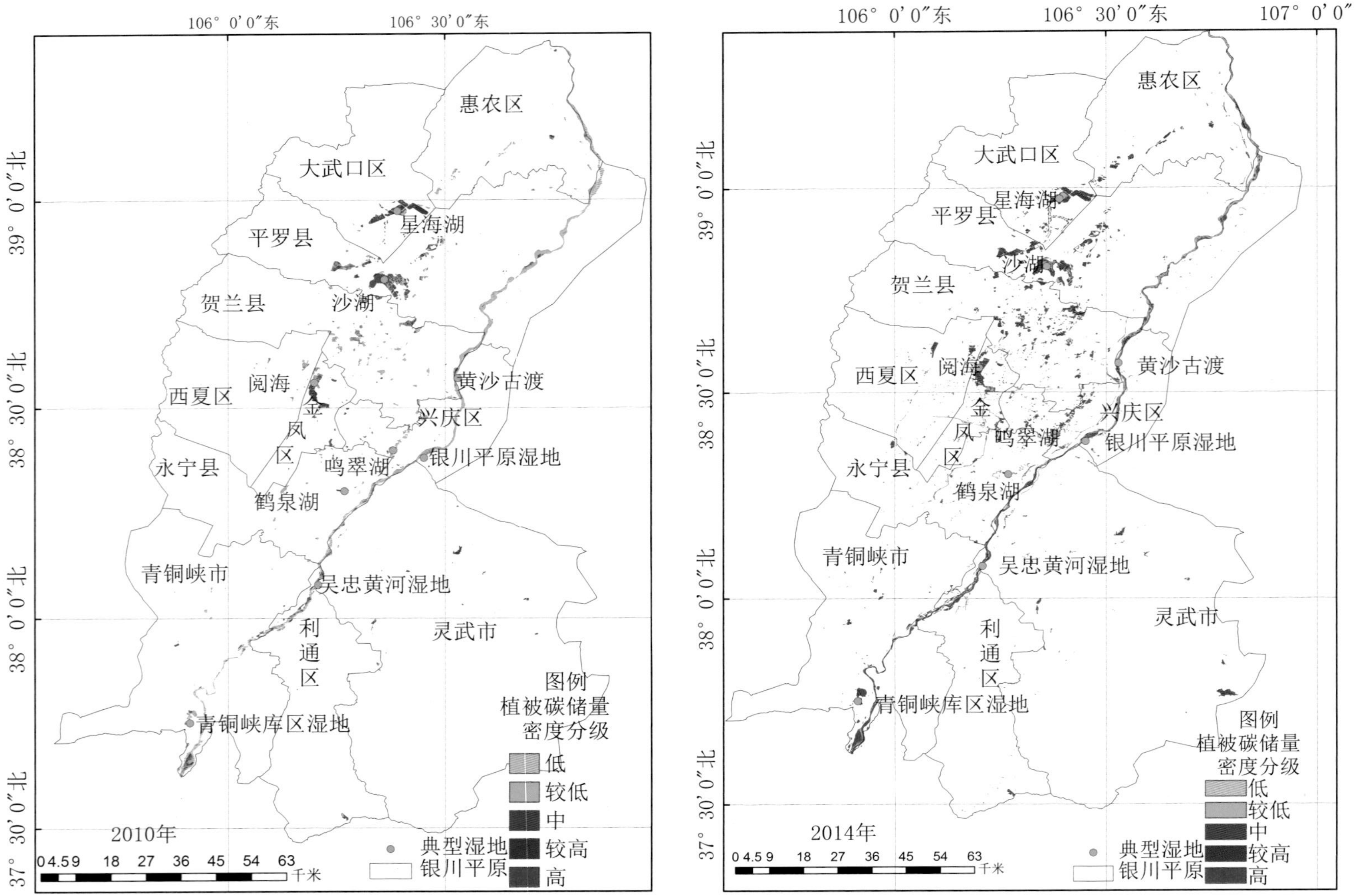

图 7-1　2000~2014 年银川平原湿地植被碳储量密度分级图

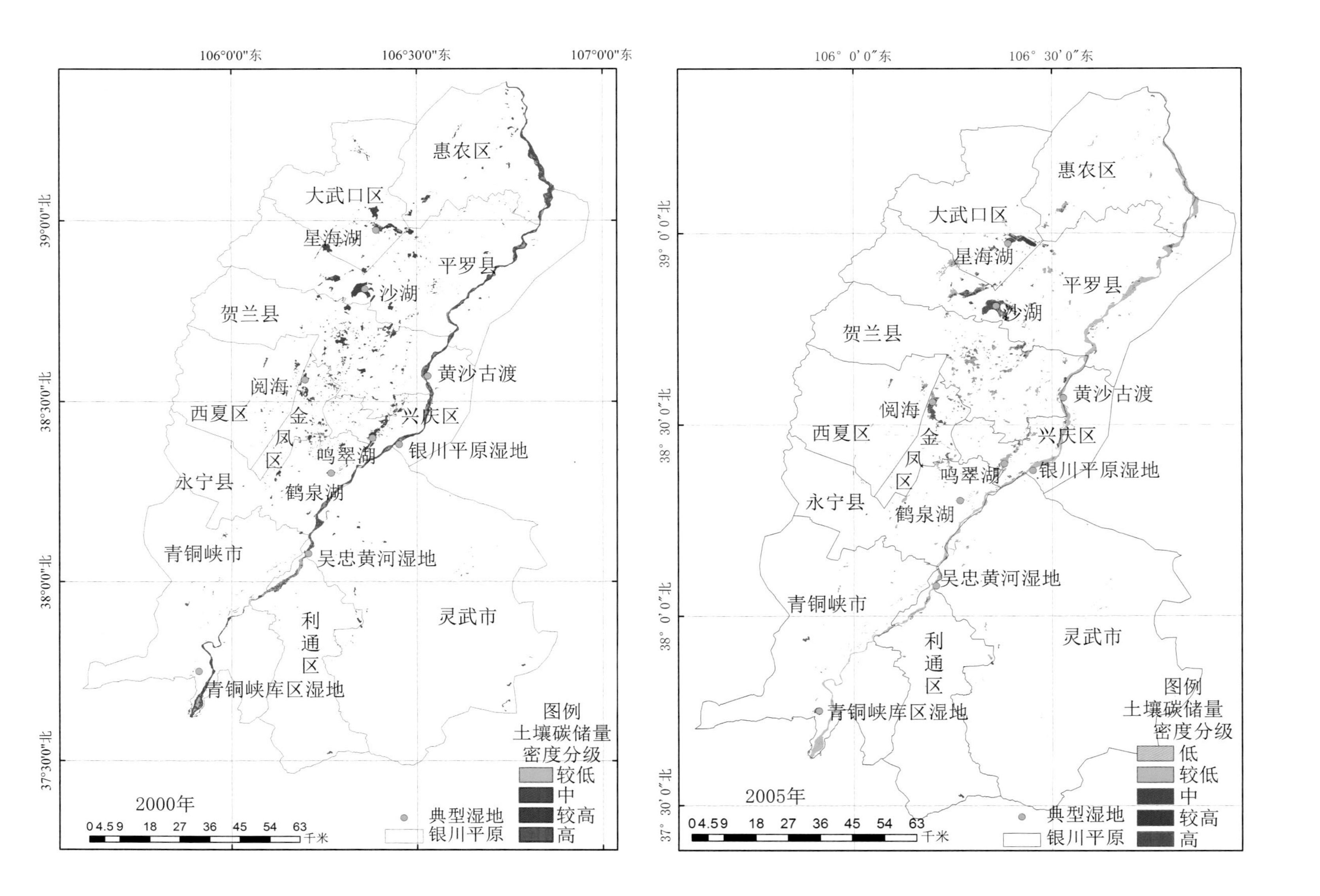
106°0'0"东
106°30'0"东
107°0'0"东
39°0'0"北
38°30'0"北
38°0'0"北
37°30'0"北
惠农区
大武口区
星海湖
平罗县
沙湖
贺兰县
黄沙古渡
阅海
西夏区
金
凤
区
兴庆区
银川平原湿地
鸣翠湖
永宁县
鹤泉湖
青铜峡市
吴忠黄河湿地
利
通
区
灵武市
青铜峡库区湿地
图例
土壤碳储量
密度分级
较低
中
较高
高
2000年
典型湿地
银川平原
0 4.5 9 18 27 36 45 54 63
千米
106° 0' 0"东
106° 30' 0"东
39° 0' 0"北
38° 30' 0"北
38° 0' 0"北
37° 30' 0"北
惠农区
大武口区
星海湖
平罗县
沙湖
贺兰县
黄沙古渡
阅海
西夏区
金
凤
区
兴庆区
银川平原湿地
鸣翠湖
永宁县
鹤泉湖
吴忠黄河湿地
青铜峡市
利
通
区
灵武市
青铜峡库区湿地
图例
土壤碳储量
密度分级
低
较低
中
较高
高
2005年
典型湿地
银川平原
0 4.5 9 18 27 36 45 54 63
千米

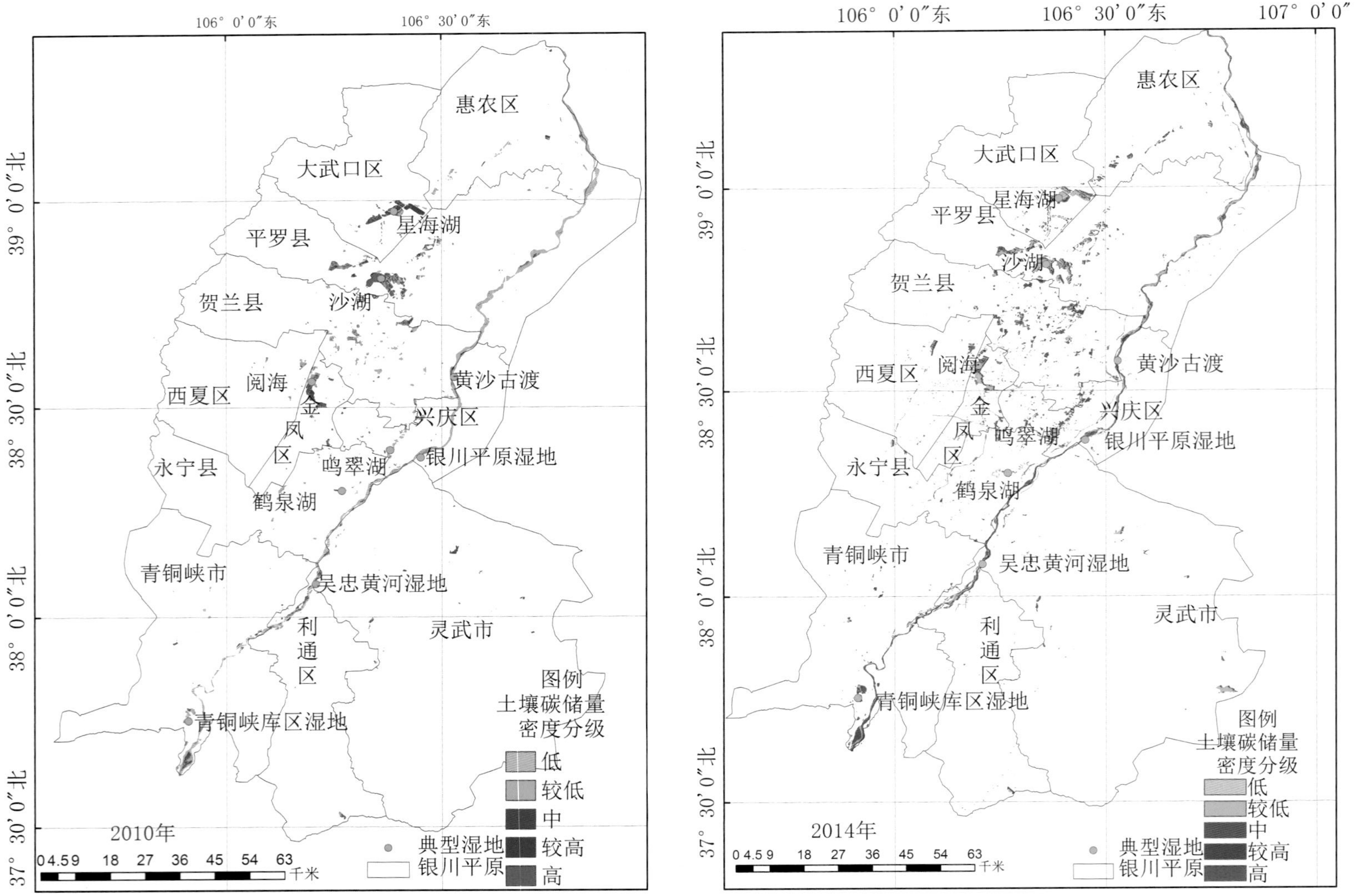

图 7-4　2000~2014 年银川平原湿地土壤碳储量密度分级图

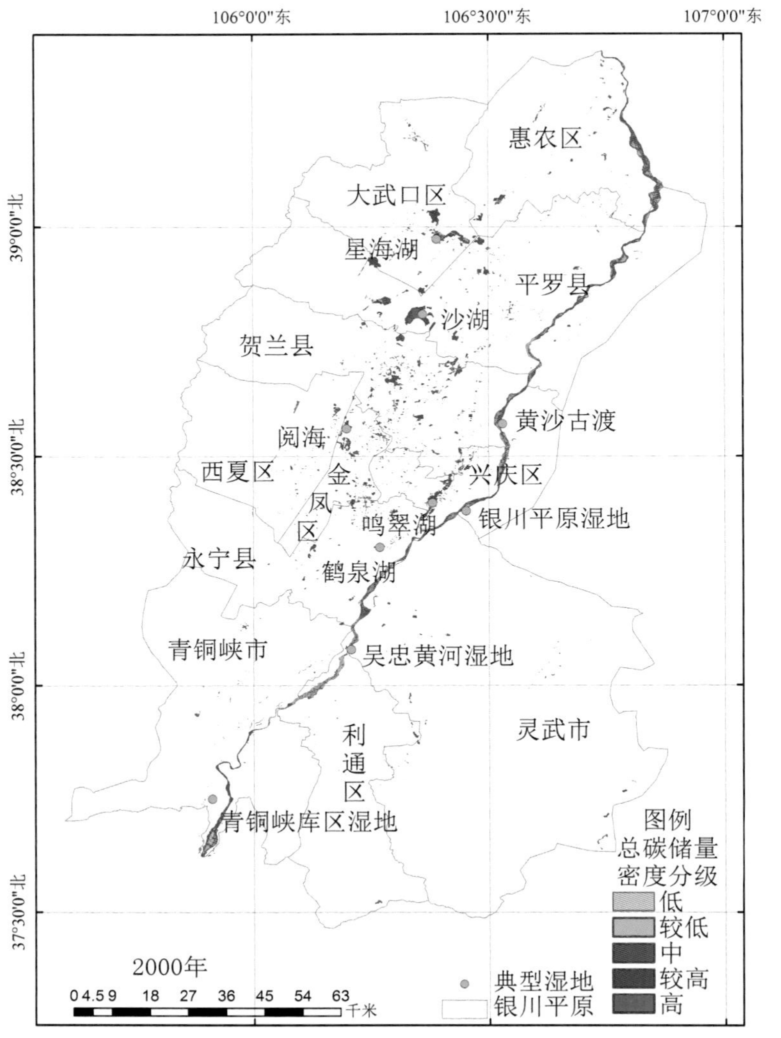
106°0'0"东
106°30'0"东
107°0'0"东
39°0'0"北
38°30'0"北
38°0'0"北
37°30'0"北
惠农区
大武口区
星海湖
平罗县
沙湖
贺兰县
黄沙古渡
阅海
西夏区
金
凤
区
兴庆区
鸣翠湖
银川平原湿地
永宁县
鹤泉湖
青铜峡市
吴忠黄河湿地
利
通
区
灵武市
青铜峡库区湿地
图例
总碳储量
密度分级
低
较低
中
较高
高
典型湿地
银川平原
2000年
0 4.5 9 18 27 36 45 54 63
千米

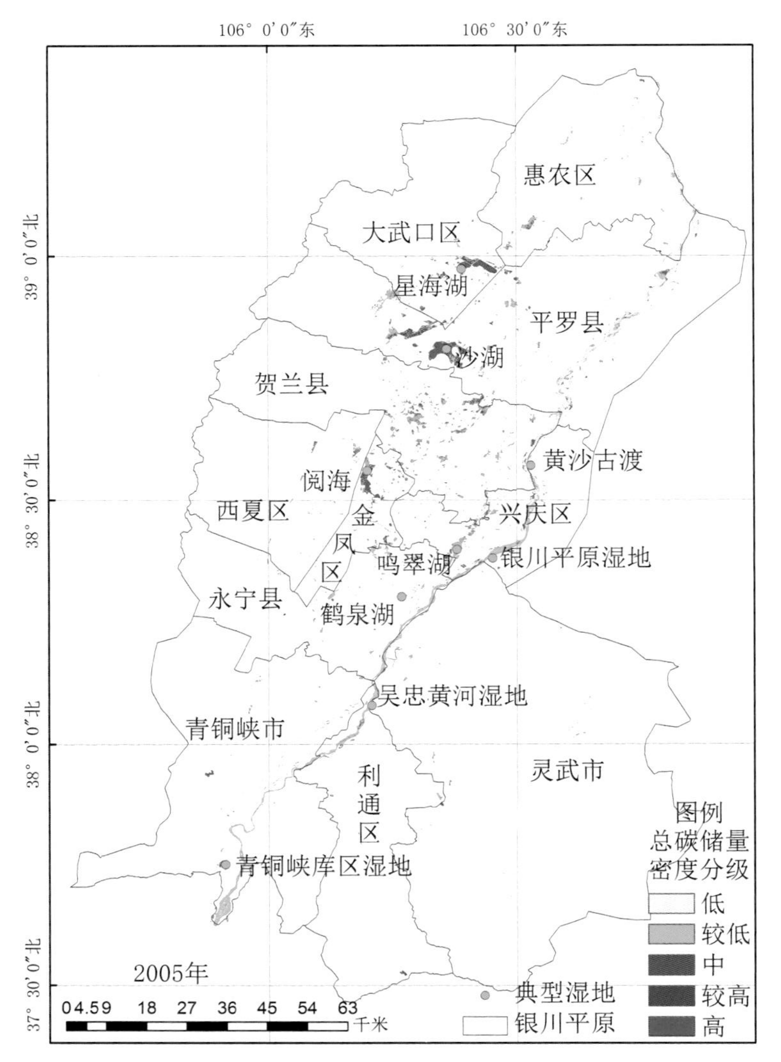
106° 0′ 0″东
106° 30′ 0″东
39° 0′ 0″北
38° 30′ 0″北
38° 0′ 0″北
37° 30′ 0″北
惠农区
大武口区
星海湖
平罗县
沙湖
贺兰县
黄沙古渡
阅海
西夏区
金
凤
区
兴庆区
鸣翠湖
银川平原湿地
永宁县
鹤泉湖
吴忠黄河湿地
青铜峡市
利
通
区
灵武市
青铜峡库区湿地
图例
总碳储量
密度分级
低
较低
中
较高
高
2005年
典型湿地
银川平原
0 4.5 9 18 27 36 45 54 63
千米

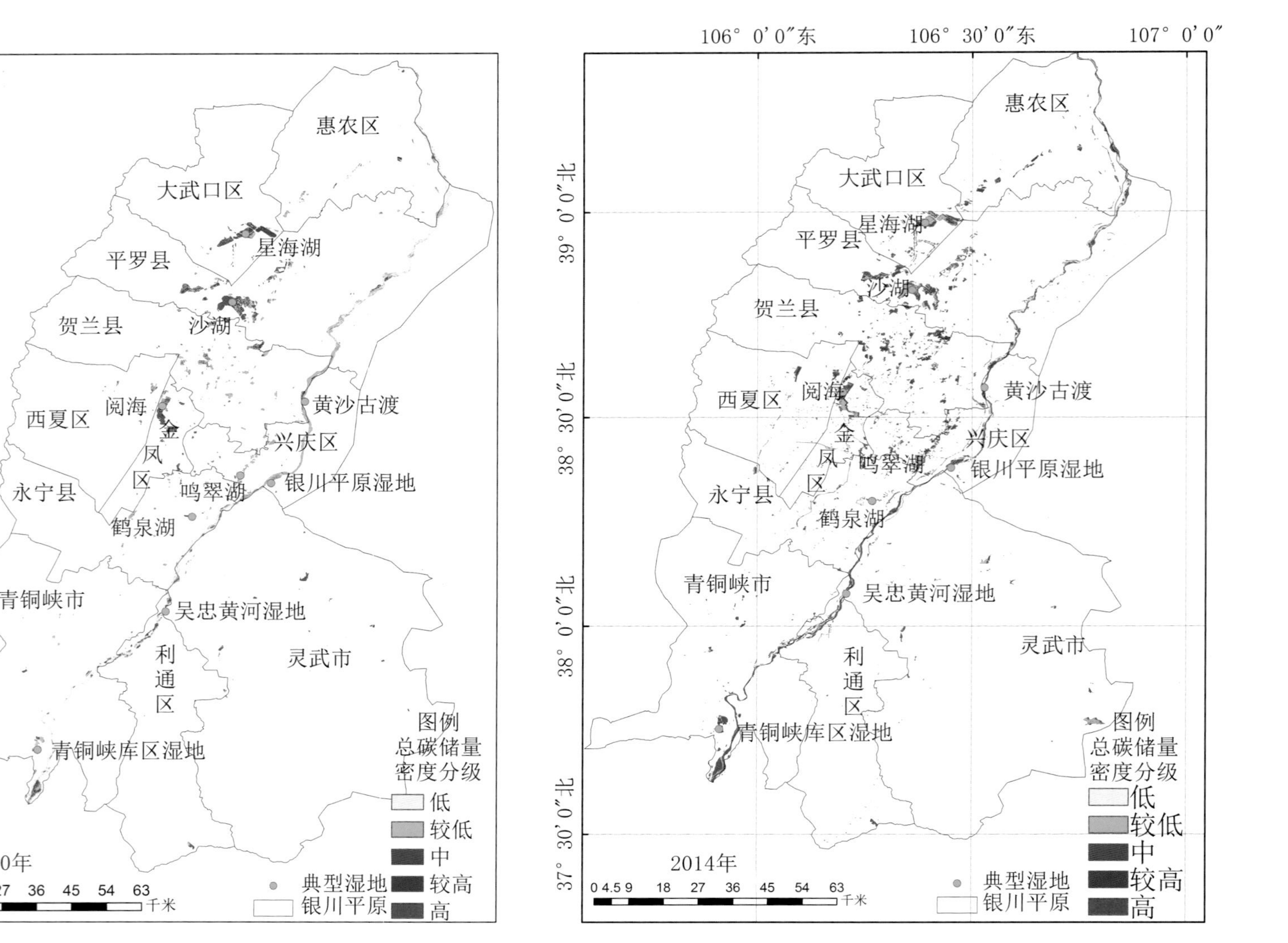

图 7-5　2000~2014 年银川平原总碳储量密度分级图

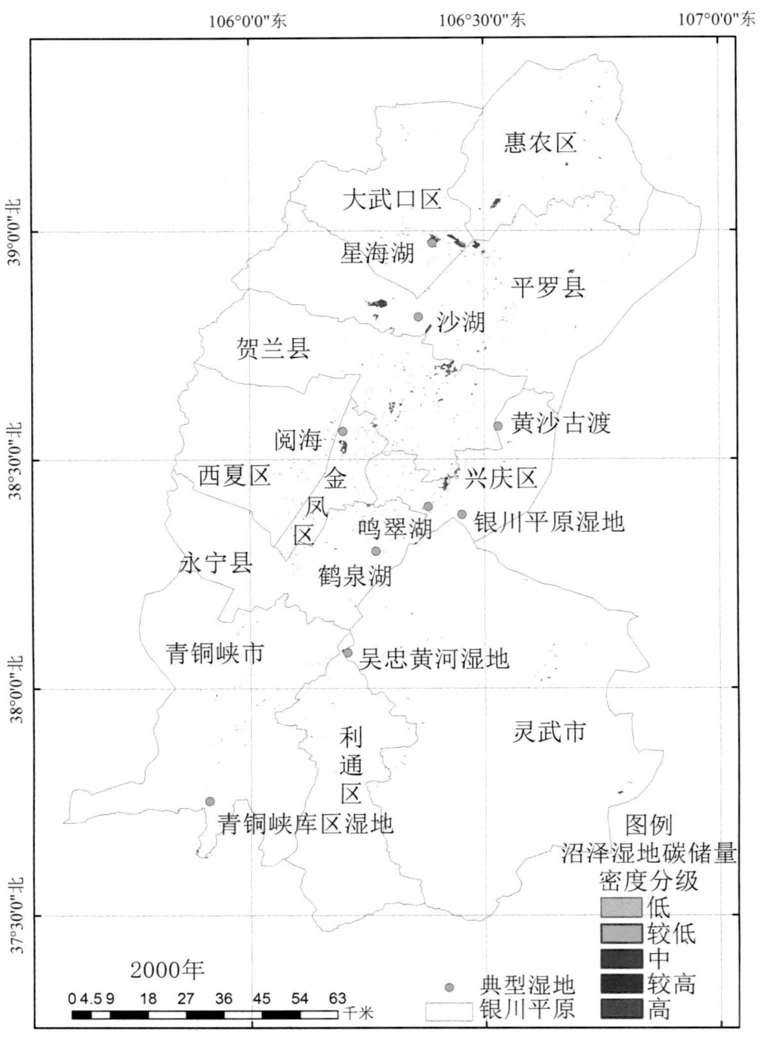
106°0'0"东
106°30'0"东
107°0'0"东
39°0'0"北
38°30'0"北
38°0'0"北
37°30'0"北
惠农区
大武口区
星海湖
平罗县
沙湖
贺兰县
黄沙古渡
阅海
西夏区
金
凤
区
兴庆区
鸣翠湖
银川平原湿地
永宁县
鹤泉湖
青铜峡市
吴忠黄河湿地
利
通
区
灵武市
青铜峡库区湿地
图例
沼泽湿地碳储量
密度分级
低
较低
中
较高
高
2000年
典型湿地
银川平原
0 4.5 9 18 27 36 45 54 63 千米

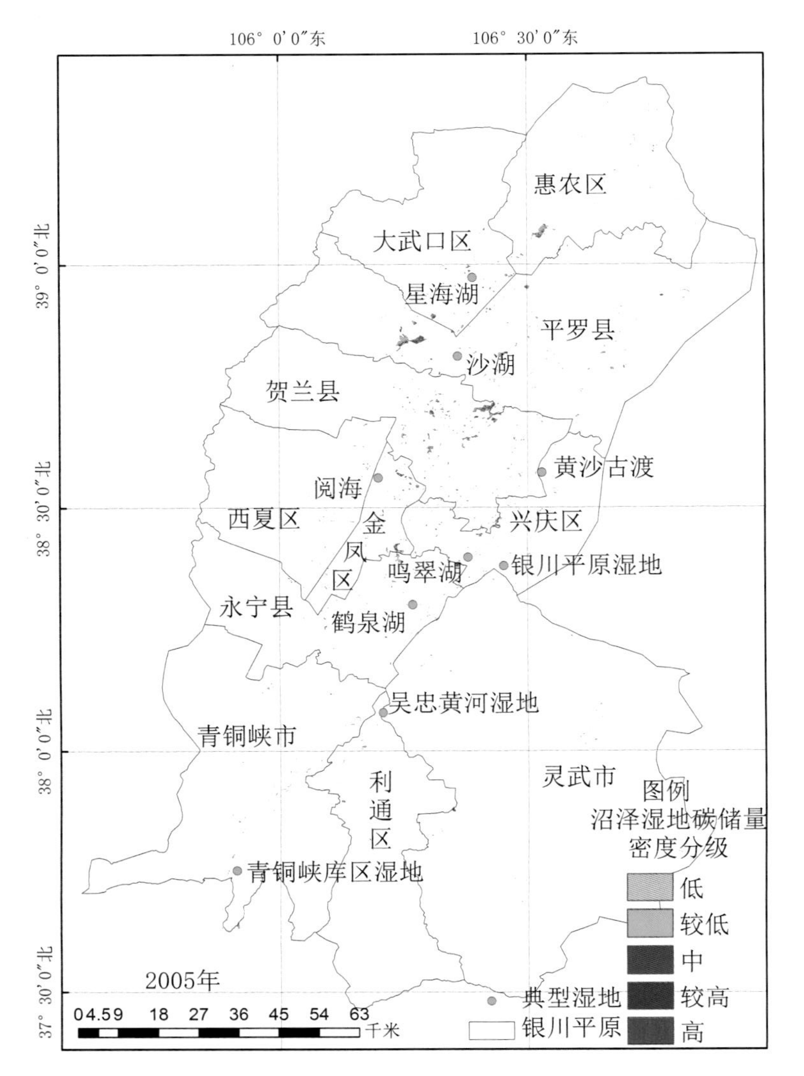
106° 0′0″东
106° 30′0″东
39° 0′0″北
38° 30′0″北
38° 0′0″北
37° 30′0″北
惠农区
大武口区
星海湖
平罗县
沙湖
贺兰县
黄沙古渡
阅海
西夏区
金
凤
区
兴庆区
鸣翠湖
银川平原湿地
永宁县
鹤泉湖
吴忠黄河湿地
青铜峡市
利
通
区
灵武市
青铜峡库区湿地
图例
沼泽湿地碳储量
密度分级
低
较低
中
较高
高
2005年
典型湿地
银川平原
0 4.5 9 18 27 36 45 54 63 千米

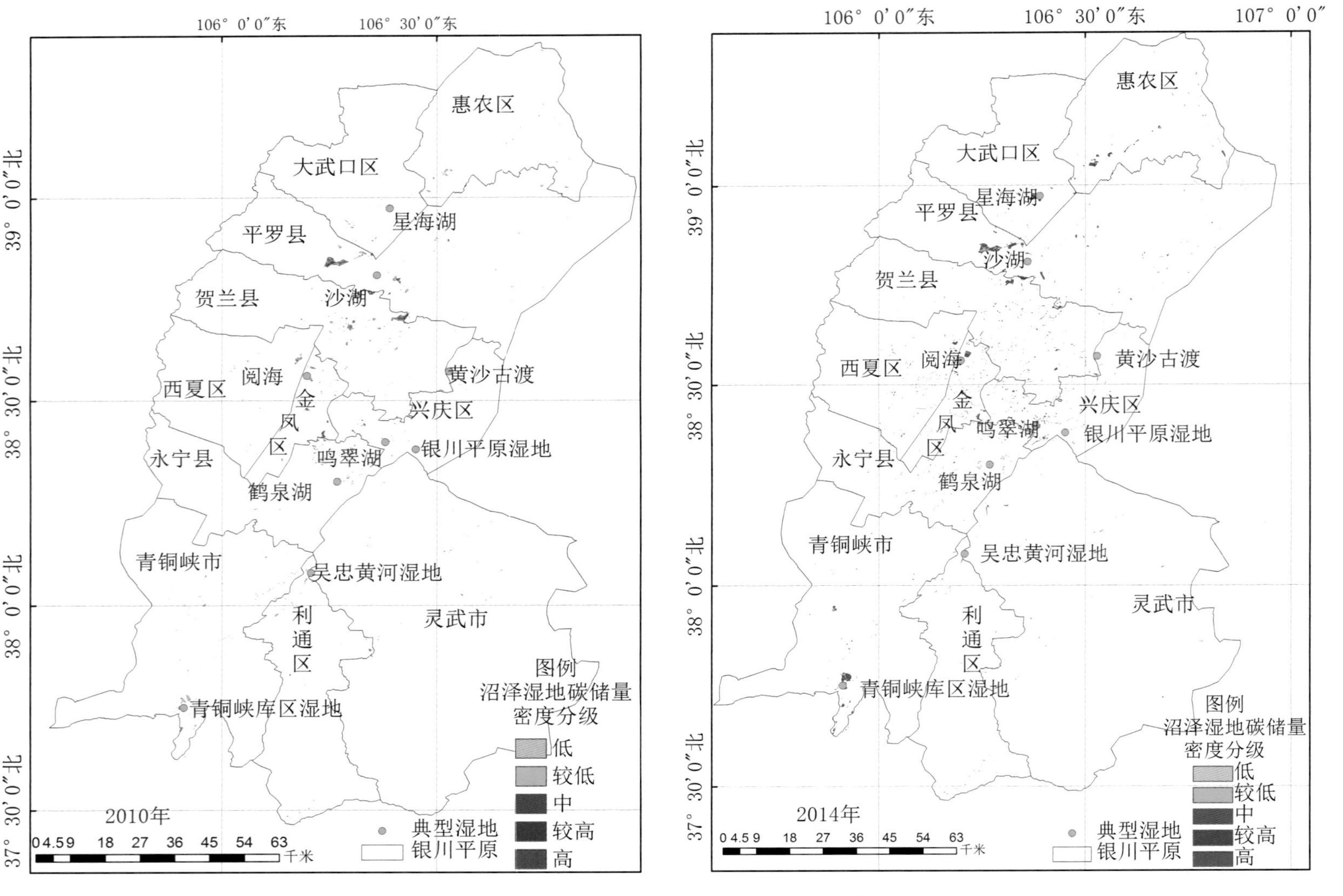

图 7-6　2000~2014 年银川平原沼泽湿地碳储量密度分级图

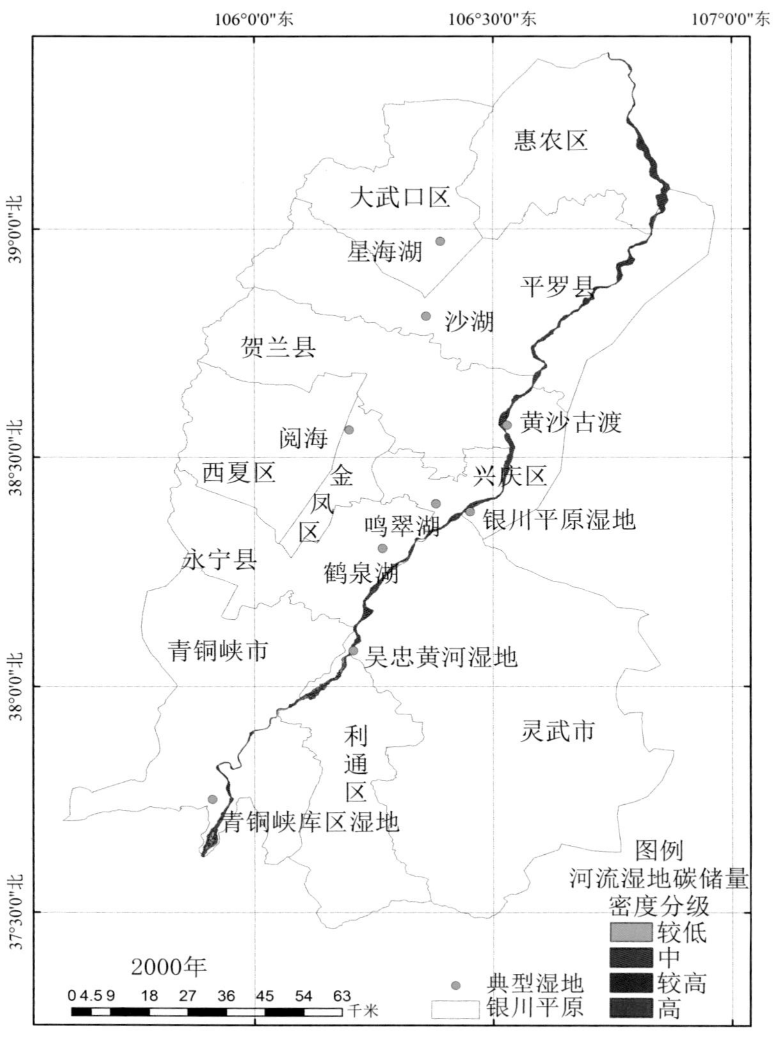
106°0'0"东
106°30'0"东
107°0'0"东
39°0'0"北
38°30'0"北
38°0'0"北
37°30'0"北
惠农区
大武口区
星海湖
平罗县
沙湖
贺兰县
黄沙古渡
阅海
西夏区
金
凤
区
兴庆区
鸣翠湖
银川平原湿地
永宁县
鹤泉湖
青铜峡市
吴忠黄河湿地
利
通
区
灵武市
青铜峡库区湿地
图例
河流湿地碳储量
密度分级
较低
中
较高
高
2000年
典型湿地
银川平原
0 4.5 9 18 27 36 45 54 63
千米

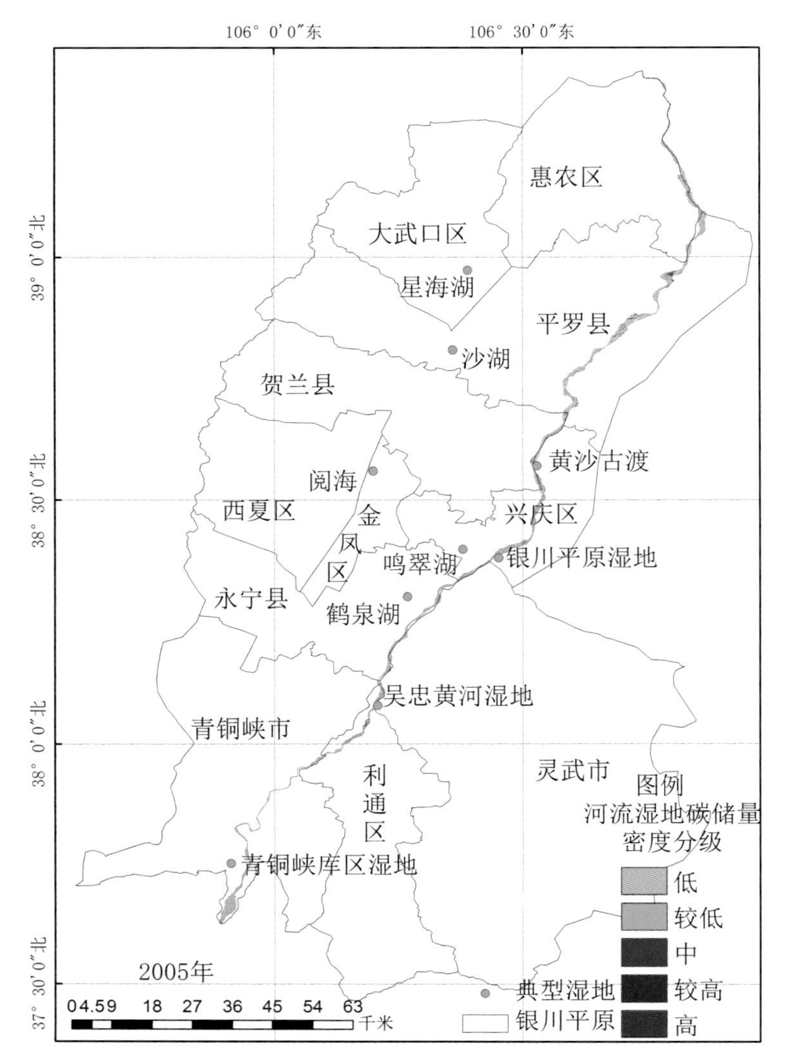
106° 0' 0"东
106° 30' 0"东
39° 0' 0"北
38° 30' 0"北
38° 0' 0"北
37° 30' 0"北
惠农区
大武口区
星海湖
平罗县
沙湖
贺兰县
黄沙古渡
阅海
西夏区
金
凤
区
兴庆区
鸣翠湖
银川平原湿地
永宁县
鹤泉湖
吴忠黄河湿地
青铜峡市
利
通
区
灵武市
青铜峡库区湿地
图例
河流湿地碳储量
密度分级
低
较低
中
较高
高
2005年
典型湿地
银川平原
0 4.59 18 27 36 45 54 63
千米

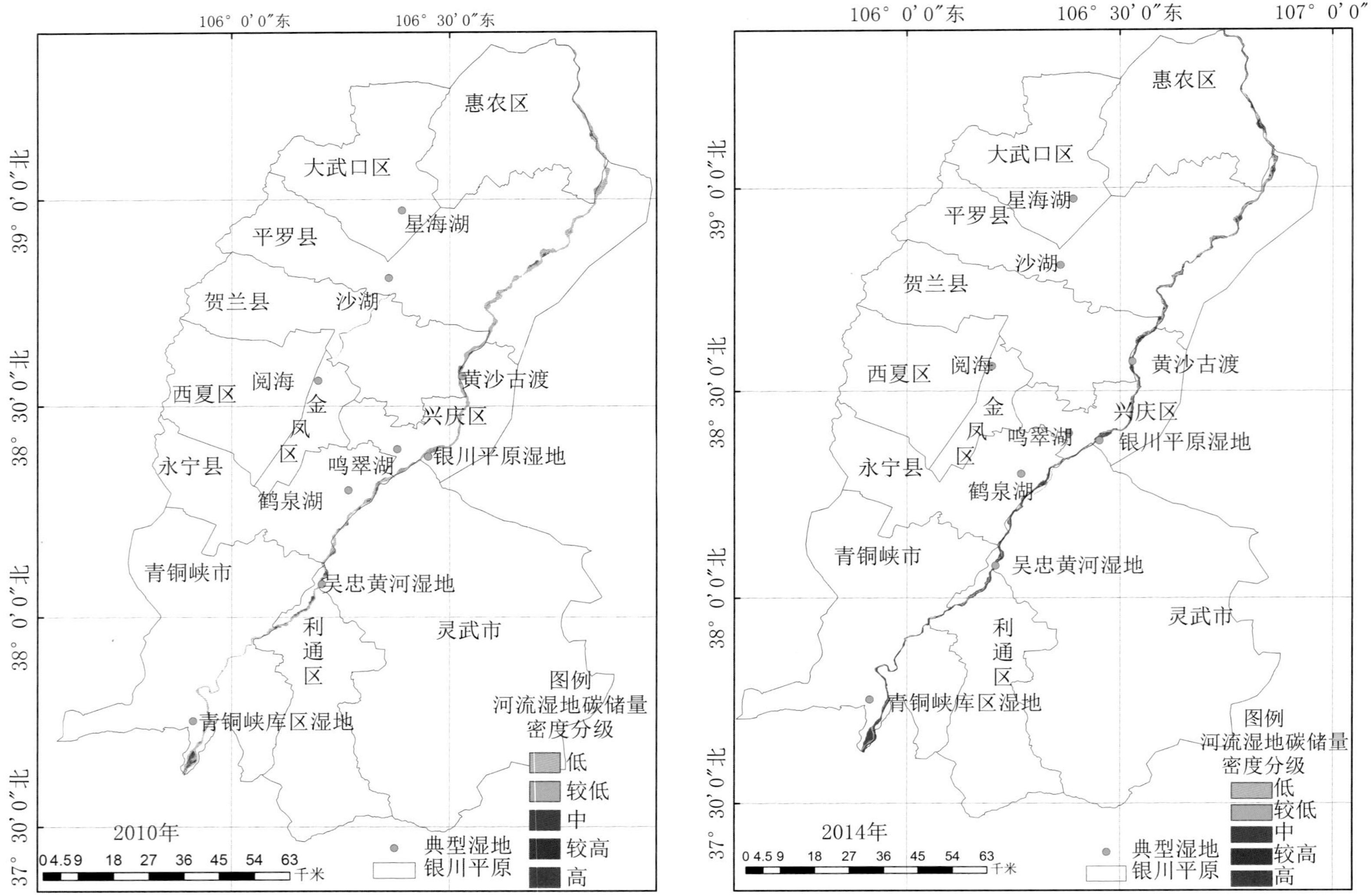

图 7-7　2000~2014 年银川平原河流湿地碳储量密度分级图

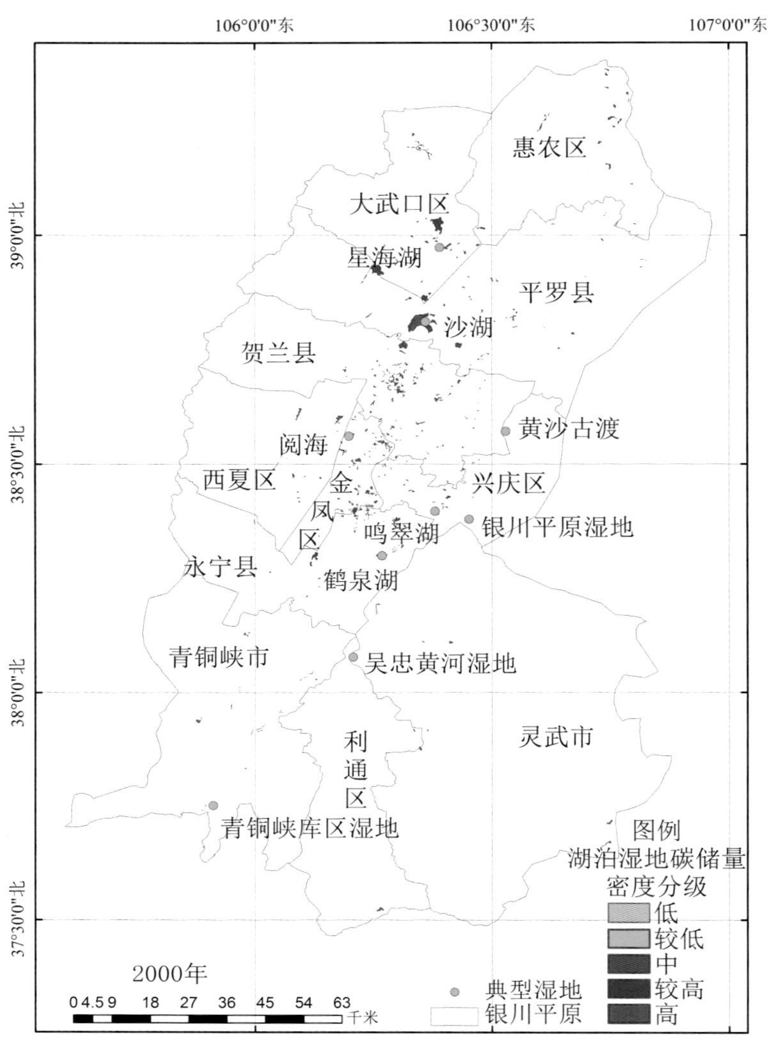

106°0'0"东
106°30'0"东
107°0'0"东
39°0'0"北
38°30'0"北
38°0'0"北
37°30'0"北
惠农区
大武口区
星海湖
平罗县
沙湖
贺兰县
黄沙古渡
阅海
西夏区
金
凤
区
兴庆区
鸣翠湖
银川平原湿地
永宁县
鹤泉湖
青铜峡市
吴忠黄河湿地
利
通
区
灵武市
青铜峡库区湿地
图例
湖泊湿地碳储量
密度分级
低
较低
中
较高
高
典型湿地
银川平原
2000年
0 4.5 9 18 27 36 45 54 63
千米

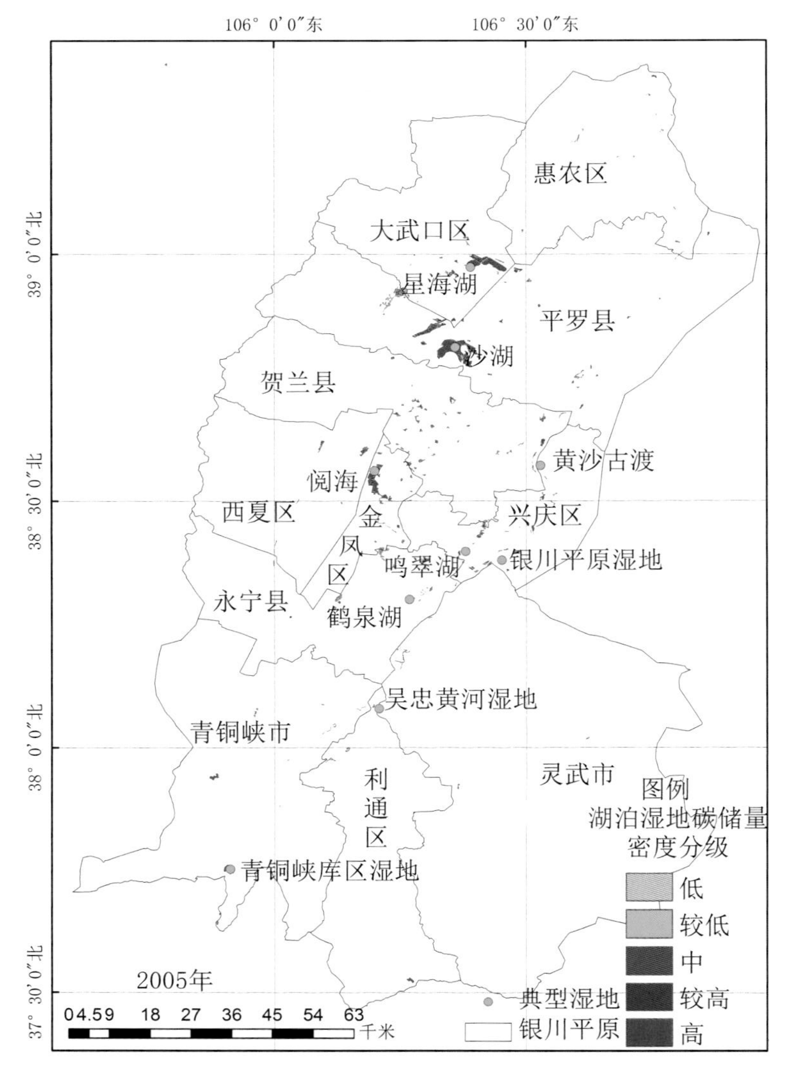

106° 0′0″东
106° 30′0″东
39° 0′0″北
38° 30′0″北
38° 0′0″北
37° 30′0″北
惠农区
大武口区
星海湖
平罗县
沙湖
贺兰县
黄沙古渡
阅海
西夏区
金
凤
区
兴庆区
鸣翠湖
银川平原湿地
永宁县
鹤泉湖
吴忠黄河湿地
青铜峡市
利
通
区
灵武市
青铜峡库区湿地
图例
湖泊湿地碳储量
密度分级
低
较低
中
较高
高
典型湿地
银川平原
2005年
0 4.5 9 18 27 36 45 54 63
千米

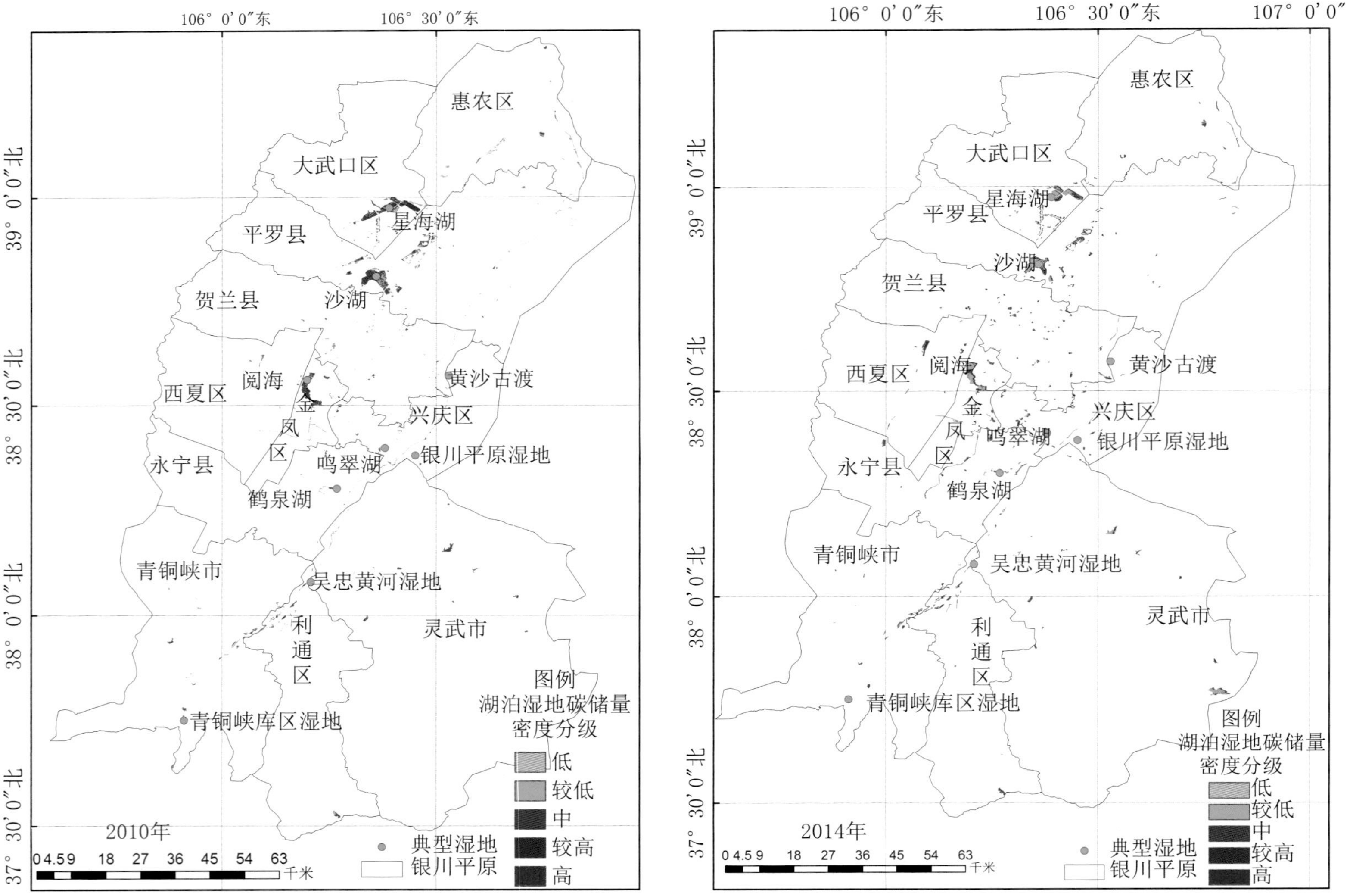

2010年

106° 0′0″东 106° 30′0″东

39° 0′0″北 38° 30′0″北 38° 0′0″北 37° 30′0″北

惠农区 大武口区 平罗县 星海湖 贺兰县 沙湖 西夏区 阅海 金凤区 黄沙古渡 兴庆区 永宁县 鸣翠湖 银川平原湿地 鹤泉湖 青铜峡市 吴忠黄河湿地 利通区 灵武市 青铜峡库区湿地

图例
湖泊湿地碳储量密度分级
低
较低
中
较高
高
典型湿地
银川平原

0 4.5 9 18 27 36 45 54 63 千米

2014年

106° 0′0″东 106° 30′0″东 107° 0′0″

39° 0′0″北 38° 30′0″北 38° 0′0″北 37° 30′0″北

惠农区 大武口区 星海湖 平罗县 沙湖 贺兰县 西夏区 阅海 黄沙古渡 金凤区 兴庆区 鸣翠湖 银川平原湿地 永宁县 鹤泉湖 青铜峡市 吴忠黄河湿地 灵武市 利通区 青铜峡库区湿地

图例
湖泊湿地碳储量密度分级
低
较低
中
较高
高
典型湿地
银川平原

0 4.5 9 18 27 36 45 54 63 千米

图 7-8 2000~2014 年银川平原湖泊湿地碳储量密度分级图

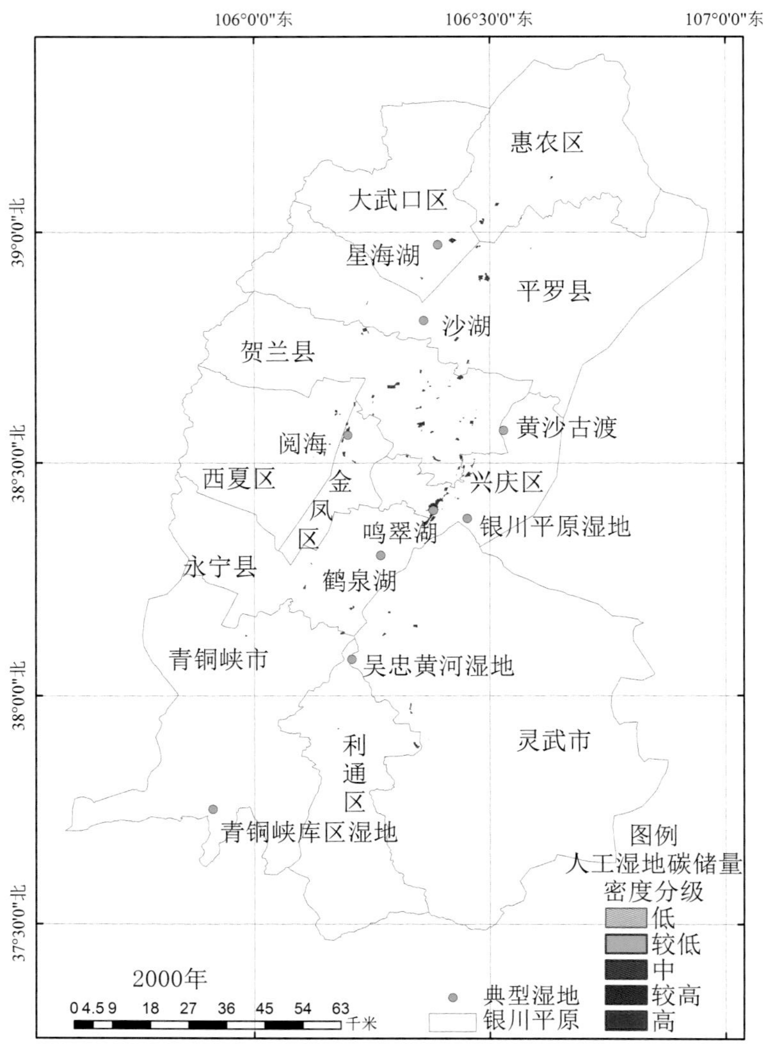
106°0'0"东
106°30'0"东
107°0'0"东
39°0'0"北
38°30'0"北
38°0'0"北
37°30'0"北
惠农区
大武口区
星海湖
平罗县
沙湖
贺兰县
黄沙古渡
阅海
西夏区
金
凤
区
兴庆区
银川平原湿地
鸣翠湖
永宁县
鹤泉湖
青铜峡市
吴忠黄河湿地
利
通
区
灵武市
青铜峡库区湿地
图例
人工湿地碳储量
密度分级
低
较低
中
较高
高
典型湿地
银川平原
2000年
0 4.5 9 18 27 36 45 54 63 千米

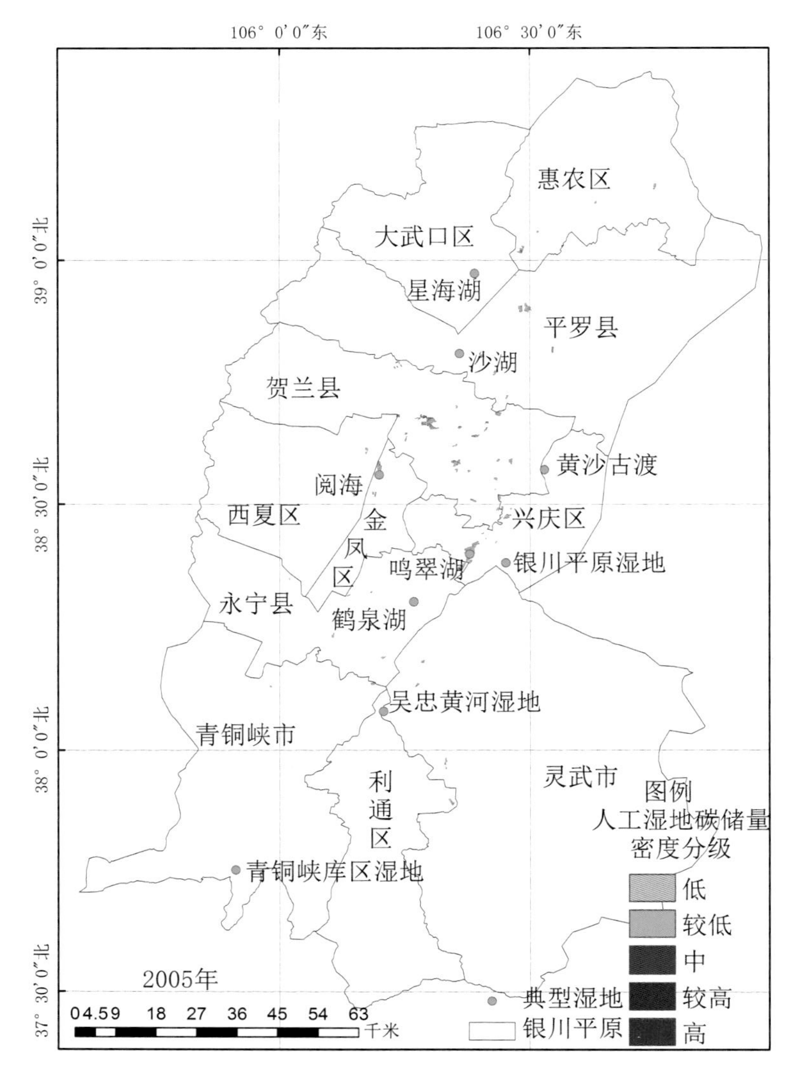
106° 0' 0"东
106° 30' 0"东
39° 0' 0"北
38° 30' 0"北
38° 0' 0"北
37° 30' 0"北
惠农区
大武口区
星海湖
平罗县
沙湖
贺兰县
黄沙古渡
阅海
西夏区
金
凤
区
兴庆区
银川平原湿地
鸣翠湖
永宁县
鹤泉湖
吴忠黄河湿地
青铜峡市
利
通
区
灵武市
青铜峡库区湿地
图例
人工湿地碳储量
密度分级
低
较低
中
较高
高
典型湿地
银川平原
2005年
0 4.5 9 18 27 36 45 54 63 千米

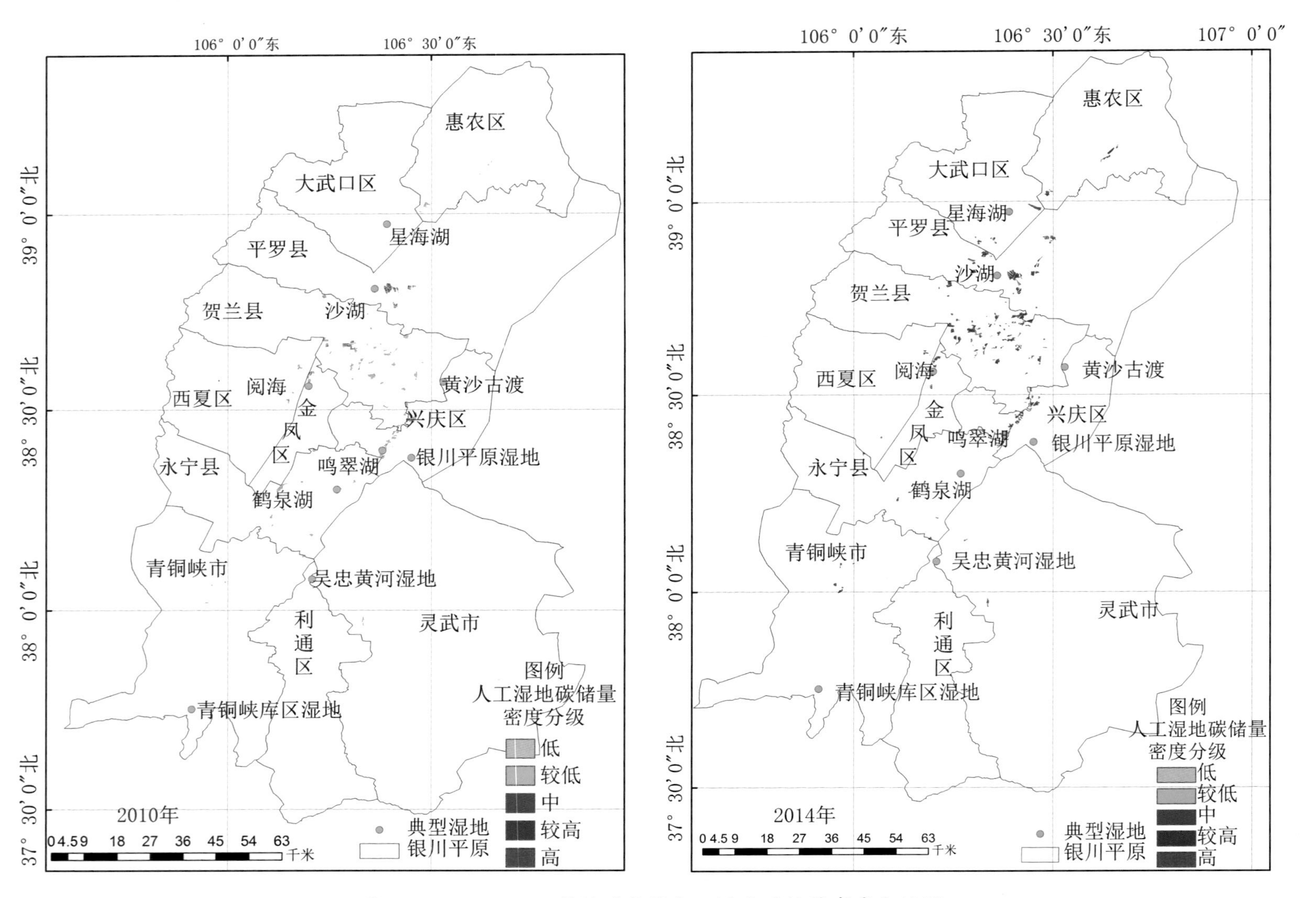

图 7-9　2000~2014 年银川平原人工湿地碳储量密度分级图

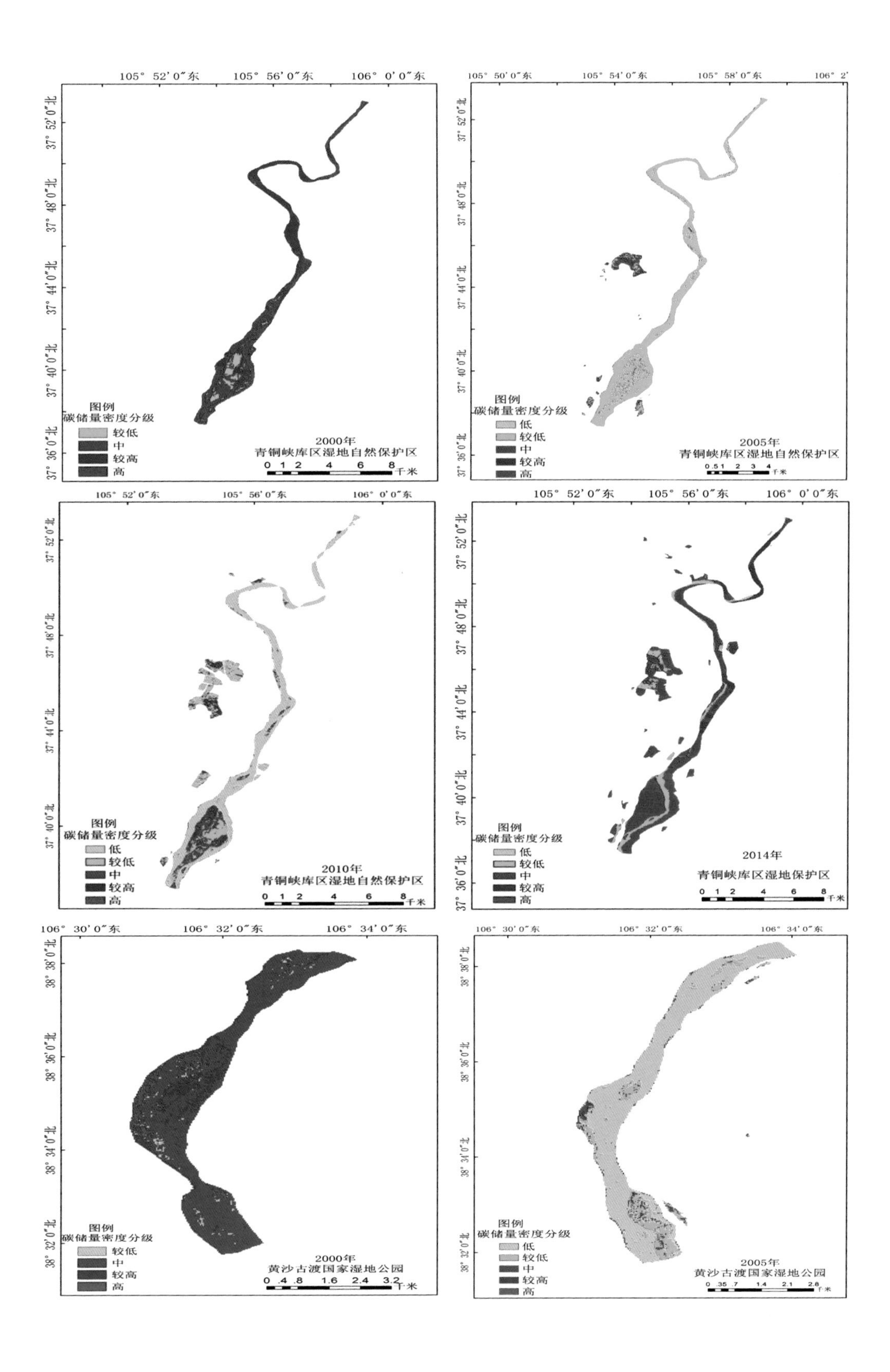

图例
碳储量密度分级
较低
中
较高
高
2000年
青铜峡库区湿地自然保护区
2005年
青铜峡库区湿地自然保护区
低
较低
中
较高
高
2010年
青铜峡库区湿地自然保护区
2014年
青铜峡库区湿地保护区
2000年
黄沙古渡国家湿地公园
2005年
黄沙古渡国家湿地公园
千米

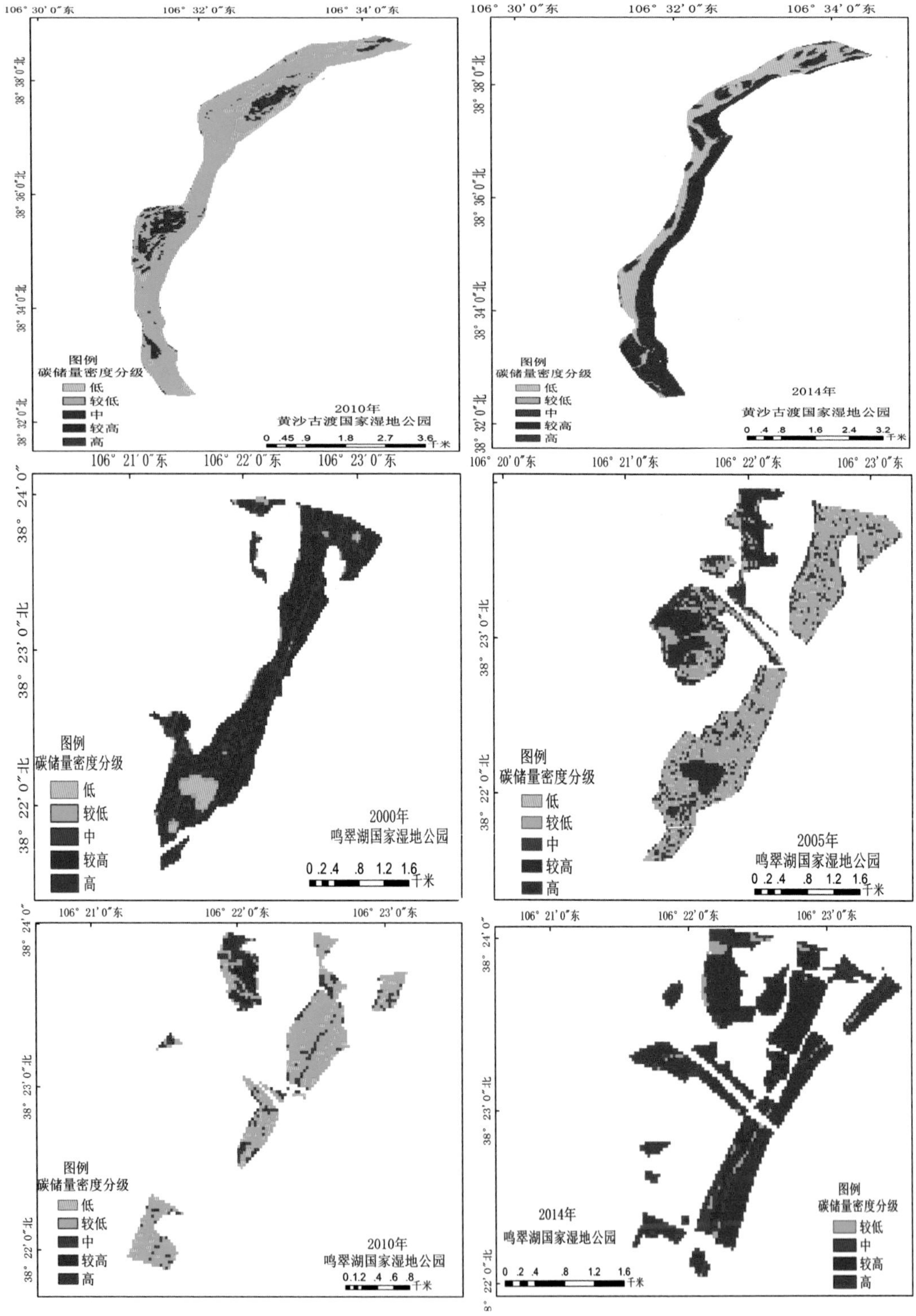
106° 30′0″东
106° 32′0″东
106° 34′0″东
38° 38′0″北
38° 36′0″北
38° 34′0″北
38° 32′0″北
图例
碳储量密度分级
低
较低
中
较高
高
2010年
黄沙古渡国家湿地公园
0 .45 .9 1.8 2.7 3.6 千米
106° 30′0″东
106° 32′0″东
106° 34′0″东
38° 38′0″北
38° 36′0″北
38° 34′0″北
38° 32′0″北
图例
碳储量密度分级
低
较低
中
较高
高
2014年
黄沙古渡国家湿地公园
0 .4 .8 1.6 2.4 3.2 千米
106° 21′0″东
106° 22′0″东
106° 23′0″东
38° 24′0″
38° 23′0″北
38° 22′0″北
图例
碳储量密度分级
低
较低
中
较高
高
2000年
鸣翠湖国家湿地公园
0 .2 .4 .8 1.2 1.6 千米
106° 20′0″东
106° 21′0″东
106° 22′0″东
106° 23′0″东
38° 23′0″北
38° 22′0″北
图例
碳储量密度分级
低
较低
中
较高
高
2005年
鸣翠湖国家湿地公园
0 .2 .4 .8 1.2 1.6 千米
106° 21′0″东
106° 22′0″东
106° 23′0″东
38° 24′0″
38° 23′0″北
38° 22′0″北
图例
碳储量密度分级
低
较低
中
较高
高
2010年
鸣翠湖国家湿地公园
0.1.2 .4 .6 .8 千米
106° 21′0″东
106° 22′0″东
106° 23′0″东
38° 24′0″
38° 23′0″北
38° 22′0″北
2014年
鸣翠湖国家湿地公园
图例
碳储量密度分级
较低
中
较高
高
0 .2 .4 .8 1.2 1.6 千米

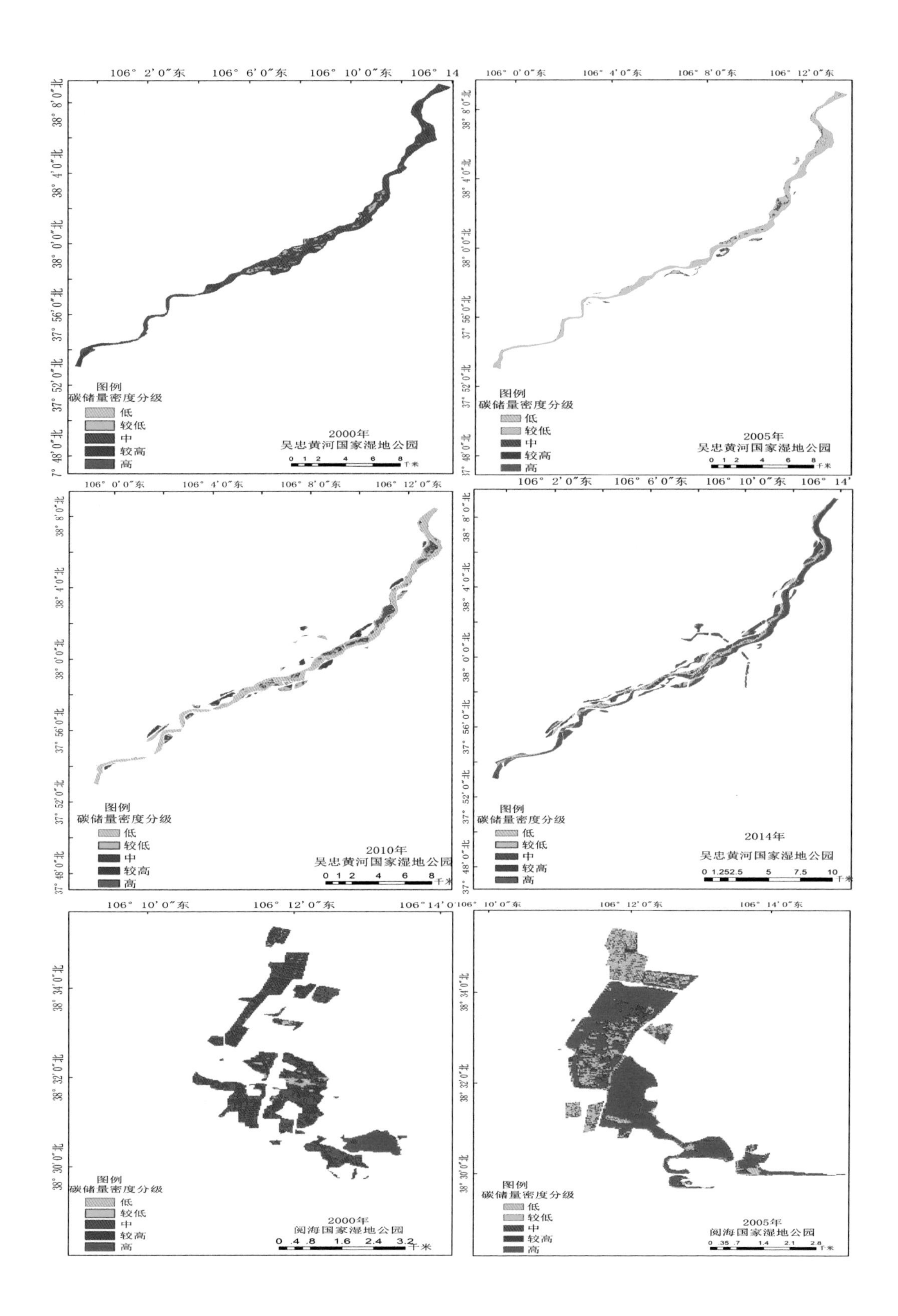

图例
碳储量密度分级
低
较低
中
较高
高
2000年
吴忠黄河国家湿地公园
2005年
吴忠黄河国家湿地公园
2010年
吴忠黄河国家湿地公园
2014年
吴忠黄河国家湿地公园
2000年
阅海国家湿地公园
2005年
阅海国家湿地公园
千米

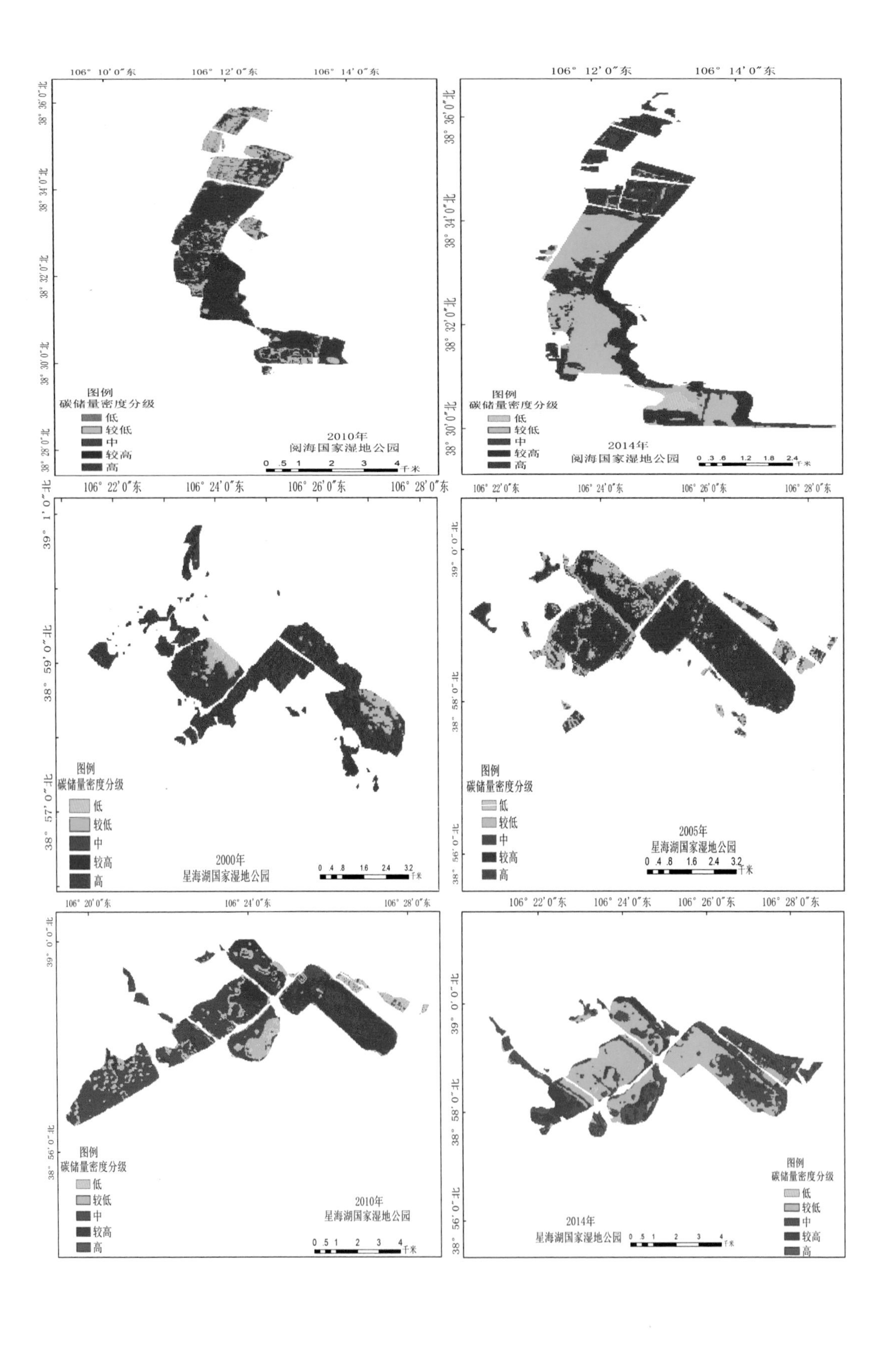
106° 10′0″东
106° 12′0″东
106° 14′0″东
38° 36′0″北
38° 34′0″北
38° 32′0″北
38° 30′0″北
38° 28′0″北
图例
碳储量密度分级
低
较低
中
较高
高
2010年
阅海国家湿地公园
0 .5 1 2 3 4 千米
106° 12′0″东
106° 14′0″东
38° 36′0″北
38° 34′0″北
38° 32′0″北
38° 30′0″北
图例
碳储量密度分级
低
较低
中
较高
高
2014年
阅海国家湿地公园
0 .3 .6 1.2 1.8 2.4 千米
106° 22′0″东
106° 24′0″东
106° 26′0″东
106° 28′0″东
39° 1′0″北
38° 59′0″北
38° 57′0″北
图例
碳储量密度分级
低
较低
中
较高
高
2000年
星海湖国家湿地公园
0 .4 .8 1.6 2.4 3.2 千米
106° 22′0″东
106° 24′0″东
106° 26′0″东
106° 28′0″东
39° 0′0″北
38° 58′0″北
38° 56′0″北
图例
碳储量密度分级
低
较低
中
较高
高
2005年
星海湖国家湿地公园
0 .4 .8 1.6 2.4 3.2 千米
106° 20′0″东
106° 24′0″东
106° 28′0″东
39° 0′0″北
38° 56′0″北
图例
碳储量密度分级
低
较低
中
较高
高
2010年
星海湖国家湿地公园
0 .5 1 2 3 4 千米
106° 22′0″东
106° 24′0″东
106° 26′0″东
106° 28′0″东
39° 0′0″北
38° 58′0″北
38° 56′0″北
图例
碳储量密度分级
低
较低
中
较高
高
2014年
星海湖国家湿地公园
0 .5 1 2 3 4 千米

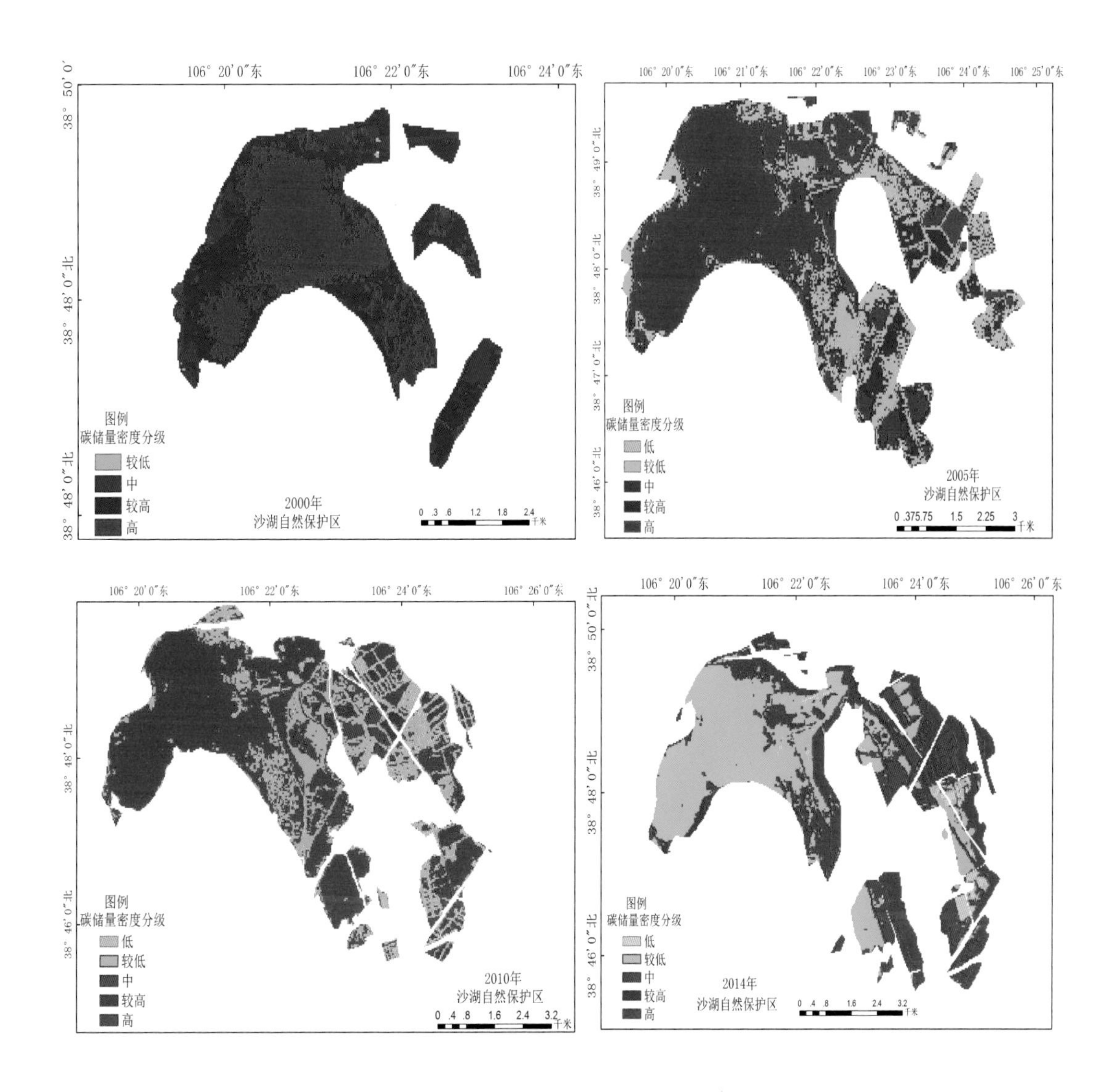

图 7-10　2000~2014 年银川平原重点湿地碳储量密度分级图

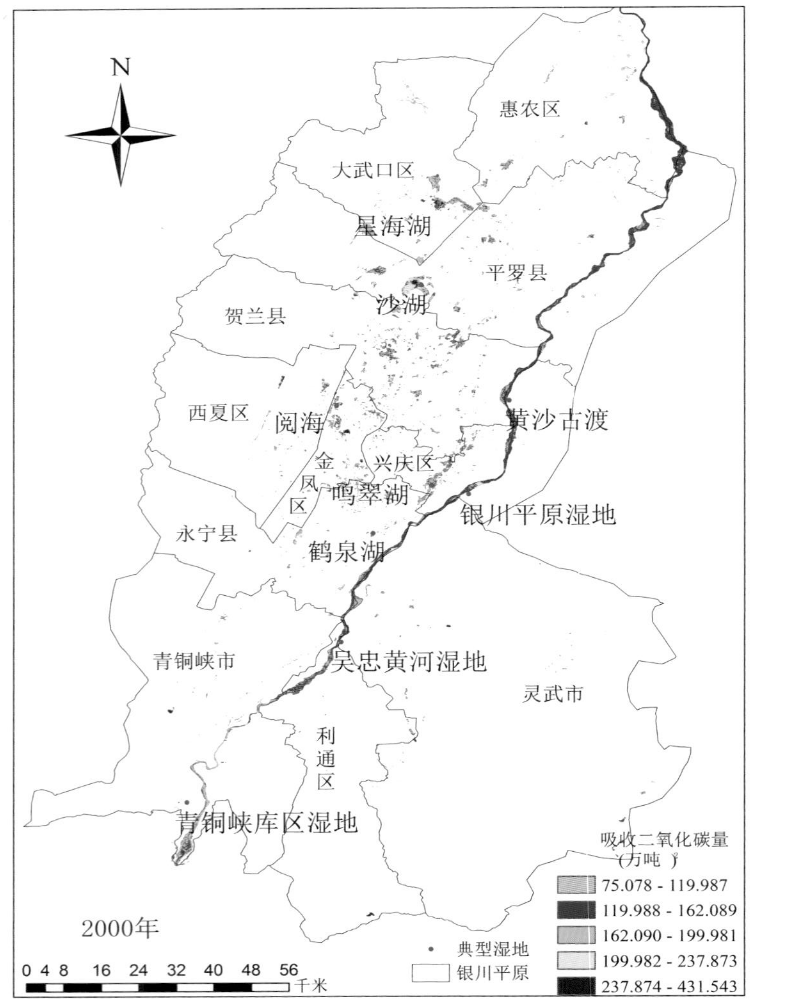
N
惠农区
大武口区
星海湖
平罗县
贺兰县
沙湖
西夏区
阅海
黄沙古渡
金
凤
区
兴庆区
鸣翠湖
银川平原湿地
永宁县
鹤泉湖
青铜峡市
吴忠黄河湿地
灵武市
利
通
区
青铜峡库区湿地
吸收二氧化碳量
(万吨)
75.078 - 119.987
119.988 - 162.089
162.090 - 199.981
199.982 - 237.873
237.874 - 431.543
2000年
典型湿地
银川平原
0 4 8 16 24 32 40 48 56
千米

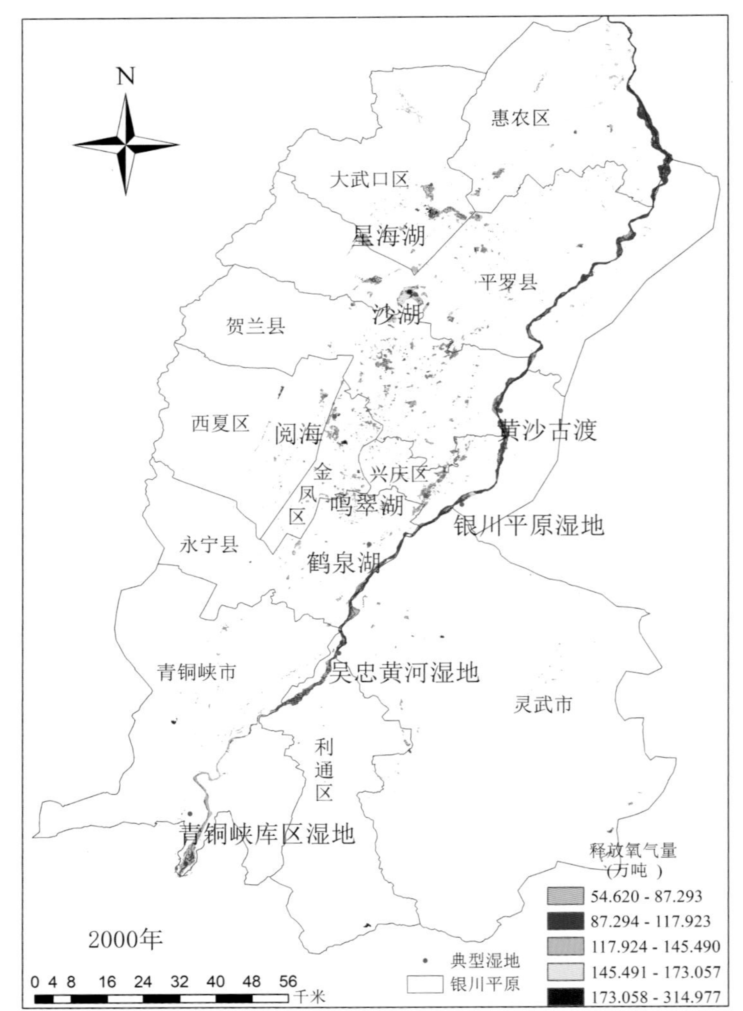
N
惠农区
大武口区
星海湖
平罗县
贺兰县
沙湖
西夏区
阅海
黄沙古渡
金
凤
区
兴庆区
鸣翠湖
银川平原湿地
永宁县
鹤泉湖
青铜峡市
吴忠黄河湿地
灵武市
利
通
区
青铜峡库区湿地
释放氧气量
(万吨)
54.620 - 87.293
87.294 - 117.923
117.924 - 145.490
145.491 - 173.057
173.058 - 314.977
2000年
典型湿地
银川平原
0 4 8 16 24 32 40 48 56
千米

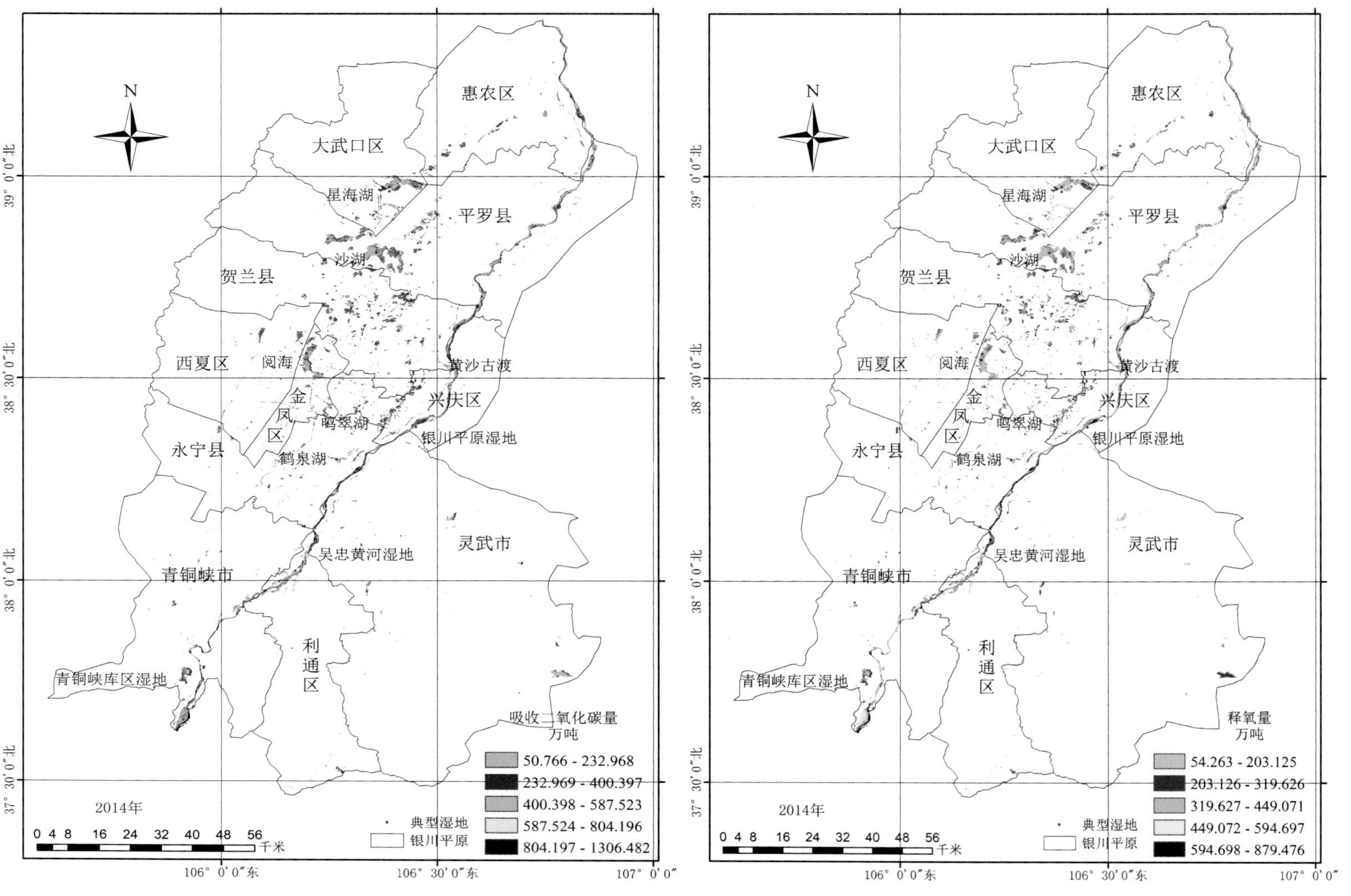

图 8-2　银川平原不同类型湿地固碳释氧量空间分布图